职业技术教育“十二五”课程改革规划教材
光电技术（信息）类

光学基础教程

GUANGXUE
JICHU JIAOCHENG

主　编　吴晓红　郑　丹
副主编　施亚齐　张雅娟
参　编　陈书剑　陈文涛　丁驰竹
林火养　牟淑娟　陈一峰

华中科技大学出版社
http://www.hustp.com
中国·武汉

内 容 简 介

本书系统介绍了几何光学和波动光学的基础理论和技术应用。全书分为11章，第1章至第6章以几何光学为基础，介绍了几何光学的基本定律和基本概念，共轴球面光学系统，理想光学系统的基本规律和应用，平面折射和反射系统的光路传输，光学系统中的光束限制、像差理论，典型的光学系统，光度学和色度学。第7章至第10章以波动光学为基础，分别介绍了波动光学的基本理论、光的干涉基本规律及实践应用，光的衍射基本规律及实践应用，光的偏振和晶体光学，现代光学基础。另外，本书部分知识利用视窗与链接进行扩展，大多章节后面安排有代表性的习题。

本书可以作为高职高专光电技术(信息)类专业的教材及有关工程技术人员的参考用书。

图书在版编目(CIP)数据

光学基础教程/吴晓红，郑丹主编. —武汉：华中科技大学出版社，2012.2
ISBN 978-7-5609-7617-4

Ⅰ.①光… Ⅱ.①吴… ②郑… Ⅲ.①工程光学-职业教育-教材 Ⅳ.①TB133

中国版本图书馆 CIP 数据核字(2011)第 270718 号

光学基础教程 吴晓红 郑 丹 主编

策划编辑：王红梅 刘万飞
责任编辑：朱建丽
封面设计：秦 茹
责任校对：马燕红
责任监印：周治超
出版发行：华中科技大学出版社(中国·武汉) 电话：(027)81321913
武汉市东湖新技术开发区华工科技园 邮编：430223
录 排：武汉兴明图文信息有限公司
印 刷：武汉市籍缘印刷厂
开 本：787mm×1092mm 1/16
印 张：17.75
字 数：453 千字
版 次：2019 年 1 月第 1 版第 5 次印刷
定 价：33.80 元

作为新兴的行业、产业，我国光电技术的发展一日千里，光电产业对我国经济社会的巨大作用日益凸显。我国光电与激光市场十几年来始终保持两位数的高速增长，2010 年我国光电与激光产业的市场规模已经突破千亿。随着信息技术、激光加工技术、激光医疗与光子生物学、激光全息、光电传感、显示技术及太阳能利用等技术的快速发展，我国光电与激光产业市场规模将进一步加大。

随着光电行业的不断发展，对光电技术人才的需求越来越大，高等职业院校光电技术方面的专业建设也会越来越受到重视。作为其中的重要部分，光电专业教材建设目前虽然取得了一定的成果，但还无法满足产业发展对人才培养的需求，尤其是面向职业教育的专业教材更是屈指可数，很多学校都只能使用自编的校本教材。值此国家“十二五”规划实行之际，编写和出版职业院校使用的光电专业教材既迫在眉睫，又意义重大。

华中科技大学出版社充分依托“武汉·中国光谷”的区域优势，在相继开发分别面向全国211 重点大学和普通本科大学光电专业教材的基础上，又倾力打造了这套面向全国职业院校的光电技术专业系列教材。在组织过程中，华科大社邀请了全国所有开设有光电专业的职业院校的专家、学者，同时与国内知名的光电企业合作，在国家光电专业教指委专家的指导下，齐心协力、求同存异、取长补短，共同编写了这套应用范围最广的光电专业系列教材。参与本套教材建设的院校大多是国家示范院校或国家骨干院校，他们在光电专业建设上取得了良好的成绩。参与本套教材编写的教师，基本上是相关国家示范院校或国家骨干院校光电专业的带头人和长期在一线教学的教师，非常了解光电专业职业教育的发展现状，具有丰富的教学经验，在全国光电专业职业教育领域中也有着广泛的影响力。此外，本套教材编写还吸收了大量有丰富实践经验的企业高级工程技术人员，参考了企业技术创新资料，把教学和生产实际有效地结合在一起。

本套教材的编写基本符合当前教育部对职业教育改革规划的精神和要求，在坚持工作过程系统化的基础上，重点突出职业院校学生职业竞争力的培养和锻炼，以光电行业对人才需求的标准为原则，密切联系企业生产实际需求，对当前的光电专业职业教育应该具有很好的指导作用。

本套教材具有以下鲜明的特点。

课程齐全。本套教材基本上包括了光电专业职业教育的专业基础课和光电子、光器件、光学加工、激光加工、光纤制造与通信等各个领域的主要专业课，门类齐全，是对光电专业职业教育一次有效、有益的整理总结。

内容新颖。本套教材密切联系当前光电技术的最新发展，在介绍基本原理、知识的基础上，注重吸收光电专业的新技术、新理念、新知识，并重点介绍了它们在生产实践中的应用，如《平板显示器的制造与测试》、《LED 封装与测试》。

针对性强。本套教材结合职业教育和职业院校的实际教学现状，非常注重知识的"可用、够用、实用"，如《光学基础教程》、《激光原理与技术》。

原创性强。本套教材是在相关国家示范院校或国家骨干院校长期使用的自编校本教材的基础上形成的，既经过了教学实践的检验，又进行了总结、提高和创新，如《光纤光学基础》、《光电检测技术》。其中的一些教材，在光电专业职业教育中更是首创，如《光电子技术英语》、《光学加工工艺》。

实践性强。本套教材非常注重实验、实践、实训的"易实施、可操作、能拓展"。不少书中的实验、实训基本上都是企业实践中的生产任务，有的甚至是整套生产线上的任务实施，如《激光加工设备与工艺》、《光有源无源器件制造》。

我十分高兴能为本套教材写序，并乐意向各位读者推荐，相信读者在阅读这套教材后会和我一样获得深刻印象。同时，我十分有幸认识本套教材的很多主编，如武汉职业技术学院的吴晓红、武汉软件工程职业学院的王中林、南京信息职业技术学院的金鸿、苏州工业园区职业技术学院的吴文明、福建信息职业技术学院的林火养等老师，知道他们在光电专业职业教育中的造诣、成绩及影响；也和华中科技大学出版社有过合作，了解他们在工科教材出版尤其是在光电技术（信息）方面教材出版上的成绩和成效。我相信由他们一起编写、出版本套教材，一定会相得益彰。

本套教材不仅能用于指导当前光电专业职业教育的教学，也可以用于指导光电行业企业员工培训或社会职业教育的培训。

中国光学学会激光加工专业委员会主任

2011 年 8 月 24 日

前　言

19 世纪，麦克斯韦建立了经典电磁理论，证明光是一种电磁波，由此产生了光的电磁理论。光和电的统一加速了光学的发展。20 世纪 60 年代以来，激光的出现和发展使光学进入一个新的发展时期，光学已经成为一些新兴高新技术产业的基础。

“光学基础”课程作为光电技术专业的专业基础课，地位十分重要，它能够帮助学生掌握基本的光学理论及常见光学仪器的调试、使用技能，培养学生的光学设计制造思想。

本书坚持高职教育理论，以够用、注重实践为特点，强调理论的实践应用性。同时，为满足学生深入学习和拓宽视野的需要，许多重点章节后面还编写了链接与视窗。本书每一节给出了学生应掌握的知识点，提出了明确的任务目标，脉络比较清晰。

本书共分 11 章。绪论、第 6 章由武汉职业技术学院张雅娟编写，第 1 章由武汉交通职业学院施亚齐编写，第 2 章、第 3 章由武汉软件职业学院丁驰竹编写，第 4 章由福建职业技术学院林火养编写，第 5 章由广东省中山火炬职业技术学院陈文涛编写，第 7 章由武汉职业技术学院陈书剑编写，第 8 章由武汉软件职业学院郑丹编写，第 9 章由武汉职业技术学院吴晓红编写，第 10 章由苏州工业园区职业技术学院牟淑娟、武汉船舶职业技术学院陈一峰编写。全书由吴晓红、郑丹统稿；江汉大学的周幼华副教授审阅了本书，并提出了许多宝贵意见，在此表示感谢。

本书可以作为高职光电技术（信息）类专业及其相近专业教材，也可作为光电技术（信息）行业工作者的参考书。

作者水平有限，欢迎专家学者和广大师生对书中的不足之处给予批评指正。

编　者

2011 年 7 月

目　录

绪论

光学是一门古老而又年轻的物理学科，具有强大的生命力和不可估量的发展前途。它的历史几乎与人类文明同步。光学的发展过程是人类认识客观世界进程中的一个重要组成部分，是不断揭示矛盾运动和克服困难、从不完全和不确切的认识走向较完善和较确切认识的过程。它的不少规律和理论是直接从生产实践中总结出来的，也有相当多的发现来自长期的、系统的科学实验。光学的发展为生产技术进步提供了许多精密、快速、有效的实验手段和重要的理论依据；现代科学技术的发展，又反过来不断向光学提出许多要求解决的新课题，并为进一步深入研究光学准备了物质条件。

光学的发展大致可分为五个时期：萌芽时期、几何光学时期、波动光学时期、量子光学时期、现代光学时期。

1. 萌芽时期

中国古代对光的认识是和生产、生活实践紧密相连的。中国古代光学起源于火的获得和对光源的利用，以光学器具的发明、制造及应用为前提条件。根据古籍记载，中国古代对光的认识大多集中在光的直线传播、光的反射、大气光学、成像理论等方面。

1）对光的直线传播的认识

在春秋战国时期，《墨经》已记载了小孔成像的实验。景，光之人，煦若射，下者之人也高；高者之人也下，足蔽下光，故成景于上，首蔽上光，故成景于下……这个实验指出小孔成倒像的根本原因是光的“煦若射”，以“射”来比喻光线径直向、疾速似箭的特征，生动而准确。

宋代，沈括在《梦溪笔谈》中描写了他做过的一个实验。在纸窗上开一个小孔，使窗外的飞鸢和塔的影子成像于室内的纸屏上，他发现，若鸢飞空中，其影随鸢而移，或中间为窗所束，则影与鸢遂相违，鸢东则影西，鸢西则影东。又如窗隙中楼塔之影，中间为窗所束，亦皆倒垂。进一步用物动影移说明因光线的直进“为窗所束”而形成倒像。

2）对视觉和颜色的认识

对视觉，在《墨经》中已有“目以火见”的记载，已明确表示人眼依赖光照才能看见东西。《吕氏春秋·任数篇》明确地指出：“目之见也借于昭”。《礼记·仲尼燕居》中也记载：“譬如终夜有求于幽室之中，非烛何见？”东汉《潜夫论》中更进一步明确指出：“夫目之视，非能有光也，必因乎日月火炎而后光存焉”。以上记载均明确指出人眼能看到东西的条件必须是光照。尤其值得注意的是，光不是从眼睛里发出来的，而是从日、月、火焰等光源产生的。这种对视觉的认识是朴素、明确而深刻的。

对颜色，中国古代很少从科学角度加以探索，而着重于文化礼节和应用。在石器时代，彩陶就已有多种颜色工艺。《诗经》里就出现了数十种不同颜色的记载。周代把颜色分为“正色”和“间色”两类，其中“正色”是指青色、赤色、黄色、白色、黑色五色。“间色”则由不同的“正色”以不同的比例混合而成。战国时期《孙子兵法·势篇》指出，色不过五，五色之变不可胜观也。可见“正色”和“间色”的说法，与现代光学中的“三原色”理论很类似，但缺乏实验基础。清初博明对颜色提出五色相宣之理，以相反而相成。如白之与黑，朱之与绿，黄之与蓝，乃天地间自然之对，待深则俱深，浅则俱浅。相杂而间，色生矣（《西斋偶得三种》）。这里孕育了互补色的初步概念，虽未形成一定的颜色理论，但从半经验、半思辨的角度看也实在是难能可贵的。

3）光的反射和对镜的利用

中国古代由于金属冶炼技术的发展，铜镜在公元前 2000 年夏初的齐家文化时期就已经出现。后来随着技术的发展，古镜制作技术逐渐提高，应用范围逐渐扩大，种类也逐渐增多，出现了各种平面镜、凹面镜和凸面镜，甚至还制造出被国外称为魔镜的“透光镜”。1956—1957 年，河南陕县上村岭 1052 号虢国墓出土的春秋早期的一面阳燧（凹面镜），它直径 7.5 cm，凹面呈银白色，打磨十分光洁，背面中心还有一高鼻纽以便携带，周围是虎、鸟花纹，图 0-1 所示是它的镜背。镜的利用为光的反射研究创造了良好的条件，使中国古代对光的反射现象和成像规律有较早的认识，这方面的记载也较多。

图 0-1 中国古代铜镜

关于平面镜反射成像，《墨经》中记载：“景迎日，说在转。”说明人像投在迎向太阳的一边，是因为日光经过镜子的反射而转变了方向。这是对光的反射现象的一种客观描写。关于平面镜组合成像，《庄子·天下篇》中记载：“鉴以鉴影，而鉴以有影，两鉴相鉴重影无穷。”生动地描写了光线在两镜之间彼此往复反射，形成许许多多像的情景。《淮南万毕术》记载：“取大镜高悬，置水盆于其下，则见四邻矣。”其原理和现代的潜望镜很类似。对凸面镜成像的规律，在《墨经》中有所叙述：“鉴团，景一，说在刑之大。”《墨经》中进一步解释说：“鉴，鉴者近，则所鉴大，景亦大，其远，所鉴小，景亦小，而必正。”这说明凸面镜只成一种像，物体总成一种缩小而正立的像，对凸面镜成像规律做了细致描写。关于凹面镜，《墨经》记载：“鉴洼，景一小而易，一大而正，说在中之外、内。”说明当时已认识到凹面镜有一个“中”（指焦点和球心之间）。物体在“中”之外，得到比物体小而倒立的像，物体在“中”之内，得到的是比物体大而正立的像，这种观察是细致而周密的。

4）对大气光学现象的探讨

大气光学现象是中国古代光学最有成效的领域之一，早在周代由于占卜的需要，已建立了官方的观测机构，虽然他们的工作蒙上了一层神秘的色彩，但是对晕、虹、海市蜃楼、北极光等大气光学现象的观测与记载是长期、系统而又深入细致的。《周礼》中记载有“十煇”，指的是包括“霾”和“虹”等在内的十种大气光学现象。到唐代，对它的认识已经更加细致、深入了。《晋书·天文志》中明确指出：“日旁有气，圆而周布，内赤外青，名曰晕。”此处不仅为晕下了定义，而且把晕按其形态冠以各种形象的名称，如将太阳上的一小段晕弧称为“冠”；太阳左右侧内向的晕弧称为“抱”等。另外，在《魏书·天象志》中对晕也有记载。除此以外，在宋朝以后的许多地方志中也记载有大气光学现象，还出现了关于大气光学现象的专著及图谱，其中《天象灾瑞图解》一直流传至今。殷商时期，就出现了有关虹的象形文字，对虹的形状和出现的季节、方位在不少书中都有所记载，如《礼记·月令》指出：“季春之月……虹始见”，“孟冬之月……虹藏不见”。魏、晋以后，对虹的本质和它的成因逐渐有所探讨，南朝江淹说自己对虹“迫而察之”，断定是因为“雨日阴阳之气”而成。后来，张志和在《玄真子·涛之灵》中明确指出：“背日喷乎水，成虹霓之状”。第一次用实验方法得出人工造虹。国外对虹的成因做出解释的时间为13世纪，因此我们对虹成因的正确描述比西方早约600年。

关于海市蜃楼，如图0-2所示。中国古代对海市蜃楼早有记载，如《史记·天官书》记载：“蜃气象楼台。”《汉书·天文志》记载，海旁蜃气楼台，《晋书·天文志》记载：“凡海旁蜃气象楼台，广野气成宫阙，北夷之气如牛羊群畜穹庐，南夷之气类舟船幡旗。”这些都是对海市蜃楼的如实描写，但当时并不了解其成因。到宋朝苏轼对它才有较正确的认识，苏轼在《登州海市》中说：“东方云海空复空，群仙出没空明中，荡摇浮世生万象，岂有贝阙藏珠宫。”此处明确地表示海市蜃楼都是幻景，蜃气并不能形成宫殿。到明、清之际，陈霆、方以智等人对海市蜃楼做了进一步探讨，陈霆认为海市蜃楼的成因是为阳焰和地气蒸郁，偶尔变幻。方以智认为，海市或以为蜃气，非也。张瑶星认为蓬莱岛上的蜃景是附近庙岛群岛所成的幻景，后来揭暄和游艺画了一幅如图0-2所示的山城海市蜃气楼台图，图0-2的右方是左方楼台的倒影。文中记载了登州(蓬莱)海市，并说：“昔曾见海市中城楼，外植一管，乃本府东关所植者。因语以湿气为阳蒸出水上，竖则对映，横则反映，气盛则明，气微则隐，气移则物形渐改耳，在山为山城，在海为海市，言蜃气，非也。”这一“气映”说是对当时海市蜃楼知识的珍贵总结。

图0-2 山城海市蜃气楼台图

极光是一种瞬息变幻、绚丽多彩的大气光学现象，中国处在北半球，故观察到的只能是北极光。早在两千年前，中国就对北极光加以观察，并有所记载，《竹书纪年》中记载：“周昭王末年，夜清，五色光贯紫微。其年，王南巡不返。”此文虽如实地记录了北极光出现的时间、方位和颜色，但与王南巡不返(卒于江上)联系起来，说明当时对北极光还没有正确的认识。在不少书中对北极光的形状、颜色都有详细的描述，并绘有彩色极光图，这些都是研究北极光的极好史料。

5）关于成影现象的认识

立竿见影是中国古代最早被注意的问题，后来用此方法测影定向，并应用于确定墓穴和建筑物的方位上。这套方法在周代已发展得很成熟，据《考工记》记载，当时有"土方氏"使用圭表，"典瑞氏"管理土圭，"匠人"则使用土圭辨定方位进行建筑，并指出在测表影之前，要使地面保持水平，使表竿保持垂直。这说明当时已认识到投影的长度与光源位置有关，而且也与物体的倾斜度有关。

中国古代对光的认识除以上所述外，还有其他一些方面，如天然晶体的色散。明清时期，光学从西方传入后，还有了光学仪器的制作等，但这些认识是零散的、定性的，绝大多数都只停留在对光学现象的描写和记载上。值得提出的是，宋末元初的赵友钦（13 世纪中叶至 14 世纪初叶）在《革象新书》的"小罅光景"中描写了一个大型光学实验：在地面下挖了两个圆阱，圆阱上可加放中心开有大小、形状不同孔的圆板盖，通过它可进行只有一个条件不同的对比实验，对小孔（大小和形状）、光源（形状和强度）、像（形状和亮度）、物距、像距之间的关系进行研究。将两块圆板上各插 1000 多支蜡烛，放在圆阱底或桌面上作为该实验的光源。通过实验确认了光直线传播的性质，定性地显示了像的明亮程度与光源强度之间的关系，并涉及光的照度和成像理论。他所采用的大型实验方法很有特色，是中国历史上记载的规模最大的实验。还值得提出的是，元代郭守敬（1231—1316 年）曾巧妙地利用针孔取像器（"景（影）符"）解决了历来圭表读数不准的问题。一般圭表因太阳上、下边沿投影在影端生成半影，因此读数比较模糊。

在西方，罗马帝国的灭亡（475 年）大体上标志着黑暗时代的开始，在此之后，在很长一段时间里欧洲的科学发展缓慢，光学也是如此。除了对光的直线传播、反射和折射等现象的观察和实验外，在生产和社会需要的推动下，在光的反射和透镜的应用方面，逐渐有了一些成果。克莱门德（Clemomedes）和托勒密（C. Ptolemy，90—168 年）研究了光的折射现象，最先测定了光通过两种介质界面时入射角和折射角。罗马哲学家塞涅卡（Seneca，公元前 3—65 年）指出充满水的玻璃泡具有强大功能。从阿拉伯的巴斯拉来到埃及的学者阿尔哈雷（Alhazen）反对欧几里得和托勒密关于人眼发出光线才能看到物体的学说，认为光线来自所观察的物体，并且光是以球面形式从光源发出的；反射光线和入射光线共面且入射面垂直于界面，阿尔哈雷研究了球面镜与抛物面镜，并详细描述了人眼的构造；阿尔哈雷首先发明了凸透镜，并对凸透镜进行了实验研究，所得的结果接近于近代关于凸透镜的理论。培根（R. Bacon，1214—1294 年）提出透镜矫正视力和采用透镜组构成望远镜的可能性，并描述了透镜焦点的位置。阿玛蒂（Armati）发明了眼镜。波特（G. B. D. Porta，1535—1615 年）研究了成像暗箱，并在 1589 年发表的论文《自然的魔法》中讨论了复合面镜、凸透镜及凸透镜组合。综上所述，到 15 世纪末和 16 世纪初，凹面镜、凸面镜、眼镜、透镜及暗箱和幻灯等光学器件已相继出现。

2. 几何光学时期

这一时期可以称为光学发展史上的转折点。在这个时期建立了光的反射定律和折射定律，奠定了几何光学的基础。同时为了提高人眼的观察能力，人们发明了光学仪器——第一架望远镜，它的诞生促进了天文学和航海事业的发展；显微镜的发明给生物学的研究提供了强有力的工具。

荷兰的李普塞在1608年发明了第一架望远镜。开普勒于1611年发表了他的著作《折光学》,提出照度定律,还设计了几种新型望远镜,他还发现当光以小角度入射到界面时,入射角和折射角近似地成正比关系。折射定律的精确公式则是斯涅耳和笛卡儿提出的。1621年,斯涅耳在他的一篇文章中指出,入射角的余割和折射角的余割之比是常数。而笛卡儿于1637年在《折光学》中给出了用正弦函数表述的折射定律。接着费马在1657年首先指出光在介质中传播时所走路程取极值的原理,并根据这个原理推出光的反射定律和折射定律。综上所述,到17世纪中叶,基本上已经奠定了几何光学的基础。

关于光的本性概念,是以光的直线传播观念为基础的,但从17世纪开始,就发现有与光的直线传播不完全符合的事实。意大利人格里马第首先观察到光的衍射现象,接着,胡克也观察到衍射现象,并且和波意耳独立地研究了薄膜所产生的彩色干涉条纹,这些都是光的波动理论的萌芽。

17世纪下半叶,牛顿和惠更斯等把光的研究引向进一步发展的道路。1672年,牛顿完成了著名的三棱镜色散实验,并发现了牛顿圈(但最早发现牛顿圈的却是胡克)。在发现这些现象的同时,牛顿在公元1704年出版的《光学》中提出了光是微粒流的理论,他认为这些微粒从光源飞出来,在真空或均匀物质内由于惯性而做匀速直线运动,并以此观点解释光的反射和折射定律。然而在解释牛顿圈时,却遇到了困难。同时,这种微粒流的假设也难以说明光在绕过障碍物之后所发生的衍射现象。

惠更斯反对光的微粒说,他于1678年在《论光》一书中从声和光的某些现象的相似性出发,认为光是在"以太"中传播的波。所谓"以太"是一种假想的弹性介质,充满于整个宇宙空间,光的传播取决于"以太"的弹性和密度,这运用了他的波动理论中的次波原理。惠更斯不仅成功地解释了反射定律和折射定律,还解释了方解石的双折射现象。但惠更斯没有把波动过程的特性给予足够的说明,他没有指出光现象的周期性,也没有提到波长的概念。他的次波包络面成为新的波面理论,但没有考虑到它们是由波动按一定的位相叠加而成的。归根到底,仍旧摆脱不了几何光学的观念,因此不能由此说明光的干涉和衍射等有关光的波动本性的现象。与此相反,坚持微粒说的牛顿却从他发现的牛顿圈的现象中确定光是周期性的。

综上所述,这一时期,以牛顿为代表的微粒说占统治地位,由于相继发现了干涉、衍射和偏振等光的波动现象,以惠更斯为代表的波动说也初步提出来了,因而这个时期也可以说是几何光学向波动光学过渡的时期,是人们对光的认识逐步深化的时期。

3. 波动光学时期

19世纪初,波动光学初步形成,其中托马斯·杨圆满地解释了"薄膜颜色"和双缝干涉现象。菲涅耳于1818年以杨氏干涉原理补充了惠更斯原理,由此形成了今天为人们所熟知的惠更斯-菲涅耳原理,可圆满地解释光的干涉和衍射现象,也能解释光的直线传播。在进一步的研究中,菲涅耳观察到了光的偏振和偏振光的干涉。为了解释这些现象,菲涅耳假定光是一种在连续介质(以太)中传播的横波。为说明光在各种不同介质中的不同速度,又必须假定以太的特性在不同的物质中是不同的;在各向异性介质中还需要有更复杂的假设。此外,还必须给以太以更特殊的性质才能解释光不是纵波。如此性质的以太是难以想象的。

1846年,法拉第发现了光的振动面在磁场中发生旋转;1856年,韦伯发现光在真空中的速度等于电流强度的电磁单位与静电单位的比值。他们的发现表明光学现象与磁学、电学现象间有一定的内在关系。

1860年前后，麦克斯韦指出，电场和磁场的改变，不能局限于空间的某一部分，而是以等于电流的电磁单位与静电单位的比值的速度传播着，光就是这样一种电磁现象。这个结论在1888年为赫兹的实验所证实。然而，这样的理论还不能说明能产生像光这样高的频率的电振子的性质，也不能解释光的色散现象。到了1896年洛伦兹创立电子论，才解释了发光和物质吸收光的现象，也解释了光在物质中传播的各种特点，包括对色散现象的解释。在洛伦兹的理论中，以太乃是广袤无垠的不动的介质，其唯一特点是，在这种介质中光振动具有一定的传播速度。

在如炽热黑体辐射中，能量按波长分布这样重要的问题，洛伦兹理论还不能给出令人满意的解释。并且，如果认为洛伦兹关于以太的概念是正确的话，则可将不动的以太选为参照系，使人们能区别绝对运动和相对运动。而事实上，1887年迈克尔逊用干涉仪测定"以太风"，得到否定的结果，这表明到了洛伦兹电子论时期，人们对光的本性的认识仍然有不少片面性。

光的电磁论在整个物理学的发展中起着很重要的作用，它指出光与电磁现象的一致性，并且证明了各种自然现象之间存在相互联系这一辩证唯物论的基本原理，使人们在认识光的本性方面向前迈进了一大步。

在此期间，人们还用多种实验方法对光速进行了多次测定。1849年，斐索（A. H. L. Fizeau，1819—1896年）运用了旋转齿轮的方法及1862年傅科（J. L. Foucault，1819—1868年）使用旋转镜法测定了光在各种不同介质中的传播速度。

4. 量子光学时期

19世纪末到20世纪初，光学的研究深入到光的发生、光和物质相互作用的微观机制中。光的电磁理论的主要困难是不能解释光和物质相互作用的某些现象。例如，炽热黑体辐射中能量按波长分布的问题，特别是1887年赫兹发现的光电效应，如图0-3所示。

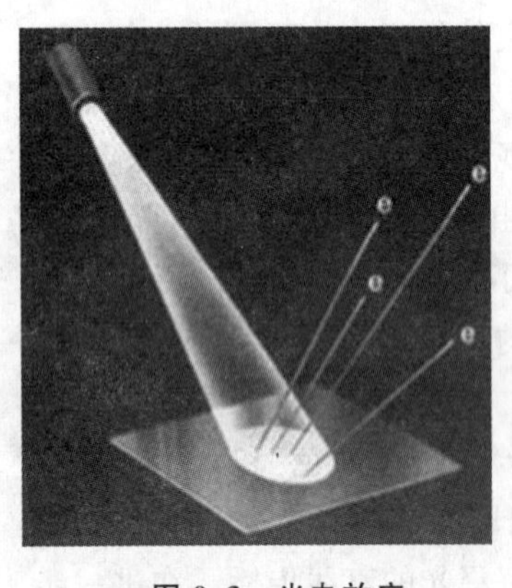

图 0-3　光电效应

1900年，普朗克从物质的分子结构理论中借用不连续性的概念，提出了辐射的量子论。他认为各种频率的电磁波（包括光）只能以各自确定分量的能量从振子射出，这种能量微粒称为量子，光的量子称为光子。量子论不仅很自然地解释了炽热黑体辐射能量按波长分布的规律，而且以全新的方式提出了光与物质相互作用的整个问题。量子论不但给光学，也给整个物理学提供了新的概念，所以通常把它的诞生视为近代物理学的起点。

1905年，爱因斯坦运用量子论解释了光电效应。他给光子做了十分明确的表示，特别指出光与物质相互作用时，光也是以光子为最小单位进行的。

1905年9月，德国《物理学年鉴》发表了爱因斯坦的《关于运动媒质的电动力学》一文。第一次提出了狭义相对论基本原理。文中指出，从伽利略和牛顿时代以来占统治地位的古典物理学，其应用范围只限于速度远远小于光速的情况，而他的新理论可解释与高速运动物体速度有关的过程的特征，从根本上放弃了以太的概念，圆满地解释了运动物体的光学现象。

20 世纪初，一方面从光的干涉、衍射、偏振及运动物体的光学现象确证了光是电磁波，另一方面又从热辐射、光电效应及光的化学作用等证明了光的量子性——微粒性。光和一切微观粒子都具有波粒二象性，这个认识促进了原子核和粒子研究的发展，也推动人们进一步探索光和物质的本质，包括实物和场的本质问题。为了彻底认清光的本性，还要不断探索，不断前进。

5. 现代光学时期

20 世纪中叶，特别是激光问世以后，光学开始进入了一个新的时期，成为现代物理学和现代科学技术前沿的重要组成部分。最重要的成就就是人们发现了爱因斯坦于 1916 年预言的原子和分子的受激辐射，并且创造了许多具体的产生受激辐射的技术。爱因斯坦研究辐射时指出，在一定条件下，如果能使受激辐射继续去激发其他粒子，造成连锁反应，雪崩似地获得放大效果，最后就可得到单色性极强的辐射，即激光。1960 年，梅曼用红宝石制成第一台可见光的激光器，同年制成氦氖激光器；1962 年产生了半导体激光器；1966 年产生了可调谐染料激光器。激光具有强度大、单色性好、方向性强等一系列独特的性能，自从它问世以来，很快被运用到材料加工、精密测量、通信、测距、全息检测、医疗、农业等极为广泛的技术领域。此外，激光还在同位素分离，信息处理、引发核聚变及军事上的应用等方面，展现了光辉的前景。

随着新技术的出现，新的理论也不断发展，已逐步形成了许多新的分支学科或边缘学科，光学的应用十分广泛。几何光学本来就是为设计各种光学仪器而发展起来的专门学科。随着科学技术的进步，物理光学也越来越显示出它的威力，例如，光的干涉目前仍是精密测量中无可替代的手段，衍射光栅则是重要的分光仪器，光谱在人类认识物质的微观结构(如原子结构、分子结构等)方面曾起了关键性的作用。

同时，人们把数学、电子技术和通信理论与光学结合起来，给光学引入了频谱、空间滤波、载波、线性变换及相关运算等概念，更新了经典成像光学，形成了所谓“傅里叶光学”。再加上由于激光所提供的相干光和尤利思及阿帕特内克斯改进了的全息术，形成了一个新的学科领域——光学信息处理。光学信息处理为信息传输和处理提供了崭新的技术，光纤通信就是依据这方面理论而获得的重要成就。

激光光谱学(激光喇曼光谱学、高分辨率光谱和皮秒超短脉冲)及可调谐激光技术的出现，使传统的光谱学发生了很大的变化，成为深入研究物质微观结构、运动规律及能量转换机制的重要手段，为凝聚态物理学、分子生物学和化学的动态过程的研究提供了前所未有的技术。

总之，现代光学和其他学科的结合，在人们的生产和生活中发挥着日益重大的作用和影响，正在成为人们认识自然、改造自然及提高劳动生产率的越来越强有力的武器。

1

几何光学基本原理和成像概念

几何光学是研究光的反射、折射及其有关的光学系统的成像规律的学科。几何光学撇开了光的波动本性，而以光线和波面等概念为基础，再根据一些基本实验定律，借助几何学方法来研究光在透明介质中的传播规律。以后我们将看到，几何光学仅仅在一定的条件下才适用，因而具有近似性，但这种近似性具有很重要的使用价值，光学仪器正是根据几何光学原理设计制作的。

1.1 几何光学基本定律

◆**知识点**

¤几何光学的基本概念

¤几何光学的基本定律

¤几何光学的基本原理

1.1.1 任务目标

知道几何光学的研究对象与方法，掌握几何光学的基本定律和光路可逆原理，了解费马原理。

1.1.2 知识平台

1.1.2.1 几何光学的基本概念

人类对光的研究，可以分为两个方面：一方面是研究光的本性，并根据光的本性来研究各种光学现象，称为物理光学；另一方面是研究光的传播规律和传播现象，称为几何光学。

对于光的本性的研究，虽然很早就已开始，但进展缓慢。对于光的本性的科学假说，最初是牛顿在1666年提出的，他认为光是一种弹性粒子，称为微粒说。1678年，惠更斯认为光是在"以太"中传播的弹性波，提出"波动说"。1873年，麦克斯韦根据电磁波的性质证明，光实际上是电磁波。1905年，爱因斯坦为了解释光电效应，提出"光子"假说。现代物理学认为，光是一种具有波粒二象性的物质，即光既有波动性又有粒子性，只是在一定的条件下，某种性质显得更为突出。一般说来，除了研究光与物质的相互作用必须考虑光的粒子性外，还可以把光作为电磁波看待，称为"光波"。

波长为380～760 nm的电磁波能够为人眼所感觉，称为可见光。不同波长的光产生不同颜色。同一波长的光，具有相同的颜色，称为单色光。不同波长的光混合而成的光称为复色光。白光是由各种波长的光混合而成的一种复色光。

不同波长的电磁波，在真空中具有完全相同的传播速度：$c \approx 3\times 10^8$ m/s。光的频率、光速和波长之间存在以下关系：

$$v=\frac{c}{\lambda} \tag{1-1}$$

因此不同波长的电磁波，其频率是不同的。在不同的介质中，如水、玻璃等，光的波速和波长同时改变，但频率不变。

1. 光源

从物理的观点看，辐射光能的物体称为发光体，或称为光源。当光源的大小与其辐射光能的作用距离相比可以忽略不计时，此发光体称为发光点，或称为点光源。例如，对于地球上的观察者来说，体积超过太阳系的恒星被认为是发光点。但是在几何光学中，发光体和发光点的概念与物理中有所不同。无论是本身发光的物体或被照明的物体，在研究光的传播时统称为发光体。在几何光学中，发光点被抽象为一个既无体积又无大小的几何点，任何被成像的物体都是由无数个这样的发光点所组成的。几何光学中的发光点只是一个种假设，在自然界中是不存在的。

2. 波面、光线和光束

1) 波面

光是一种电磁波，任何一个发光体都是一个波源。光的传播过程也正是电磁波的传播过程。光波是横波，在各向同性介质中，其电场的振动方向与传播方向垂直，振动相位相同的各点在某时刻所形成的曲面称为波面。波面可以是平面、球面或其他曲面。

2) 光线

几何光学中研究光的传播，并不是把光看成电磁波，而是把光看成能够传输能量的几何线，这样的几何线称为光线。其方向代表光线的传播方向，即光能的传播方向。光线实际上是不存在的，但是，利用它可以把光学中复杂的能量传输和光学成像问题归结为简单的几何运算问题，从而使所要处理的问题大为简化。

3) 光束

在各向同性介质中，光线沿着波面的法线方向传播，可以认为光波波面法线就是几何光学中的光线，与波面对应的法线束称为光束。相交于同一点或由同一点发出的一束光线称为同心光束，对应的波面形状为球面，称为球面波，如图1-1(a)所示。不会聚于一点的光束称为像散光束，对应的波面为非球面，如图 1-1(b)所示。平行光束对应的波面为平面，称为平面波，如图 1-1(c)所示。

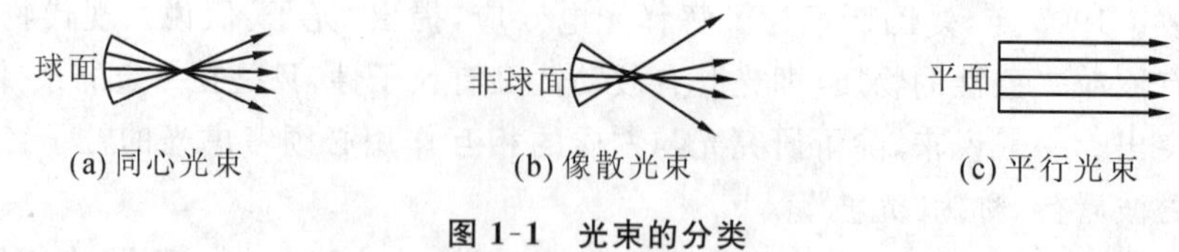

图 1-1 光束的分类

1.1.2.2 几何光学的基本定律

几何光学把研究光经过介质传播的问题归结为以下三个基本定律，它们是我们研究各种光的传播现象及物体经过光学系统成像过程的基础。

1. 光的直线传播定律

在各向同性的均匀介质中，光沿着直线传播，这就是光的直线传播定律。这一规律忽略了光作为电磁波的衍射特性。光的直线传播定律可以很好地解释影子的形成、日食、月食等自然现象。

2. 光的独立传播定律

从不同光源发出的光线，以不同的方向通过介质某点时，各光线彼此互不影响，就好像其他光线不存在而进行独立传播，这就是光的独立传播定律。利用这条定律，在研究某一光线的传播时，可以不考虑其他光线的影响。

3. 光的折射定律和反射定律

光的直线传播定律与光的独立传播定律概括了光在同种介质中的传播规律，而光的折射定律和反射定律是研究光传播到两种均匀介质分界面时的规律。

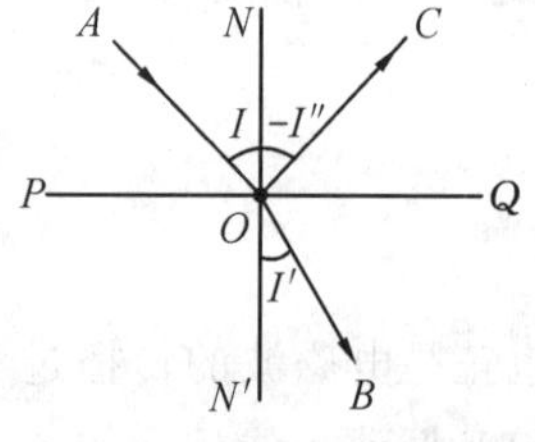

图 1-2 光线的折射与反射

如图 1-2 所示，入射光线 AO 入射到两种介质的分界面上时，在点 O 上发生折射、反射，其中 OC 是反射光线，OB 是折射光线，NN'为界面上点 O 处的法线。入射光线、反射光线和折射光线与法线的夹角为 I、I''和 I'，分别成为入射角、反射角和折射角，它们均为锐角，由光线转向法线，顺时针方向旋转形成的角度为正，反之为负。

1）反射定律

反射定律：反射光线位于由入射光线和法线所决定的平面内；
反射光线和入射光线位于法线的两侧，且反射角与入射角的大小相等，符号相反，即

$$I'' = -I \tag{1-2}$$

2）折射定律

a. 内容

折射光线位于入射光线和法线所决定的平面内；折射角的正弦与入射角正弦之比与入射角大小无关，仅由两种介质的性质决定。对于一定波长的光线而言，在一定温度和压力下，折射角的正弦与入射角的正弦的比值为一常数，等于入射光线所在介质的折射率 n 与折射光线

所在的介质的折射率 n' 之比，即

$$\frac{\sin I'}{\sin I}=\frac{n}{n'} \tag{1-3}$$

通常写为

$$n'\sin I'=n\sin I \tag{1-4}$$

b. 折射率

折射率是表征透明介质光学性质的重要参数。各种波长的光在真空中的传播速度均为 c，而在不同介质中的传播速度 v 各不相同，有 $v<c$。介质的折射率正是用来描述介质中光速减慢程度的物理量，即

$$n=\frac{c}{v} \tag{1-5}$$

真空中的折射率为 1。

在式(1-4)中，若令 $n'=-n$，则有 $I''=-I$，即折射定律转化为反射定律。这一结论是很有意义的，后面我们将看到，许多由折射定律得出的结论，只要令 $n'=-n$，就可以得出相应的反射定律结论。

3）全反射现象

a. 定义

光线入射到两种介质的分界面时，通常都会发生折射与反射。但在一定条件下，入射到介质上的光线会全部反射回原来的介质中，而没有折射光线产生。

b. 产生条件

通常把分界面两边折射率较高的介质称为光密介质，而把折射率较低的介质称为光疏介质。当光从光密介质向光疏介质传播时，因为 $n'<n$，根据折射定律 $n'\sin I'=n\sin I$，则 $I'>I$，折射光线相对于入射光线而言，更偏离法线方向，如图 1-3 所示。当入射角 I 增大到某一程度时，折射角 I' 达到 90°，折射光线沿界面掠射出去，这时候的入射角称为临界角，记为 I_c。

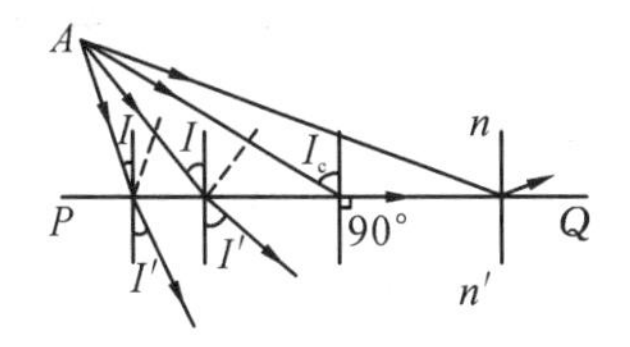

图 1-3 光的全反射现象

由折射定律(1-4)得

$$\sin I_c=(n'\sin I')/n=n'\sin 90°/n=n'/n \tag{1-6}$$

若入射角继续增大，使 $I>I_c$，即 $\sin I>n'/n$，由式(1-6)可知，$\sin I'>1$，显然这是不可能的。这表明入射角大于临界角的那些光线不能进入第二种介质，而全部反射回第一种介质，即发生了全反射现象。

发生全反射的条件可归结为：光线从光密介质进入光疏介质，且入射角大于临界角。

1.1.2.3 几何光学的基本原理

1. 光路可逆原理

根据几何光学的基本定律，容易知道光的传播具有可逆性。如图 1-4 所示，光线遵循几何光学的基本定律从点 A 沿一定路径（图中实线）传播到点 A'，若此时从点 A' 沿到达光线的反方向射

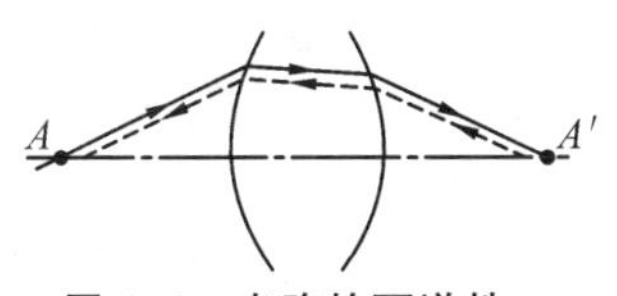

图 1-4 光路的可逆性

出一条光线(图 1-4 中的虚线),按照光的直线传播定律和折射定律,很容易判断得出,光线将沿同一路径的反方向到达点 A,光的这种传播特性称为光路的可逆性。利用这一特性,不但可以确定物体经过光学系统所成的像,还可以反过来由像确定物体的位置。

2. 费马原理

费马原理用“光程”的概念对光的传播规律做了更简明的概括。

1) 光程

光程是指光线在介质中传播的几何路程 l 与该介质的折射率 n 的乘积 s,即

$$s=nl \tag{1-7}$$

又将 $n=\frac{c}{v}$ 及 $l=vt$ 代入式(1-7),有

$$s=ct \tag{1-8}$$

由此可见,光线在某种介质中的光程等于同一时间内光线在真空中所走过的几何路程。

在图 1-5 中,如果光线从点 A 传播到点 A',经过了 k 个介质,走过的路径各为 $l_1, l_2, \cdots, l_k$,则光线经历的光程为

$$s=\sum_{i=1}^{k} n_i l_i$$

若光线经历的介质变化是连续的,如图 1-6 所示,则光程可用积分表示为

$$s=\int_A^B n\,\mathrm{d}l$$

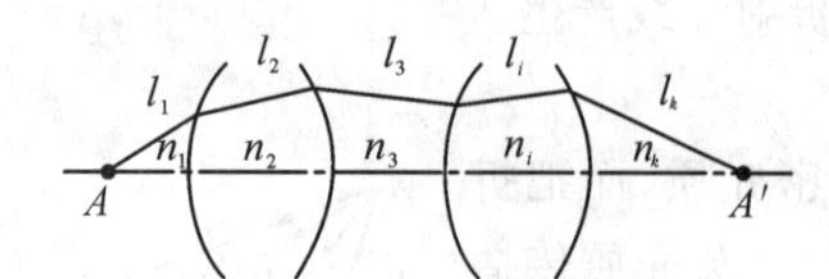

图 1-5 光线路径与光程

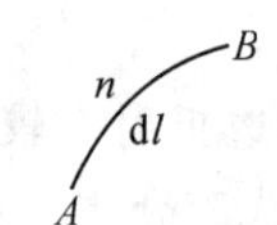

图 1-6 光在非均匀介质中的光线与光程

2) 费马原理

a. 内容

光线从一点传播到另一点,其间无论经过多少次折射或反射,其光程为极值,也就是说,光线沿光程为极值(极大值、极小值或常量值)的路径进行传播。

b. 数学表达式

$$\delta s=\delta\int_A^B n\,\mathrm{d}l=0 \tag{1-9}$$

即光程的一阶变分为零。

费马原理是描述光的传播的基本规律,无论是光的直线传播定律,还是光的反射定律和折射定律,均可由费马原理直接导出。

如图 1-7 所示,点 A 发出的光线在反射面 MM' 上由点 B 反射后通过点 C,遵守反射定律的光线 ABC 的光程较其他任一光线(如 $AB'C$)的光程都小。这一结论是容易证明的。在垂直线 CD 的延长线上取 $DC'=DC$,这样,$BC=BC'$,$B'C=B'C'$,A,B 和 C' 在一条直线上。它们的光程为

$$AB+BC<AB'+B'C$$

依据费马原理,所有从点 A 发出而被面 MM 反射的光线,除服从反射定律的光线 ABC 外,都不能通过点 C。

同理,可用费马原理证明折射定律的正确性。

在氖灯泵浦的固体激光器中,常用椭圆柱面反射来聚光以提高效率,如图1-8所示。氖灯和激光晶体棒分别在椭圆的两个焦点 A 和 B 上,根据椭圆的特性,从椭圆两个焦点引至椭圆上任一点的两个向径之和为一常数,可见光程 ACB 等于任意另一光程 $AC'B$。在这种情况,反射发生于光程为常量的一切路径上。

一个发光点 A 发出的光线被透镜会聚成一个像点 A',如图1-9所示,点 A 经过透镜任一处点 B 达像点 A' 的光程 $ABB'A'$ 为一个常量。假定通过透镜边缘处的光线如 ADA' 的光程为最大,通过其中心处光线 $AOOA'$ 光程为最小。由费马原理,如果这种情况下光线的光程极大的路径,则仅有边缘光线如 ADA' 和 AEA' 等存在;反之,则仅有中央一条光线 $AOOA'$ 存在。这些都与实验事实相违背,因此由点 A 到点 A' 的光线的光程都相等,这是透镜的等光程原理。

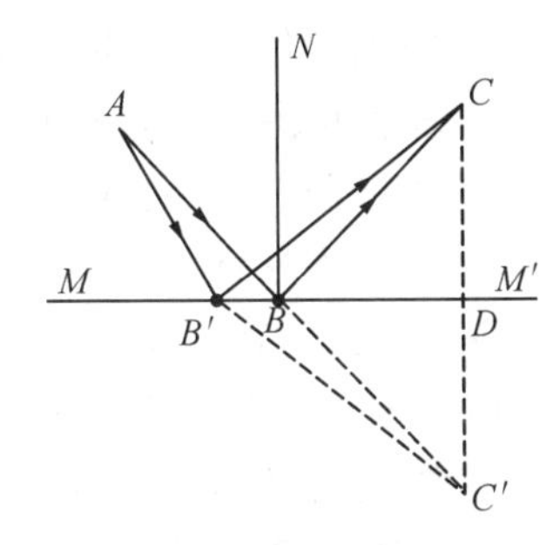

图1-7　反射定律的证明

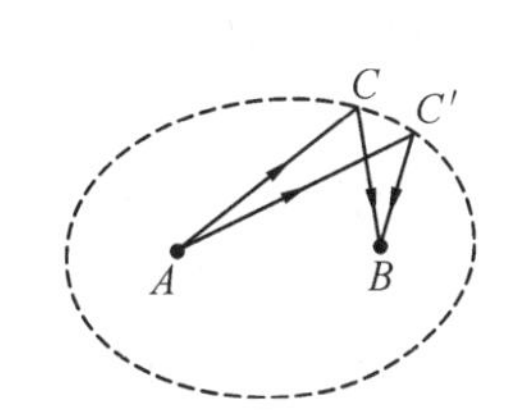

图1-8　椭圆柱

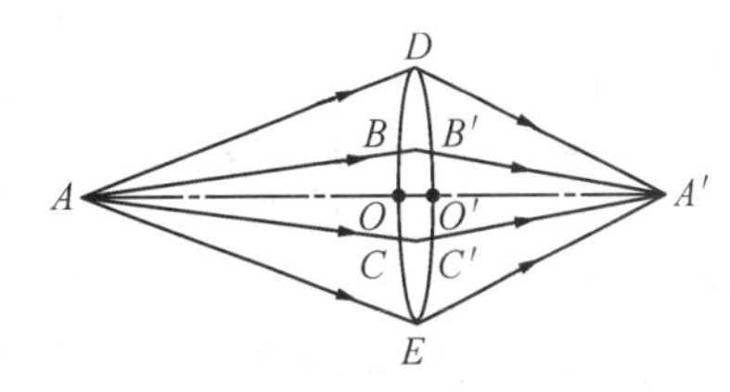

图1-9　透镜成像光线的等光程原理

1.1.3　知识应用

例1-1　有一个玻璃球,折射率为$\sqrt{2}$,有一光线入射到球面上,入射角为45°,求反射光线和折射光线间的夹角。

解　由反射定律得反射角,有

$$I''=-I=-45^\circ$$

由折射定律 $n'\sin I'=n\sin I$ 和 $n=1$,有

$$\sqrt{2}\sin I'=1\cdot\sin 45^\circ$$

得

$$I'=30^\circ$$

故反射光线和折射光线间的夹角为 $180^\circ-(45^\circ+30^\circ)=105^\circ$。

1.2　成像的基本概念、符号规则

◆**知识点**

¤常见光学器件和物像虚实关系

¤符号规则

1.2.1 任务目标

掌握物像虚实概念、完善成像的概念、符号规则的规定。

1.2.2 知识平台

1.2.2.1 光学系统

1. 光学系统的定义

人们在研究光的各种传播现象的基础上，设计和制造了各种各样的光学仪器，为生产和生活服务。例如，利用显微镜观察细小的物体，利用望远镜观察远距离的物体等。在所有光学仪器中，都是应用不同形状的曲面和不同的介质（如玻璃、晶体等）做成各种光学零件——反射镜、透镜和棱镜等，如图 1-10 所示，把它们按一定方式组合起来，使由物体发出的光线，经过这些光学零件的折射、反射以后，按照需要改变光的传播方向，随后射出光学系统，从而满足一定的使用要求，这样的光学零件的组合称为“光学系统”。

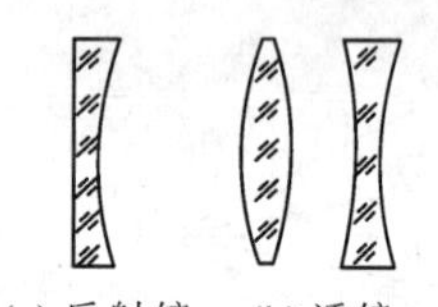
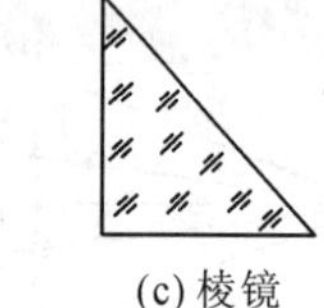
(a) 反射镜 (b) 透镜 (c) 棱镜

图 1-10 各种光学零件

2. 共轴光学系统和非共轴光学系统

如果组成光学系统的各个光学零件的表面曲率中心同在一条直线上，则该光学系统称为共轴光学系统，该直线称为光轴。光学系统中大部分为共轴光学系统，非共轴光学系统较少使用。

3. 球面系统和非球面系统

在各种不同形式的曲面中，目前能够比较方便地进行大量生产的只限于球面和平面（平面可以看成是半径为无限大的球面）。因此，绝大多数光学系统中的光学零件均由球面构成，这样的光学系统称为球面系统。如果光学系统中包含非球面，则称为非球面系统。在球面系统中，如果所有球心均位于同一直线上，由于球面对于通过球心的任意一条直线都对称，因此该直线就是整个系统的对称轴线，也就是系统的光轴，这样的系统称为共轴球面系统。目前广泛采用的光学系统大多数由共轴球面系统和平面镜、棱镜系统组合而成。图 1-11 中军用观察望远镜的光学系统就是由两个属于共轴球面系统的透镜组（物镜组和目镜组）、分划镜、两个全反射棱镜组成的。

4. 共轴球面光学系统的构成

实际上共轴球面光学系统都是由不同形状的透镜构成的。因此，单个透镜是共轴球面系统的基本组元。图 1-11 中望远镜的物镜组和目镜组就是分别由两片透镜和四片透镜组成的。

透镜根据形状不同可以分成两大类：第一类称为会聚透镜或正透镜，其特点是中心厚，边缘薄，有各种不同的形状，如图 1-12(a)所示；第二类称为发散透镜或负透镜，其特点是中心薄边缘厚，有各种不同的形状，如图 1-12(b)所示。

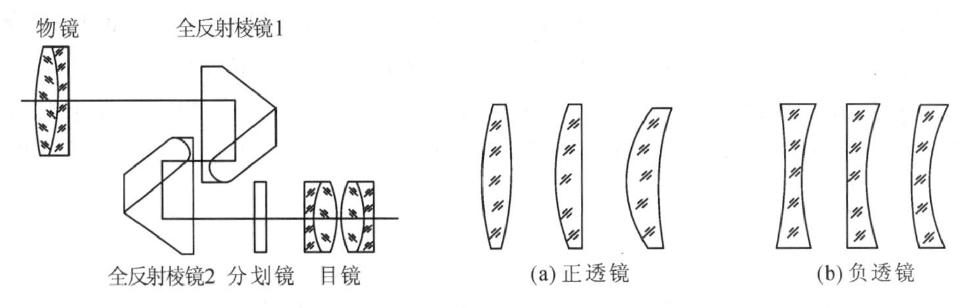

图 1-11 军用观察望远镜

图 1-12 正透镜、负透镜

1.2.2.2 物像概念

1. 物像虚实关系

光学系统对目标物体成像，目标物体发出的光线在未经过光学系统传播之前都称为物方光线，物方光线的会聚点处称为物，经过光学系统传播后的光线称为像方光线，像方光线的会聚点称为像。物有实物和虚物，像也有实像和虚像。实际光线相交的点为实物点或实像点，而由实际光线的延长线相交所形成的点为虚物点或虚像点。图 1-13 中分别表示了物体成像的四种不同情况。几个系统组合在一起时，前一系统形成的像可看成是当前系统的物。

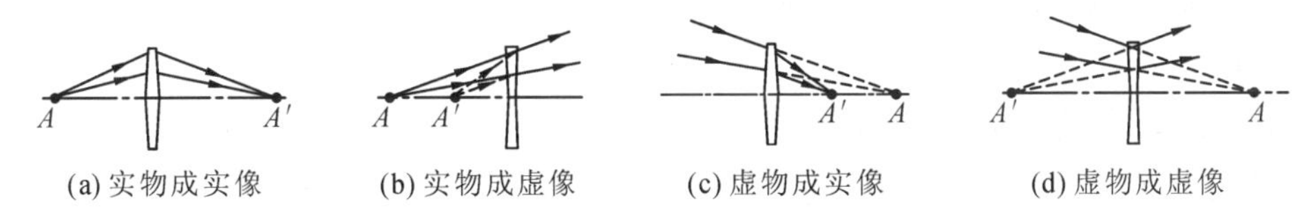

图 1-13 光学系统的几种物像关系

2. 物空间和像空间

物所在的空间称为物空间，像所在的空间称为像空间。

3. 共轭的概念

如图 1-13 所示，点 A'是点 A 的像，根据光路可逆原理，如果把像点 A'看成物点，则由点 A'发出的光线必相交于点 A，点 A 就成了点 A'通过光学系统的像。点 A 和点 A'间的这种对应关系称为共轭。

1.2.2.3 符号规则

1. 基本概念

如图 1-14 所示，折射球面 OE 是折射率为 n 和 n' 两种介质的分界面，C 为球面中心，OC 为球面曲率半径，用 r 来表示。通过球心 C 的直线即为光轴；光轴与球面的交点 O 称为顶点；通过物点和光轴的截面称为子午面；在子午面内，顶点 O 到光线与光轴的交点 A 的

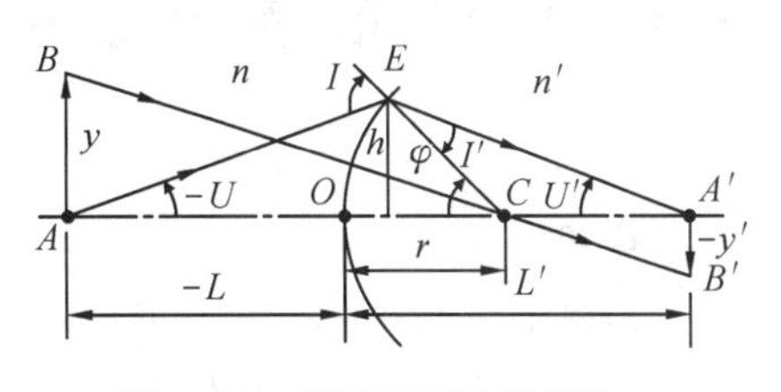

图 1-14 符号规则及其标注

距离 $L=OA$ 称为物方截距；入射光线与光轴的夹角 $U=\angle OAE$ 称为物方孔径角。

轴上物点 A 发出的光线 AE 经过折射面 OE 折射后，与光轴相交于 A'。同样，光线 EA' 的位置由像方截距 $L'=OA'$ 和像方孔径角 $U'=\angle OA'E$ 确定。通常，像方参量符号与对应的物方参量符号相同，并加“$'$”以示区别。在成像过程中，为了说明物、像的虚实和正倒、光路中光线的方向、球面的凹凸及球心位置等状况，几何光学在光路计算中建立了一套符号规则。

2. 符号规则内容

1）光路方向

光路方向即光线行走的方向，通常规定，光线从左到右传播为正，反之为负。因此，一般情况下，总是将物体放在光学系统的左面，使物体从左向右传播光线或经过系统成像。如果在实际分析中需要对光线做逆向计算，通常采用对光学系统翻转 180°的做法，仍利用光线从左向右传播的习惯规则。

2）线量的正负性

和一般数学中采用的坐标一样，规定由左向右为正，由下向上为正，反之为负。

各参量的计算起点和计算方法如下。

a. 沿轴线量

L、L'：由球面顶点算起到光线与光轴的交点，图 1-14 中 L 为负，L'、r 为正。

r：由球面顶点算起到球心，图 1-14 中 r 为正。

b. 垂轴线量

y、y'、h：以光轴为基准，在光轴以上为正，反之为负，图 1-14 中 y、h 为正，y'为负。

3）角度的正、负性

一律以锐角来度量，规定顺时针的角为正，逆时针的角为负。各参量的起始轴和转动方向如下。

U、U'：由光轴起转到光线，图 1-14 中 U 为负，U'为正；

I、I'：由光线起转到法线，图 1-14 中 I、I'为正；

φ：由光轴起转到法线，图 1-14 中 φ 为正。

4）符号标注规则

标在图上的一律为大于零的代数量。图 1-14 中，因为 $L<0$，标注为 $-L$。

1.3 球面光学成像系统

◆**知识点**

☐单个折射球面的物像关系及放大率

☐单个反射球面的物像关系及放大率

☐共轴球面系统的过渡公式、物像关系及放大率

1.3.1　任务目标

掌握单个折射球面、单个反射球面、共轴球面系统的物像关系及放大率公式，并能用相关公式进行计算。

1.3.2　知识平台

1.3.2.1　单个折射球面的成像

光学系统成像是光线经过各个折射(反射)面逐次成像的最终结果，单个折射球面成像是其中的基本过程。我们将从物像位置、物像大小和物像空间取向等关系来讨论单折射球面的成像特点。

1. 单个折射球面成像的计算

1）公式推导

单个折射球面成像的计算，是指在给定单个折射球面的结构参量 n、n' 和 r，由已入射光线坐标 L 和 U，计算折射后出射光线的坐标 L' 和 U'。

如图 1-14 所示，在△AEC 中，应用正弦定理有

$$\frac{\sin(-U)}{r}=\frac{\sin(180°-I)}{r-L}=\frac{\sin I}{r-L}$$

或

$$\sin I=\frac{L-r}{r}\sin U \tag{1-10}$$

由折射定律得

$$\sin I'=\frac{n}{n'}\sin I \tag{1-11}$$

由图 1-14 可知

$$\varphi=I+U=I'+U'$$

所以

$$U'=I+U-I' \tag{1-12}$$

同样，在△$A'EC$ 中应用正弦定理

$$\frac{\sin U'}{r}=\frac{\sin I'}{L'-r}$$

化简后得

$$L'=r\left(1+\frac{\sin I'}{\sin U'}\right) \tag{1-13}$$

式(1-10)～式(1-13)就是计算含轴面(子午面)在内光线光路的基本公式，可由已知的 L 和 U 求出 U' 和 L'。

2）不完善成像

由于折射面对称于光轴，对于在光轴上点 A 发出的任意一条光线，可以表示该光线绕轴一周所形成的锥面上全部光线的光路，显然这些光线在像方应交光轴于同一点。由式(1-13)可知，当 L 为定值时，L' 是 U 的函数。在图 1-15 中，若点 A 为光轴上的物点，发出同心光束，由于各光线具有不同的 U，所以光束经球面折射后，有不同的 L，也就是说，在像方的光束不与光轴交于一点，即失去了同心性。

3）物体位于物方光轴上无限远处

若物体位于物方光轴上无限远处，这时可认为由物体发出的光束是平行于光轴的平行光束，即 $L=-\infty$，$U=0$，如图 1-16 所示。此时，不能用式(1-10)计算入射角 I，而入射角应按下式计算：

$$\sin I=\frac{h}{r} \tag{1-14}$$

其中，h 为光线的入射高度。

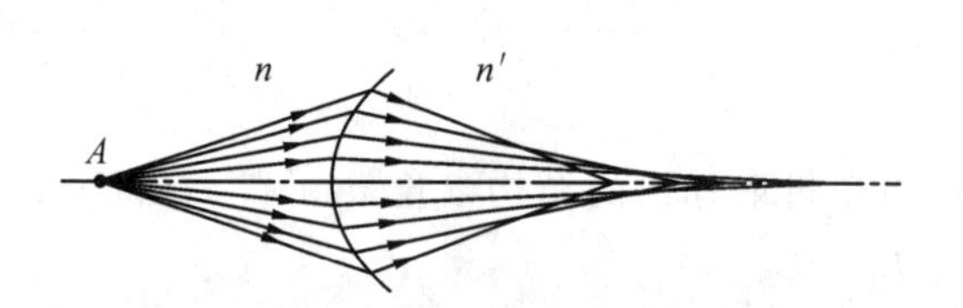

图 1-15　单个折射球面成不完善像

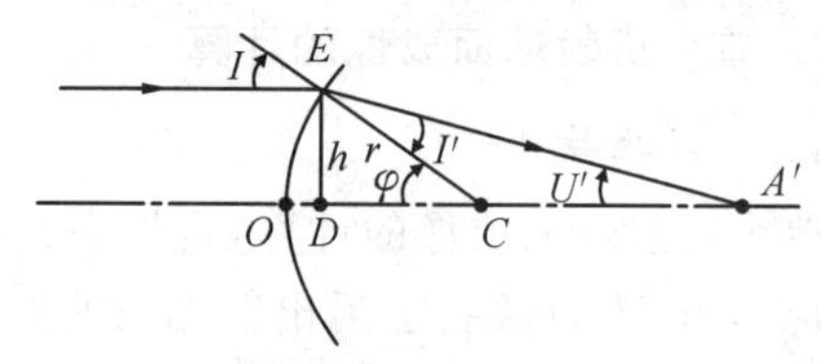

图 1-16　轴上无穷远点入射角的计算

2. 近轴区域成像计算

1）光路计算

a. 近轴区域成像公式

在图 1-14 中，如果限制 U 在一个很小的范围内，即从点 A 发出的光线都离光轴很近，这样的光线称为近轴光。由于 U 很小，相应的 I、I'、U' 等也很小时，这些角的正弦值可以用弧度来代替，用小写字母 u、i、i'、u' 来表示。近轴区域成像的计算公式可直接由式(1-10)～式(1-13)得到

$$i=\frac{l-r}{r}u \tag{1-15a}$$

$$i'=\frac{n}{n'}i \tag{1-15b}$$

$$u'=i+u-i' \tag{1-15c}$$

$$l'=r\left(1+\frac{i'}{u'}\right) \tag{1-15d}$$

b. 物体位于光轴上无限远处

物体位于光轴上无限远处，光线平行于光轴时，式(1-14)变为

$$i=\frac{h}{r} \tag{1-16}$$

由式(1-15)可以看出，当 u 改变 k 倍时，i、i'、u' 亦相应改变 k 倍，而在 l' 表示式中的 i'/u' 保持不变，即 l' 不随 u 的改变而改变。这表明由物点发出的一束细光束经折射后仍交于一

点，其像是完善像，称为高斯像。

c. 校对公式

显然，对于近轴点，如下关系成立：

$$h=lu=l'u' \tag{1-17}$$

式(1-17)即为近轴光线光路计算的校对公式。

2) 物像关系

a. 三个重要公式

将式(1-15a)和式(1-15d)代入式(1-15b)，并利用式(1-17)，可以导出如下三个重要公式：

$$n\left(\frac{1}{r}-\frac{1}{l}\right)=n'\left(\frac{1}{r}-\frac{1}{l'}\right)=Q \tag{1-18}$$

$$n'u'-nu=(n'-n)\frac{h}{r} \tag{1-19}$$

$$\frac{n'}{l'}-\frac{n}{l}=\frac{n'-n}{r} \tag{1-20}$$

b. 公式含义

式(1-18)中 Q 称为阿贝(Abbe)不变量，该式表明，对于单个折射球面，物空间和像空间的阿贝不变量 Q 相等，且 Q 的大小只与共轭点的位置有关。

式(1-19)表示近轴光线经球面折射前后的孔径角 u 和 u' 的关系。

式(1-20)表示折射球成像时，物、像位置 l 和 l' 之间的关系。已知物、像位置 l 和 l' 及 r、n、n'，可方便地求出其相共轭的像、物位置 l' 和 l。式(1-20)通常称为折射球面的物像关系公式，通常，l 称为物距，l' 称为像距，两者均以折射顶点为起始点。

3) 光焦度、焦点和焦距

a. 光焦度

式(1-20)右端仅与介质的折射率及球面曲率半径有关，因而对于一定的介质及一定形状的表面来说是一个常量，它表示球面的光学特征，称为该面的光焦度，以 φ 表示，即

$$\varphi=\frac{n'-n}{r} \tag{1-21}$$

当 r 以 m 为单位时，φ 的单位称为折光度，以字母 D 表示。例如，$n'=1.5$，$n=1.0$，$r=100$ mm 的球面，$\varphi=5$D。

b. 焦点和焦距

若物点位于轴上左方无限远处，即物距 $l=-\infty$，此时入射光线平行于光轴，经球面折射后交光轴于点 F'，如图 1-17 所示。这个特殊点是轴上无限远物点的像点，称为球面的像方焦点。从顶点 O 到点 F' 的距离称为像方焦距，用 f' 表示。将 $l=-\infty$ 代入式(1-20)可得

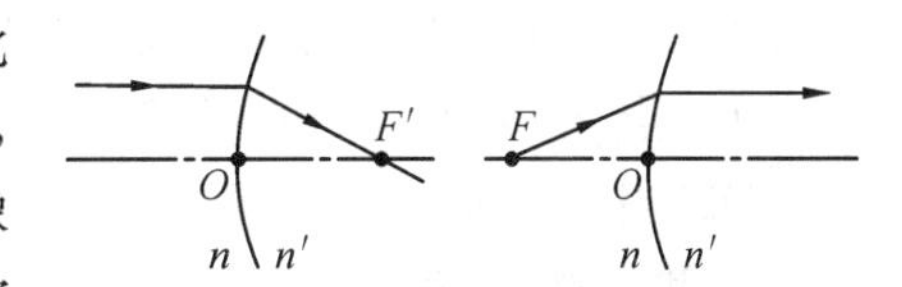

图 1-17　单个折射球面的焦点

$$f'=l'=\frac{n'}{n'-n}r \tag{1-22}$$

同理有球面的物方焦点 F 及物方焦距 f，且

$$f=-\frac{n}{n'-n}r \tag{1-23}$$

根据光焦度公式(1-21)及焦距公式(1-22)和式(1-23)，单折射球面两焦距和光焦度之间的关系为

$$\varphi=\frac{n'}{f'}=-\frac{n}{f} \tag{1-24}$$

所以，焦距 f 和 f' 也是折射面的特征量。

式(1-24)表示单个折射球面像方焦距 f' 与物方焦距 f 的比等于相应介质的折射率之比。由于 n 和 n' 不相等，故 $|f|\neq|f'|$。其中，负号表示物方焦点和像方焦点永远位于折射球面的左右两侧。

4) 放大率

光学系统对物体成像具有放大(或缩小)作用，像相对于物体的比例统称为放大率。

一般情况下，一个光学系统的放大率与物体的位置有关。在近轴区域里，光学系统对每个物体位置有唯一的放大率值。放大率有垂轴放大率、轴向放大率和角放大率三种。

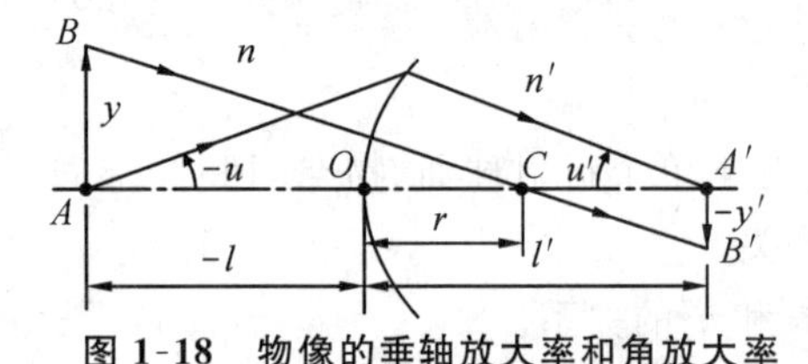

图 1-18 物像的垂轴放大率和角放大率

a. 垂轴放大率 β

图 1-18 表示垂轴物体 AB 被球面折射成像的情况。令物高和像高分别为 y 和 y'，即 $AB=y, A'B'=-y'$。

像的大小与物体的大小之比称为垂轴放大率或横向放大率，以希腊字母 β 表示，即

$$\beta=\frac{y'}{y} \tag{1-25}$$

由图 1-18 中 $\triangle ABC$ 和 $\triangle A'B'C$ 相似可得

$$\frac{-y'}{y}=\frac{l'-r}{-l+r} \quad 或 \quad \frac{y'}{y}=\beta=\frac{l'-r}{l-r}$$

由此式(1-25)可改写为

$$\beta=\frac{y'}{y}=\frac{nl'}{n'l} \tag{1-26}$$

当求得一对共轭点的截距 l 和 l' 后，可按式(1-26)求得通过该共轭点的一对共轭面上的垂轴放大率。由式(1-26)可知，垂轴放大率仅取决于共轭面的位置，在同一共轭面上，放大率为常数，故像必和物相似。

根据 β 的定义及式(1-26)，可以确定物体的成像特性，即像的正倒、虚实、放大和缩小。例如，对于单个折射球面而言，可以分析得到以下几个结论。

(1) 当 $\beta<0$ 时，y 和 y' 异号，表示成倒像；当 $\beta>0$ 时，y 和 y' 同号，表示成正像。

(2) 当 $\beta<0$ 时，l 和 l' 异号，表示物和像处于球面的两侧，实物成实像，虚物成虚像；当 $\beta>0$ 时，l 和 l' 同号，表示物和像处于球面的同侧，实物成虚像，虚物成实像。

(3) 当 $|\beta|>1$ 时，为放大像；当 $|\beta|<1$ 时，为缩小像；当 $|\beta|=1$ 时，为等大像。

b. 轴向放大率 α

轴向放大率是指光轴上的一对共轭点沿轴移动量之间的关系。如果物点沿轴向移动一个微小量 $\mathrm{d}l$，相应的像移动 $\mathrm{d}l'$，轴向放大率用希腊字母 α 表示，即

$$\alpha=\frac{\mathrm{d}l'}{\mathrm{d}l} \tag{1-27}$$

单个折射球面的轴向放大率 α 通过对式(1-20)微分得到，即

$$-\frac{n'\mathrm{d}l'}{l'^2}+\frac{n\mathrm{d}l}{l^2}=0$$

则有

$$\alpha=\frac{\mathrm{d}l'}{\mathrm{d}l}=\frac{nl'^2}{n'l^2}\quad 或\quad \alpha=\frac{n'}{n}\beta^2 \tag{1-28}$$

由式(1-28)可见，如果物体是一个沿轴放置的正方形，因垂轴放大率和轴向放大率不一致，则其像不再是正方形。还可以看出，折射球面的轴向放大率恒为正值，这表示物点沿轴移动，其像点以同样方向沿轴移动。

c. 角放大率 γ

在近轴区域内，通过物点的光线经过光学系统后，必然通过相应的像点，这样一对共轭光线与光轴夹角 u' 和 u 的比值，称为角放大率，用希腊字母 γ 表示，即

$$\gamma=\frac{u'}{u} \tag{1-29}$$

利用关系式 $lu=l'u'$，式(1-29)可写为

$$\gamma=\frac{l}{l'} \tag{1-30}$$

与式(1-26)比较，可得

$$\gamma=\frac{n}{n'}\cdot\frac{1}{\beta} \tag{1-31}$$

利用式(1-28)和式(1-31)，可得三个放大率之间的关系，即

$$\alpha\gamma=\frac{n'}{n}\beta^2\cdot\frac{n}{n'}\cdot\frac{1}{\beta}=\beta \tag{1-32}$$

5) 拉亥不变量 J

由 $\beta=y'/y=nl'/n'l$ 和 $\gamma=u'/u=l/l'$ 可得

$$nuy=n'u'y'=J \tag{1-33}$$

该式称为拉亥公式，此式表明在一对共轭平面内，成像的物高 y、成像光束的孔径角 u 和所在介质的折射率 n 三者的乘积是一个常数，用 J 表示，J 称为拉亥不变量。

1.3.2.2 单个球面反射镜的成像

在折射面的公式中，只要使 $n'=-n$ 便可直接得到反射球面的相应公式。

1. 物像位置公式

将 $n'=-n$ 代入式(1-20)，可得球面反射镜的物像位置公式，即

$$\frac{1}{l'}+\frac{1}{l}=\frac{2}{r} \tag{1-34}$$

2. 焦距大小

将 $n'=-n$ 代入式(1-22)和式(1-23)，可得球面反射镜的焦距，即

$$f=f'=\frac{r}{2} \tag{1-35}$$

该式表明球面反射镜的焦点位于球心和顶点的中间。对凸面镜，$r>0$，则 $f'>0$；对凹面镜，$r<0$，则 $f'<0$。

3. 放大率

同样，可以得到球面反射镜的三种放大率公式，即

$$\left.\begin{aligned}\beta&=-\frac{l'}{l}\\ \alpha&=-\beta^2\\ \gamma&=-\frac{1}{\beta}\end{aligned}\right\} \tag{1-36}$$

式(1-36)表明，球面反射镜的轴向放大率永远为负值，当物体沿光轴移动时，像总以相反的方向沿轴移动。当物体经偶数次反射时，轴向放大率为正。

4. 拉亥不变量

将 $n'=-n$ 代入式(1-33)，可得球面反射镜的拉亥不变量，即

$$J=uy=-u'y' \tag{1-37}$$

球面反射镜的物像关系如图 1-19 所示。当物体处于球面反射镜的球心时，由式(1-34)得 $l'=l=r$，并由式(1-36)得球心处的放大率为 $\beta=1$，$\alpha=-1$，$\gamma=1$。可见，此时球面反射镜成倒像。

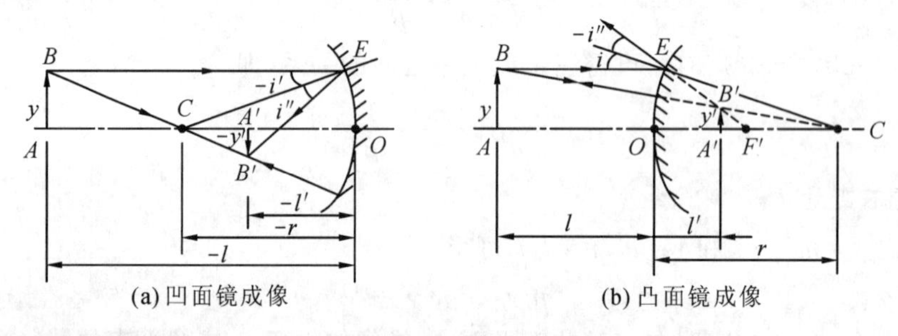

图 1-19 球面反射镜

1.3.2.3 共轴球面光学系统成像

实际光学系统通常由多个透镜、透镜组或反射镜组成，每个单透镜又由两个球面构成，因此，物体被光学系统成像就是被多个折(反)射球面逐次成像的过程。前面讨论了单个折(反)射球面的光路计算及成像特性，它对构成光学系统的每个球面都适用。因此，只要找到相邻两个球面之间的光路关系，就可以解决整个光学系统的光路计算问题，分析其成像特性。

1. 过渡公式

一个共轴球面系统由这些数据所确定：各折射球面的曲率半径为 $r_1,r_2,\cdots,r_k$，各个球面顶点之间的间隔为 $d_1,d_2,\cdots,d_{k-1}$，d_1 是第 1 个球面顶点到第 2 个球面顶点的间隔，d_2 是第

2个球面顶点到第3个球面顶点之间隔，以此类推；各球面间介质的折射率为 $n_1,n_2,\cdots,n_k$，n_{k+1}，n_1 是第1个球面之前的介质折射率，n_{k+1} 是第 k 个球面之后的介质折射率，以此类推。

在上列结构参量给定后，即可进行共轴球面系统的光路计算和其他有关量的计算。

单个球面的成像公式建立在以球面顶点为原点的直角坐标系下，因此，所谓过渡就是坐标系不断移动，将前一个坐标系下的像点过渡到下一个坐标系下的物点，即在坐标原点平移至下一个球面顶点的同时，将前一个球面的像参数转变为下一个球面的物参数。

图1-20表示一个在近轴区内物体在光学系统前三个球面中成像的情况。显然，第1个球面的像方空间就是第2个球面的物方空间，就是说，高度为 y_1 的物体 A_1B_1 用孔径角为 u_1 的光束经第1个球面折射成像后，其像 $A_1'B_1'$ 就是第2个球面的物体 A_2B_2，其像方孔径角 u_1' 就是第2个球面的物方孔径角 u_2，其像方折射率 n'_1 就是第2个球面的物方折射率 n_2。同样，第2个球面和第3个球面之间，第3个球面和第4个球面之间，都有这样的关系，如果光学系统有 k 个折（反）射面，并且已知系统的参数 $r_1,r_2\cdots,r_k,d_1,d_2,\cdots,d_k,n_1,n_2,\cdots,n_k$，$n_{k+1}$，以此类推，有

$$\left.\begin{aligned}
&n_2=n_1',n_3=n_2',\cdots,n_k=n_{k-1}'\\
&y_2=y_1',y_3=y_2',\cdots,y_k=y_{k-1}'\\
&u_2=u_1',u_3=u_2',\cdots,u_k=u'_{k-1}\\
&l_2=l_1'-d_1,l_3=l_2'-d_2,\cdots,l_k=l_{k-1}'-d_{k-1}\\
&h_2=h_1-d_1u_1',h_3=h_2-d_2u_2',\cdots,h_k=h_{k-1}-d_{k-1}u_{k-1}'
\end{aligned}\right\}\tag{1-38}$$

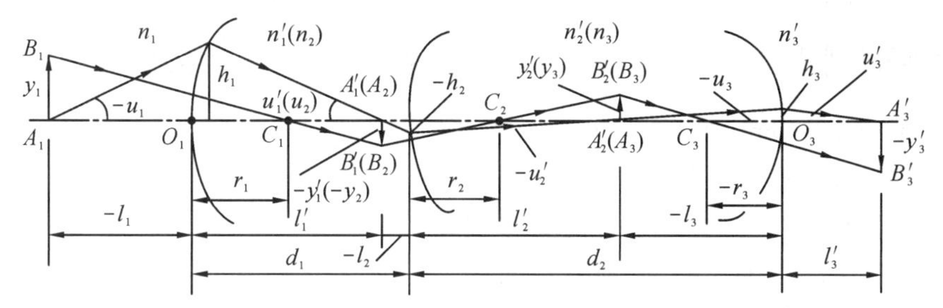

图1-20 共轴球面成像

对于给定的物点 (l_1,u_1,y_1)，可以按下面步骤顺序求得系统的像 (l'_k,u'_k,y'_k)。

(1)对第1个球面做单个球面成像计算，求得 (l_1',u_1',y_1')；

(2)用过渡公式 (l_1',u_1',y_1') 求得 (l_2,u_2,y_2)；

(3)对第2个球面做单个球面成像计算，求得 (l_2',u_2',y_2')；

(4)用过渡公式 (l_2',u_2',y_2') 求得 (l_3,u_3,y_3)；

(5)对第 k 个球面做单个球面成像计算，求得 (l_k',u_k',y_k')。

必须指出，式(1-38)为共轴球面光学系统近轴光路计算的过渡公式，对于宽光束的实际光线也适用，只需要将小写字母改为大写字母。

2. 放大率公式

共轴球面系统的放大率是各个球面依次放大的最终结果，所以很容易证明共轴球面系统

的放大率就是各个球面相应放大率的乘积，即

$$\left.\begin{aligned}\beta&=\frac{y'_k}{y_1}=\frac{y'_1}{y_1}\cdot\frac{y'_2}{y_2}\cdot\cdots\cdot\frac{y'_k}{y_k}=\beta_1\cdot\beta_2\cdot\cdots\cdot\beta_k\\ \alpha&=\frac{\mathrm{d}l'_k}{\mathrm{d}l_1}=\frac{\mathrm{d}l'_1}{\mathrm{d}l_1}\cdot\frac{\mathrm{d}l'_2}{\mathrm{d}l_2}\cdot\cdots\cdot\frac{\mathrm{d}l'_k}{\mathrm{d}l_k}=\alpha_1\cdot\alpha_2\cdot\cdots\cdot\alpha_k\\ \gamma&=\frac{u'_k}{u_1}=\frac{u'_1}{u_1}\cdot\frac{u'_2}{u_2}\cdot\cdots\cdot\frac{u'_k}{u_k}=\gamma_1\cdot\gamma_2\cdot\cdots\cdot\gamma_k\end{aligned}\right\}\tag{1-39}$$

三种放大率之间的关系依然成立，即

$$\alpha\gamma=\beta\tag{1-40}$$

由此可见，共轴球面系统的总放大率为各折射球面放大率的乘积，三种放大率之间的关系与单个折射球面的完全一样。

1.3.3 知识应用

例 1-2 如图 1-21 所示，半径为 $r=20$ mm 的折射球面，两边的折射率为 $n=1$，$n'=1.5163$，当物体位于距球面顶点为 $l_A=-60$ mm 时，求：

(1)轴上物点 A 的成像位置；

(2)垂轴物平面上距轴 10 mm 处物点 B 的成像位置。

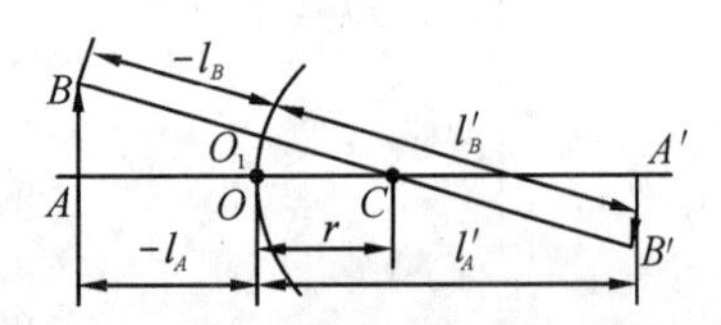

图 1-21 折射球面对 AB 物体成像

解 (1)将给定条件代入$\dfrac{n'}{l'}-\dfrac{n}{l}=\dfrac{n'-n}{r}$中，得

$$\frac{1.5163}{l'}-\frac{1}{-60}=\frac{1.5163-1}{20}$$

解得 $l'=165.75$ mm，即轴上物点 A 成像在距顶点 165.75 mm 处，该点距球心(165.75－20) mm＝145.75 mm。

(2)过轴外物点 B 作连接球心的直线，该直线也可以看成是一条(辅助)光轴，点 B 是该辅助光轴 O_1C 上的一个轴上点，其物距为

$$l_B=\{-[10^2+(60+20)^2]^{\frac{1}{2}}+20\}\text{mm}=-60.62\text{ mm}$$

利用$\dfrac{n'}{l'}-\dfrac{n}{l}=\dfrac{n'-n}{r}$得

$$\frac{1.5163}{l'}-\frac{1}{-60.62}=\frac{1.5163-1}{20}$$

解得 $l'_B=162.71$ mm，即轴外物点 B 成像在距球心(162.71－20)mm＝142.71 mm 的 B'处。

例 1-3 如图 1-22 所示，凹面镜的曲率半径为 160 mm，一个高度为 20 mm 的物体放在球面反射镜前 100 mm 处，试求像距、像高和垂轴放大率。

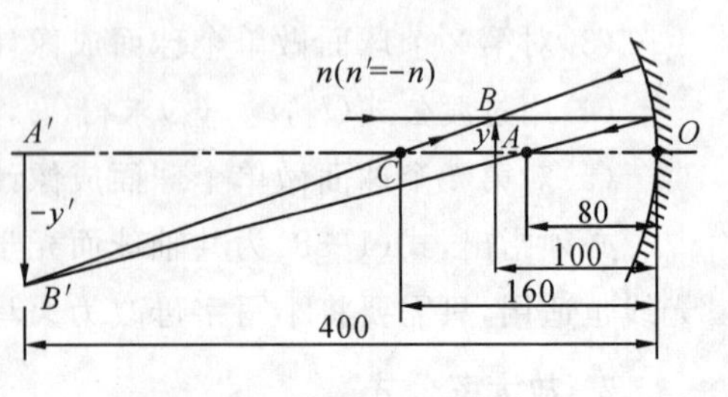

图 1-22 球面反射镜成像

解 由题意已知，$r=-160$ mm，$l=-100$ mm，$y=20$ mm，代入式(1-34)得

$$\frac{1}{l'}+\frac{1}{-100}=\frac{2}{-160}$$

解得

$$l'=-400\ \text{mm}$$

$$\beta=\frac{y'}{y}=-\frac{l'}{l}=-\frac{-400}{-100}=-4$$

$$y'=\beta y=-4\times20\ \text{mm}=-80\ \text{mm}$$

垂轴放大率为负值表示倒立成像；像距为负值表示像位于反射镜的左侧，为实像。

例 1-4　有一个玻璃球，直径为 $2R$（如图 1-23 所示），折射率为 1.5。一束近轴平行光入射，将会聚于何处？若后半球面镀银成反射面，光束又会聚于何处？

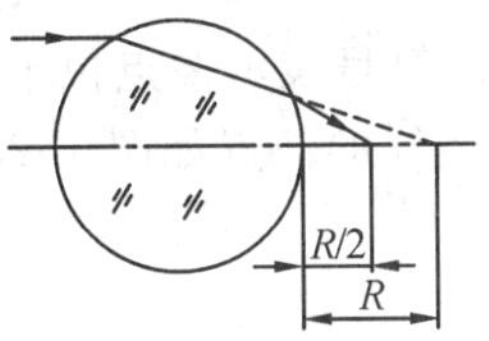

(a) 透明玻璃球成像

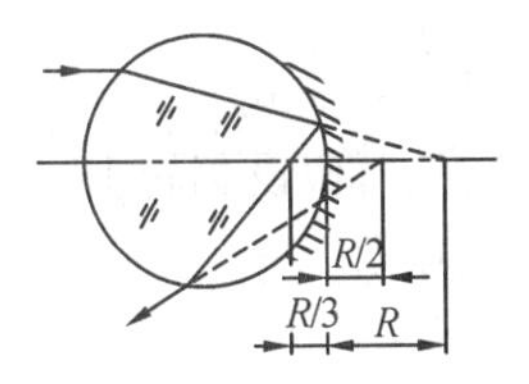

(b) 玻璃球反面镀银成像

图 1-23　例 1-4 图

解　第一种情况如图 1-23(a)所示，光束经过两次成像后会聚。依题意，已知 $r_1=R$，$r_2=-R$，$n_1=1$，$n_2=1.5$，$n_3=1$。

第一次成像，$l_1=-\infty$，$r=R$，$n_1=1$，$n_1'=n_2=1.5$，$\frac{1}{l'}+\frac{1}{l}=\frac{2}{r}$有

$$\frac{1.5}{l_1'}-\frac{1}{-\infty}=\frac{1.5-1}{R}$$

于是 $l_1'=3R$，即无穷远物体经过第一个球面后成实像，是一个实物成实像的过程，其像距位于距玻璃球前表面右侧的 $3R$ 处，且位于第 2 个球面右侧 R 处。由于第 1 个球面的像是第 2 个球面的物，又因其位于第 2 个球面右侧，因此对于第 2 个面而言是个虚物。

第二次成像，由式(1-38)求得

$$l_2=l_1'-d=3R-2R=R$$

$$n_2=n_1'=1.5,\quad n_2'=1$$

由$\frac{n'}{l'}-\frac{n}{l}=\frac{n'-n}{r}$有

$$\frac{1}{l_2'}-\frac{1.5}{R}=\frac{1-1.5}{-R}$$

得 $l_2'=R/2$，即两次成像最终会聚于第 2 个球面的右侧 $R/2$ 处，对第 2 个球面而言，是一个虚物成实像的过程。

第二种情况如图 1-23(b)所示，光束经三次成像后会聚。第一次光束经玻璃球的前表面折射(同前一种情况)，第二次光束经后表面的镀银面反射，第三次光束再经前表面折射后出射，由图 1-23(b)可以看出，第三次成像时光束从右到左传播。

第一次折射同前，得 $l_1'=3R$。

第二次被反射面成像，有 $l_2=R$，$r_2=-R$，代入反射镜成像公式$\frac{1}{l'}+\frac{1}{l}=\frac{2}{r}$，有

$$\frac{1}{l_2'}+\frac{1}{R}=\frac{2}{-R}$$

得

$$l_2' = -\frac{R}{3}$$

即经过第 2 个球面反射后成像于反射面左侧 $R/3$ 处，虚物成实像。

第三次成像时，实际光线从右到左，为了利用符号规则，可假设将系统翻转 180°，仍然使光线从左到右传播，此时有 $l_3=-5R/3, r_3=-R, n=1.5, n_3'=1$，代入 $\frac{n'}{l'}-\frac{n}{l}=\frac{n'-n}{r}$ 有

$$\frac{1}{l_3'}-\frac{1.5}{-5R/3}=\frac{1-1.5}{-R}$$

得 $l_3'=-5R/2=-2.5R$。符号表示像点位于距折射表面沿光路方向的相反方向位置。计算结果再假设翻转 180°，使最终的像点如图 1-23(b)所示，即成像于反射面右侧 $0.5R$ 处，实物成虚像。

1.3.4 视窗与链接

1.3.4.1 被动光源

自行车的直角锥反射器是运用正立方微棱镜阵列的回光特性而制成的一种安全装置。在夜间或恶劣的环境下，它能很好反射光束，成为被动光源，使驾驶员或行人有效地识别目标，以保证夜间行车的安全和方便，在国内外已广泛应用于高速公路、车辆、机场、码头、矿井和劳动防护、少儿交通安全防护、广告媒介、国防建设等设施中。但由于目前自行车的反射器制作设计不尽完善，只能用于装饰，尚未真正起到回光作用。如果能精心设计，严格制作优良的反射器，将会对交通安全带来很大的好处。

又如现在制成具有反光功能的消防救护衣，这种服装用阻燃卡其布作面料，肩部缀有定向反射织物，运用它的回光特性，在黑暗中穿着这种救护衣，当用手电照射时，肩上的反光织物就能将其反射折回，能大大加强救护中的相互联络。

1.3.4.2 全反射的应用

全反射广泛地应用于光学仪器中。利用全反射原理构成的反射棱镜，如图 1-24(a)所示。用它来代替全反光膜的反射镜，能够减少光能损失。因为一般全反光膜的反射镜不能使光线全部反射，大约 10%的光线将被吸收，而且反光膜容易变质和损伤。利用棱镜全反射必须满足全反射条件，即全部光线在反射面上的入射角都必须大于临界角。

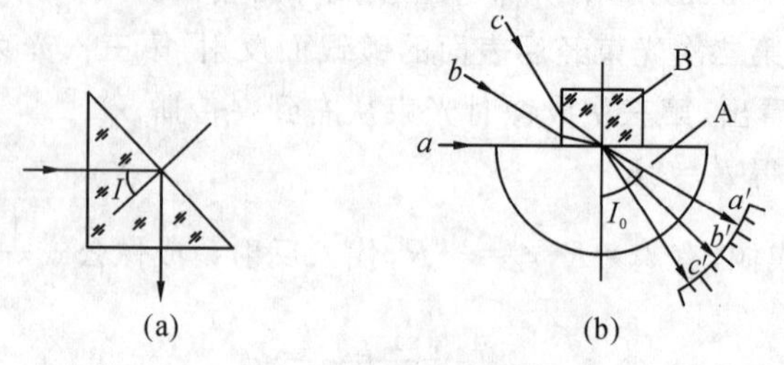

图 1-24 全反射现象的应用

全反射现象的另一个重要应用就是利用它来测量介质的折射率。如图1-24(b)所示,A是一种折射率已知的介质,设其折射率为 n_A;B是需要测量的折射率的介质,其折射率用 n_B 表示。假设 $n_A>n_B$,从各方向射来的光线 a、b、c 经过两个介质的分界面折射后,对应最大的折射角显然和掠过分界面的光线 a 的折射角相同,其值等于全反射角 I_0。全部折射光线的折射角均小于 I_0,超出便没有折射光线存在。因此,可以找出一个亮暗的分界线。利用测角装置,测出 I_0 的大小,根据全反射公式有

$$\sin I_0=\frac{n_B}{n_A} \quad 或 \quad n_B=n_A\sin I_0 \tag{1-41}$$

将已知的 n_A 和测得的 I_0 代入式(1-41),即可求出 n_B。常用的阿贝折射仪和普氏折射仪就是利用测量临界角的原理构成的,近年来新出现的一种指纹检查仪也应用了全反射原理。

目前,广泛应用于光通信的光纤和各种光纤传感器,其最基本的原理就是利用全反射原理传输光波。图1-25表示了光纤的基本结构和光纤传输的基本原理,单根光纤由内层折射率较高的纤芯和外层折射率较低的包层组成。光线从光纤的一端以入射角 I 耦合进入光纤纤芯,投射到纤芯与包层的分界面上,在此分界面上,入射角大于临界角的那些光线在纤芯内连续发生全反射,直至传到光纤的另一端面出射。可见,只要满足一定的条件,光就能在光纤内以全反射的形式传输很远的距离。将许多单根光纤按序排列形成光纤束,即光缆,可用于传递图像和光能,如在医用内窥镜系统中,用一根光缆将光传输到体内用于照明,而用另外一根光缆将光学系统所成图像传输出来,以供医生观察。由于光纤很细,比较柔软,可弯曲,通过光纤束探入人体内部的一些部位(如胃、膀胱等)进行照明和窥视。

光纤现已成为一种新的光学基本器件,它不仅可作光学窥视,更重要的是用于光通信。同时,光纤也是一些新型光学系统,如激光器和光放大器的组成部分。

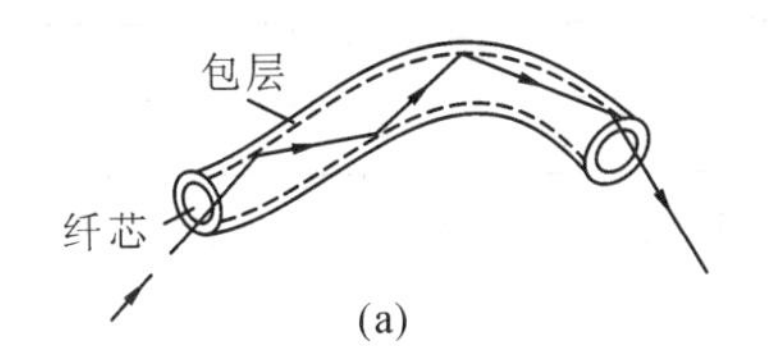

(a)

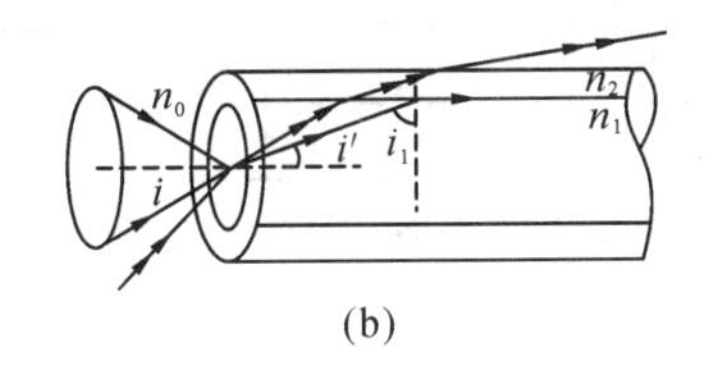

(b)

图1-25 全反射光纤

1.3.4.3 现代几何光学

除了可用逐次成像方法和基点法求出共轴球面系统的物像关系之外,在近几十年,激光和计算机技术的发展,引起几何光学的日新月异的变化。全新的方法、理论和新的概念层出不穷。除了上述基本经典内容外,一些几何光学的前沿课题,如光纤传输、梯度折射率光学、光学系统的像质评价、光学传递函数等,用矩阵方法建立起的物像之间的关系特别适用于计算机处理,这为光学系统的计算机自动设计创造了条件。

习 题 1

1-1 举例说明光传播中几何光学各基本定律的现象和应用。

1-2 证明:光线通过两个表面平行的玻璃板时,出射光线与入射光线的方向平行。

1-3 光线由水中射向空气,求在界面处发生全反射时的临界角。当光线由玻璃内部射

向空气时，临界角又为多少（$n_{水}=1.333$，$n_{玻璃}=1.52$）？

1-4 一根没有包外层的光线折射率为1.3，一束光线以 u_1 为入射角从光纤的一端射入，利用全反射通过光纤，求光线能够通过光纤的最大入射角 $u_{1\max}$。实际应用中，为了保护光纤，在光纤的外径处加一个包层，设光纤的内芯折射率为1.7，外包层的折射率为1.52，此时光纤的最大入射角 $u_{2\max}$ 为多少？

1-5 在题1-4中，若光纤的长度为2 m，直径为20 μm，设光纤平直，以最大入射角入射的光线从光纤的另一端射出时，经历了多少次反射？

1-6 一个高18 mm的物体位于折射球面前180 mm处，球面半径 $r=30$ mm，$n=1$，$n'=1.52$，求像的位置、大小、正倒及虚实状况。

1-7 简化眼把人眼的成像归结为一个曲率半径为5.7 mm，介质折射率为1.333的单球面折射，求这种简化眼的焦点位置和光焦度。

1-8 有一个玻璃球，折射率为 $n=1.5$，半径为 R，放在空气中。

(1)物体在无限远时，经过玻璃球，成像在何处？

(2)物体在球面前 $2R$ 处时，像在何处？像的大小为多少？

1-9 一个实物放在曲率半径为 R 的凹面镜前的什么位置才能得到：

(1)垂轴放大率为4倍的实像；

(2)垂轴放大率为4倍的虚像。

1-10 一物体在球面镜前150 mm处，成实像于镜前100 mm处。如果有一个虚物位于球面镜后150 mm处，求成像的位置？球面镜是凸面镜还是凹面镜？

1-11 有一个光学透镜，其结构参数如下：

r/mm	d/mm	n
100	300	1.5
∞		

当 $l_1=\infty$ 时，其像在何处？如果在第二面的表面上刻十字线，十字线的共轭像在何处？

2

理想光学系统

2.1 理想光学系统的基点与基面

◆**知识点**

¤理想光学系统

¤理想光学系统的基点和基面

2.1.1 任务目标

了解理想光学系统的基本特性;掌握其基点和基面的概念、特点。

2.1.2 知识平台

2.1.2.1 理想光学系统

光学系统多用于对物体成像。实际的光学系统要求对一定大小的物体,以一定宽度的光束成近似完善的像。

空间任意大的物体以任意宽的光束入射均能成完善像的光学系统称为理想光学系统。共轴理想光学系统的理论在1841年由高斯建立,因此也称为高斯光学。

理想光学系统处于均匀介质中,物空间和像空间的光线均为直线。在物空间的一点,对应于像空间的一点,这样的一对点称为共轭点,它们的位置是光线通过一定的几何关系确定下来的,这种几何关系称为共线成像。

理想光学系统具有如下基本性质。

1. 点成点像

物空间的每个点,在像空间必有一个点,且只有一个点与之对应,这两个对应点称为物、像空间的共轭点。

2. 线成线像

物空间的每条直线在像空间中必有一条直线，且只有一条直线与之对应，这两条对应直线称为物、像空间的共轭线。

3. 平面成平面像

物空间的每个平面，在像空间中必有一个平面，且只有一个平面与之对应，这两个对应平面称为物、像空间的共轭面。

4. 对称轴共轭

物空间和像空间存在着一对唯一的共轭对称轴，当物点 A 绕物空间的对称轴旋转任意角度时，它的共轭像点也绕像空间的对称轴旋转同样的角度，这样的一对共轭轴称为光轴。

共线成像理论是理想光学系统的理论基础，即如果物空间的一点位于一条直线上，那么其在像空间的共轭点必在该直线的共轭线上。

2.1.2.2 理想光学系统的基点与基面

理想光学系统只是光学系统的一个理论模型，它不涉及光学系统的具体结构。对于理想光学系统的讨论是根据共线成像理论来研究物和像之间的关系。只要知道理想光学系统的一些特定的点和面，该系统的成像特性就能完全确定，这些点和面称为基点和基面。

1. 焦点和焦平面

平行于光轴的入射光线对应的出射光线与光轴的交点称为像方焦点。

出射光线与光轴平行的物方光轴上的发光点称为物方焦点。

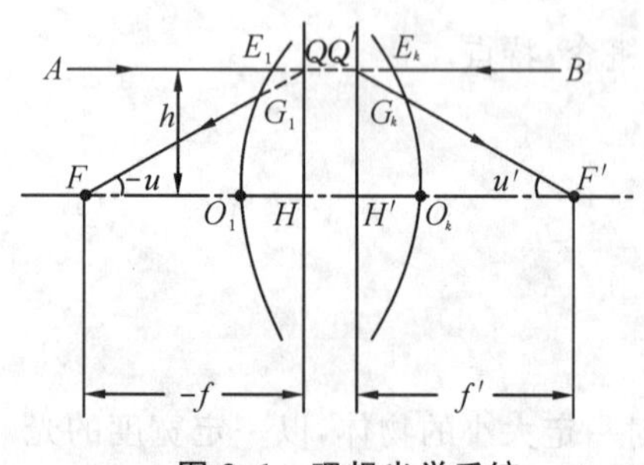

图 2-1 理想光学系统

如图 2-1 所示的理想光学系统，O_1 和 O_k 是其第一个面和最后一个面的顶点，FF' 为光轴。如果在物空间有一条平行于光轴的光线 AE_1 经光学系统各面折射后，其折射光线交光轴于一点。另一条物方光线 FO_1 与光轴重合，其折射光线仍沿光轴方向射出。由于物方两平行入射光线 AE_1 和 FO_1 的交点在左方无穷远的光轴上，所以说像方焦点 F' 与物方光轴上的无穷远点共轭。

与像方焦点类似，物方焦点 F 与像方无穷远光轴上的点共轭。

通过像方焦点且垂直于光轴的平面称为像方焦平面。像方焦平面是物方无穷远处垂轴平面的共轭面。如图 2-2(a)所示，由物方无限远处射来的任何方向的平行光束，经光学系统后必然会聚于像方焦平面上的一点。

通过物方焦点且垂直于光轴的平面称为物方焦平面，它是像方无限远处垂轴平面的共轭面。如图 2-2(b)所示，由物方焦平面上任意一点发出的光束经光学系统后，均以平行光束射出。

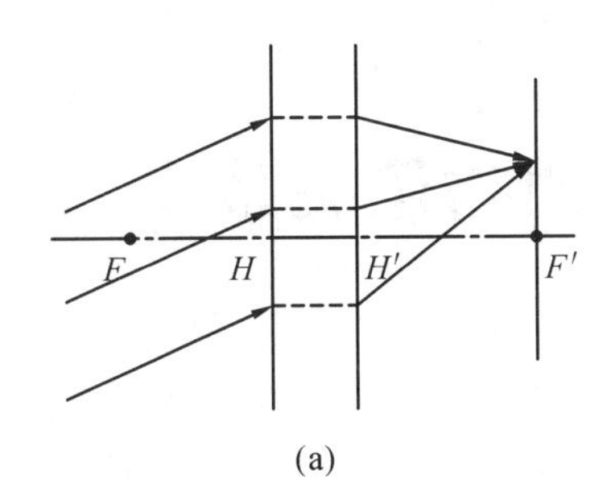

(a)

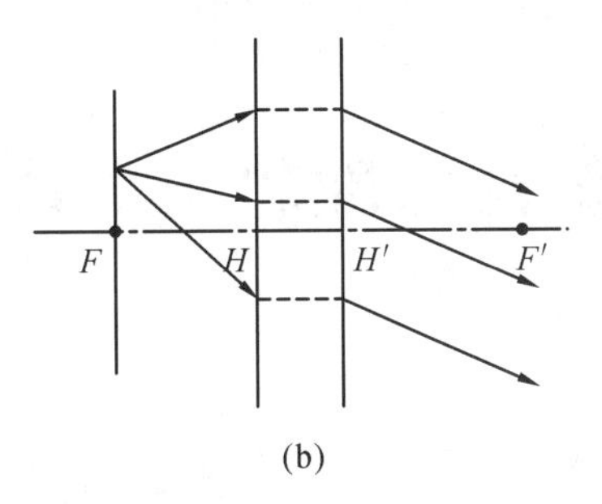

(b)

图 2-2　焦平面性质

2. 主点和主平面

过平行于光轴的入射光线和与其对应的出射光线的交点，且垂直于光轴的平面称为像方主平面。过平行于光轴的出射光线和与其对应的入射光线的交点，且垂直于光轴的平面称为物方主平面。

在图 2-1 中，延长入射光线 AE_1 和出射光线 G_kF' 得到交点 Q'；同样延长光线 BE_k 和 G_1F，可得交点 Q。若设光线 AE_1 和 BE_k 入射高度相同，且都在子午面内，则由于光线 AE_1 与 G_kF' 共轭，BE_k 与 G_1F 共轭，共轭线的交点 Q' 与 Q 必共轭。并由此推得，过点 Q 和 Q' 作垂直于光轴的平面 QH 和 $Q'H'$ 也互相共轭。位于这两个平面内的共轭线段 QH 和 $Q'H'$ 具有同样的高度，且位于光轴的同一侧，故这两个平面的垂轴放大率 $\beta=1$。其中，QH 称为物方主平面，$Q'H'$ 称为像方主平面。

像方主平面与光轴的交点 H' 称为像方主点。物方主平面与光轴的交点 H 称为物方主点。

物方主点和像方主点是一对共轭点，物方主平面与像方主平面是一对共轭平面。主平面的垂轴放大率为 1。当物空间任意一条光线和物方主平面的交点为 Q 时，则它的共轭光线和像方主平面的交点为 Q'，点 Q 和点 Q' 距光轴的距离相等。

一对主点和一对焦点是光学系统的基本点，它们构成一个光学系统的基本模型。

3. 焦距

自物方主点 H 到物方焦点 F 的距离称为物方焦距，以 f 表示。自像方主点 H' 到像方焦点 F' 的距离称为像方焦距，以 f' 表示。

焦距的正负是以相应的主点为原点来确定的，如果由主点到相应的焦点的方向与规定的光路正方向一致，则焦距为正，反之为负。如果光学系统的焦距为正，则成为正光组；反之为负光组。

4. 节点和节平面

理想光学系统中还有一对角放大率为 1 的共轭点，称为节点 J 和 J'。如图 2-3 所示，通过这对共轭点的光线方向不变。

若光学系统位于同一介质中，节点与主点重合。

图 2-3　节点示意图

焦点、主点、节点统称为理想光学系统的基点。这些点的位置确定以后，理想光学系统的成像性质就确定了。所以，理想光学系统的基点表征了系统的特性。

2.2 图解法求理想光学系统的物像关系

◆**知识点**

¤图解法求像

2.2.1 任务目标

会用图解法求任意位置和大小的物体经理想光学系统所成的像。

2.2.2 知识平台

已知一个理想光学系统的主点(或节点)和焦点的位置,根据它们的性质,对物空间给定的点、线和面,用作图的方法可以求出其像,这种方法称为图解法。

2.2.2.1 作图常用的典型光线和性质

对于理想光学系统,点成点像,所以,只需找出由物点发出的两条特殊光线在像空间的共轭光线,则它们的交点就是该物点的像。

可以选择的光线和利用的性质如下:

(1)平行于光轴入射的光线,经系统后过像方焦点;

(2)过物方焦点的光线经系统后平行于光轴;

(3)过节点的光线相互平行;

(4)倾斜于光轴入射的平行光束过系统后交于像方焦平面;

(5)自物方焦平面上一点发出的光束经系统后为平行光;

(6)光线与主平面的交点,其高度相等。

可以选用适当的辅助光线来求解。选用的辅助光线应是与欲作图的光线密切相关,且能直接画出其共轭光线者。

2.2.2.2 轴外点作图求像

如图 2-4(a)所示,求轴外点 A 的像,只需过点 A 作两条入射光线,其中一条光线平行于光轴,出射光线必过像方焦点 F';另一条光线过物方焦点 F,出射光线必平行于光轴。两条出射光线的交点 A' 就是物点 A 的像。

如图 2-4(b)所示,当光学系统在空气中时,节点和主点重合。也可以过点 A 作一条通过主点 H(节点 J)的光线,其出射光线一定过 J',且与 AH 平行。再作一条从点 A 发出,过物方焦点 F 的光线。两条出射光线的交点 A' 就是物点 A 的像。

若是过点 A 的垂轴物体 AB,由于 $A'B'$ 一定垂直于光轴,且 B' 一定在光轴上,那么过像

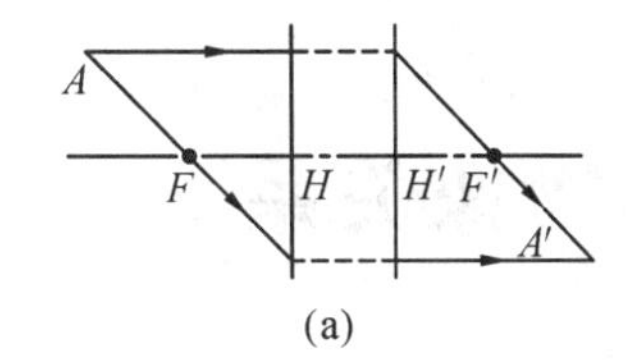

(a)

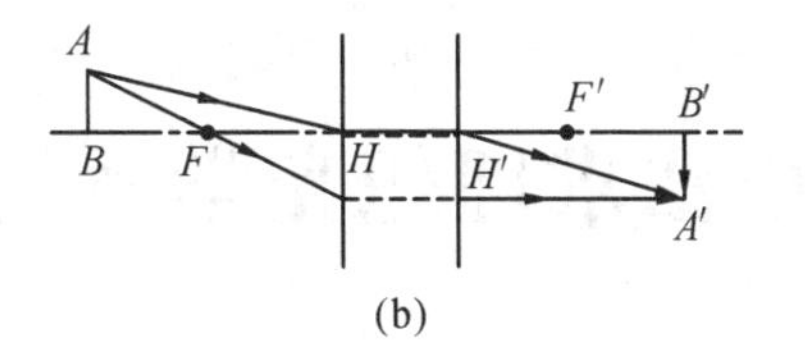

(b)

图 2-4　轴外点作图

点 A' 作垂轴线段 $A'B'$ 就是物体 AB 经光学系统后所成的像。

2.2.2.3　轴上点作图求像

根据主平面和焦平面的性质，具体作图方法如下。

方法一：过物方焦点作一条与过点 A 的任意光线平行的辅助光线。

任意光线与辅助光线所构成的斜平行光束经光学系统折射后应会聚于像方焦平面上一点，这一点可由辅助光线的出射光线平行于光轴而确定，从而求得任意光线的出射光线的方向，如图 2-5(a)所示。

方法二：过点 A 作任一光线，再过该光线与物方焦平面交点作一条平行于光轴的辅助线。

任意光线是由物方焦平面上一点发出光束中的一条，为此，过物方焦平面交点的一条平行于光轴的辅助线，其出射光线必过像方焦点。由于任意光线的出射光线平行于辅助光线的出射光线，即可求得任意光线的出射光线方向，如图 2-5(b)所示。

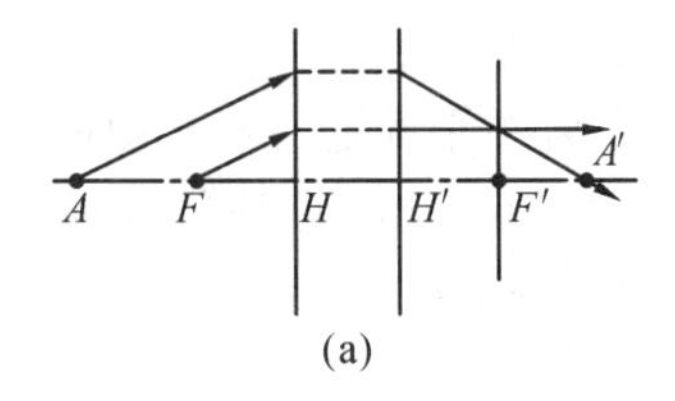

(a)

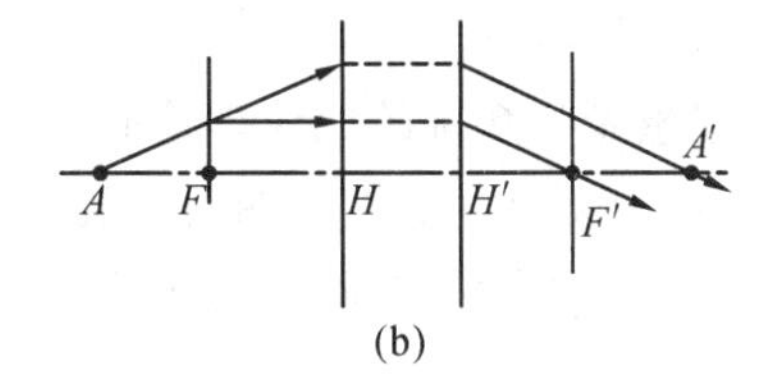

(b)

图 2-5　轴上点作图

2.2.2.4　负光组作图求像

光学系统的像方焦距可能为正，也可能为负，前者称为正光组，后者称为负光组。负光组作图求像的原理和方法与正光组的相同。不同的是，要注意负光组的物方焦点在物方主平面的右边，像方焦点在像方主平面的左边。图 2-6 给出了负光组作图求像的例子。

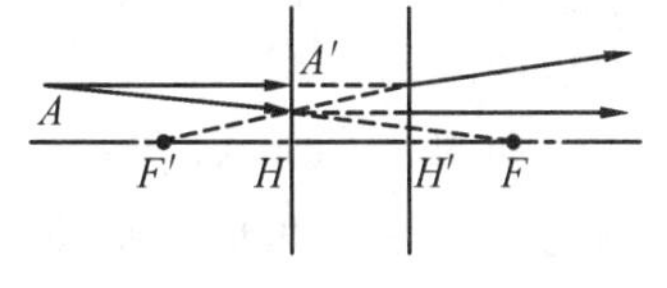

图 2-6　负光组作图

2.2.2.5　双光组作图求像

由两个或多个光组组合而成的光学系统，也可以用图解法求解。先用图解法求出物经过第一个光组所成的像；再将第一个光组所成的像，作为第二个光组成像的物，以此类推进行求解。

2.3 解析法求理想光学系统的物像关系

◆知识点

¤牛顿公式

¤高斯公式

¤物像大小关系式

¤用解析法求物像关系

2.3.1 任务目标

掌握牛顿公式、高斯公式、物像大小关系式；会用解析法求任意位置和大小的物体经理想光学系统所成的像。

2.3.2 知识平台

从实用的角度讲，图解法求像并不能完全代替计算。如果要精确地求像的位置和大小，需要用到公式计算的解析方法。

在讨论共轴理想光学系统的成像理论时，只要了解主平面这一对共轭面及无限远物点和像方焦点、物方焦点和无限远像点这两对共轭点，则其他一切物点的像点都可以根据这些已知的共轭面和共轭点来表示。这就是解析法求像的理论依据。

2.3.2.1 物像的位置关系式

1. 牛顿公式

以 x 表示物方焦点 F 到物点的距离，称为焦物距；x' 表示像方焦点 F' 到像点的距离，称为焦像距。

如图 2-7 所示，有一个垂轴物体 AB，其高度为 y，经理想光学系统后成一倒像 $A'B'$，像高为 y'。由三角形 $\triangle BAF \backsim \triangle NHF$，$\triangle B'A'F' \backsim \triangle M'H'F'$，可得

$$\frac{-y'}{y}=\frac{-f}{-x},\quad \frac{-y'}{y}=\frac{x'}{f'}$$

由此可得

$$xx'=ff' \tag{2-1}$$

这是以焦点为原点计算物距和像距的物像公式，称为牛顿公式。

2. 高斯公式

由图 2-7 中的几何关系，可得

$$-l=-x-f,\quad l'=x'+f'$$

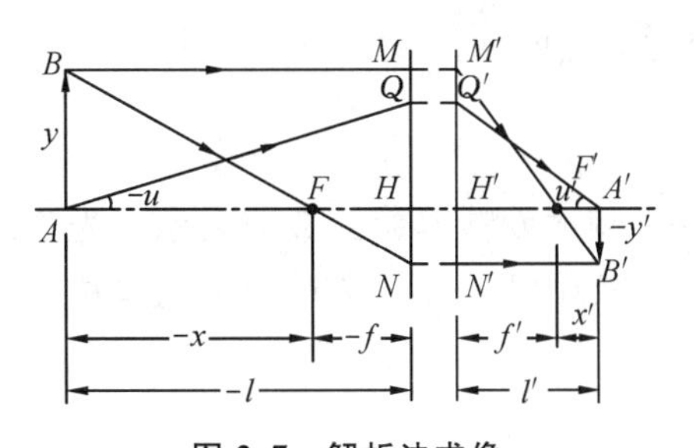

图 2-7 解析法求像

将其代入牛顿公式，可得

$$\frac{f'}{l'}+\frac{f}{l}=1 \tag{2-2}$$

其中，l 和 l' 分别表示以物方主点为原点的物距和以像方主点为原点的像距。

以主点为原点计算物距和像距的物像公式，称为高斯公式。

2.3.2.2 焦距与光焦度

在图 2-7 中，$A'B'$ 是物体 AB 经理想光学系统后所成的像。由轴上点 A 发出的任意一条成像光线 AQ，其共轭光线为 $Q'A'$。AQ 和 $Q'A'$ 的孔径角分别为 u 和 u'。HQ 和 $H'Q'$ 的高度均为 h。由图 2-7 有

$$(x+f)\tan u=h=(x'+f')\tan u'$$

$$x=-\frac{y}{y'}f,\quad x'=-\frac{y'}{y}f'$$

得

$$yf\tan u=-y'f'\tan u' \tag{2-3}$$

对于近轴光有

$$yfu=-y'f'u' \tag{2-4}$$

对比拉亥不变量 $nuy=n'u'y'$，可得表征光学系统物方和像方两焦距之间关系的重要公式为

$$\frac{f'}{f}=-\frac{n'}{n} \tag{2-5}$$

当光学系统处于同一介质中，即 $n'=n$ 时，则两个焦距绝对值相等，符号相反，即

$$f'=-f \tag{2-6}$$

此时，牛顿公式和高斯公式可以写成

$$xx'=-f'^2 \tag{2-7}$$

$$\frac{1}{l'}-\frac{1}{l}=\frac{1}{f'} \tag{2-8}$$

利用式(2-5)，将高斯公式写成如下形式：

$$\frac{n'}{l'}-\frac{n}{l}=\frac{n'}{f'}=-\frac{n}{f} \tag{2-9}$$

式中，n'/f'定义为光学系统的光焦度，用字母 φ 表示，即

$$\varphi=\frac{n'}{f'}=-\frac{n}{f} \tag{2-10}$$

光焦度是光学系统会聚本领或发散本领的数值表示。光焦度为正，对光束具有会聚作用；光焦度为负，对光束具有发散作用。当 f 或 f' 以 m 为单位时，光焦度的单位称为折光度，用字母 D 表示。

2.3.2.3 物像的大小关系式

理想光学系统成像有三种放大率：垂轴放大率、轴向放大率和角放大率。

1. 垂轴放大率

垂轴放大率的定义为像高 y'与物高 y 之比，由图 2-7 中的几何关系得

$$\beta=\frac{y'}{y}=-\frac{f}{x}=-\frac{x'}{f'} \tag{2-11}$$

由牛顿公式得

$$x'+f'=\frac{ff'}{x}+f'=\frac{f'}{x}(f+x)$$

因为 $l'=x'+f'$，$l=f+x$，故有

$$l'=\frac{f'}{x}l$$

将两焦距的关系式$\frac{f'}{f}=-\frac{n'}{n}$代入式(2-11)，得

$$\beta=-\frac{f}{x}=\frac{nl'}{n'l} \tag{2-12}$$

式(2-12)与单个折射球面近轴区成像的垂轴放大率公式完全相同，表明理想光学系统的成像性质可以在实际光学系统的近轴区得到实现。

如果光学系统处于同一介质中，则

$$\beta=-\frac{f}{x}=-\frac{x'}{f'}=\frac{f'}{x}=\frac{x'}{f}=\frac{l'}{l} \tag{2-13}$$

可见，垂轴放大率只与物体的位置有关，而与物体的大小无关。

2. 轴向放大率

在光学系统光轴上有一对共轭点 A 和 A'，当物点 A 沿光轴移动一小段距离 $\mathrm{d}x$ 或 $\mathrm{d}l$ 时，其像点 A'相应移动了 $\mathrm{d}x'$或 $\mathrm{d}l'$，则轴向放大率定义为

$$\alpha=\frac{\mathrm{d}x'}{\mathrm{d}x}=\frac{\mathrm{d}l'}{\mathrm{d}l} \tag{2-14}$$

将牛顿公式或高斯公式微分，可以得

$$\alpha=\frac{n'}{n}\beta^2 \tag{2-15}$$

如果光学系统处于同一介质中，则

$$\alpha=\beta^2 \tag{2-16}$$

3. 角放大率

角放大率定义为像方孔径角 u' 的正切与物方孔径角 u 的正切之比，即

$$\gamma=\frac{\tan u'}{\tan u} \tag{2-17}$$

由 $l\tan u=h=l'\tan u'$，故

$$\gamma=\frac{\tan u'}{\tan u}=\frac{l}{l'}=\frac{n}{n'}\cdot\frac{1}{\beta}=\frac{x}{f'}=\frac{f}{x'} \tag{2-18}$$

如果光学系统处于同一介质中，则

$$\gamma=1/\beta \tag{2-19}$$

理想光学系统的角放大率只与物体的位置有关，而与孔径角无关。在同一对共轭点上，所有像方孔径角的正切和与之相应的物方孔径角的正切比恒为常数。

4. 三种放大率之间的关系

将式(2-16)和式(2-19)相乘，可得到三种放大率之间的关系，即

$$\alpha\gamma=\beta \tag{2-20}$$

2.3.3 知识应用

例 2-1 单薄透镜成像时，若共轭距(物与像之间距离)为 250 mm，求下列情况下透镜焦距：

(1)实物，$\beta=-4$；

(2)实物，$\beta=1/4$；

(3)虚物，$\beta=-4$。

解 (1)由题意知，$-l+l'=250$ mm(实物成实像)，$\beta=-4$，欲求透镜焦距 f'，则解题如下：

$$\left.\begin{aligned}\beta=\frac{l'}{l}=-4\\ -l+l'=250\ \text{mm}\end{aligned}\right\}\Rightarrow l=-50\ \text{mm},\ l'=200\ \text{mm}$$

由 $\frac{1}{l'}-\frac{1}{l}=\frac{1}{f'}$，得 $f'=40$ mm。

(2)由题意知，$-l+l'=250$ mm(实物成虚像)，$\beta=1/4$，f' 的解法同上，则有 $l'=50$ mm，$l=-200$ mm，$f'=40$ mm。

(3)由题意知，$\beta=-4$，$l-l'=250$ mm，f' 的解法同上，有 $l'=-200$ mm，$l=50$ mm，$f'=-40$ mm。

例 2-2 一个薄透镜对某一物体成实像，放大率为 -1，今以另一薄透镜紧贴在第一个透镜上(如图 2-8 所示)，若像向透镜方向移动 20 mm，放大率为原先的 3/4 倍，求两块透镜的焦距。

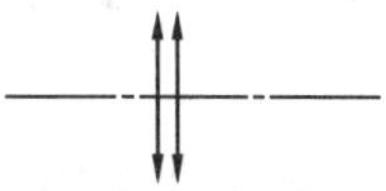

图 2-8 例 2-2 图

解 分析题意，可用以下两种方法求解。

由题意知 $\beta_1=-1$，$\beta_{总}=-3/4$，$l_2'=l_1'-20$，欲求两透镜焦距，则解题如下：

由 $\beta_1=\frac{l_1'}{l_1}$ 得 $l_1'=-l_1$。

因为两个透镜紧贴在一起，所以 $l_2=-l_1'$。

方法 1

$$\beta_{总}=\beta_1\beta_2=\frac{l_1'}{l_1}\cdot\frac{l_2'}{l_2}=\frac{l_2'}{l_1}=-\frac{3}{4}$$

$$l_2'=-\frac{3}{4}l_1=\frac{3}{4}l_1'$$

方法 2：

$$\beta_{总}=\beta_1\beta_2=\frac{l_1'}{l_1}\cdot\frac{l_2'}{l_2}=\frac{l_2'}{l_1}=-\frac{3}{4}$$

$$\beta_2=\frac{3}{4}=\frac{l_2'}{l_2}$$

$$l_2'=\frac{3}{4}l_2=\frac{3}{4}l_1'$$

因为 $l_2'=l_1'-20$，所以有 $l_1'=80\ \text{mm}$，$l_2'=60\ \text{mm}$。

又因为 $\frac{1}{l_1'}-\frac{1}{l_1}=\frac{1}{f_1'}$，而 $l_1'=-l_1$，所以有

$$f_1'=\frac{1}{2}l_1'=40\ \text{mm}$$

$$\frac{1}{l_2'}-\frac{1}{l_2}=\frac{1}{f_2'}$$

又由于 $l_2=l_1'$，则 $f_2'=240\ \text{mm}$。

2.4 双光组的基点与基面

◆**知识点**

¤用图解法求双光组的基点与基面

¤用解析法求双光组的基点与基面

2.4.1 任务目标

掌握用图解法和解析法求双光组的基点与基面位置的方法。

2.4.2 知识平台

2.4.2.1 用图解法求双光组的基点与基面

已知两个光学系统的焦距、基点位置，如图 2-9 所示。两个光学系统的相对位置为第一个系统的像方焦点 F_1' 到第二个系统的物方焦点 F_2 的距离，用 Δ 表示，称为光学间隔。Δ 的

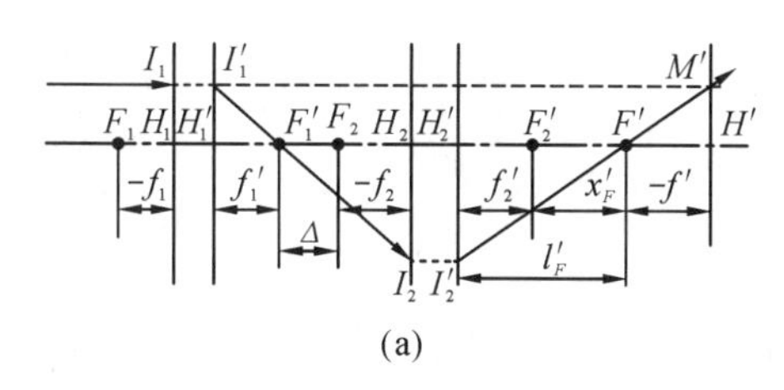

(a)

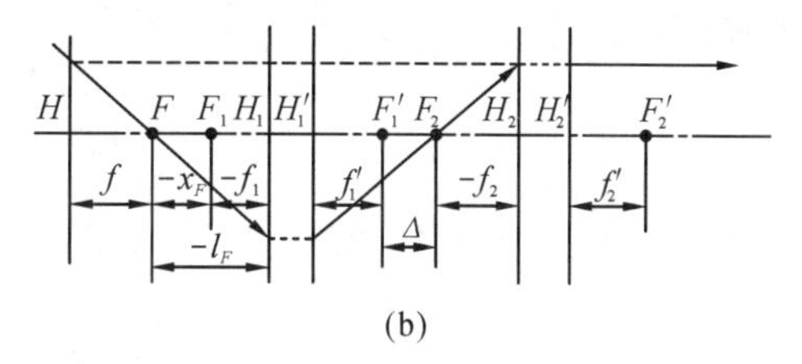

(b)

图 2-9 双光组系统示意图

符号规则是以 F_1' 为起点，由左向右为正，反之为负。

$$\Delta = d - f_1' + f_2 \tag{2-21}$$

首先求像方焦点 F' 的位置。作平行于光轴入射的光线，通过第一个系统后的出射光线 $I_1'I_2$ 一定经过 F_1'，然后再通过第二个光学系统。用作图法(需作辅助光线，具体方法略)求出出射光线 $I_2'M'$，其与光轴的交点就是组合系统的像方焦点 F'。

延长入射光线 I_1I_1'，与出射光线 $I_2'M'$ 交于点 M'，过 M' 作垂直于光轴的直线，交光轴于 H'，则 H' 就是组合系统的像方主点。H' 到 F' 的距离就是组合系统的像方焦距。

根据定义，经过物方焦点 F 的光线通过整个系统后，一定平行于光轴。作一条平行于光轴的出射光线，它通过第一个系统后一定经过点 F_2，用作图法求出对应的入射光线，入射光线与光轴的交点就是组合系统的物方焦点 F。

2.4.2.2 解析法求双光组的基点与基面

1. 焦点位置

先求像方焦点 F' 的位置。由图解法可以看出，F_1' 和 F' 对第二个光学系统来说是一对共轭点。应用牛顿公式，并考虑到符号规则，有

$$x_F' = -\frac{f_2 f_2'}{\Delta} \tag{2-22}$$

这是针对第二个光学系统计算的，这里的 x_F' 是 F_2' 到 F' 的距离，起算原点是 F_2'。

对于物方焦点 F，F 和 F_2 对第一个光学系统来讲是一对共轭点，应用牛顿公式有

$$x_F = \frac{f_1 f_1'}{\Delta} \tag{2-23}$$

这里的 x_F 是 F_1 到 F 的距离，起算原点是 F_1。

2. 焦距大小

焦点位置确定以后，只要求出焦距，主点位置随之也就确定了。以求像方焦距为例，由图 2-9 可知，$\triangle M'F'H' \sim \triangle I'_2H'_2F'$，$\triangle I_2H_2F'_1 \sim \triangle I'_1H'_1F'_1$，得

$$\frac{H'F'}{F'H_2'} = \frac{H_1'F_1'}{F_1'H_2} \tag{2-24}$$

根据几何关系，有

$$H'F' = -f'$$
$$F'H_2' = f_2' + x_F'$$
$$H_1'F_1' = f_1'$$
$$F_1'H_2 = \Delta - f_2$$

代入式(2-24),得

$$\frac{-f'}{f'_2+x'_F}=\frac{f'_1}{\Delta-f_2} \tag{2-25}$$

将 $x'_F=-\frac{f_2f'_2}{\Delta}$ 代入式(2-25),简化后,得

$$f'=-\frac{f'_1f'_2}{\Delta} \tag{2-26}$$

同理

$$f=\frac{f_1f_2}{\Delta} \tag{2-27}$$

若物像在同一介质中,则有 $f'=-f$。

3. 主点位置

$$l'_H=l'_F-f' \tag{2-28}$$

$$l_H=l_F-f \tag{2-29}$$

2.4.3 知识应用

例 2-3 两个光组位于空气中,$f'_1=-f_1=90$ mm,$f'_2=-f_2=60$ mm,$d=H'_1H_2=50$ mm,求由两个光组组成的等效系统的焦距和焦点位置。

解 光学距离 $\Delta=d-f'_1+f_2=-100$ mm

等效系统焦距 $f'=-\frac{f'_1f'_2}{\Delta}=54$ mm

求得焦点位置为 $x_F=\frac{f_1f'_1}{\Delta}=81$ mm,$x'_F=-\frac{f_2f'_2}{\Delta}=-36$ mm,即由 F_1 到等效系统的物方焦点 F 的距离是 81 mm,起算原点是 F_1;由 F'_2 到等效系统的像方焦点 F' 的距离是 -36 mm,起算原点是 F'_2。

2.5 单个折射球面、透镜和薄透镜组的基点与基面

◆知识点

¤单个折射球面的基点与基面

¤透镜的基点与基面

¤薄透镜组

2.5.1 任务目标

掌握用解析法求得单个折射球面、透镜、薄透镜组的基点位置的方法,掌握几种常见的透镜和薄透镜组的结构。

2.5.2 知识平台

2.5.2.1 单个折射球面的基点与基面

1. 主点

在近轴区内，单个折射球面成完善像。在这种情况下，可以把它看成单独的理想光组，它也具有基点和基面。

对主平面而言，其轴向放大率 $\beta=1$，而 $\beta=\frac{nl'_H}{n'l_H}$，故有

$$nl'_H=n'l_H$$

将单个折射球面的物像位置公式两边同乘以 $l_Hl'_H$，得

$$n'l_H-nl'_H=-\frac{n'-n}{r}l_Hl'_H \tag{2-30}$$

因为 $n'l_H=nl'_H$，所以式(2-30)左边为零，故有

$$\frac{n'-n}{r}l_Hl'_H=0 \tag{2-31}$$

由于$\frac{n'-n}{r}\neq 0$，只有当 $l_H=l'_H=0$ 时，式(2-31)才能成立。因此，对单个折射球面而言，物方主点 H、像方主点 H' 和球面顶点 O 相重合，物方主平面和像方主平面相切于球面顶点 O，如图 2-10 所示。

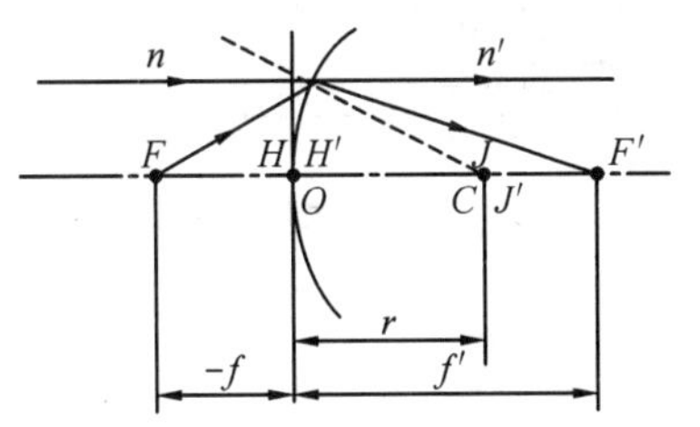

图 2-10 单个折射球面的基点和基面

2. 焦点

由于主点已知，焦距由 $f'=\frac{n'r}{n'-n}$，$f=-\frac{nr}{n'-n}$确定，焦点和焦平面的位置也就确定了。

3. 节点

由节点的定义和角放大率公式可得

$$\gamma=\frac{l_J}{l'_J}=1$$

即

$$l_J=l'_J$$

代入单个折射球面公式得

$$l'_J=l_J=r$$

即单个折射球面的一对节点 J、J' 均位于球心 C 处，过节点垂直于光轴的平面则为节平面。由于物方折射率和像方折射率不相等，因此两个焦距大小不等，主点和节点也不重合。

2.5.2.2 透镜的基点与基面

1. 定义

由两个折射面包围一种透明介质形成的光学零件称为透镜。单透镜可以作为一个最简单的光组。由于加工和检验较为简便的原因，透镜多以球面为主。

2. 分类

1）正透镜

光焦度为正的透镜称为正透镜，因为能对光束起会聚作用，故又称为会聚透镜。正透镜的中心厚度大于边缘厚度，按形状不同，正透镜又分双凸、平凸和正弯月三种类型。

2）负透镜

光焦度为负的透镜称为负透镜，因为能对光束起发散作用，故又称为发散透镜。负透镜的边缘厚度大于中心厚度，按形状不同，负透镜又分双凹、平凹和负弯月三种类型。

3. 透镜的基点和基面

当考虑近轴区成像时，单个透镜的每个折射球面可以看成是一个理想光组，因此它通过两个光组的组合，就可以确定透镜的基点和基面。

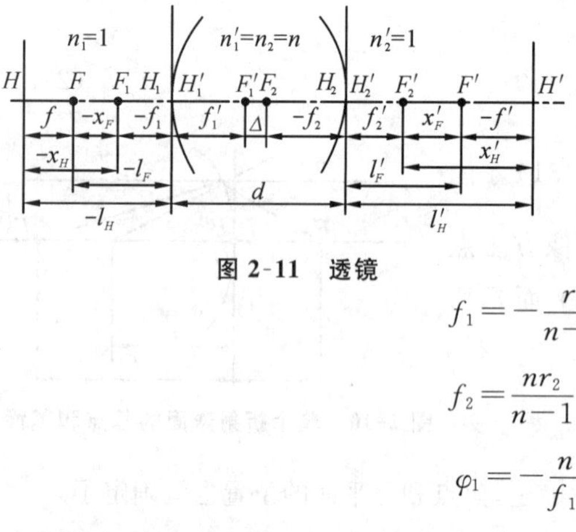

图 2-11 透镜

如图 2-11 所示的透镜，两个折射面的半径分别为 r_1 和 r_2，厚度为 d，透镜玻璃的折射率为 n。设透镜在空气中，则有 $n_1=1, n_1'=n_2=n, n_2'=1$。由单个折射面的焦距公式，可得透镜两个折射面的焦距为

$$f_1=-\frac{r_1}{n-1},\quad f_1'=\frac{nr_1}{n-1}$$

$$f_2=\frac{nr_2}{n-1},\quad f_2'=-\frac{r_2}{n-1}$$

$$\varphi_1=-\frac{n}{f_1}=-\frac{1}{f_1}=\frac{n-1}{r_1}$$

$$\varphi_2=-\frac{n}{f_2}=\frac{1}{f_2}=\frac{1-n}{r_2}$$

φ_1 和 φ_2 为第一和第二折射球面的光焦度。透镜的光学间隔为

$$\Delta=d-f_1'+f_2=\frac{n(r_2-r_1)+(n-1)d}{n-1}$$

于是透镜的焦距为

$$f'=-\frac{f_1'f_2'}{\Delta}=\frac{nr_1r_2}{(n-1)[n(r_2-r_1)+(n-1)d]}=-f \tag{2-32}$$

设 $\rho_1=1/r_1, \rho_2=1/r_2$，把式(2-32)写成光焦度的形式

$$\varphi=(n-1)(\rho_1-\rho_2)+\frac{(n-1)^2}{n}d\rho_1\rho_2$$

$$\varphi=\varphi_1+\varphi_2-\frac{d}{n}\varphi_1\varphi_2 \tag{2-33}$$

推出焦点位置 l_F' 和 l_F 的公式为

$$\left.\begin{aligned} l'_F&=f'(1-\frac{d}{f_1})=f'(1-\frac{n-1}{n}d\rho_1) \\ l_F&=-f(1+\frac{d}{f_2})=-f'(1+\frac{n-1}{n}d\rho_2) \end{aligned}\right\} \tag{2-34}$$

同样可得决定主平面位置公式，即

$$\left.\begin{aligned} l'_H&=-f'\frac{d}{f_1}=-f'\frac{n-1}{n}d\rho_1 \\ l_H&=-f'\frac{d}{f_2}=-f'\frac{n-1}{n}d\rho_2 \end{aligned}\right\} \tag{2-35}$$

将式(2-32)代入式(2-35)，可得主平面位置的另一种表示式，即

$$\left.\begin{aligned} l'_H&=\frac{-dr_2}{n(r_2-r_1)+(n-1)d} \\ l_H&=\frac{-dr_1}{n(r_2-r_1)+(n-1)d} \end{aligned}\right\} \tag{2-36}$$

由于透镜处于同一介质中，因此，节点和主点是重合的。

2.5.2.3　薄透镜和薄透镜组

1. 薄透镜

1）定义

透镜厚度为零的透镜称为薄透镜。若实际光学系统中的透镜，其厚度与其焦距或球面曲率半径相比是一个很小的数值，则这样的透镜也可作为薄透镜看待。

2）主点和主平面

当光组为薄透镜时，则由式(2-36)有

$$l'_H=l_H=0$$

即薄透镜的主平面和球面顶点重合，而且两个主平面彼此重合。所以，薄透镜的光学性质仅由焦距或光焦度决定。

由式(2-32)得薄透镜的焦距为

$$f'=-f=\frac{1}{\varphi}=\frac{1}{(n-1)(\frac{1}{r_1}-\frac{1}{r_2})} \tag{2-37}$$

由式(2-33)得薄透镜的光焦度为

$$\varphi=\varphi_1+\varphi_2 \tag{2-38}$$

式(2-38)表明，薄透镜的光焦度为两个折射球面光焦度之和。

3）表示方法

正薄透镜的表示方法如图 2-12(a)所示，负薄透镜的表示方法如图 2-12(b)所示。

(a) 正薄透镜表示方法　(b) 负薄透镜表示方法

图 2-12　正、负薄透镜的表示方法

2. 薄透镜组

1) 定义

由两个或两个以上的共轴薄透镜组合而成的光学系统，称为薄透镜组。在实际应用中，常把实际的透镜组看成薄透镜组，以便近似地研究其成像问题。

2) 基点位置的确定

当两个薄透镜相接触时，$d=0$，其光焦度表达式可写为

$$\varphi=\varphi_1+\varphi_2$$

式中，φ_1、φ_2 分别为两薄透镜的光焦度。

若两个薄透镜间有间隔 d 时，其光焦度为

$$\varphi=\varphi_1+\varphi_2-d\varphi_1\varphi_2 \tag{2-39}$$

当两薄透镜之间的间隔 d 变化时，由式(2-39)可知，其组合光焦度 φ 可以为正(会聚系统)，可以等于零(望远系统)，也可以为负(发散系统)，此时组合薄透镜系统的主点位置为

$$l'_H=-f'\frac{d}{f'_1},l_H=f\frac{d}{f_2}$$

不同薄透镜组不仅各基点的位置不同，而且其排列次序也大有差别。巧妙地安排基点的位置，会给光学系统带来很多好处。

3) 常见的薄透镜组

a. 摄远物镜

摄远物镜由一个正的薄透镜和一个负的薄透镜组成，如图 2-13 所示。两个透镜的间隔比透镜的焦距小，这种物镜的特点是筒长比焦距小得多，故称为摄远物镜。用它可使仪器的长度在保持较小尺寸的情况下，获得长焦距的光学系统，常用于现代大地测量仪器及长焦距照相机中。

b. 反远距系统

与摄远系统相反，把负透镜放在靠近物的一方，如图 2-14 所示，形成反远距系统，它的特点是能提供较长的后工作距离，常用于一些投影仪物镜和某些特殊物镜。

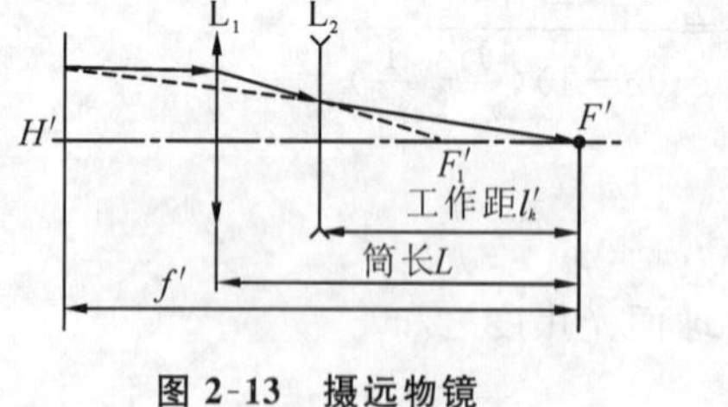

图 2-13 摄远物镜

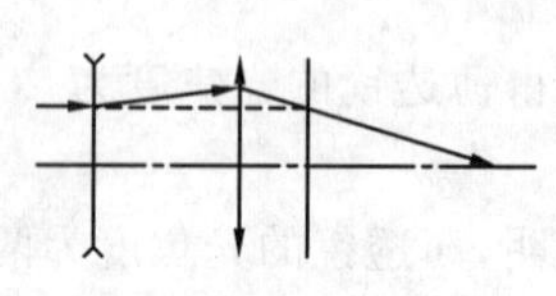

图 2-14 反远距系统

c. 无焦系统

两个薄透镜，焦距分别为 f'_1 和 f'_2，相距为 $f'_1+f'_2$ 时，组合系统的焦距为无限大并且主平面也在无限远处，这样的系统称为无焦系统(望远系统)。

从图 2-15 所示的无焦系统可见，出射光束的宽度较入射光束小得多；反过来，若细光束由 L_2 入射，则从 L_1 出射的光束宽度将增大很多。利用这个原理可将激光器发出细光束扩展为较宽的激光束，这样的系统称为折束系统，它在激光技术中有广泛应用。

d. 折反系统

由透镜和反射镜组成的系统称为折反系统，它广泛应用于望远镜和一些导弹头的光学系统中，图 2-16 所示是一个共心负透镜和一个半径为 R 的球面镜组成的共心折反系统，称为包沃斯-马克苏托夫(Bouwers-MskcyTOB)共心物镜。

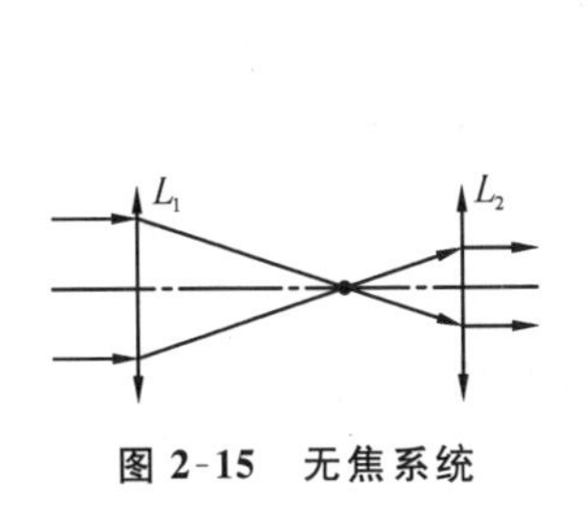

图 2-15　无焦系统

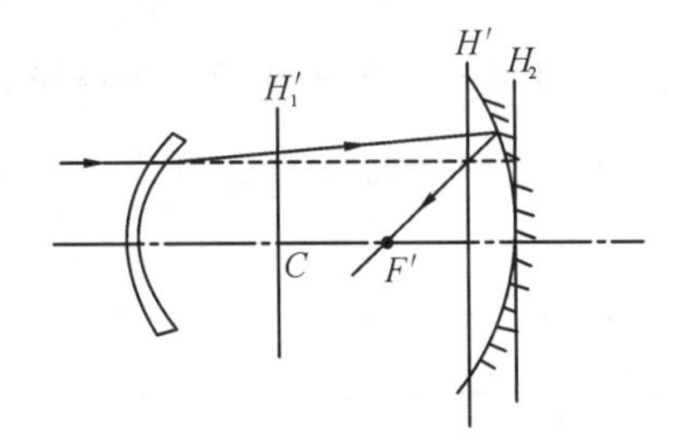

图 2-16　折反系统

2.5.3　知识应用

例 2-4　一个光学系统由两个薄透镜组成，如图 2-17 所示，第一个透镜的焦距 $f_1'=500$ mm，第二个透镜的焦距 $f_2'=-400$ mm，两个透镜的间隔 $d=300$ mm。求组合光学系统的焦距 f'、像方主点 H'、像方焦点 F'的位置，并比较筒长 $d+l'_F$ 与 f'的大小。

解　一条高度为 h_1 的平行于光轴的入射光线，设 $h_1=200$ mm，该光线被第一个透镜折射后，有

$$l_1'=f_1'=500\ \text{mm},\quad \tan U_1'=\frac{h_1}{f_1'}=0.4$$

光线入射到第二个透镜，由高斯公式 $\frac{1}{l'}-\frac{1}{l}=\frac{1}{f'}$，$f_2'=-400$ mm，$l_2=l_1'-d=200$ mm，得 $l_2'=l_F'=400$ mm，即像方焦点 F'在第二个透镜后 400 mm 处。

在第二个透镜上的入射高度为

$$h_2=h_1-d\tan U_1'=80\ \text{mm},\quad \tan U_2'=\frac{h_2}{l_F'}=0.2,\quad f'=\frac{h_1}{\tan U_2'}=1000\ \text{mm}$$

像方主点 H'在第一个透镜前 300 mm 处。

此光组的焦距 f'大于筒长 $d+l_F'$，在长焦距镜头中往往采用这种组合方式。

例 2-5　一光学系统由两个薄透镜组成，如图 2-18 所示，第一个透镜的焦距 $f_1'=-35$ mm，第二个透镜的焦距 $f_2'=25$ mm，两个透镜的间隔 $d=15$ mm。求组合光学系统的焦距 f'，并比较筒长 $d+l_F'$ 与 f'的大小。

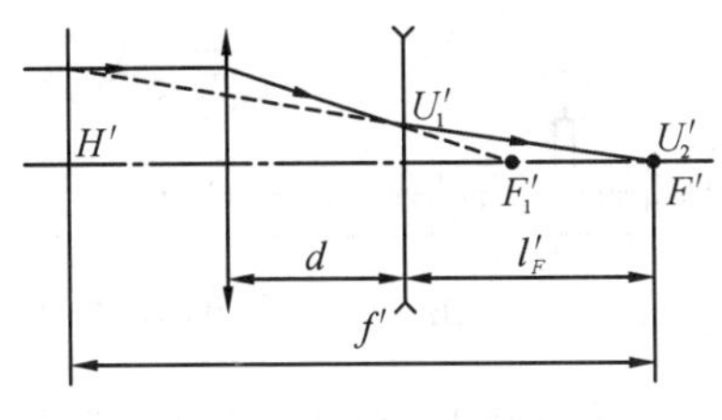

图 2-17　例 2-4 图

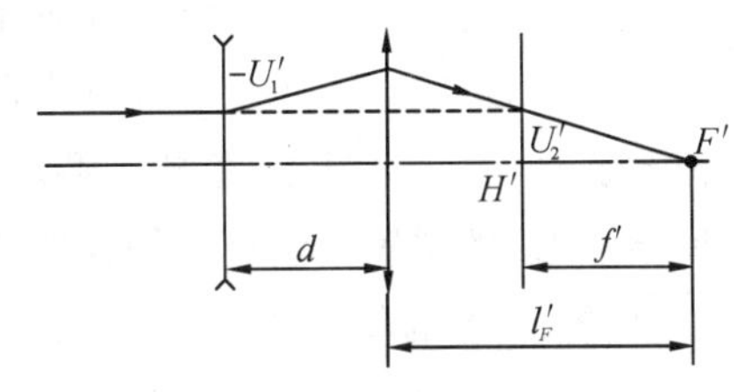

图 2-18　例 2-5 图

解 一条高度为 h_1 的平行于光轴的入射光线，设 $h_1=10$ mm，则 $l'_1=f'_1=-35$ mm，$\tan U'_1=\frac{h_1}{f'_1}=-0.2857$。

光线入射到第二个透镜，由高斯公式$\frac{1}{l'}-\frac{1}{l}=\frac{1}{f'}$，$f'_2=25$ mm，$l_2=l'_1-d=-50$ mm，得 $l'_2=l'_F=50$ mm，即像方焦点 F' 在第二个透镜后 50 mm 处。

在第二个透镜上的入射高度为 $h_2=h_1-d\tan U'_1=14.2857$ mm，$\tan U'_2=\frac{h_2}{l'_F}=0.2857$，$f'=\frac{h_1}{\tan U'_2}=35$ mm。

这种组合光组的工作距离比焦距长，通常称为反远距型组合光组。

2.5.4 视窗与链接

2.5.4.1 测节器的构造及工作原理

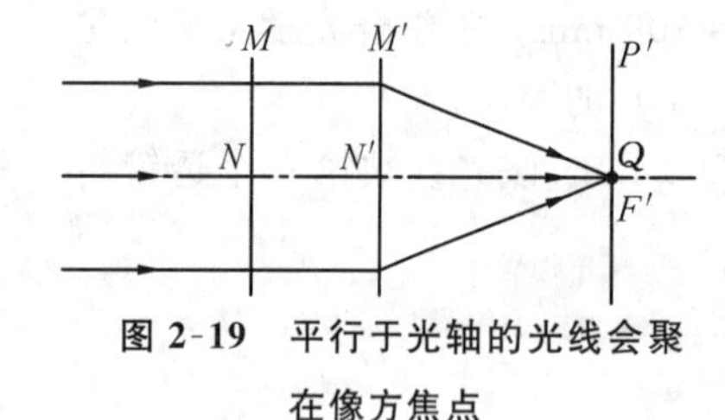

图 2-19 平行于光轴的光线会聚在像方焦点

由于节点具有入射光线和出射光线彼此平行的特性，时常用它来测定光学系统的基点位置。

设有一束平行光线入射于由两片薄透镜组成的光组，光组与平行光束共轴，光线通过光组后，会聚于白屏上的点 Q，如图 2-19 所示，此点 Q 为光具组的像方焦点 F'。若以垂直于平行光的某一方向为轴，将光组转动一小角度，可出现如下两种情况。

1. 转轴恰好通过光组的第二个节点 J'

由于入射光线方向不变，而且彼此平行，根据节点的性质，通过像方节点 J' 的出射光线一定平行于入射光线。如果转轴恰好通过 J'，则出射光线 $J'Q$ 的方向和位置都不会因光学系统的摆动而发生改变。与入射平行光线相对应的像点，一定仍位于 Q 上。

2. 回转轴未通过光组的第二个节点 J'

如果第二个节点 J' 不在回转轴上，那么光组转动后，J' 出现移动，但通过 J' 的射出光仍然平行于入射光，所以由 J' 射出的光线和之前相比将出现平移，光线的会聚点将发生移动。

如图 2-20 所示，测节器是一个可绕垂轴 OO' 转动的水平滑槽 R，待测基点的光组 L_S（由薄透镜组成的共轴系统）放置在滑槽上，位置可调，并由槽上的刻度尺指示 L_S 的位置。测量时轻轻地转动一点滑槽，观察白屏 P' 上的像是否移动，参照上述分析判断 J' 是否位于 OO' 轴上。如果 J' 不在 OO' 轴上，就调整 L_S 在槽中位置，直至 J' 在 OO' 轴上，则由轴的位置可求出 J' 对 L_S 的位置。

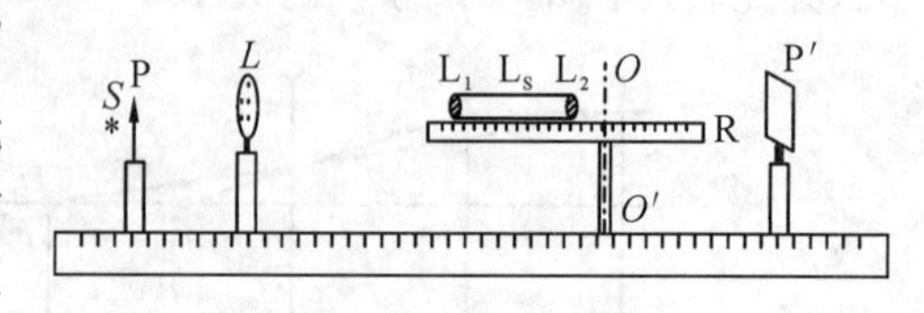

图 2-20 测节器示意图

2.5.4.2 周视照相机

通常用于拍摄大型团体照片的周视照相机也是利用节点的性质构成的。如图 2-21 所示，拍摄的对象排列在一个圆弧 AB 上，照相物镜并不能使全部物体同时成像，而只能使小范围的物体 A_1B_1 成像于底片上的 $A_1'B_1'$ 上。当物镜绕像方节点 J' 转动时，就可以把整个拍摄对象 AB 成像在底片 $A'B'$ 上。如果物镜的转轴和像方节点不重合，当物镜转动时，点 A_1 的像 A_1' 将在底片上移动，因而使照片模糊不清。现在使物镜的转轴通过像方节点 J'，根据节点的性质，当物镜转动时，点 A_1 的像点就不会移动。因此在整幅照片上就可以获得整个物体清晰的像。

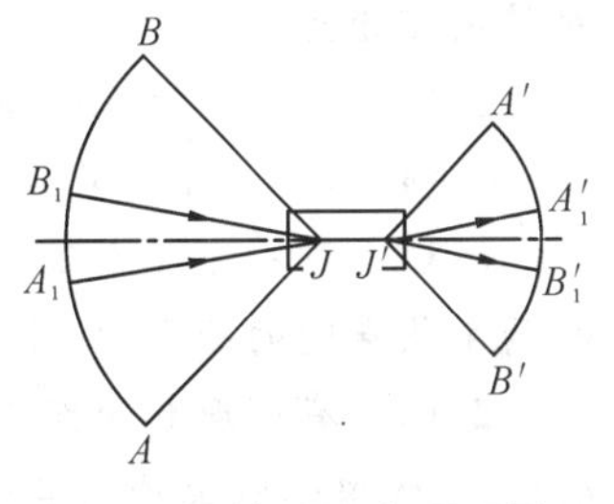

图 2-21　周视照相机原理图

习　题　2

2-1　理想光学系统的基本特性是什么？

2-2　研究理想光学系统的意义是什么？

2-3　理想光学系统有哪几对基点和基平面？各有什么特性？

2-4　如何用作图法对轴上点和轴外点求像。

2-5　如何求解像方焦距和物方焦距？

2-6　名词解释：牛顿公式、高斯公式、垂轴放大率、轴向放大率、角放大率。

2-7　如何用解析法求得任意位置和大小的物体经光学系统所成的像？举例说明。

2-8　如何求解单个折射面的节点和节平面？试举例说明。

2-9　如何用公式法严格求得基点的位置？试举例说明。

2-10　如图 2-22 所示，求物的像或像对应的物。

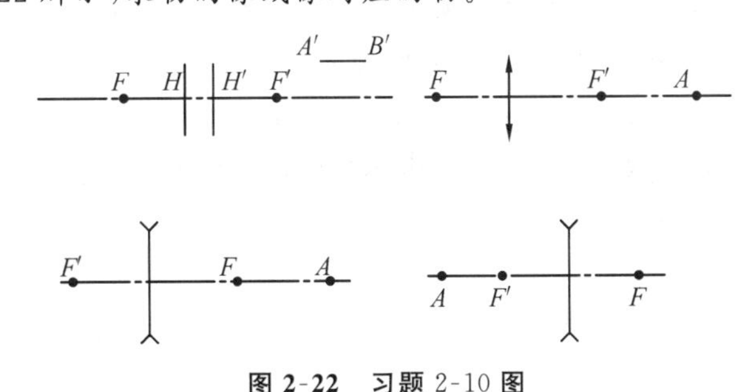

图 2-22　习题 2-10 图

2-11　如图 2-23 所示，判断薄透镜类型，画出焦点 F、F' 的位置。

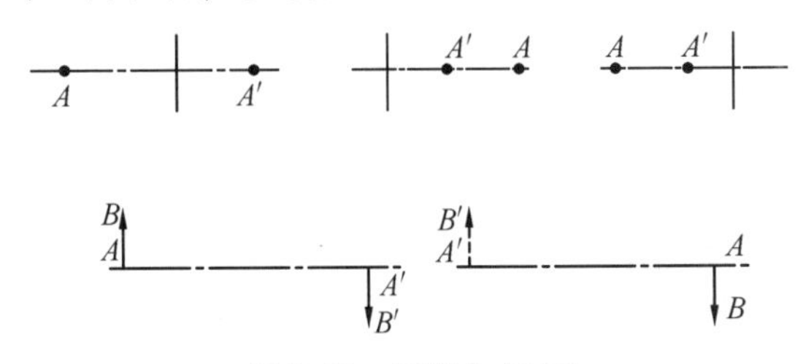

图 2-23　习题 2-11 图

2-12 对位于空气中的正透镜组($f'>0$)和负透镜组($f'<0$)，试用作图法分别对物距为$-\infty$、$-2f$、$-f$、$-f/2$、0、$f/2$、f、$2f$、∞的物体求其像平面的位置。

2-13 身高为1.8 m的人站在照相机前3.6 m处照相，若要拍成100 mm高的像，照相机镜头焦距为多少?

2-14 一个$f'=80$ mm的薄透镜，当物体位于其前何处时，正好能在:①透镜前250 mm处;②透镜后250 mm处成像?

2-15 设一光学系统处于空气中，$\beta=-10$，由物平面到像平面的距离为7200 mm，物镜的两个焦点间的距离为1140 mm，求该物镜的焦距。

2-16 有一理想光组在对实物放大3倍后，成倒像在屏幕上，当光组向物体方向移动18 mm时，物像的放大率为4倍，依然成倒像，试求该光组的焦距。

2-17 位于光学系统之前的一个高为20 mm的物体成高为12 mm的倒立实像，当物体向光学系统方向移动100 mm时，其像成于无穷远处，求系统焦距。

2-18 一个透镜对无限远处和物方焦点前5 m处的物体成像时，两个像的轴向间距为3 mm，求透镜焦距。

2-19 有一个正薄透镜对某一物体成倒立的实像，像高为物高的一半，将物体向透镜方向移动100 mm，所得像的大小与物体大小相同，求该正透镜的焦距。

2-20 有一理想光学系统位于空气中，其光焦度$\varphi=10D$。当焦物距$x=-100$ mm，物高$y=40$ mm时，试分别用牛顿公式和高斯公式求像的位置和大小，以及轴向放大率和角放大率。

2-21 灯丝与幕屏相距L，其间的一个正薄透镜有两个不同的位置使灯丝成像于屏幕上，设透镜这两个位置的间距为d，试证透镜的焦距$f'=\dfrac{L^2-d^2}{4L}$。

2-22 希望得到一个对无限远成像的长焦距物镜，焦距$f'=1200$ mm，物镜顶点到像平面的距离(筒长)$L=700$ mm，系统最后一面到像平面距离(工作距)$l'_k=400$ mm，按最简单结构的薄透镜系统考虑，求系统结构，并画出光路图。

2-23 一个短焦距广角照相物镜的焦距$f'=28$ mm，工作距离$l'_F=40$ mm，总长度(第一个透镜到物镜像方焦点的距离)$L=55$ mm，求组成此系统的两个薄透镜的焦距f'_1、f'_2及其间隔d。

3

平面系统

光学系统可以分为共轴球面系统和平面系统两大类。前面已经研究了共轴球面系统的成像性质，现在就来研究平面系统。

由于共轴球面系统存在一条对称轴，所以具有不少优点。但它也有缺点，由于所有的光学零件都是排列在同一条直线上的，所以系统不能拐弯，因而造成仪器的体积、重量比较大。为了克服共轴球面系统的这个缺点，可以附加一个平面系统。平面系统是工作面为平面的零件，包括平面镜、平行平板、反射棱镜和折射棱镜等。

3.1 平面反射镜

◆**知识点**

¤单平面镜的成像特性

¤双平面镜的成像特性

3.1.1 任务目标

掌握单平面镜的旋转和镜像特性，了解双平面镜的成像特性。

3.1.2 知识平台

3.1.2.1 单平面镜的成像特性

平面镜又称为平面反射镜，是光学系统中最简单而且唯一能成完善像的光学器件。

1. 成像完善性、物像大小及位置关系

1）成像完善性

如图 3-1 所示，PP'为一平面反射镜，由物点 A 发出的同心光束被平面镜反射，其中一条

光线 AO 经反射后沿 OB 方向射出，另一条光线 AP 垂直于镜面入射，并由原路反射。显然，反射光线 PA 和 BO 延长线的交点 A' 就是物点 A 经平面反射镜所成的虚像。根据反射定律 $\angle AOP=\angle BOP'$，可得 $AP=A'P$。对平面镜 PP' 而言，像点 A' 和物点 A 是对称的。因光线 AO 是任意的，所以由点 A 发出的同心光束，经平面镜反射后，成为一个以点 A' 为顶点的同心光束。这就是说，平面镜能对物体成完善像。

2）物像大小及位置关系

令 $r=\infty$，由球面反射镜的物像位置公式(1-34)和放大率公式(1-36)可得

$$l'=-l,\quad \beta=1 \tag{3-1}$$

这说明物体与像等距离分布在镜面的两边，大小相等，虚实相反。因此，物体和像完全对称于平面镜。

如果射向平面反射镜的是一会聚同心光束，即物点是一个虚物点，如图 3-2 所示，则当光束经平面镜反射后成一实像点。

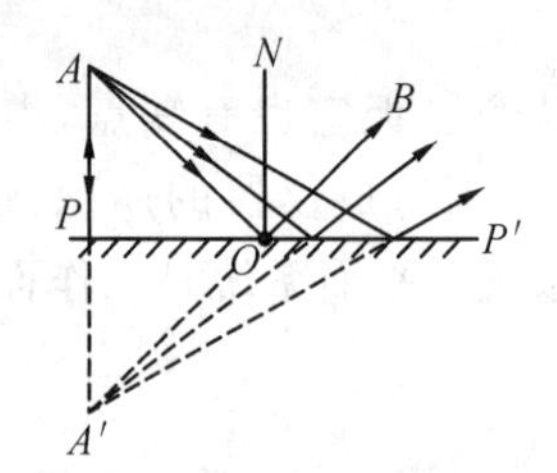

图 3-1　单个平面镜成像(实物成虚像)

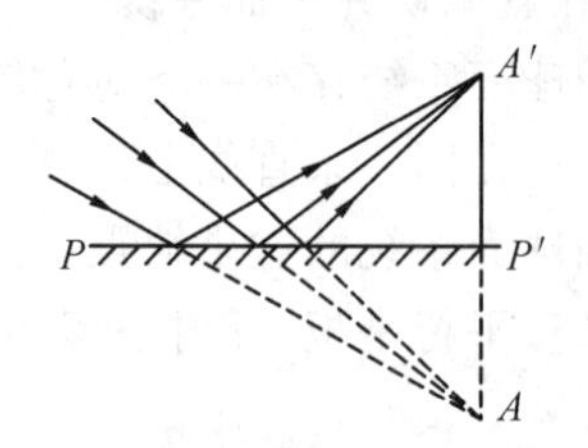

图 3-2　单个平面镜成像(虚物成实像)

2. 一致像与镜像

不管物体和像是虚还是实，相对于平面反射镜来说，物体和像始终是对称的。由于其对称性，如果物体为左手坐标系 $Oxyz$，其像的大小与物体的相同，但却是右手坐标系 $O'x'y'z'$，如图 3-3 所示。如果分别从 z 和 z' 轴方向看 xy 和 $x'y'$ 坐标面时，当 x 轴按顺时针方向转到 y 时，x' 轴按逆时针方向转到 y'，即当物平面按顺时针方向转动时，像平面就按逆时针方向转动。上述结论对于 yz 和 zx 坐标面来说同样适用。物、像空间的这种形状对应关系称为镜像或非一致像。如果物体为左手坐标系，而像也为左手坐标系，则这样的像称为一致像。容易想到，物体经过奇数个平面镜成像，则为镜像；而物体经过偶数个平面镜成像，则为一致像。

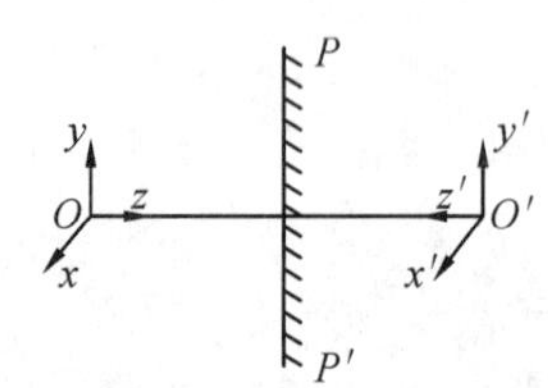

图 3-3　单平面镜成镜像

3. 旋转特性

平面镜还有一个性质，即当保持入射光线的方向不变，而使平面镜旋转角度为 α 时，则反射光线将转动 2α。

如图 3-4 所示，可以证明：

$$\angle A'OA''=2\alpha \tag{3-2}$$

利用平面镜旋转特性，可以扩大仪器的转动比来进行微小角度或位移的测量，图 3-5 所示是测量原理图。点 A 位于透镜 L_1 的物方焦点处，其发出的光线经透镜 L_1 后以水平方向的平行光线出射，并由垂直于光轴放置的平面镜反射，再以原路返回，成像于点 A，与物点重合，这是光学测量中常用的自准直法。当测杆向前推动 x，带动平面镜旋转一个小角 α，使原

来垂直于平面镜的入射光线变成以角度为 α 入射于平面镜，反射光线则改变 2α 出射，反射后的斜平行光线被透镜成像于焦平面上的点 A'，AA' 即为测杆移动 x 所引起的像点移动量，根据图3-5，有如下关系

$$AA'=f'\tan 2\alpha\approx 2f'\alpha$$

或

$$AA'\approx 2f'\alpha=2f'\frac{x}{e}=Kx,\quad K=2f'/e$$

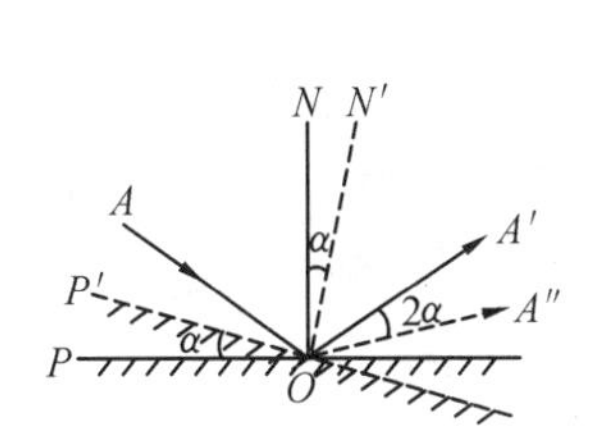

图 3-4　单平面镜的旋转特性

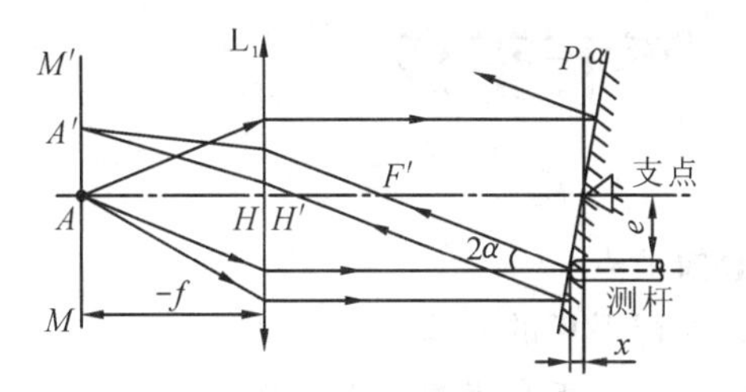

图 3-5　测量原理图

选取长焦距的透镜，就可使小角度 α（或小位移 x）的变化放大为大距离的像点移动，从而实现小角度、小位移的测量。将此放大倍数做到 100 是没有问题的。这样，若分划板的格值为 0.01 mm，就能测量出相当于 0.001 mm 的位移量。一种名为光学比较仪的计量仪器即照此原理制成。在光点式灵敏电流计中，在红外系统的光机扫描器件及其他光学仪器中，都应用了平面反射镜的旋转特性。

3.1.2.2　双平面镜

双平面镜是指相互之间有一定夹角的两个平面镜组成的系统。

1. 像点的位置

如图 3-6 所示，两个平面反射镜 RP 和 QP 相交于 P 棱，图面为垂直于棱线 P 的任意平面，该平面称为主截面。设双面镜的二面角为 α，A 为镜间的一个发光点，经双平面镜多次成像后，可得到一系列的虚像点 $A_1',A_2',\cdots,A_n'$。像点的数目与双面镜的夹角有关，夹角越小，像点越多。

2. 光线经双平面镜反射后出射光线的方向

如图 3-7 所示，两个平面镜间夹角为 α，主截面内任意一条光线经过两个平面镜依次反射后，入射光线和出射光线的夹角为 β，则 β 和 α 间有下列关系：

$$\beta=2\alpha \tag{3-3}$$

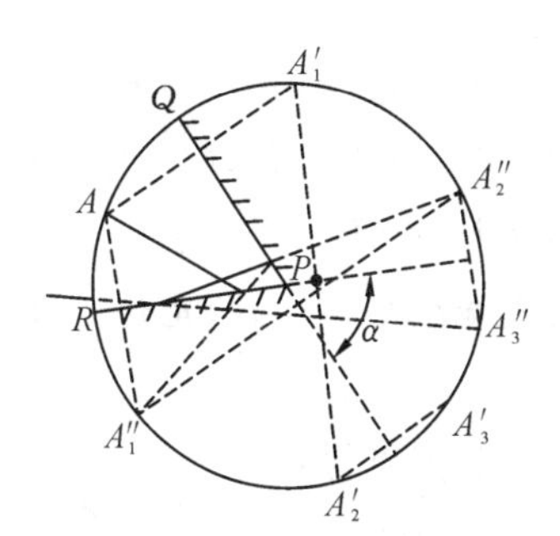

图 3-6　双平面镜成像

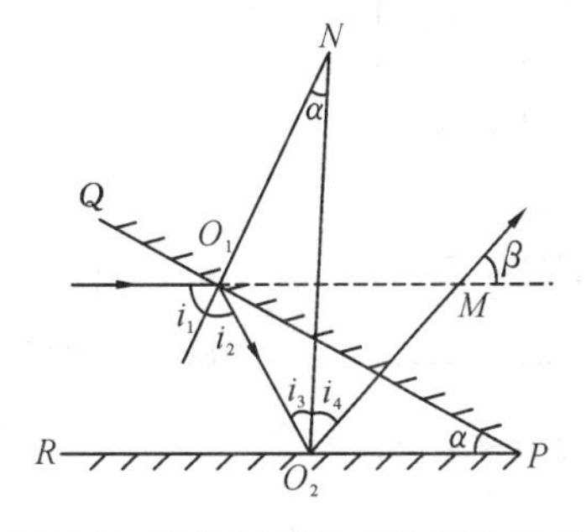

图 3-7　双平面镜的光线出射方向

式(3-3)表明,出射光线和入射光线之间的夹角与入射角无关,只取决于反射镜间的夹角α。当绕棱线转动双镜时,出射光线的方向不变,双平面镜的这一性质具有重要意义,二次反射棱镜就是按此性质做成的。其优点在于,只需加工并调整好双面镜的夹角(如两个反射面做在玻璃上形成棱镜),就可以在双平面镜的安置精度要求不高的情况下,较好地保持出射光线的正常状态。

3.2 平行平板

◆**知识点**

¤平行平板的成像特性

¤平行平板对光线的平移作用

3.2.1 任务目标

掌握平行平板的成像特性,了解对光线的平移作用。

3.2.2 知识平台

平行平板是由两个相互平行的折射平面构成的光学器件,如分划板、载玻片、盖玻片、滤光片等都属于这类零件,还有反射棱镜也可看成是等价的平行平板。

3.2.2.1 平行平板的成像特性

图3-8给出了一个厚度为d的平行平板,设它处于空气中,即两边的折射率都约等于1,平行平板玻璃的折射率为n。

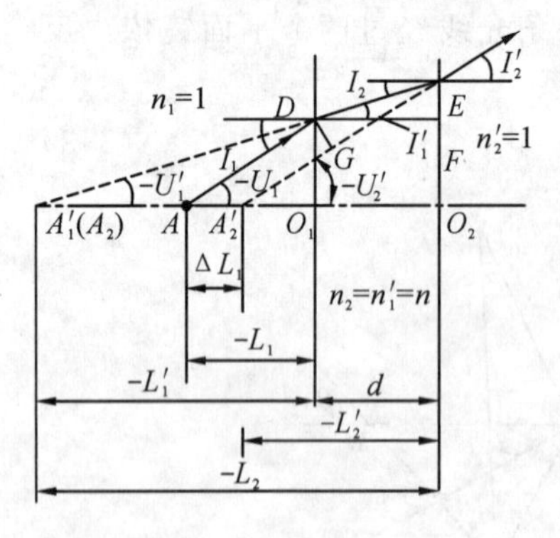

图3-8 平行平板成像

从轴上点A发出的与光轴成U_1的光线射向平行平板,光线在两个面上的入射角和折射角分别为I_1和I_1',I_2和I_2',按折射定律有

$$\sin I_1=n\sin I_1',\quad n\sin I_2=\sin I_2'$$

因为两个折射面平行,有$I_2=I_1'$,$I_2'=I_1$,故

$$I_1=I_2'=-U_1=-U_2' \tag{3-4}$$

可见出射光线和入射光线相互平行,即光线经过平行平板折射后方向不变。

按放大率一般定义公式可得

$$\gamma=\frac{\tan U'}{\tan U}=1,\quad \beta=\frac{1}{\gamma}=1,\quad \alpha=\beta^2=1 \tag{3-5}$$

这表明，平行平板不会使物体放大或缩小，对光束既不发散也不会聚，表明它是一个无光焦度器件，在光学系统中对光焦度无贡献。同时还表明，物体经过平行平板成正立像，物像始终位于平板的同侧，且虚实相反。

3.2.2.2 平行平板对光线的平移

平行平板使入射光线与出射光线之间产生了平移，其结果是：使像点相对于物点产生轴向位移 $\Delta L'$，即由 A 移到了 A'；使光线产生侧向位移 $\Delta T'=DG$，如图 3-8 所示。

侧向位移 $$\Delta T'=DG=d\sin I_1\left(1-\frac{\cos I_1}{n\cos I_1'}\right)$$

轴向位移 $$\Delta L'=\frac{DG}{\sin I_1}=d\left(1-\frac{\cos I_1}{n\cos I_1'}\right)$$

因为 $\sin I_1/\sin I_1'=n$，所以

$$\Delta L'=d\left(1-\frac{\tan I_1'}{\tan I_1}\right) \tag{3-6}$$

式(3-6)表明，$\Delta L'$因不同的 I_1 而不同，即物点 A 发出的具有不同入射角的各条光线，经过平行平板折射后，具有不同的轴向位移量。这就说明从物点 A 发出的同心光束经过平行平板后，就不再是同心光束，成像是不完善的。同时可以看出，厚度 d 越大，轴向位移越大，成像不完善程度也越大。

如果入射光线以近于无限细的近轴光通过平行平板成像，因为 I_1 角很小，余弦可用 1 替代，这样式(3-6)变为

$$\Delta l'=d\left(1-\frac{1}{n}\right) \tag{3-7}$$

式中，用 $\Delta l'$代替 $\Delta L'$，表示该式仅是对近轴光线的轴向位移。式(3-7)表明，近轴光线的轴向位移只与平行平板厚度 d 及折射率 n 有关，而与入射角 I_1 无关。因此，物点以近轴光线经过平行平板成像是完善的。

该 $\Delta l'$恒为正值，故平行平板所成的像总是由物体以光线行进方向沿轴移动 $d(1-\frac{1}{n})$而得，与物体的位置、虚实无关。这一现象在日常生活中很容易见到。例如，从平静清澈的水面看池底之物时，觉得深度减小，犹如池水变浅，这就是因为池底之物经一个平行平板成像，提高了 $\Delta l'$之故。

3.3 反射棱镜

◆**知识点**

¤反射棱镜的分类及作用

¤棱镜系统的坐标变换

3.3.1 任务目标

掌握棱镜系统的坐标变换,了解反射棱镜的分类及作用。

3.3.2 知识平台

将一个或多个反射工作平面磨制在同一块玻璃上的光学零件称为反射棱镜。反射棱镜在光学系统中用来达到转折光轴、转像、倒像、扫描等一系列目的。尽管这些作用也可以用平面镜系统来实现,但是,反射镜光能损失大、安装调整均不便,且不稳定又不耐久,因此在光学仪器中多使用反射棱镜。只有在应用大的棱镜有困难时才用反射镜。

反射棱镜种类繁多,形状各异,大体上可分为单个棱镜、立方角锥棱镜和复合棱镜等。现分述最常用的棱镜和棱镜系统如下。

3.3.2.1 单个棱镜

1. 简单棱镜

只含有一个光轴截面(简称主截面)的棱镜称为简单棱镜,棱镜所有工作面都与该主截面垂直。根据反射面数的不同,又分为一次反射棱镜、二次反射棱镜和三次反射棱镜,如图 3-9 所示是几种常见的简单棱镜。

1) 一次反射棱镜

单个平面镜对物体成镜像,最常用的是一次反射直角棱镜,如图 3-9(a)所示。两个直角面,即面 AB 和面 BC,称为棱镜的入射面和出射面,光学系统的光轴必须从这两个面的中心垂直通过,故这种棱镜使光轴转折 90°。这里,入射面、反射面和出射面统称为棱镜的工作面,工作面的交线称为棱线或棱,垂直于棱线的平面称为棱镜的主截面,光轴应位于主截面内。

2) 二次反射棱镜

这类棱镜相当于双平面镜系统,即夹角为 α 的二次反射棱镜将使光轴转过 2α 角。图3-9 中给出了几种常用的二次反射棱镜,其中图 3-9(b)和(c)是最常用的两种棱镜。图 3-9(b)称为二次反射直角棱镜,常用来组成棱镜倒像系统;图 3-9(c)称为二次反射五角棱镜,当要避免镜像时,常用来代替一次反射直角棱镜。

3) 三次反射棱镜

最常用的三次反射棱镜有施密特棱镜,如图 3-9(d)所示,它使出射光线相对于入射光线改变 45°的方向,用于瞄准镜中可使结构紧凑。但瞄准镜中的施密特棱镜一定要做成屋脊棱镜以避免镜像。

反射棱镜在光学系统中等价于一块平行平板,我们依次对反射面逐个做出整个棱镜所成的像,即可将棱镜展开成为平行平板,限于篇幅,本书从略。

2. 屋脊棱镜

在光学系统中,有奇数个反射面时,物体成镜像。为了获得和物体一致的像,在不增加反

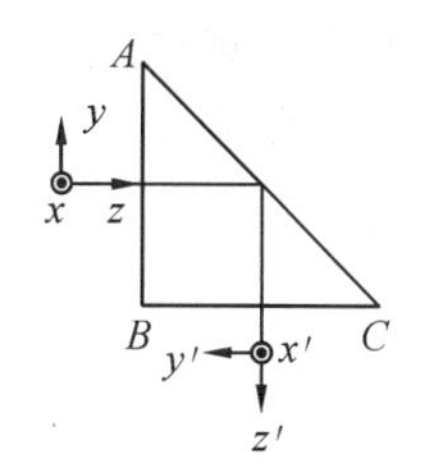

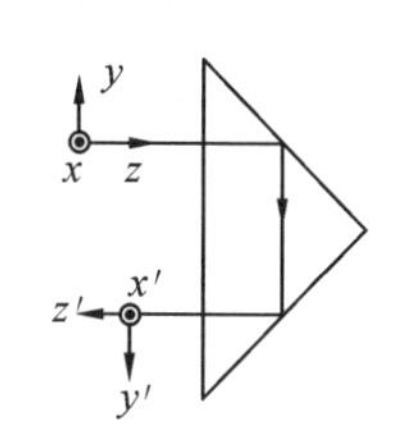

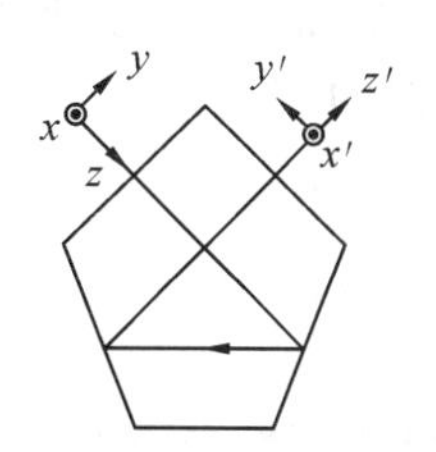

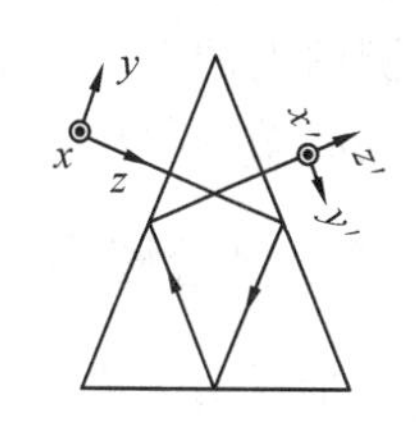

(a) 一次反射直角棱镜　(b) 二次反射直角棱镜　(c) 二次反射五角棱镜　(d) 三次反射等腰棱镜

图 3-9　简单棱镜

射面的情况下，可以利用两个互相垂直的反射面代替其中的一个反射面，这两个互相垂直的反射面称为屋脊面，带有屋脊面的棱镜称为屋脊棱镜。屋脊棱镜的作用就是增加一次反射，以改变物象的坐标关系。比较图 3-10(a)和图 3-10(b)中坐标的变化。

3. 棱镜系统成像的坐标变化

实际光学系统中使用的平面镜和棱镜系统有时是比较复杂的，正确判断棱镜系统的成像方向对于光学系统设计是至关重要的。如果判断不正确，使整个光学系统成镜像或倒像，会给观察者带来错觉，甚至出现操作上的失误。为了便于分析，物体的三个坐标方向分别取沿着光轴(如 z 轴)、位于主截面内(如 y 轴)和垂直于主截面(如 x 轴)。按照平面镜成像的物象对称性，可以用几何方法判断棱镜系统对各坐标的变换，现将判断方法归纳如下。

(1)沿着光轴的坐标轴(图 3-10 中的 z 轴)在整个成像过程中始终保持沿着光轴，并指向光的传播方向。

(2)垂直于主截面的坐标轴(图 3-10 中的 x 轴)在一般情况下保持垂直于主截面，并与物体坐标同向。当遇到屋脊时，每经一个屋脊面反向一次。

(3)在主截面内的坐标轴(图 3-10 中的 y 轴)由平面镜的成像性质判断，根据反射面具有奇次反射成镜像，偶次反射成一致像的特点，首先确定光在棱镜中的反射次数，再按系统成镜像还是成一致像来决定该坐标轴的方向：成镜像反射坐标左、右手系改变，成一致像反射坐标系不变。注意，在统计反射次数时，每个屋脊面被认为是两次反射，按两次反射计数。

3.3.2.2　立方角锥棱镜

这种棱镜是由立方体切下一个角面而形成的，如图 3-11 所示，其三个反射工作面相互垂直，底面是一等边三角形，为棱镜的入射面和出射面。光线以任意方向从底面入射，经过三个直角面依次反射后，出射光线始终平行于入射光线。当立方角锥棱镜绕其顶角旋转时，出射光线的方向不变，仅产生一个位移。

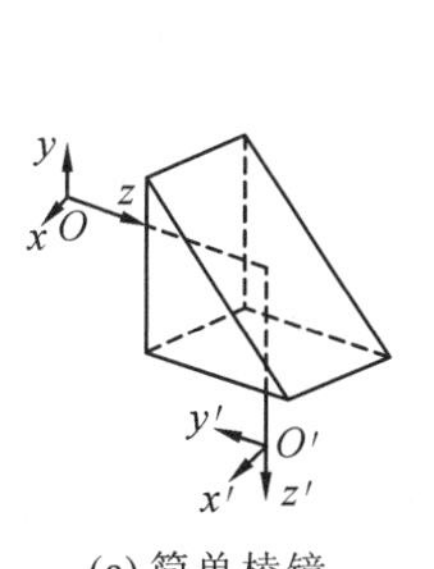

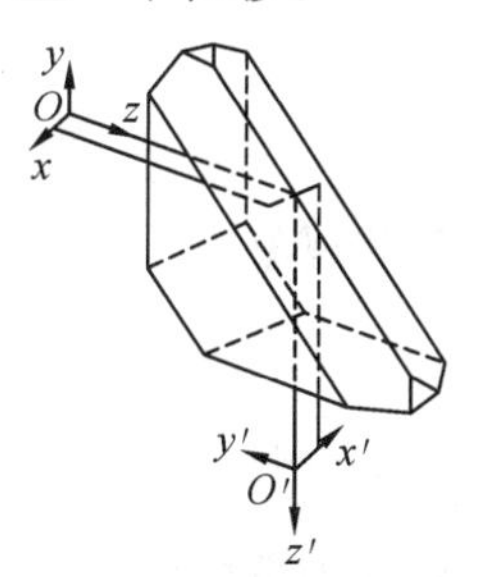

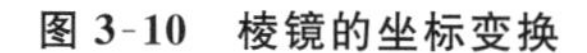
(a) 简单棱镜　(b) 屋脊棱镜

图 3-10　棱镜的坐标变换

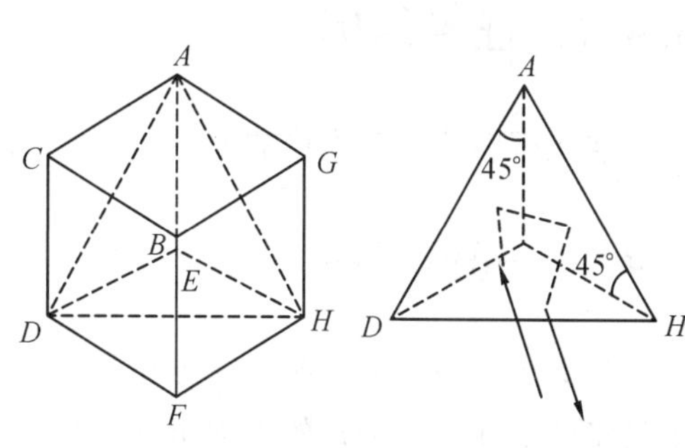

图 3-11　立方角锥棱镜

立方角锥棱镜用途之一是和激光测距仪配合使用。激光测距仪发出一束准直激光束，经过位于测站上的立方角锥棱镜反射后，原方向返回，由激光测距仪的接收器接收，从而计算出测距仪到测站的距离。

3.3.2.3 复合棱镜

由两个以上棱镜组合起来形成复合棱镜，可以实现一些特殊或单个棱镜难以实现的功能。下面介绍几个常用的复合棱镜。

1. 分光棱镜

如图 3-12 所示，一个镀有半透半反膜的直角棱镜与另一个尺寸相同的直角棱镜胶合在一起，可以将一束光分成光强相等的两束光，且这两束光在棱镜中的光程相等。

2. 分色棱镜

如图 3-13 所示，白光经过分色棱镜后，被分解为红光、绿光、蓝光三束单色光。其中，a 面镀反蓝透红紫介质膜，b 面镀反红透绿介质膜。分色棱镜主要用于彩色电视摄像机中。

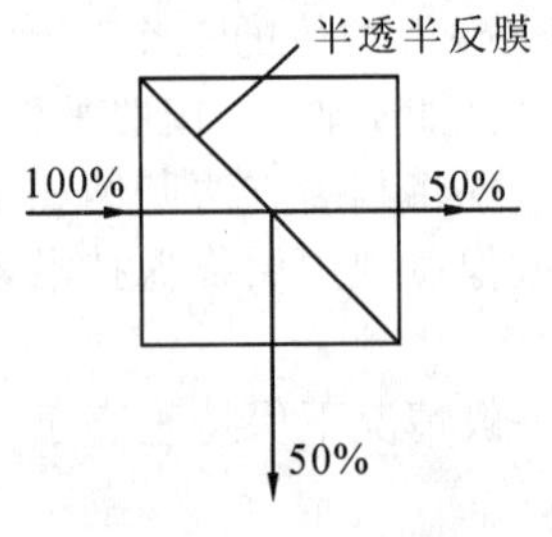

图 3-12 分光棱镜

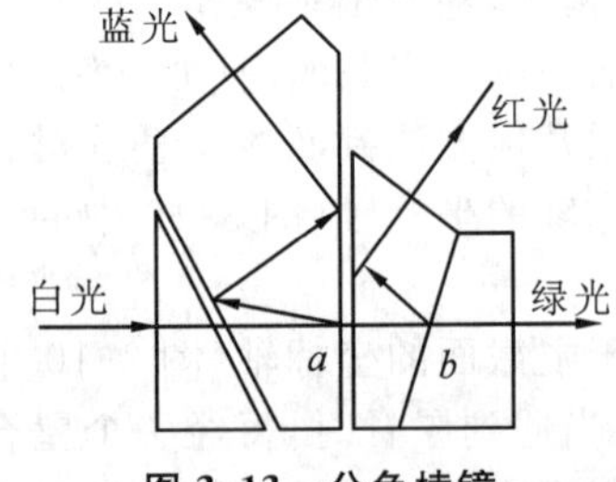

图 3-13 分色棱镜

3.4 折射棱镜

◆知识点

¤折射棱镜对光线的偏折作用

¤折射棱镜的色散

3.4.1 任务目标

掌握折射棱镜对光线的偏折作用，了解棱镜的色散现象。

3.4.2 知识平台

如果工作面对光线的主要作用为折射，此类棱镜称为折射棱镜。如图 3-14 所示，折射棱镜是将两个成一定夹角的平面折射面做在同一块玻璃上的光学零件，两个折射面的交线称为折射棱，两个折射面之间的二面角为 α，称为棱镜的顶角。

3.4.2.1 折射棱镜对光线的偏折

1. 偏向角

如图 3-14 所示，光线 AB 入射到折射棱镜 P 上，经过两个折射面的折射，出射光线 DE 与入射光线 AB 之间的夹角 δ 称为偏向角，由入射光线以锐角转向出射光线，顺时针为正，逆时针为负。

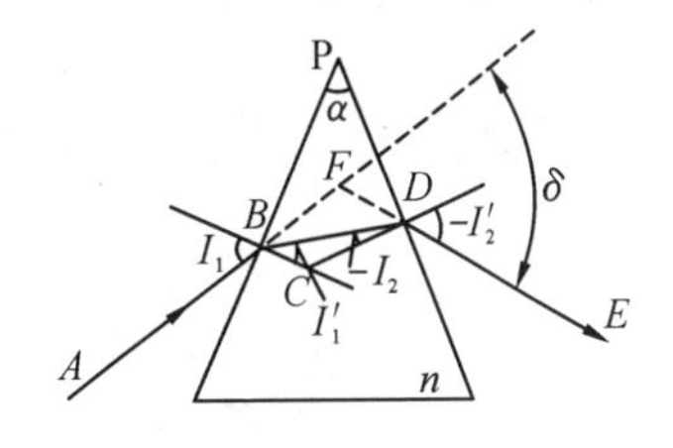

图 3-14 折射棱镜对光线的偏折作用

设棱镜折射率为 n，顶角为 α，光线在入射面和折射面的入射角和折射角分别为 I_1、I_1' 和 I_2、I_2'，可以证明

$$\sin\frac{1}{2}(\alpha+\delta)=\frac{n\sin\frac{1}{2}\alpha\cdot\cos\frac{1}{2}(I_1'+I_2)}{\cos\frac{1}{2}(I_1+I_2)} \tag{3-8}$$

2. 最小偏向角

对于给定的棱镜，α 和 n 为定值，由式(3-8)可知，偏向角 δ 只与 I_1 有关。若保持入射光线的方向不变，而把棱镜沿垂直于图面的轴线旋转，则偏向角将随之改变。换句话说，当棱镜角一定时，如图 3-14 所示，偏向角随着入射角的改变而改变。可以证明，当 $I_1=-I'_2$ 或 $I'_1=-I_2$时，其偏向角 δ 最小。式(3-8)可写为

$$\sin\frac{1}{2}(\alpha+\delta_m)=n\sin\frac{\alpha}{2} \quad 或 \quad n=\frac{\sin\frac{1}{2}(\alpha+\delta_m)}{\sin\frac{\alpha}{2}} \tag{3-9}$$

式中，δ_m 为最小偏向角。

将被测玻璃做成棱镜，然后用测角仪测出精度较高的 α、δ_m，由式(3-9)可以计算玻璃的折射率 n。

3.4.2.2 折射棱镜的色散

1. 色散

由于光学材料随光谱波长的不同有着不同的折射率，由式(3-8)可以看出，当包含多种波长的复色光以某一角度入射时，折射棱镜对不同的谱线将会有不同的偏向角，称为色散现象。

2. 白光通过棱镜的色散

白光经过折射棱镜后，各种谱线将以不同的偏向角分散开来，形成光谱的色散。通常波长较长的红光折射率低，波长较短的紫光折射率高，因此，红光偏向角小，紫光偏向角大，如图 3-15 所示。狭缝发出的白光经过透镜 L_1 准直为平行光，平行光经过棱镜 P 分解为各种色光，在透镜 L_2 的焦平面上从上到下排列红色、橙色、黄色、绿色、青色、蓝色、紫色各色光的狭缝像，提供所需的分析谱线。

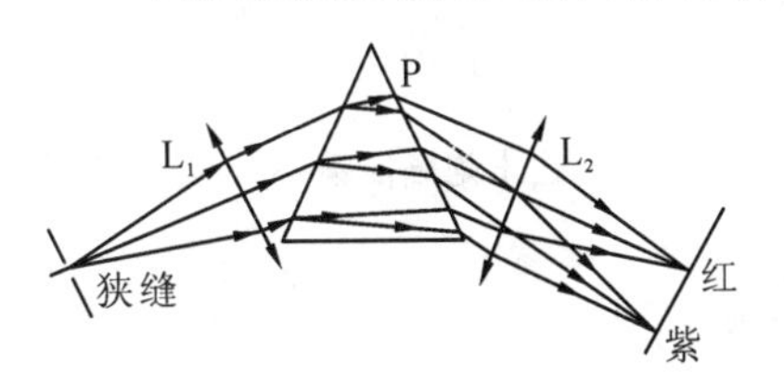

图 3-15 棱镜光谱仪光路

3.4.3 知识应用

例 3-1 判断图 3-16 中物体经过光学系统后的坐标方向。

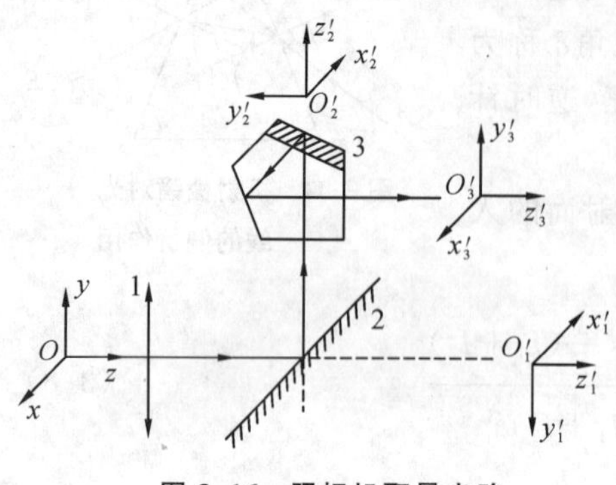

图 3-16 照相机取景光路

解 这是单反照相机镜头中的取景器光路。首先，确定经过透镜成像后的坐标，透镜对物体成实像，表明物像倒置，因此经过透镜成像后，x、y 坐标均反向。其后，经过平面镜-棱镜系统，共反射 4 次（其中的一个屋脊面被记作 2 次），z 坐标始终沿着光轴确定其方向，x 坐标因遇到一个屋脊面而反向，y 坐标按偶次反射成一致像确定其坐标方向，如图 3-16中的标注。最终的像方坐标与原物坐标一致，便于观察取景。

3.4.4 视窗与链接

3.4.4.1 平面镜、棱镜系统在光学仪器中的应用

利用透镜可以组成各种共轴球面系统，以满足不同成像要求，如望远镜和显微镜等。但是，共轴球面系统的特点是所有透镜表面的球心必须排列在同一条直线上，这往往不能满足很多实际的需要。例如，用正光焦度的物镜和目镜组成的简单望远镜所成的像是倒像，观察起来就很不方便，为了获得正像，必须加入一个倒像透镜组，如图 3-17(a)所示。

目前使用的军用观察望远镜，由于在系统中使用了棱镜，如图 3-17(b)所示，所以它不需要加入倒像透镜组即可获得正像，同时又可大大地缩小仪器的体积和重量。

此外，在很多仪器中，根据实际使用的要求，往往需要改变共轴系统光轴的位置和方向，例如，在迫击炮瞄准镜中，为了方便观察，需要使光轴倾斜一定的角度，如图 3-18 所示。观察者不需要改变自己的位置和方向，只需要利用棱镜或平面镜的旋转，就可以观察到四周的情况，如周视瞄准镜。以上这些要求都可用平面镜和棱镜来完成。

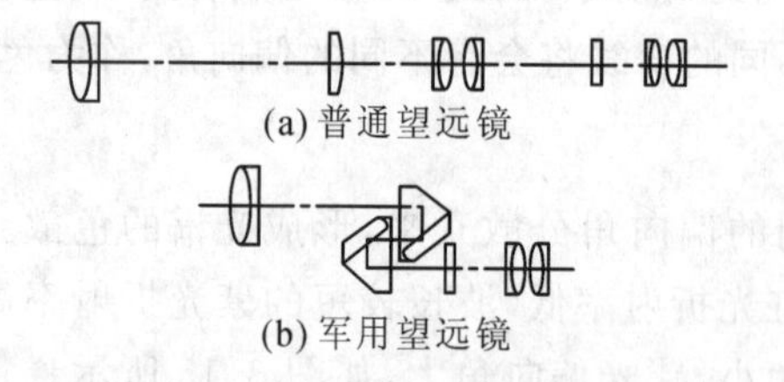

图 3-17 平面镜、棱镜系统

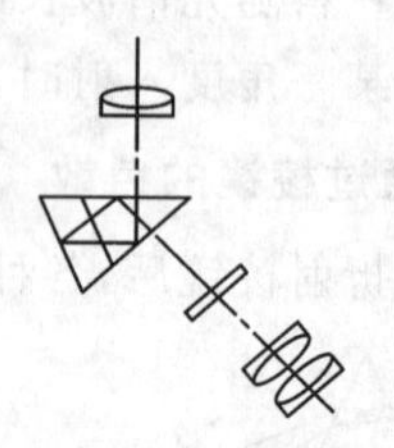

图 3-18 迫击炮瞄准镜

总的说来，平面镜、棱镜系统的主要作用如下：

(1)将共轴系统折叠以缩小仪器的体积和减小仪器的重量；

(2)改变像的方向，起到倒像的作用；

(3)改变共轴系统中光轴的位置和方向，即形成潜望镜或使光轴旋转一定的角度；

(4)利用平面镜或棱镜的旋转,可连续改变系统的光轴方向,以扩大观察范围。

以上这些要求单靠透镜组是无法完成的,必须加入平面镜和棱镜。目前使用的绝大多数光学仪器都是共轴球面系统和平面系统的组合。

3.4.4.2 光学材料

什么材料能够用来制造光学零件,这主要取决于它对要求成像的波段是否透明,或在反射的情况下是否具有足够高的反射率。

折射光学零件的材料绝大部分采用光学玻璃。一般的光学玻璃能够透过的光波波段范围为0.35~2.5 μm。在0.1 μm以下,已显示出对光的强烈吸收。光学晶体也是重要的透射材料,晶体的透明波段很宽,性能特异,有多方面的应用。此外,光学塑料也已经开始普遍应用于许多光学仪器中。塑料镜片可由模压而得,生产率高,成本很低,其缺点是热膨胀系数和折射率的温度系数较光学玻璃大得多。

透射材料的特性除透过率外,还有它对各种特征谱线的折射率。

为设计各种完善和不同性能的光学系统,需要很多种光学玻璃以供选择。光学玻璃可分为冕牌和火石两大类,这两大类又可分为好几种,每种玻璃又有很多牌号。一般而言,冕牌玻璃的特征是低折射、低色散,火石玻璃的特征是高折射、高色散。但随着光学玻璃工业的发展,高折射、低色散和低折射、高色散的玻璃也不断熔炼出来,使品种和牌号得到扩充,促进了光学工业的发展。

3.4.4.3 不可见光

牛顿发现白光包括彩虹的各种颜色,他不知道的是光也包含其他的颜色及看不见的颜色。

在1800年,威廉姆·赫胥尔开始使用三棱镜检验什么光的颜色能产生最多的热量。他的想法很简单,沿着三棱镜移动光隙,依次展示每种颜色,用温度计测量每种颜色的温度,他发现光谱的蓝色尾端的温度低一些,红色尾端的温度高一些。

为了证实包含了所有的红色,威廉姆移动温度计到红色外的阴影处,使他惊讶的是,温度升得更快了。他发现红色之外有一个看不见光的颜色,它发出许多热,威廉姆把它称为红外线。

在发现红外线之后,德国科学家约翰·里特尔决定寻找在光谱另一端看不见的光。他猜想紫色之外的这一端,温度太低以至于温度计不能测定,他想知道是否可以用银色硝酸盐测定不可见的光,因为硝酸盐暴露在光下会变黑。他的想法获得了成功。当他把涂了硝酸盐的纸放在紫色之外的阴影下时,纸变黑了,这就证明了这张纸被不可见的光照射到了,这种光就是紫外线。

习 题 3

3-1 一个系统由一个透镜和一个平面镜组成,如图3-19所示平面镜MM'与透镜光轴垂直,透镜前方离平面镜600 mm有一物体AB,经透镜和平面镜后,所成虚像$A''B''$距平面镜的距离为150 mm,且像高为物高的一半,试计算透镜的位置及焦距,并画光路。

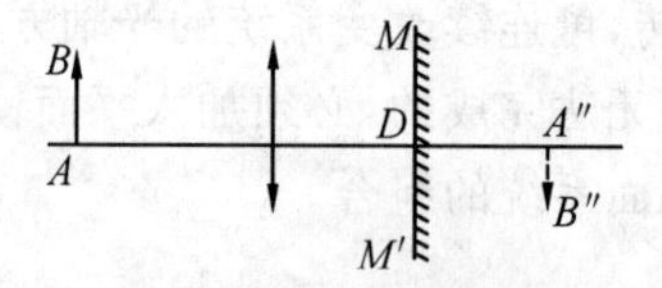

图 3-19　习题 3-1 图

3-2　如图 3-20 所示，根据成像坐标的变化，选择虚框中使用的反射镜或棱镜。

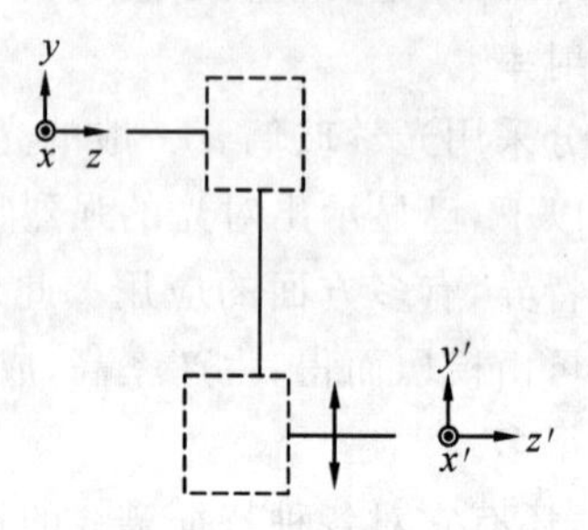

图 3-20　习题 3-2 图

3-3　一个物镜其像平面与之相距 150 mm，若在物镜后置厚度 $d=60$ mm，折射率 $n=1.5$的平行平板。

(1)求像平面位置变化的方向和大小。

(2)若欲使光轴向上、向下各偏移 5 mm，平行平板应正转、反转多大的角度？

3-4　有一个双面镜系统，光线与其中的一个镜面平行入射，经过两次反射后，出射光线与另一个平面镜平行，两个平面镜的夹角为多少度？

3-5　有一个等边折射三棱镜，其折射率为 1.65，求光线经过该棱镜的两个折射面折射后产生最小偏向角时的入射角和最小偏向角的值。

4

光学系统中的光束限制与像差概论

4.1 光阑

◆**知识点**

¤光阑

¤孔径光阑

¤视场光阑

¤渐晕

4.1.1 任务目标

知道光学系统中光阑的含义及分类，了解光阑中孔径光阑、视场光阑、渐晕的定义及在光路中的作用；知道入瞳与出瞳、入射窗与出射窗、渐晕系数的含义；学会从光学系统中多个光阑中区分孔径光阑。

4.1.2 知识平台

4.1.2.1 光阑

1. 定义

光学系统中光学器件的边缘、框架或特别设置的带孔屏障称为光阑。

光阑一般垂直于光轴放置，且其中心与光轴中心相重合，其形状多为圆形、正方形、长方形，有些光阑的尺寸大小是可以调节的，即可变光阑。例如，人眼瞳孔就是光阑，瞳孔直径 D 随着外界明亮程度的不同而发生变化，白天 D 最小，$D=2$ mm，晚上 D 最大，可达 $D=8$ mm。

2. 分类

光阑一般分为孔径光阑和视场光阑等。

1) 孔径光阑

a. 定义

限制轴上物点成像光束宽度，并有选择轴外物点成像光束位置作用的光阑称为孔径光阑。

b. 作用

(1)孔径光阑的大小和位置限制了轴上物点孔径角的大小。

如图 4-1 所示，对同一物点在同一位置设置孔径光阑时，光阑尺寸越大则物点孔径角越大。如图 4-2 所示，就限制同一物点孔径角而言，孔径光阑可以设置在成像光学器件的前面、后面或光学器件上，效果相同。

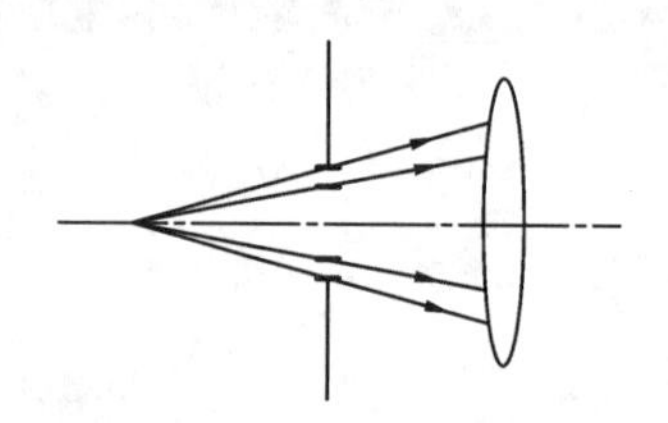

图 4-1　光阑尺寸大小对光束限制作用影响

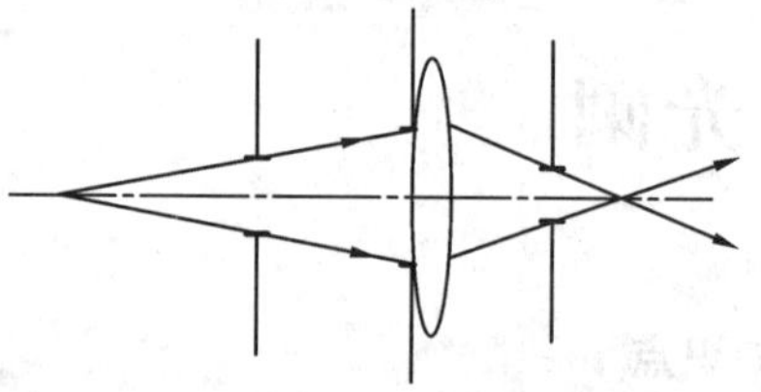

图 4-2　光阑处于不同位置对光束的限制作用

(2)孔径光阑的位置对轴外物点成像光束具有选择性。

如图 4-3 所示，对轴外点发出的宽光束而言，在保证轴上点孔径角不变的情况下，光阑处于不同位置时，将选择不同部分的光束参与成像，这样通过改变光阑的位置，就可以选择成像质量较好的部分光束参与成像，改善成像质量。

(3)孔径光阑对光束的限制作用是相对某个固定位置的物点而言的，如果物点的位置发生变化，孔径光阑可能改变。

如图 4-4 所示，当物点在点 A 处时，孔径光阑限制了成像光束的大小，但当物点在点 B 处时，该光阑不再限制光束成像光束大小，即该光阑不再是孔径光阑。

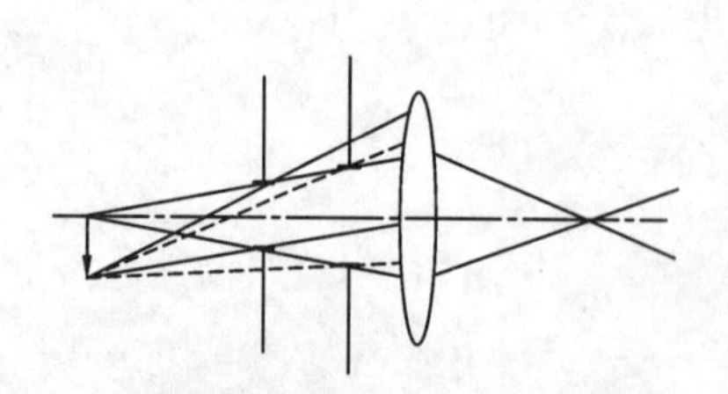

图 4-3　孔径光阑对轴外点的限制作用

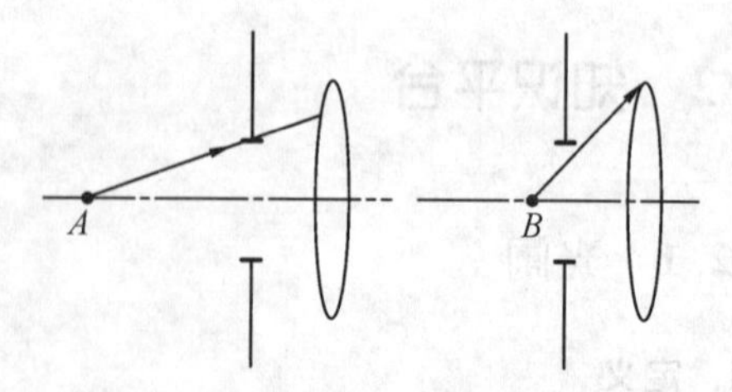

图 4-4　物点处于不同位置时光阑的作用

c. 入瞳和出瞳

(1)入瞳：孔径光阑经前面的光学系统在物空间所成的像称为入瞳。入瞳决定了物方最大孔径角的大小，是所有入射光线的入口。图 4-5 中 B' 即为该光学系统中的入瞳。

(2)出瞳:孔径光阑经后面的光学系统在像空间所成的像称为出瞳。出瞳决定了像方孔径角的大小,且是所有出射光线的出口。图4-5中B''即为该光学系统中的出瞳。

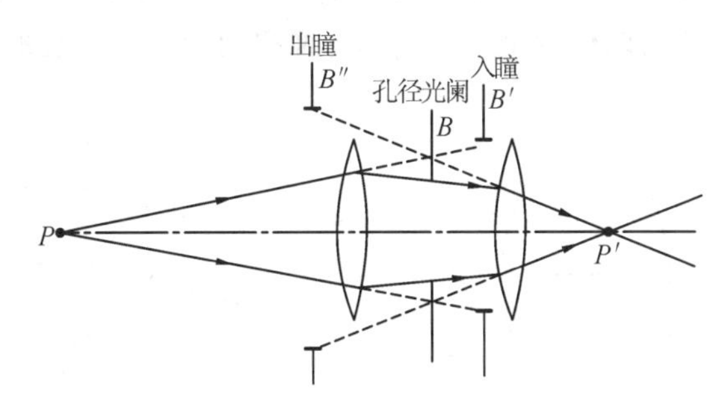

图4-5 光学系统的入瞳、出瞳

(3)判断入瞳、出瞳、孔径光阑的方法:将光学系统中所有的光学器件的通光口径分别对其前(后)面的光学系统成像到系统的物(像)空间去,并根据各像的位置及大小求出它们对光轴上物(像)点的张角,其中张角最小者为入瞳(出瞳),同时该光学器件即为光学系统的孔径光阑。

(4)主光线:通过入瞳中心的光线称为主光线。主光线不仅通过入瞳中心也通过孔径光阑中心及出瞳中心。

(5)相对孔径:系统的入瞳直径与系统的焦距之比称为系统的相对孔径。

$$A=\frac{D}{f'} \tag{4-1}$$

当焦距一定时,入瞳直径越大,其相对孔径也越大,表明进入光学系统的光能越多。

(6)光瞳数:又称为F数,是相对孔径的倒数。

$$F=\frac{1}{A}=\frac{f'}{D} \tag{4-2}$$

在照相机上F俗称为光圈,光圈数值越小,则进入照相机的光能越多。

(7)数值孔径$\mathrm{NA}=n\sin u$,即物方空间介质折射率n与处在光轴上的物平面中心至入瞳边缘的孔径角的一半u的正弦之积。显微物镜镜框上会标上此参数,物镜数值孔径越大则理论分辨率越高。

2)视场光阑

a.定义

限制物体成像范围的光阑称为视场光阑。

在光学系统中,视场光阑可以是其中某个光学零件的镜框,也可以是专门设置的光阑。视场光阑的形状多为正方形、长方形。例如,显微系统中的分划板就是视场光阑,照相系统中的底片也是视场光阑。

b.线视场与角视场

如图4-6所示,位于有限距离的物平面,其成像部分的最大尺寸称为物空间中光学系统的线视场,而位于有限距离像平面上最大的像尺寸称为像空间中的光学系统的线视场。

如图 4-7 所示，对位于无穷远处的物平面，通过入瞳中心和视场光阑边缘的光线与光轴夹角的两倍的绝对值称为物空间中光学系统的角视场；在像空间中，通过出瞳中心和视场光阑边缘的光线与光轴夹角的两倍的绝对值则称为像空间中光学系统的角视场。

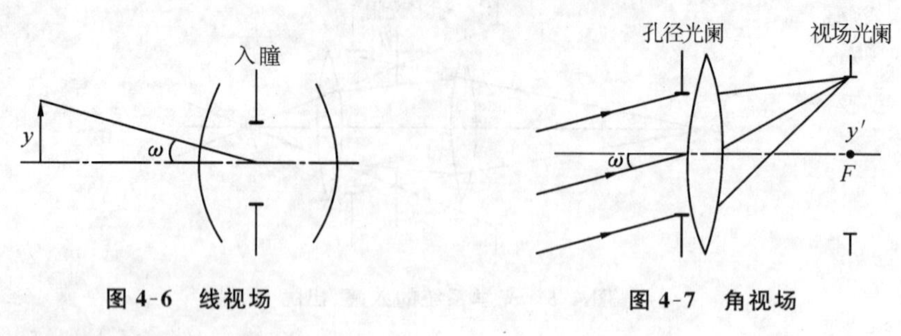

图 4-6　线视场　　　　图 4-7　角视场

c. 入射窗、出射窗

(1)入射窗：视场光阑经前面的光组在物空间所成的像称为入射窗。

入射窗的大小决定了光学系统物方视场的大小：如果入射窗在有限距离内，则入射窗大小为视场大小；如果入射窗在无限远处，则入射窗边缘到入瞳中心光线与光轴夹角的两倍为物方角视场。

(2)出射窗：视场光阑经过后面的光组在像空间所成的像称为出射窗。

出射窗的大小决定了光学系统像方视场的大小：如果出射窗在有限距离内，则出射窗大小为视场大小；如果出射窗在无限远处，则出射窗边缘到入瞳中心光线与光轴夹角的两倍为像方角视场。

入射窗、出射窗之间是共轭的，也可以将出射窗看成是入射窗经过系统所成的像。

(3)判断入射窗和出射窗的方法：将光学系统中所有的光学器件的通光口径分别对其前(后)面的光学系统成像到系统的物(像)空间去，并根据各像的位置及大小求出它们对入(出)瞳中心的张角，其中张角最小者为入射窗(出射窗)。

4.1.2.2　渐晕

1. 定义

轴外点发出的充满入瞳的光线被透镜的通光口径所拦截的现象，称为渐晕，如图 4-8 所示。

实际上，渐晕现象是普遍存在的，我们用不着片面地消除渐晕。一般系统允许有 50%的渐晕，甚至 30%的渐晕。

2. 消除渐晕的条件

只要入射窗与物平面重合，出射窗与像平面重合，就可消除渐晕。

3. 线渐晕系数

如图 4-9 所示，线渐晕系数表示式为

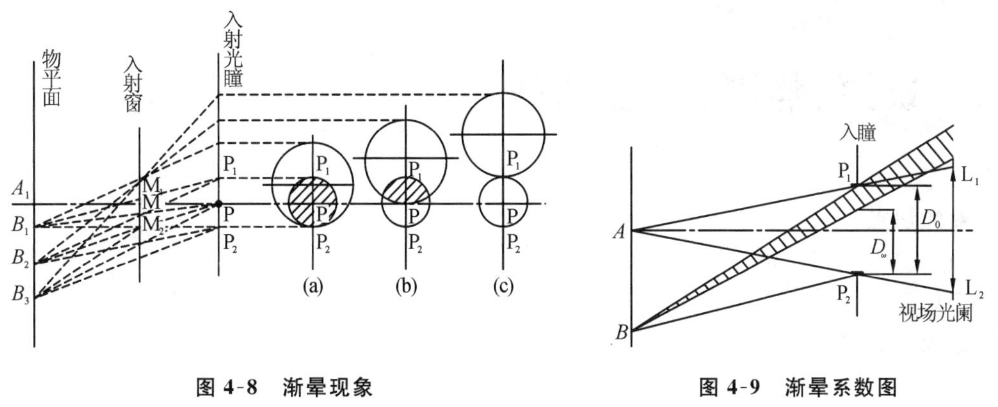

图 4-8　渐晕现象　　　　图 4-9　渐晕系数图

$$K_\omega = \frac{D_\omega}{D_0} \tag{4-3}$$

式中，D_ω 是轴外点发出的光束宽度；D_0 是轴上点发出的光束宽度。

4.1.3　知识应用

例 4-1　有一个光阑的孔径为 2.5 cm，位于透镜前 1.5 cm 处，透镜焦距为 3 cm，孔径为 4 cm。长为 1 cm 的物体位于光阑前 6 cm 处，求：

(1)入射光瞳和出射光瞳的位置及大小；

(2)像的位置，并作图。

解　(1)如图 4-10 所示，因光阑前无透镜，直接比较光阑及透镜对物体的张角，可知光阑即入射光瞳。出射光瞳是光阑被其后面透镜所成的像。对出射光瞳，已知 $l=-1.5$ cm，$f'=3$ cm，根据公式$\frac{1}{l'}-\frac{1}{l}=\frac{1}{f'}$，可得 $l'=-3$ cm。

(2)已知 $l=-7.5$ cm，$f'=3$ cm，根据公式$\frac{1}{l'}-\frac{1}{l}=\frac{1}{f'}$，可得物体的像距 $l'=5$ cm。像的位置如图 4-10 所示。

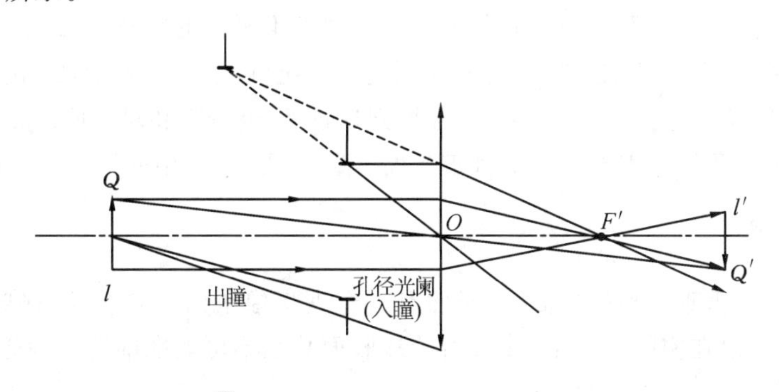

图 4-10　例 4-1 图

4.2 景深、焦深、远心光路

◆知识点

¤景深

¤焦深

¤远心光路

4.2.1 任务目标

了解景深、焦深、物方远心光路、像方远心光路的含义。

4.2.2 知识平台

4.2.2.1 景深

能够在像平面上获得足够清晰像的空间深度，称为景深。

如图 4-11 所示，位于空间的物点 B_1 和 B_2 分别在距光学系统入射光瞳不同距离处，H 为入射光瞳中心，H' 为出射光瞳中心，A' 为像平面，称为景像平面。在物空间与景像平面共轭的平面 A 称为对准平面。当入射光瞳有一定大小时，由不在对准平面上的空间物点 B_1 和 B_2 发出并充满入瞳的光束，将与对准平面相交为弥散斑 Z_1 和 Z_2，它们在景像平面上的共轭像为弥散斑 $Z_1{}'$ 和 $Z_2{}'$。显然像平面上的弥散斑的大小与光学系统入射光瞳的大小和空间点距对准平面的距离有关。如果弥散斑足够小，例如，它对人眼的张角小于人眼的最小分辨角，那么人眼并无不清晰的感觉，这时，弥散斑可以认为是空间点在平面上成的像。

这样能够足够清晰成像的最远平面（如物点 B_1 所在的平面）称为远景面，能够清晰成像的最近平面（如物点 B_2 所在平面）称为近景面。它们离对准平面的距离以 Δ_1 和 Δ_2 表示，称为远景深度和近景深度。远景面、近景面、对准面到光学系统（以主平面表示）的距离分别用 l_1、l_2、l 表示，它们的符号规则是以主平面为原点，计算到远景面、近景面和对准面。Δ_1 和 Δ_2 的符号规则是以对准面作为原点，计算到远景面和近景面。显然，图 4-11 中的景深 $\Delta=\Delta_2-\Delta_1$。

4.2.2.2 焦深

当物体为一个垂直光轴的平面时，必然有一个理想像平面与它对应，接收像的平面应与理想像平面重合，但在实际仪器中，接收器的接收面总是不可能准确地与理想像平面相重合，或在像平面之前，或在像平面之后。

如图 4-11 所示，A' 为 A 的理想像。在理想像前后各有平面 A_1' 和 A_2'，它们与理想像平面相距 Δ_1' 和 Δ_2'，Δ_1' 和 Δ_2' 的符号规则同 Δ_1 和 Δ_2。显然，在平面 A_1' 和 A_2' 上接收到的将不

是物点 O 的理想像点，而是弥散斑。如果弥散斑足够小，小到使接收器感到如同一个“点”像一样，便可认为平面 A_1' 和 A_2' 上得到的仍然是物点 O 的清晰的像点，这时 $\Delta'_2-\Delta'_1$ 就称为焦深。所以，焦深指的是对于同物平面，能够获得清晰像的像空间的深度。

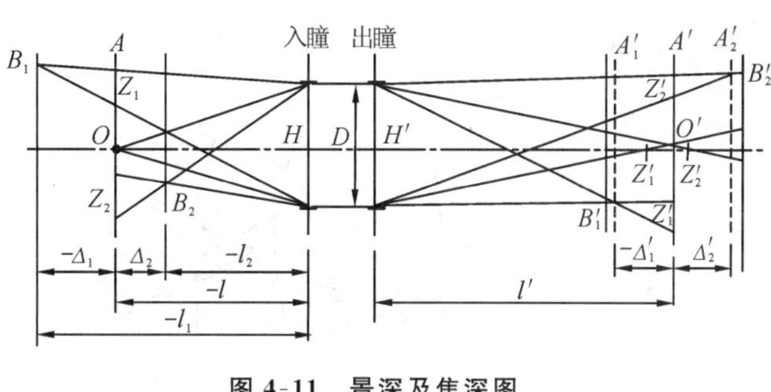

图 4-11 景深及焦深图

综上所述，景深和焦深都是能够获得清晰成像的一段空间范围。景深指的是物空间的深度，焦深指的是像空间的深度。

4.2.2.3 远心光路

1. 物方远心成像光学系统

光学系统对待测物尺寸的测量一般通过将物体成像到标尺上，求得物像的尺寸，然后用像的尺寸比上放大倍率得到物体的尺寸。按以上方法进行测量时往往是标尺与物镜的距离不变，从而使物镜的放大率保持常数(如显微物镜)，这一般是通过对整个光学系统进行调焦来达到的。但是，由于景深及调焦误差的存在，不可能做到使像平面与标尺平面完全重合，这就难免会产生误差。像平面与标尺平面不重合的现象称为视差。由于视差引起的测量误差可由图 4-12 说明。在图 4-12 中，P_1PP_2 是物体的出射光瞳，B_1B_2 是被测物体的像，M_1M_2 是标尺平面，由于两者不重合，像点 B_1 和 B_2 在标尺平面上反映成弥散斑 M_1 和 M_2，实际测量的长度为 M_1M_2，显然比真实像 B_1B_2 要长一些。视差越大，光束对光轴夹角越大，其测量的误差越大。

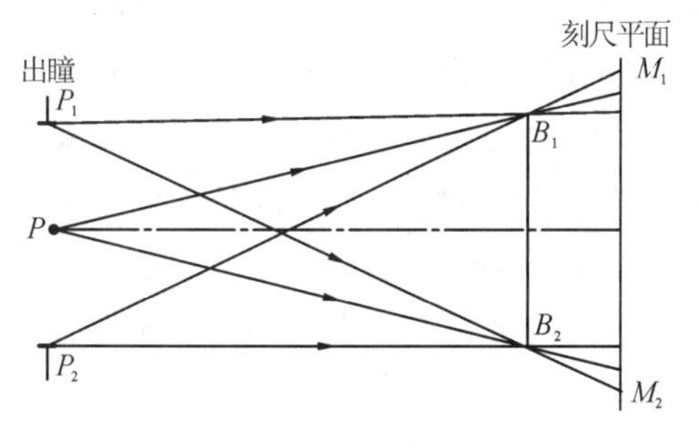

图 4-12 视差图

如果适当地控制主光线的方向，就可以消除或尽量减少视差对测量精度的影响。这只要把孔径光阑设在物镜的像方焦平面即可。如图 4-13 所示，光阑也是物镜的出射光瞳，此时，由物镜射出光束的主光线都通过光阑中心所在的像方焦点，而物方主光线都是平行于光轴的。如果物体 B_1B_2 正确地位于与标尺平面 M 的共轭的位置 A_1 上，那么它成像在标尺平面上的长度为 M_1M_2。如果由于调焦不准，那么像 $B_1'B_2'$ 将偏离标尺，在标尺平面上得到的将是由弥散斑构成的 $B_1'B_2'$ 的投影像。但是，由于物体上同一点发出的光束的主光线并不随物体的位置的移动而发生变化，因此通过标尺平面上投影像两端的两个弥散中心的主光线仍然通过点 M_1 和 M_2，按此投影像读出的长度仍为 M_1M_2。这就是说，上述调焦不准并不影响测量结果。因为这种光学系统的物方主光线平行于光轴，主光线的会聚中心位于物方无穷远处，故称为物方远心光路。

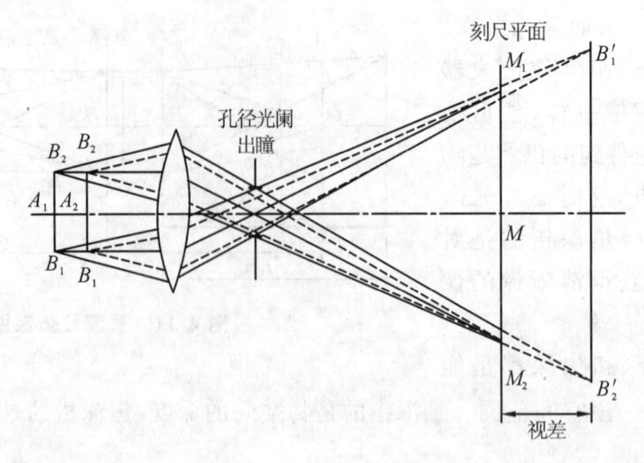

图 4-13 物方远心光路图

2. 像方远心成像光学系统

像方远心成像光学系统与物方远心成像光学系统的原理比较类似，只是设置孔径光阑的位置略有不同。如图 4-14 所示，当在物镜的物方焦平面上设置孔径光阑时，光阑也是物镜的入射光瞳，此时，进入物镜光束的主光线都通过光阑中心所在的物方焦点，而像方主光线都是平行于光轴的。如果物体 B_1B_2 的像不与像 M 接收屏重合，则在 M 上得到的是由弥散斑 $B_1'B_2'$ 构成的投影像 M_1 和 M_2。但是，由于物体上同一点发出的光束的主光线并不随物体的位置移动而发生变化，因此通过标尺平面上投影像两端的两个弥散中心的主光线仍然通过点 M_1 和 M_2，按此投影像读出的长度仍为 B_1B_2。这就是说，上述调焦不准并不影响测量结果。因为这种光学系统的像方主光线平行于光轴，主光线的会聚中心位于像方无穷远处，故称为像方远心光路。

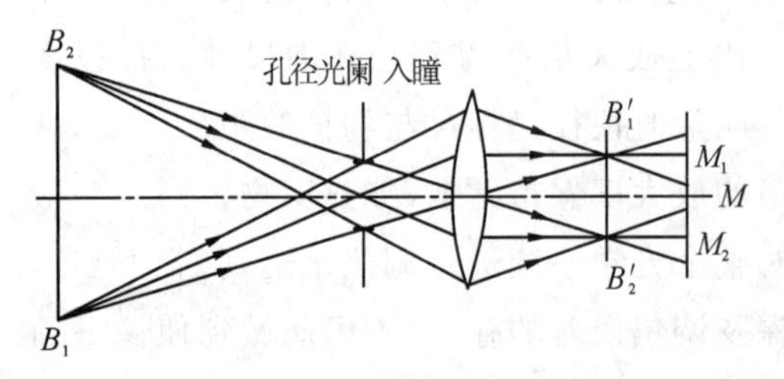

图 4-14 像方远心光路图

4.3 轴上点球差、彗差

◆**知识点**

¤轴上点球差

¤彗差

4.3.1 任务目标

了解轴上点球差、彗差、齐明点含义；了解消除球差、彗差的基本方法。

4.3.2 知识平台

4.3.2.1 轴上点球差

1. 定义

如图 4-15 所示，轴上点发出的同心光束经光学系统后，不再是同心光束，不同入射高度或孔径角的光线交光轴于不同位置，相对近理想像点有不同程度的偏离，这种偏离称为轴向球差，简称球差。

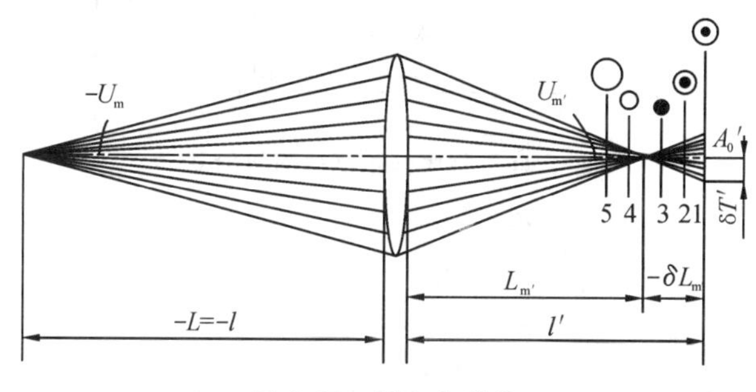

图 4-15 轴上点球差

用式子表示如下：

$$\delta L' = L' - l' \tag{4-4}$$

式中，$\delta L'$为球差大小，可正可负；L'为与某个入射孔径角相对应的实际像方截距；l'为理想像点对应的像方截距。

如图 4-15 所示，由于球差的存在，在理想像平面上的像点已不再是一个点，而是一个圆形的弥散斑，弥散斑的半径用 $\delta T'$表示，称为垂轴球差，它与轴向球差的关系为

$$\delta T' = \delta L' \tan U' = (L - l') \tan U' \tag{4-5}$$

2. 球差的校正

容易知道，透镜本身的结构特性决定了正透镜将产生负球差，负透镜将产生正球差。所以为了校正球差，实践中常使用正、负透镜组合来实现球差的校正。

当然，消球差一般只是能使某个孔径带的球差为 0，而不能使各个孔径带的球差全部为 0，一般对边缘光孔径校正球差，而此时一般在孔径角为最大孔径角的 0.707 倍处有最大的剩余球差。

一种理想化的消球差思想是制造一个非球面的曲率半径由中心到边缘渐变的透镜，类似于人眼中水晶体的结构，从而达到消球差的目的。

3. 齐明点

对单个折射球面而言，有三对不产生球差的共轭点称为齐明点，如图 4-16 所示。

(1)物像点均处于球面顶点 O 时，不产生球差。

(2)物像点均处于球面的曲率中心 C 时，不产生球差。

(3)当 $\sin I' - \sin U = 0$ 时，即 $I' = U$，由 $\sin I' = n\sin I/n' = n(L-r)\sin U/n'r$ 可得

$$L=(n+n')r/n \tag{4-6}$$

同理，由 $\sin I=\sin U'$ 可得

$$L'=(n+n')r/n' \tag{4-7}$$

由式(4-6)和式(4-7)可知，当满足 $I'=U$ 时，不会产生球差，此时该面的垂轴放大率为 $\beta=(n/n')^2$。

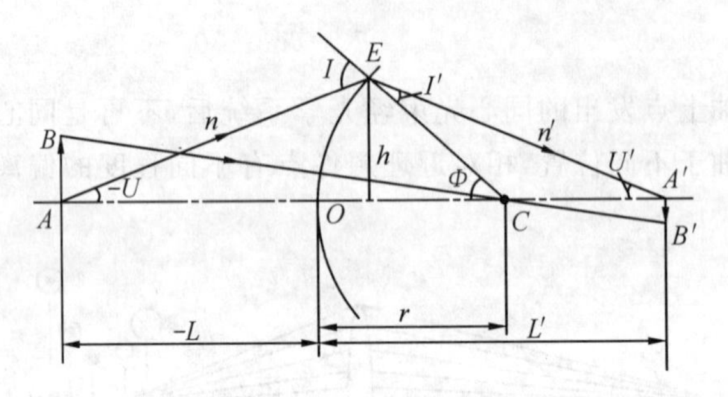

图 4-16　物体经单个球面折射图

4.3.2.2　彗差

1. 定义

轴外物点宽光束经系统成像后失去对称性所产生的像差称为彗差。彗差分为两种：子午彗差 K'_T 和弧矢彗差 K'_S。

如图 4-17 所示，以子午彗差 K'_T 为例进行说明。点 B 发出充满入瞳的光束，z' 为主光线，a 为上光线，a' 为下光线。如果系统没有存在彗差，则这三条光线的像方光线应该相交于一点，但是如果存在彗差，则三条共轭光线可能会不再相交共点，而是失去了对称性。上、下光线的交点到主光线 z' 的垂轴距离称为子午彗差 K'_T，即

$$K'_T=\frac{1}{2}(Y'_a+Y'_{a'})-Y'_z \tag{4-8}$$

(1)彗差可正、可负，当上、下光线交点位于主光线之下时为负，当上、下光线交点位于主光线之上时为正。

(2)彗差是轴外像差之一，其危害是使物平面上的轴外点成像为彗星状的弥散斑，破坏了轴外视场的成像清晰度，且随孔径及视场的变化而变化，所以彗差又称为轴外像差。

(3)同理，由于对弧矢面前、后光线 b、b' 交于同一理想像平面上的同一高度，对于弧矢彗差有 $K'_S=Y'_b-Y'_z$。

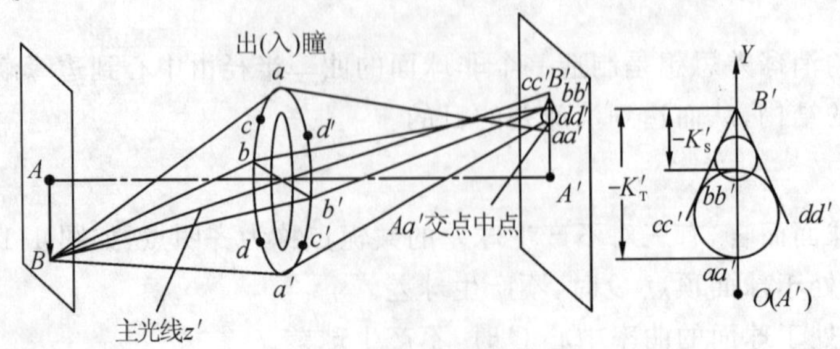

图 4-17　彗差图

2. 彗差的校正

(1)彗差是由于轴外点宽光束的主光线与球面对称轴不重合而由折射球面的球差引起的,如果将入瞳设置在球面的球心处(如图 4-18 所示),则通过入瞳中心的主光线与辅助光轴重合,此时,轴外点同轴上点一样,入射的上、下光线必将对称于该辅助光轴,出射光线也一定对称于辅助光轴,此时不再产生彗差。

(2)彗差的大小、正负还与透镜的形状、系统的结构形式有关,如图 4-19 所示,采用全对称结构可消除彗差。

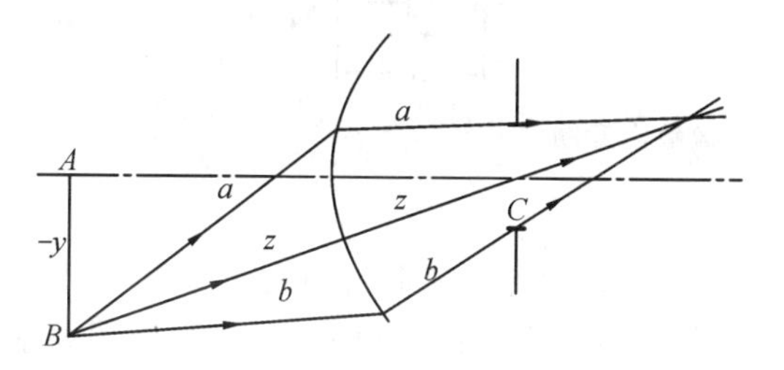

图 4-18　入瞳设在球心处不产生彗差

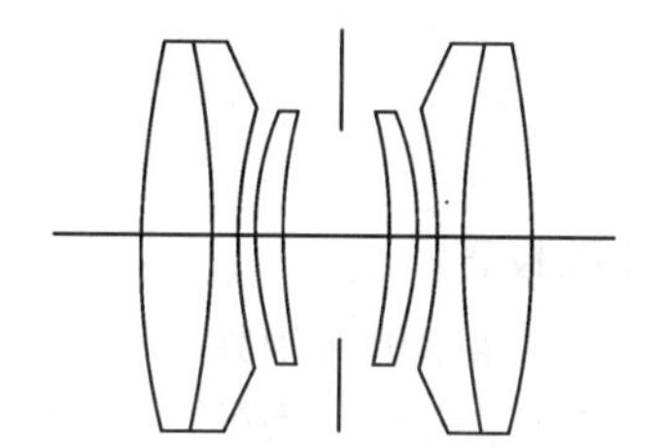
图 4-19　全对称结构消除彗差

4.4　其他像差

◆**知识点**
¤像散
¤场曲
¤畸变
¤色差

4.4.1　任务目标

知道像散、场曲、畸变、色差含义;了解消除像散、场曲的基本思想。

4.4.2　知识平台

4.4.2.1　像散

1. 定义

如图 4-20 所示,当轴外点以细光束成像时,这时没有彗差,上光线、下光线、主光线的共轭光线交于一点(子午像点),那么子午面上的所有光线最终在过子午像点垂直于子午面的方向上相交成子午焦线。前光线、后光线、主光线的共轭光线交于一点(弧矢像点),那么弧矢面上的所有光线最终在过弧矢像点垂直于弧矢面的方向上相交成弧矢焦线。子午焦线与弧矢焦线沿光轴方向上的距离 $X'_T-X'_S$ 称为像散。

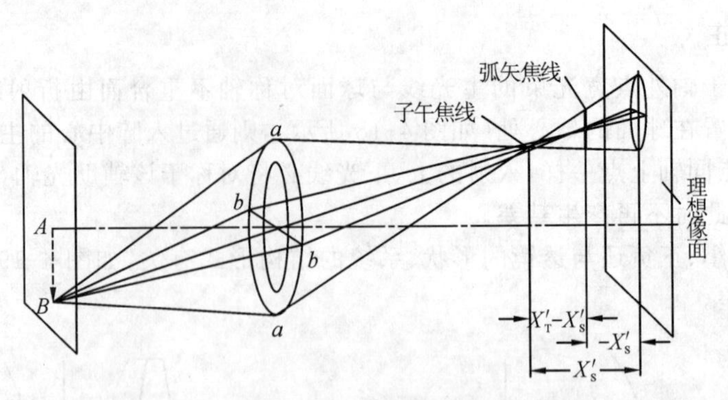

图 4-20 像散示意图

2. 像散校正

像散的存在是因为轴外物点发出的细光束在光学球面上所截得的曲面是非对称的，在子午面和弧矢面上表现最大的曲率差，由于会聚点不同产生像散。要校正像散，必须要求细光束在球面上的截面有相同的曲率半径，折射后能会聚于一点。一般来说，折射球面球心与光阑位于顶点的同一侧，主光线接近光阑中心，子午和弧矢的失去对称程度较小，像散也较小。所以，同校正彗差一样，光学系统如果采用同心原则，球面弯向光阑，则像散较小。如图 4-21 所示，入瞳处于球心处则不存在像散。

4.4.2.2 场曲

1. 定义

如图 4-22 所示，由于像散的存在，随着视场的增大，子午像点和弧矢像点的位置将发生变化，如果连接所有的子午像点则得到一个弯曲的子午像面，同理，连接所有的弧矢像面将得到一个弯曲的弧矢像面。这样，导致一个平面物体成为一个曲面像，这种成像缺陷称为场曲。场曲分为子午场曲和弧矢场曲。偏离光轴最远物点对应的子午像点相对于高斯像面的距离 X'_T 称为该物体子午场曲，偏离光轴最远物点对应的弧矢像点相对于高斯像面的距离 X'_S 称为该物体弧矢场曲。

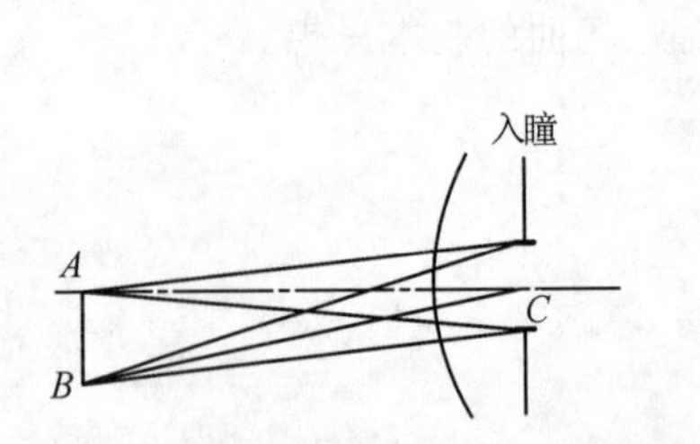

4-21 入瞳位于球心处的球面不存在像散

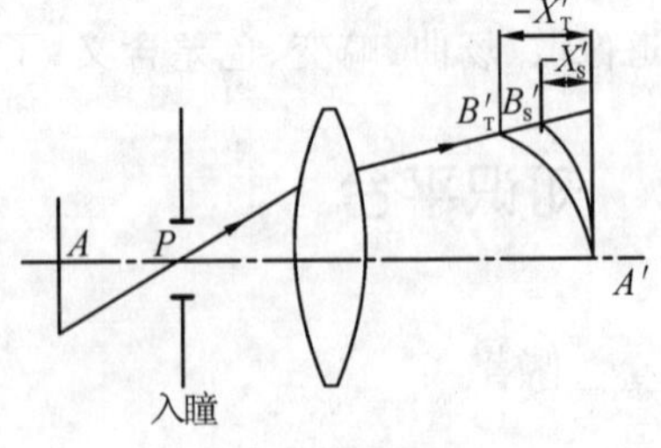

图 4-22 场曲示意图

2. 场曲校正的方法

(1)用高折射率的正透镜和低折射率的负透镜，并适当拉开距离，即正、负透镜分离，消除场曲。

(2)用厚透镜消除场曲。

说明 场曲是由球面特性所决定的，即使无像散，只要子午像面与弧矢像面重合在一起，仍存在场曲，此时的像面弯曲称为匹兹伐尔场曲，此时的像面为匹兹伐尔像面。

4.4.2.3　畸变

1. 定义

由于球差的影响，不同视场的主光线通过系统后其与高斯像面的交点与理想像高并不相等，设理想像高为 y'，主光线与高斯像面交点的高度为 Y'_Z，则两者之间的差别就是系统的畸变，称为绝对畸变，用 $\delta Y'_Z$ 表示，即

$$\delta Y'_Z = Y'_Z - y'$$

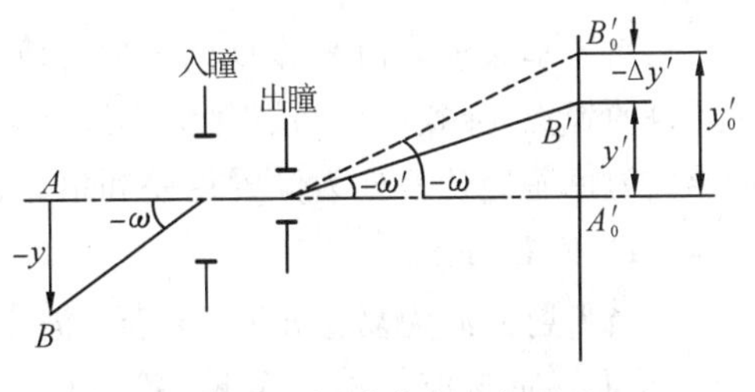

图 4-23　相对畸变示意图

在实际设计中，应用较多的并不是绝对畸变，而是相对畸变，如图 4-23 所示。相对畸变是指像高之差相对于理想像高之比，即

$$q' = \frac{\delta Y'_Z}{y'} \times 100\% = \frac{\bar{\beta} - \beta}{\beta} \times 100\%$$

式中，$\bar{\beta}$ 为某视场实际垂轴放大率；β 为理想垂轴放大率。

2. 畸变的种类

如图 4-24 所示，常见的畸变类型有枕形畸变和桶形畸变两种。枕形畸变（正畸变）中实际像高大于理想像高；桶形畸变（负畸变）中，实际像高小于理想像高。

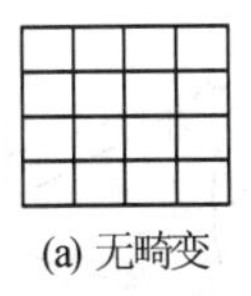

(a) 无畸变

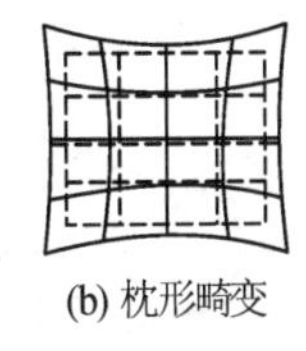

(b) 枕形畸变

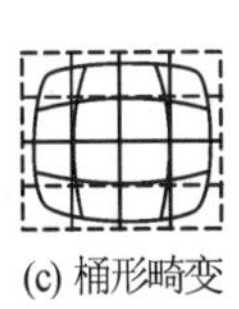

(c) 桶形畸变

图 4-24　畸变

3. 畸变校正方法

(1)采用对称结构可自动消除畸变，如图 4-25 所示，孔径光阑处于透镜之前得到负畸变，孔径光阑处于透镜之后得到正畸变，所以，如果将孔径光阑设置在两个透镜之间可能消除畸变。

(2)如图 4-26 所示，如果将光阑设置在球心或与透镜重合可不产生畸变。

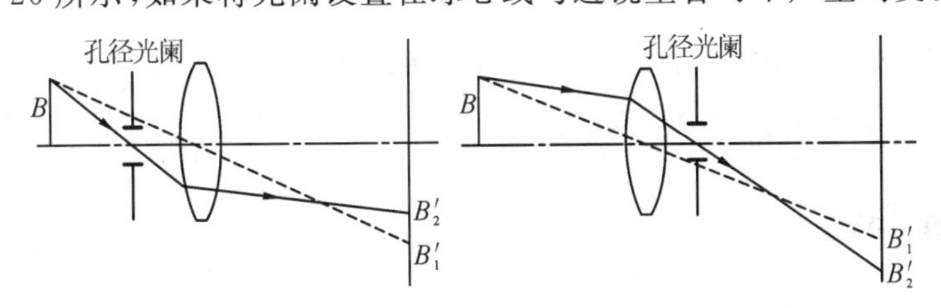

图 4-25　孔径光阑分别位于透镜前、后得到正、负畸变

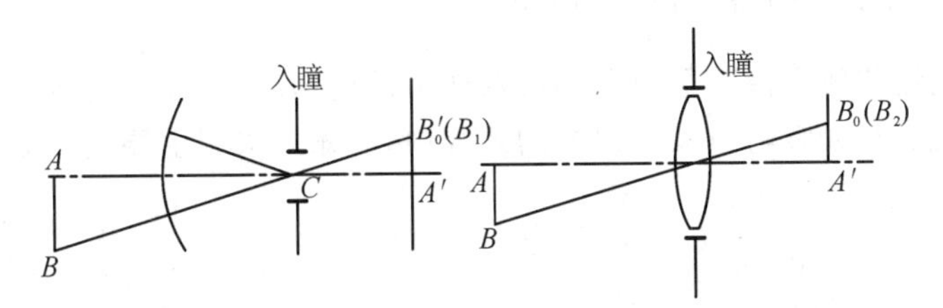

图 4-26　光阑设置在球心或与透镜重合不产生畸变

4.4.2.4 色差

1. 定义

当光学系统对白光等复色光进行成像时，系统对不同波长有不同的焦距，各谱线将形成各自的像点，导致一个物点对应许许多多不同波长的像点位置和放大率，这种成像的颜色差异称为色差。色差分为位置色差和倍率色差两种。

1）位置色差

当入射光波为复色光时，由于光波中含有许多不同波长的单色光波，波长越小其像距越小，从而形成按波长由短至长，各像点离透镜由近及远排列在光轴上形成位置之差。如图4-27所示，红色光(C)、蓝色光(F)、黄色光(D)的像点 A'_C、A'_F、A'_D 分别在轴上不同位置，它们两两之间的像方截距之差称为位置色差。

2）倍率色差

轴外物点发出的两种色光的主光线在消单色光像差的高斯像面上交点的高度之差，如图4-28 所示。对于目视光学系统是以红色光、蓝色光的主光线在黄色光的高斯像面上的交点高度之差来表示的。

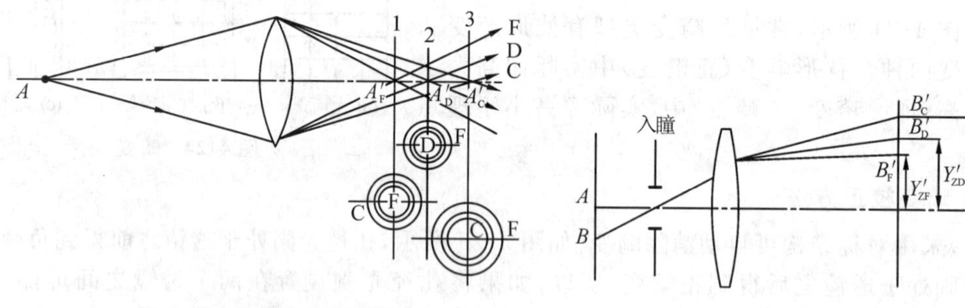

图 4-27 位置色差示意图　　图 4-28 倍率色差示意图

2. 色差校正方法

(1)与前面校正场曲相同，利用光阑在球心处或物在顶点处校正色差。

(2)利用正、负透镜组合校正色差。

4.4.3 视窗与链接

4.4.3.1 典型光学系统中的光阑问题

一般说来，低倍的放大镜都是由平凸或双凸单透镜构成的，在讨论放大镜的光束限制时，应与人眼一起考虑，在人眼与放大镜组成的系统中，对光束限制主要由人眼实现，人眼起到了非常重要的作用。

1. 望远系统

1）光瞳衔接原则

前一个系统的出瞳与后一个系统的入瞳相重合，否则就会出现光束拦截现象。

对于人眼及望远系统来讲，所谓的衔接是指望远系统的出瞳应该与人眼的入瞳（瞳孔）相重合。

2）光束限制

在望远系统中，一般情况下，物镜框是它的孔径光阑，也是系统的入瞳。它经过目镜所成的像就是系统的出瞳，它一般与人眼相重合，而出瞳的位置与目镜最后一面之间的距离就是出瞳距。

分划板是系统的视场光阑，它放置于实像平面上，主要用于限制视场的大小。

2. 显微系统

（1）对低倍显微系统而言，孔径光阑一般是物镜框（入瞳），而出瞳也与人眼相重合，其视场光阑则是分划板。

（2）对高倍显微系统而言，其孔径光阑是专门设置的。

（3）对显微系统而言，出瞳位于目镜附近。

（4）显微系统也必须满足光瞳衔接原则。

3. 照相系统

可变光阑是系统的孔径光阑，其大小尺寸是可以调节变化的，底片是其视场光阑。

4.4.3.2 显微摄影过程中的孔径光阑与视场光阑

显微摄影是通过显微镜来拍摄物体，是科学研究、经验交流、仲裁谈判不可缺少的手段之一。曝光是显微摄影中的重要环节，曝光的正确与否决定着照片的质量。显微摄影时影响曝光的因素非常多，如底片的性能、照明光源的强度和色温、照明方法、滤光片使用、物镜的孔径和倍数、物镜与摄影目镜的配合、照相机皮腔的伸长量、被摄标本的颜色和光学性质等。在显微摄影过程中，视场光阑和孔径光阑起到重要的作用。对视场光阑而言，一是根据物镜的倍率给予不同直径的光束面积；二是在显微摄影时，起着增减影像反差的作用。当光阑扩大到一定的程度时，照射到标本上的光线，会有反射与不规则的散射，造成影像反差的损失。当视场光阑收缩到取景框边缘外时，就会改善摄影图像的反差。孔径光阑安装在聚光器中，它的作用是使图像的分辨率、反差和焦深处于最佳状况。这些最佳条件的取得，是以所用物镜的数值孔径来调节照明系统的数值孔径（聚光镜的数值孔径）的。

大多数的标本，若想得到高质量的照片，孔径光阑要调节在物镜数值孔径的60%～80%。怎样调节孔径光阑？有两种方法：第一种，是把标本对好焦点以后，取出左边目镜，用肉眼观察镜筒，边观察物镜的后焦点平面，边用手调节孔径光阑，大小以60%～80%为宜；第二种，是应用聚光镜上刻的数值孔径的标记。例如，用数值孔径0.25的10×物镜，如果让孔径光阑缩小到80%，则聚光镜上的刻度标记应该放在0.2（0.25×80%＝0.2）上。如果孔径光阑收缩过小，则会使显微照片分辨率降低。除用特殊染色，标本又切得很薄外，孔径光阑的收缩不得低于物镜数值孔径的60%。孔径光阑完全打开，照片整个反差降低。

4.4.3.3 消杂光光阑

光学系统中的非成像光束称为杂光。镜头表面的散射光，镜框及镜筒内壁的散射光和反射光，以及其他非成像光束落在像平面上统称为杂光。杂光对成像是有害的，它的直接影响是形成噪音，使图像的信躁比降低，甚至使信号淹没在噪音中。虽然有一些消杂光的方法，但其效果均不够理想。在光学系统中加进阻挡杂光通过的辅助光阑和在镜筒的内壁上加一些栅栏是比较有效的消杂光方法。消杂光的光阑通常位于孔径光阑的像平面附近，目的是挡住杂光，同时又不影响成像光束通过。

图 4-29 所示是一个用透镜转像的正像望远系统。孔径光阑处在物镜上。光线 A 为孔径边缘光线，光线 B 为最大视场的主光线，它们均是成像光线，而光线 C 来自视场外，但仍然可以通过物镜，虽然它不是成像光束，但这些光线却可以由内壁挡板或其他支撑物反射，以杂光的方式射到像平面上，降低了图像的对比度。为此，需要加一个至几个辅助光阑，这些光阑的位置处在主光线的中心或其附近，大小是孔径光阑中间像的口径。由于杂光来自镜头的机械内壁和通光孔径的外面，它们被这些辅助光阑挡住，也可以把视场光阑放在目标所成的中间像中，以便进一步减少杂光。这样做的道理很简单。一旦系统视场光阑和孔径光阑确定了，辅助光阑（杂光光阑）可以放在孔径光闸和视场光阑的像平面处，以消杂光。如果杂光光阑放置准确，而且其尺寸和上述光阑的像相同，那么这些杂光光阑既不降低像平面照度，也不减小视场，更不会引入渐晕，但却可以有效地消杂光。

在光学镜头中，常常使用栅栏来阻挡来自内壁和镜片框的光辐射。图 4-30 所示是一个由聚光镜和探测器构成的辐射计。假定有一个处在视场之外的强光源（如太阳）发出的光进入辐射计，照在内壁上，并由内壁反射到探测器上，这就是杂光，它大大降低了信噪比，甚至可能使有用的信息淹没在噪音中。在该结构中使用杂光光阑有困难，因为孔径光阑和视场光阑没有中间像。在这种情况下，最好在机械壳的内壁加尖峰状的栅栏，像篱笆墙一样阻挡杂光，如图 4-30 所示的内壁那样。如果这样做还有困难，那么还可以在镜头的前面加一个遮光罩，遮光罩的锥形角要不小于视场角，否则会使轴外视场变小。有效地使用栅栏的关键是合理地排列它们，使得探测器任何一部分都看不到被光直接照射的内壁表面。

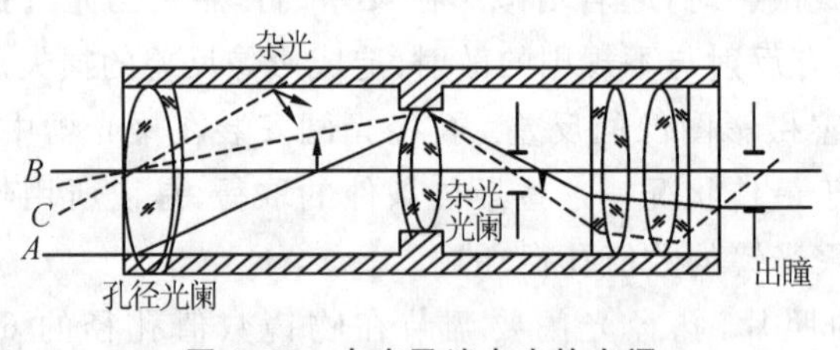

图 4-29 杂光及消杂光的光阑

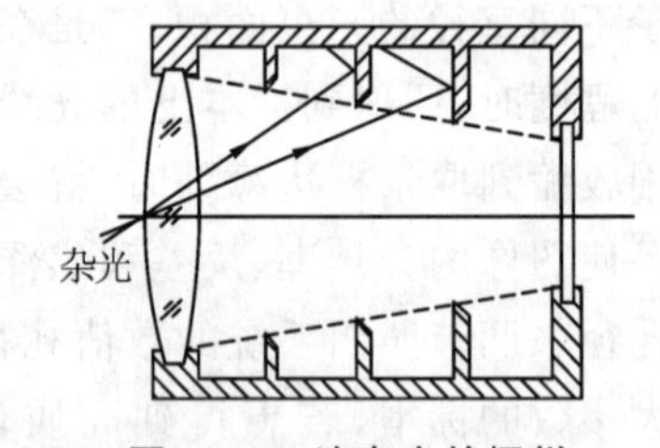

图 4-30 消杂光的栅栏

4.4.3.4 摄影中的景深和焦深

1. 焦深与景深的异同

(1)含义不同：景深是景物中能产生较为清晰影像的纵长距离；焦深是影像的焦平面可允许移动的距离。

(2)当摄距减小时，景深减小，焦深增大；当摄距增大时，景深增大，焦深减小。

(3)当景物的成像比例增大(如使用长焦镜头、缩短摄距等)时，景深减小，焦深增大；当景物的成像比例减小(如使用短焦镜头、增大摄距等)时，景深增大，焦深减小。

(4)当减小光圈时,景深和焦深都增大;当增大光圈时,景深和焦深都减小。

(5)当降低对影像的清晰度要求时,景深和焦深都增大;当提高对影像的清晰度要求时,景深和焦深都减小。

(6)焦深在很大程度上与相机的制造有关;景深在很大程度上与被摄体的再现有关。

2. 影响焦深的因素和规律

(1)光圈与焦深成反比:光圈小,焦深大;光圈大,焦深小。

(2)摄距与焦深成反比:摄距近,焦深大;摄距远,焦深小。

原因:摄距(物距)减小,像距增大,远、近模糊圈之间的距离增大,所以焦深增大。

(3)镜头焦距与焦深成正比:镜头焦距长,焦深大;镜头焦距短,焦深小。

原因:摄距一定时,焦距增大,远、近模糊圈之间的距离增大,所以焦深增大。

(4)焦深与模糊圈成正比:允许的模糊圈大,焦深大;允许的模糊圈小,焦深小。

3. 影响景深的重要因素

光圈、镜头及物距是影响景深的重要因素。

1)光圈

当镜头焦距相同,拍摄距离相同时,光圈越小,景深的范围越大;光圈越大,景深的范围越小。这是因为光圈越小,进入镜头的光束越细,近轴效应越明显,光线会聚的角度就越小。这样在成像平面前后,会聚的光线将在成像平面上留下更小的光斑,使得原来离镜头较近和较远的不清晰景物具备了可以接受的清晰度。

2)焦距

在光圈系数和拍摄距离都相同的情况下,镜头焦距越短,景深范围越大;镜头焦距越长,景深范围越小。这是因为焦距短的镜头比起焦距长的镜头,对来自前后不同距离上的景物的光线所形成的聚焦带(焦深)要狭窄得多,因此会有更多光斑进入可接受的清晰度区域。

3)物距

在镜头焦距和光圈系数都相等的情况下,物距越远,景深范围越大;物距越近,景深范围越小。这是因为远离镜头的景物只需做很少的调节就能获得清晰调焦,而且前后景物结焦点被聚集得很紧密。这样会使更多的光斑进入可接受的清晰度区域,因此景深就增大了。相反,对靠近镜头的景物调焦,由于扩大了前后结焦点的间隔,即焦深范围扩大了,因而使进入可接受的清晰度区域的光斑减少,景深变小。由于这样的原因,镜头的前景深总是小于后景深。

4. 景深和焦深的简单应用

景深能够决定是把背景模糊化来突出拍摄对象,还是拍出清晰的背景。我们经常能够看到拍摄花、昆虫等的照片中,将背景拍得很模糊(称为小景深)。但是在拍摄纪念照或集体照、风景等的照片时,一般会把背景拍摄得与拍摄对象一样清晰(称为大景深)。使用长焦镜头,使光圈值(f 值)增大,近距离拍照,可得小景深图片。

拍摄前为了既可增加影像亮度,又减小焦深,有助于准确聚焦,应先用最大光圈聚焦,聚焦准确之后,再将光圈调至拍摄所需的挡位上。

习 题 4

4-1 什么叫孔径光阑？孔径光阑在光学系统中的作用是什么？如何判断孔径光阑？

4-2 线视场和角视场有何不同？

4-3 渐晕的概念是什么，何种情况下光学系统会出现渐晕，如何消除渐晕？

4-4 如何构建物像双方远心光路？

4-5 光学系统具有景深的实践意义是什么？

4-6 什么叫球差？在实践中一般如何校正球差？

4-7 弧矢彗差与子午彗差的区别是什么？一般如何校正彗差？

4-8 像散、场曲、畸变、色差的具体含义是什么？分别如何校正？

4-9 两个薄透镜 L_1、L_2 的孔径为 4.0 cm，L_1 为凹透镜，L_2 为凸透镜，它们的焦距分别为 8 cm 和 6 cm，镜间距离为 3 cm，光线平行于光轴入射。求系统的孔径光阑、入瞳和出瞳及视场光阑。

5

光度学与色度学基础

成像是光学仪器的主要功能，因此光学系统成像特性是几何光学研究的核心问题，本书前面几章的主要内容就是对光学系统成像特性的描述和分析。照明光学和显示光学也是现代光学应用的重要内容，尤其是在基于 LED 技术的绿色照明逐渐成为国家中长期战略发展规划的重点发展领域之后，研究光的强弱及颜色问题的光度学和色度学也成为光学研究的一个重要部分。本章仍然站在几何光学的角度，介绍光度学和色度学的基本知识和应用。

本章的内容主要分为两部分：第一部分是光度学基础，介绍描述光的强度的几个基本概念，介绍光源发光的强弱程度及被照表面明暗程度的描述方法，分析光在传播过程中照度变化的规律；第二部分是色度学基础，介绍光与颜色的基本概念及描述方法、颜色与颜色空间的基本知识及 RGB 基本颜色空间和 HIS 颜色空间、CIE 标准色度学系统。

5.1 光度学基础

◆**知识点**

¤辐射量与光学量

¤光传播过程中光学量的变化规律

5.1.1 任务目标

了解辐射量的概念及量纲，掌握光学量的概念及量纲与单位，了解光在传播过程中光学量的变化规律，运用光度学知识分析光源的光强弱及被照表面光明暗等问题。

5.1.2 知识平台

5.1.2.1 辐射量与光学量

光在本质上属于电磁波的范畴，可见光是波长在 380～760 nm 范围内的电磁波，也就是

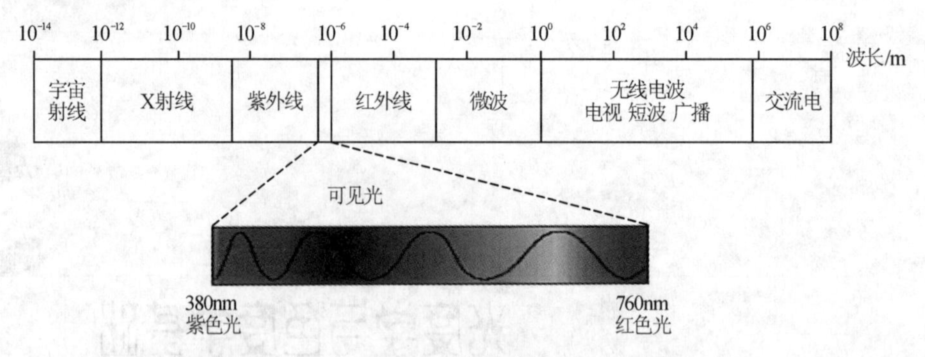

图 5-1　电磁波谱

人眼能感受到"光亮"的电磁辐射，波长超出这一范围的电磁辐射，哪怕其辐射强度再大，人眼也是无法感受到的。

电磁辐射的波谱如图 5-1 所示。

由图 5-1 可知，电磁波的波长范围是极其广阔的，可从短波段 10^{-14} m 量级覆盖至长波段的 10^{8} m 量级，而可见光的波长为 10^{-7} m 量级，具体为 380～760 nm，只占整个电磁波谱的很窄一部分。可见光的波长不同，引起人眼的颜色感觉就不同，通常认为可见光包括 7 种不同颜色的单色光，具体为：红色光 760～620 nm，橙色光 620～590 nm，黄色光 590～545 nm，绿色光 545～500 nm，青色光 500～470 nm，蓝色光 470～430 nm，紫色光 430～380 nm。可见光中波长最短的是紫色光，其频率最高，波长最长的是红色光，其频率最低。从图 5-1 中还可知，从紫色光过渡到红色光，其波长逐渐增加。电磁波的波长超出可见光范围人眼便不可见，在电磁波谱中与可见光左右相接的分别为紫外辐射（又称为紫外线）和红外辐射（又称为红外线），紫外辐射的波长范围为 10～400 nm，通常将其分为三部分：近紫外、远紫外和极远紫外（真空紫外辐射）。红外辐射的波长范围为 0.76～1000 μm，通常分为近红外、中红外和远红外。

1. 辐射量

尽管位于可见光波长范围之外的电磁辐射不能为人眼所感知，但作为一种能量的发射，它依然是客观存在的，不同波长的辐射能够被相应的探测仪器所探测到，而且对人体也是有影响的，有些辐射，特别是高频辐射，对人体有极大的危害，甚至可以致命。因此，抛开波长的差异不论，对电磁辐射，应当有一些参数来衡量其强弱，这些用来衡量电磁辐射强弱的参数就是辐射量。

辐射量包括辐射能、辐射通量、辐射出射度、辐射强度、辐射亮度、辐射照度等六个指标，其中主要掌握辐射能、辐射通量。

(1)辐射能：是以辐射形式发射或传输的电磁波能量，用 Q_e 表示。当辐射能被其他物质吸收时，可以转变为其他形式的能量，如热能、电能等。显然，辐射能的量纲就是能量的量纲，其单位是焦耳(J)。

(2)辐射通量：又称为辐射功率，是指以辐射形式发射、传播或接收的功率，用 Φ_e 表示，其定义为单位时间内流过的辐射能，即

$$\Phi_e = \frac{dQ_e}{dt} \tag{5-1}$$

辐射通量的量纲就是功率的量纲，单位是瓦特(W)。

(3)辐射出射度:用来反映物体辐射能力的物理量,辐射体单位面积向半球面空间发射的辐射通量。

(4)辐射强度:点辐射源在给定方向上发射的在单位立体角内的辐射通量。

(5)辐射亮度:面辐射源在某个给定方向上的辐射通量。

(6)辐射照度:照射在某个面元 dA 上的辐射通量与该面元的面积之比。与以上几个概念不同的是辐射照度是在辐射接收面上定义的概念,而以上几个则是在辐射发射面(或点)上定义的概念。

2. 光学量

以上所述的辐射量描述了电磁辐射能量、功率等参数的大小,也就是电磁辐射在客观上的强弱。但是,由于可见光的波长只占整个电磁波谱中一段很狭窄的范围,如果某辐射波段落在这个范围之外,那么无论辐射功率如何大,人眼也是无法感知的。换言之,对于非可见光波段的电磁辐射而言,无论其辐射量的大小如何,其对应的光学量都为零。

因此,为了描述人眼所能够感受到的光辐射的强弱,必须在辐射量的基础上再建立一套参数来描述可见光辐射的强弱,这就是光学量。光学量包括光通量、光出射度、光照度、发光强度、光亮度等。

1) 光通量

光通量是衡量可见光对人眼的视觉刺激程度的量,或是指人眼所能感觉到的辐射通量,用 Φ_v 表示。

与光通量对应的辐射量是辐射通量 Φ_e,光通量的大小就是总的辐射通量中能被人眼感受到的那部分辐射通量的大小。光通量的量纲与辐射通量一样仍是功率的量纲。但因为人眼对光辐射的感受还与光的颜色(波长)有关,所以光通量并不采用通用的功率单位瓦特作为单位,而是采用根据标准光源及正常视力而特殊定制的流明作为单位,用符号 lm 表示。波长为 555 nm 的单色光(黄绿色)1 W 的辐射通量对应的光通量等于 683 lm。

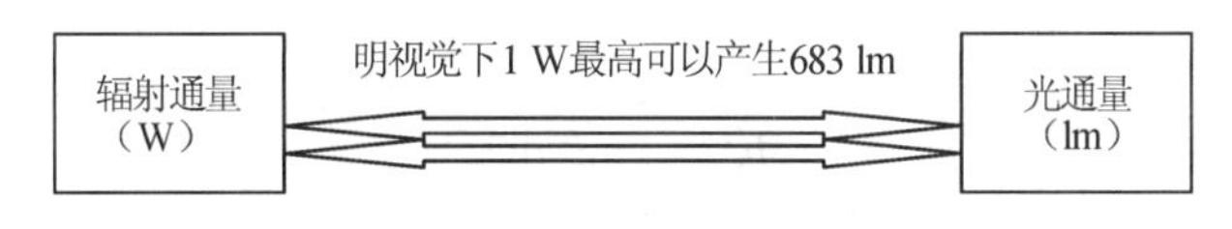

图 5-2 辐射通量与光通量的关系

由于人眼对不同波长光的相对视见率不同,所以当不同波长光的辐射功率相等时,其光通量并不相等。例如,当波长为 555 nm 的绿色光与波长为 650 nm 的红色光辐射功率相等时,前者的光通量为后者的 10 倍。

光通量是光学量的主要单位之一,辐射量与光学量之间主要通过如图 5-2 所示的关系来联系。

由光通量这个主要光学量可以引出以下两个光学量:光出射度和光照度。

2) 光出射度

光源单位面积发出的光通量称为光源的光出射度,用 M_v 表示,即

$$M_v = \frac{d\Phi_v}{dA} \tag{5-2}$$

光出射度的单位为流明每平方米,即 lm/m^2。

3）光照度 E_v

被照表面单位面积接受的光通量称为光照度，用 E_v 表示，即

$$E_v=\frac{d\Phi_v}{dA} \tag{5-3}$$

光照度和光出射度的区别在于一个是（光源）单位面积发出光通量，另一个是（被照表面）单位面积接受的光通量。显然，光照度和光出射度应当具有相同的量纲。当用来描述被照表面的光照度时，其单位流明每平方米又称为勒克斯，即 lx。

4）发光强度

点光源在单位立体角内发出的光通量称为发光强度，用 I_v 表示，即

$$I_v=\frac{d\Phi_v}{d\Omega} \tag{5-4}$$

值得注意的是，发光强度是国际单位制中的七个基本量之一，也是基本的光学量。发光强度的单位是坎德拉，即 cd，又称为"烛光"。根据国际单位制的规定：一个波长为 555 nm 的单色光源（黄绿色），在某个方向上的辐射强度为 $\frac{1}{683}$ W/sr（sr 为立体角的单位，称为球面弧度，或简称球面度），则该点光源在该方向上的发光强度为 1 cd。由于发光强度是国际单位制的基本单位，光通量的单位流明可以视为从坎德拉中导出：发光强度为 1 cd 的匀强点光源，在单位立体角内发出的光通量为 1 lm。

发光强度是用来描述点光源发光特性的光学量，引入发光强度的意义是为了描述点光源在指定方向上发出光通量能力的大小：在指定方向上的一个很小的立体角元内所包含的光通量值，除以这个立体角元，所得的商即为光源在此方向上的发光强度。

显然，点光源的发光强度与发光方向有关，对于发光强度各向异性的点光源，其总的光通量可用下式求得：

$$\Phi_v=\int_{\Omega} I_v d\Omega \tag{5-5}$$

对于各向同性的点光源，其总的光通量就简单了：如果发光强度为 I_v，则光通量为 $\Phi_v=4\pi I_v$。

5）光亮度

光亮度是指某发光面元 dA 在某个方向 θ 上单位面积的发光强度，用 L_v 表示，其单位为坎德拉每平方米，即 cd/m^2。根据发光强度和光通量之间的关系，也可以指光源单位面积在某个方向上单位立体角内的光通量，即

$$L_v=\frac{I_v}{\cos\theta dA}=\frac{d\Phi_v}{\cos\theta dA d\Omega} \tag{5-6}$$

式中，θ 是发光面元 dA 的法线方向与考察方向的夹角。以上公式的说明如图 5-3 所示。

光亮度虽然不是基本的光学量，但却是体现包括光源和被照表面在内的任意发光表面在人眼看上去的表示明暗程度的重要光学量。表 5-1 列出了常见发光表面的发光亮度。

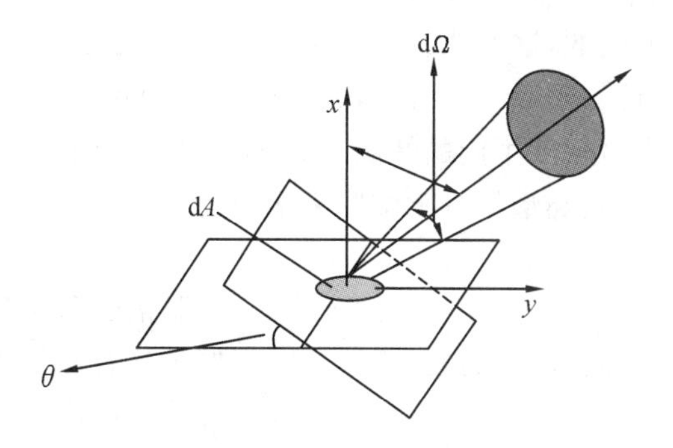

图 5-3 面元 dA 在 θ 方向上的光亮度示意图

表 5-1 常见发光表面的发光亮度

表面名称	光亮度/(cd/m²)	表面名称	光亮度/(cd/m²)
在地面上看到太阳表面	$(1.5\sim2.0)\times10^9$	100瓦白炽钨丝灯	6×10^6
日光下的白纸	2.5×10^4	6伏汽车头灯	1×10^7
白天晴朗的天空	3×10^3	放映灯	2×10^7
在地面上看到的月亮的表面	$(3\sim5)\times10^3$	卤钨灯	3×10^7
月光下的白纸	3×10^2	超高压球形汞灯	$1\times10^8\sim2\times10^9$
蜡烛的火焰	$(5\sim6)\times10^3$	超高压毛细管汞灯	$2\times10^7\sim1\times10^9$

以上各光学量的单位除了本节介绍的标准单位之外，还有非标准的一些单位，如发光强度的单位可用"国际烛光"等，请参见相关参考资料。

3. 辐射量和光学量之间的关系

表 5-2 列出了辐射量与光学量的对应关系，从表 5-2 中可以看出，对应的辐射量与光学量之间的量纲是一致的，例如，辐射能和光能量都是能量量纲、辐射通量和光通量都是功率量纲等。由于光学量是依赖于人眼的主观感受的，因此其单位一般要特别制定而且与对应的辐射量不同。

表 5-2 辐射量和光学量的对应关系

辐射量				对应的光学量			
名称	符号	定义	单位	名称	符号	定义	单位
辐射能	Q_e	—	J	光能量	Q_v	$Q_v=\int\Phi_v dt$	lm·s
辐射通量	Φ_e	$\Phi_e=dQ_e/dt$	W	光通量	Φ_v	$\Phi_v=\int I_v d\Omega$	lm
辐射出射度	M_e	$M_e=d\Phi_e dS$	W/m²	光出射度	M_v	$M_v=d\Phi_v/dS$	lm/m²
辐射强度	I_e	$I_e=d\Phi_e/d\Omega$	W/sr	发光强度	I_v	$I_v=d\Phi_v/d\Omega$	cd
辐射亮度	L_e	$L_e=dI_e/(dS\cos\theta)$	W/m²·sr	(光)亮度	L_v	$L_v=dI_v/(dS\cos\theta)$	cd/m²
辐射照度	E_e	$E_e=d\Phi_e/dA$	W/m²	(光)照度	E_v	$E_v=d\Phi_v/dA$	lx

以下以辐射通量与光通量的关系为切入点说明辐射量和光学量的关系。

1) *光谱光效率函数*

用普适的信号与系统分析的理论来看，人眼可以视为一个可见光探测器系统，其输入信号是可见光辐射的辐射量，而其输出信号则是光学量。因此，光学量与辐射量的关系取决于人眼特性。实验表明，具有相同辐射通量而波长不同的可见光分别作用于人眼，人眼感受到的明亮程度，即光学量是不同的，这表明人眼对不同波长的光具有不同的灵敏度。人眼对不同波长的光的灵敏度是波长的函数，这个函数称为光谱光效率函数(或称为光谱光视效率)。实验还表明，在观察视场明暗程度不同的情况下，光谱光效率函数也会稍有不同，这是由于人眼的明视觉和暗视觉是由不同类型的视觉细胞来实现的。

a. 明视觉

在光亮条件下，亮度约为几个坎德拉每平方米，由人眼的锥体细胞起作用。

在明视觉条件下，锥体细胞能分辨物体的细节，很好地区分不同颜色。

b. 暗视觉

在暗条件下，亮度约在百分之几坎德拉每平方米时，由人眼的杆体细胞起作用。

在暗视觉条件下，杆体细胞能够感受微光的刺激，但不能分辨颜色和细节。

2) 光学量与辐射量之间的具体关系

图 5-4 描述了在明视觉和暗视觉条件下的光谱光效率函数，其中虚线为在暗视觉条件下的光谱光效率函数 $V'(\lambda)$，而实线则为在明视觉下的光谱光效率函数 $V(\lambda)$。

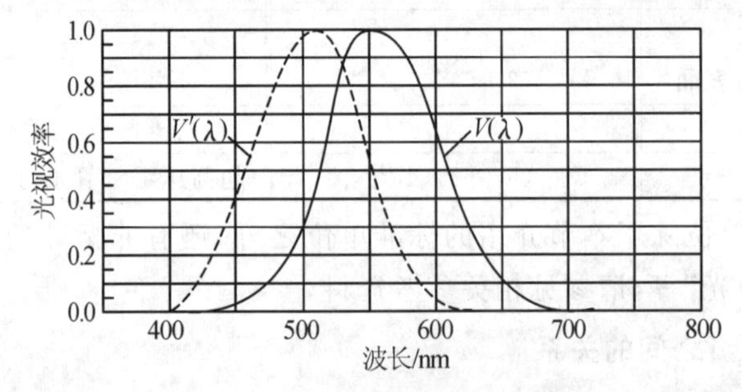

图 5-4 明视觉和暗视觉情形下的光谱光效率函数

由图 5-4 可知，在明视觉条件下，人眼视觉系统最敏感的波长是 555 nm，该波长的光是黄绿色光，而在暗视觉条件下，人眼视觉系统最敏感的波长约是 507 nm。

根据光谱光效率函数，可以得到在某个波长为 λ 附近的小波长间隔 $d\lambda$ 内，光通量 $d\Phi_v(\lambda)$ 和辐射通量 $\Phi_e(\lambda)$ 的关系如下所示：

在明视觉条件下 $$d\Phi_v(\lambda)=K_mV(\lambda)\Phi_e(\lambda)d\lambda$$

在暗视觉条件下 $$d\Phi_v(\lambda)=K'_mV'(\lambda)\Phi_e(\lambda)d\lambda$$

式中，$K_m=683$ lm/W 为在明视觉条件下，$\lambda=555$ nm、$V(\lambda)=1$ 的单色光光谱效率值；$K'_m=1755$ lm/W 为在暗视觉条件下，$\lambda=507$ nm、$V'(\lambda)=1$ 的单色光光谱效率值。

在整个可见光波长范围内的总光通量 Φ_v 可在整个可见光谱范围内对以上两式积分得到，即

在明视觉条件下 $$\Phi_v=\int_{380}^{780}K_mV(\lambda)\Phi_e(\lambda)d\lambda$$

在暗视觉条件下 $$\Phi_v=\int_{380}^{780}K'_mV'(\lambda)\Phi_e(\lambda)d\lambda$$

5.1.2.2 光传播过程中光学量的变化规律

以下介绍光在传播过程中光学量的变化规律，主要介绍两个部分的内容：其一是光自由传播时引起的照度变化规律；其二是光通过光学系统反射、折射及成像时光学量的变化规律。

1. 光自由传播时光学量变化的规律

1）点光源的照度

首先分析一个点光源发出的光在空间各点的照度变化规律，在考虑对远处的照度影响的情形下，球状灯泡等光源可以被抽象成一个位于灯泡球心处的几何发光点，称为点光源，这样会使得问题分析起来比较简单。

根据照度的定义 $E_v=\frac{d\Phi_v}{dA}$ 可知，照度反映被照表面在光源照射下单位面积接受的光通量大小，其量纲是单位面积的功率。由于光源的发光强度和光通量是一定的，而随着观察点到光源的距离增大，光源所辐照的面积显然会逐渐增大，因此，照度显然会随着距离的增大而逐渐减小。另一方面，在离光源距离一定的条件下，某个被照面元所受照度的大小与光线照射在该面元上的倾角有关。垂直入射的照度最大，而倾角越大，照度越小，这是由于具有相同面积的面元法线和光线的倾角越大，其对点光源所张的立体角就会越小的缘故。对于一定发光强度的点光源，被照面元对其所张的立体角越小就意味着该面元接收到光源的照度越小，因此，尽管距离和面积都一定，照度也会变小。以上分析用如下公式来表示：

$$E_v=\frac{I_v}{r^2}\cos\theta \tag{5-7}$$

式(5-7)表明，点光源在被照表面上形成的照度与被照面到光源距离的平方成反比，这就是照度平方反比定律。

2）面光源的照度

在实际情形中，如果光源等价为点光源时导致的误差较大，则可等价成面光源，此时情况较为复杂。

面光源 dA_s 在距离为 r 的表面上形成的光照度与光源的亮度 L、面积 dA_s，以及两个表面的法线分别与 r 的夹角的余弦成正比，与距离 r^2 成反比，即

$$E_v=\frac{d\Phi_v}{dA}=\frac{L dA_s\cos\theta_1\cos\theta_2}{r^2} \tag{5-8}$$

3）余弦辐射体

反射体表面的反射光亮度是光度学中的一个重要参数，它决定一个表面看上去的亮度。反射分为镜面反射和漫反射。前者是一种理想状况，即入射在镜面反射表面的光线都按照反射定律向一个方向反射。而漫反射则是实际当中的真实状况，由于反射体表面的粗糙性，同一方向的入射光束会沿着各个方向反射。余弦辐射体（又称为朗伯辐射体）则是漫反射的一种理想情形，光束沿各个方向反射光的亮度相同。余弦辐射体的反射是和镜面反射完全相对的一种反射：镜面反射只能沿一个方向反射，而余弦辐射体则沿各个方向反射的概率均等。实际反射体的反射特性介于两者之间。

余弦辐射体之所以得名是因为其发光强度与发光方向和面元法线的夹角成余弦关系，即

$$L_{v\theta}=\frac{I_{v\theta}}{\cos\theta dA}=\text{常数}$$

故

$$I_{v\theta}=L_{v\theta}dA\cos\theta=I_{vN}\cos\theta$$

式中，I_{vN} 为反射面法线方向的发光强度。

2. 光经过光学系统时的光学量变化

1）单一介质元光管内光亮度的传播

两个面积很小的截面构成的直纹曲面包围的空间就是一个元光管。光在元光管内传播，不从侧壁溢出，即无光能损失。上述结果表明，光在元光管内传播，各截面上的光亮度相同。或者说，光在元光管内传播，光束亮度不变。

以上结论可用于描述光在光纤中的传输，由于光在光纤中的全反射特性，没有能量从纤芯中溢出到包层，根据能量守恒，光在光纤中传输的过程中，光通量保持不变，而由于光纤的横截面积是一定的，因此，光亮度也保持不变。

2）反射和折射时的亮度变化

一光束投射到两种透明介质的界面时，会形成反射和透射两路光束，两光束的方向可分别由反射定律和折射定律确定。

反射光束的亮度等于入射光束亮度与漫反射系数 ρ 的乘积。透明介质的界面反射系数 ρ 很小，故反射光束的亮度很低。

如果漫反射系数 ρ 非常小，可以忽略，则折射光的光通量等于入射光的光通量，此时，利用折射定律可以推导出折射光的亮度 L' 和入射光的亮度 L 满足以下关系：

$$\frac{L'}{n'^2}=\frac{L}{n^2} \tag{5-9}$$

从式(5-9)可见，在折射率大的介质中亮度高一些。

3）成像系统光照度的变化

在光学成像系统中，由于物体发出的光只有一部分进入系统，因此，像的光通量比物体的光通量小。但如果只考虑进入光学系统的这一部分光通量，并且忽略反射和吸收造成的光通量损失，则从能量守恒的意义上，像的光通量和物体的光通量中进入系统的那部分光通量应当是相等的。基于这一假设可以推导出成像系统中的像的照度变化规律，主要的结论如下。

(1)轴上像点的照度与像方孔径角正弦的平方（$\sin^2 U'$）成正比，与垂轴放大率的平方（β^2）成反比。

这一结论完全体现了能量守恒定律，因为像、物方孔径角正弦之比与垂轴放大率本身成反比，而垂轴放大率的平方与像的面积成正比，而根据能量守恒，光照度与像的面积是成反比的。

(2)在物平面亮度均匀的情况下，轴外像点的光照度比轴上点的光照度低。这是由于轴外像点的像方孔径角比轴上点的像方孔径角小的缘故。

4）光通过光学系统时的能量损失

物平面发出进入光学系统的光能量，即使在没有几何遮拦的情况下，也不能全部到达像平面。这主要是由于光在光学系统中传播时，透明介质折射界面的光反射、介质对光的吸收，以及反射面对光的透射和吸收等所造成的光能损失。常用光学系统的透过率 $\tau=\frac{\Phi'_{\mathrm{v}}}{\Phi_{\mathrm{v}}}$ 来衡量光学系统中光能损失的大小。Φ_{v} 为经过入瞳进入系统的光通量，Φ'_{v} 为经过系统出瞳出射的光通量。透过率高表明系统的光能损失小，若 $\tau=1$ 表明系统无光能损失，当然这是一个理想情况，实际的光学系统都是有损失的。

光学系统的能量损失主要分为反射损失和吸收损失两个部分。

a. 反射损失

光照射到两个透明介质光滑界面上时，大部分光折射到另一个介质中，也有一小部分光反射回原介质，反射光没通过界面，形成光能损失。反射光通量与入射光通量之比称为反射率，通常以 R 表示。在本书光的电磁理论相关章节中详细分析这一问题。

反射损失的另一种情形，在光学系统中使用反射面来改变光的方向。由于反射器件对光的透射和吸收，反射面的反射率 $R<1$，从而造成光能损失。

常用反射面的反射率：镀银反射面的反射率 $R=0.95$，镀铝反射面的反射率 $R=0.85$，抛光良好的棱镜全反射面的反射率 $R\approx1$。

b. 吸收损失

光在介质中传播，由于介质对光的吸收使一部分光不能通过系统，从而形成光能损失。光通量为 Φ_v 的光束通过厚度为 dl 的薄介质层，被介质吸收的光通量 $d\Phi_v$ 与光通量 Φ_v 和介质层厚度 dl 成正比，即

$$d\Phi_v=-k\Phi_v dl \tag{5-10}$$

光通过厚度为 l 的介质层后的光通量，可由式(5-10)积分求得，即

$$\Phi_v=\Phi_{v0}e^{-kl} \tag{5-11}$$

5.1.3 知识应用

(1)表明人眼对各种色光敏感程度不同的光谱光效率函数在现实当中应用的一个体现是各个城市出租车车身颜色的变迁。

起初，全国各个城市的出租车车身颜色大多是略暗的红色，当人们在车流中寻找出租车时，车辆显得不够突出，人们对这种颜色的感受也不够愉悦，因此，现在许多城市的出租车车身颜色逐步改为比较显眼的黄色或略暗的绿色。

(2)积分球是利用余弦辐射体的理想漫反射来检测光源光通量的一种设备，其内表面涂上反射特性接近理想漫反射的硫酸钡等高反射率涂料。通过检测设定的检测点的照度来检测灯具发出的光在整个空间立体角内被涂层反射的光通量总和，进而通过计算得到灯具发出的光通量。

例5-1 用120 lm的光通量，垂直照射在一张20 cm×30 cm的白纸上，如果白纸可看成是余弦辐射体，漫反射系数 $\rho=0.75$。求纸面的光照度、整张纸的发光强度和光亮度。

解 (1)纸面的光照度等于单位面积的光通量，即

$$E_v=\frac{120}{20\times10^{-2}\times30\times10^{-2}}\ \text{lx}=20\ \text{lx}$$

(2)由于漫反射系数 $\rho=0.75$，故反射的光通量为 120×0.75 lm=90 lm；由于白纸是余弦辐射体，故这90 lm的光是在半个球面(2 π的立体角)内均匀发出，发光强度等于单位立体角的光通量，即 $I_v=\frac{90}{2\pi}\text{cd}=45\ \pi\text{cd}$。

(3)光亮度等于单位面积的发光强度，故 $L_v=\frac{45\pi}{20\times10^{-2}\times30\times10^{-2}}\ \text{cd/m}^2=750\ \pi\text{cd/m}^2$。

5.2 色度学基础

◆**知识点**

¤颜色的机理与 RGB 颜色空间

¤HIS 颜色空间

¤CIE 标准色度学系统

5.2.1 任务目标

掌握颜色的机理和用 R(红色)、G(绿色)、B(蓝色)三基色混合以得到任意颜色的基本规律,掌握颜色的表观特征和用 HIS 颜色空间描述颜色的基本方法,了解 CIE 标准色度学系统。

5.2.2 知识平台

5.2.2.1 颜色的机理与 RGB 颜色空间

人眼可见的光是波长为 380～760 nm 的电磁波,电磁波的波长超出这一范围人眼将无法感受到,在这一波长范围内,不同波长的光会引起人眼不同的“颜色”感觉,这就是颜色形成的机理。通常认为可见光包括 7 种不同颜色的单色光,具体为红色 620～760 nm,橙色 590～620 nm,黄色 545～590 nm,绿色 500～545 nm,青色 470～500 nm,蓝色 430～470 nm,紫色 380～430 nm,这 7 种单色光带给人眼 7 种不同的颜色感受。事实上,除了这 7 种颜色之外,人眼还可以感受到在可见光波长范围内由波长连续变化而引起的连续变化颜色。除此之外,人眼还可以感受到黑色、白色、灰色等无色彩的颜色感受,以及粉红、暗红、土黄等颜色感受。那么,各种颜色形成的机理到底是怎么样的?其规律如何?这就是本小节要分析的问题。

1. 混色与三基色原理

根据上文所述,不同波长的单色光会引起不同的颜色感觉,但相同的颜色感觉却可以来源于不同的光谱组合,而人眼只能体会颜色感觉而不能分辨光谱成份。不同光谱成份的光经混合能引起人眼有相同的颜色感觉,单色光可以由几种颜色的混合光来等效,几种颜色的混合光也可以由另外几种颜色的混合光来等效,这种现象称为混色。例如,彩色电视机中的彩色就是通过混色而实现的一个颜色复现过程,而并没有恢复原景物的辐射的光谱成分。

在进行混色实验时,人们发现只要选取三种不同颜色的单色光按一定比例混合就可以得到自然界中绝大多数彩色,具有这种特性的三种单色光称为基色光,对应的三种颜色称为三基色,由此得到一个重要的原理:三基色原理。

三基色的选取并不是任意的，而是要遵循以下原则。

1) 三基色的选取原则

(1)三者必须相互独立，也就是说其中任意一个基色不能由其他两个颜色混合配出，这样可以配出较多的颜色；

(2)自然界中绝大多数颜色都必须能按照三基色分解；

(3)混合色的亮度等于各个基色的亮度之和。

根据以上原则，在实际情况当中，通常选取红色、绿色、蓝色三种颜色作为三基色，由此而形成所谓的RGB颜色空间。

2) 三基色的混色方法

把三基色按照不同的混合获得颜色的方法称为混色法。混色法有相加混色法和相减混色法之分。彩色电视系统及各种类型的计算机监视器等显示屏幕中，使用的是相加混色法，而印刷、美术等行业及计算机的彩色打印机等输出设备使用的是相减混色法。

a. 相加混色法

相加混色法一般采用色光混色，色光混色是将三束圆形截面的红色、绿色、蓝色的单色光同时投影到屏幕上，呈现一幅品字形三基色圆图，如图5-5所示。

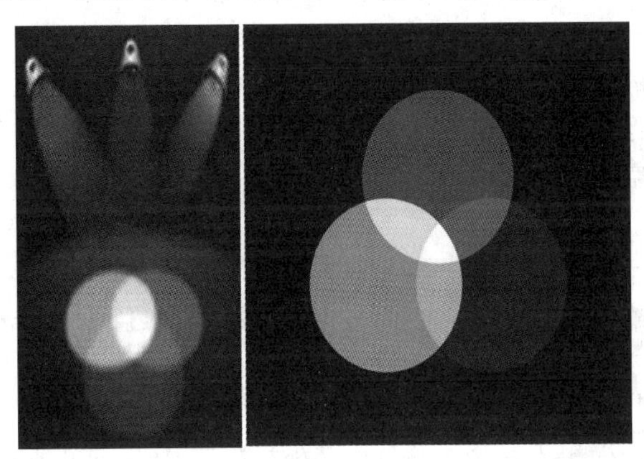

图5-5　相加混色法示意图

由图5-5可知：

红光＋绿光＝黄光

红光＋蓝光＝紫光(品红光)

绿光＋蓝光＝青光

红光＋绿光＋蓝光＝白光

这是最简单的混色规律。以上各光均是按照基色光等量相加的结果。若改变三基色之间的混合比例，经相加可获得各种颜色的彩色光。

在三基色的相加混色实验中，1853年，格拉斯曼(H. Grasman)教授总结出的相加混色定律可以作为混色的重要指导思想。

(1)补色律：自然界任意一种颜色都有其补色，它与它的补色按一定比例混合，可以得到白色或灰色。

(2)中间律：两个非补色相混合，便产生中间色，其色调取决于两个颜色的相对数量，其饱和度取决于两者在颜色顺序上的远近。

(3)代替律:相似色混合仍相似,不管它们的光谱成分是否相同。

(4)亮度相加律:混合色的光亮度等于各个分色的光亮度之和。

实现相加混色的方法还有空间混色法、时间混色法等,如要了解可参考有关资料。

b. 相减混色法

相减混色法主要用于描述颜料的混色,即不能发光却能将入射光吸收掉一部分,将剩下的光反射出去的色料的混合。色料不同,吸收色光的波长与亮度的能力也不同。色料混合之后形成的新色料,一般都能增强吸光的能力,削弱反光的亮度。在投照光不变的条件下,新色料的反光能力低于混合前的色料的反光能力的平均数,因此,新色料的明度降低了,纯度也降低了。

相减混色法中的三原色为黄色、青色和品红色(某种紫色),这三种原色分别对应相加混色中的三基色的蓝色、红色和绿色,具有极高的吸收率。因此,三原色按不同的比例混合也能得到各种不同的颜色。

2. RGB 颜色空间

根据以上相加混色法的思想,把 R(红色)、G(绿色)、B(蓝色)三基色的光亮度做一定的尺度化之后,作为直角坐标系三维空间的三个坐标轴,可以构成一个颜色空间,颜色空间中不同的坐标点表示不同的颜色。这样表示颜色的方法即为 RGB 颜色空间,由于 RGB 颜色空间是计算机等数字图像处理仪器设备所采用的表示图像颜色的基本方法,故 RGB 颜色空间通常也称为基础颜色空间。

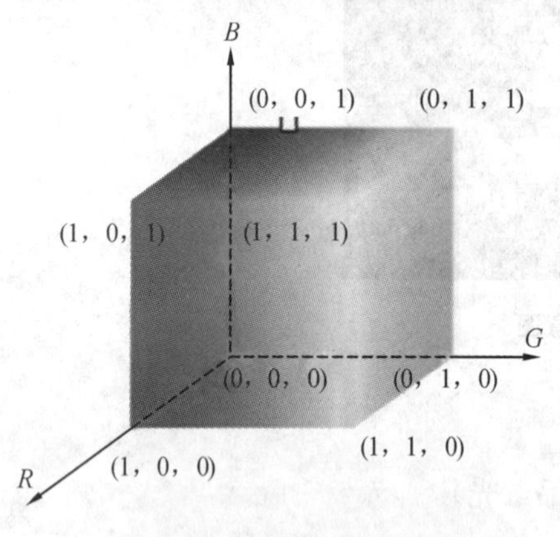

图 5-6　RGB 颜色空间示意图

建立 RGB 颜色空间时,必须对三种颜色分量的相对大小有一个量度的标准,才能建立坐标系,基于归一化的思路,一般假设某分量达到最强时的坐标值为 1,而最弱时为 0。这样,任意一种颜色在颜色空间中的位置被限制在边长为 1 的正方体中,其颜色由其坐标决定,如图 5-6 所示。

在图 5-6 中,三个坐标分量的数值依次表示该点的 R、G、B 坐标,图中列出了红色(1,0,0)、绿色(0,1,0)、蓝色(0,0,1)、黄色(1,1,0)、青色(0,1,1)、紫色(1,0,1)、白色(1,1,1)和黑色(0,0,0)等 8 种特殊的颜色在 RGB 颜色空间中的位置及对应的色度坐标值。

在 RGB 颜色空间中,R、G、B 三个坐标轴上的点的颜色分别为纯的红色、绿色、蓝色,从 0～1 的坐标值大小可表示亮度不同,而连接正方体黑色和白色的对角线上的点是亮度不同的灰色,灰色和黑色、白色称为非彩色。正方体的其余三条对角线两端的颜色各自构成一对互补色(红色-青色、绿色-紫色、蓝色-黄色),即上文所述的按一定比例混合,可以得到白色或灰色的两种颜色。进一步分析可知,凡是通过颜色空间正方体中心的直线上位于中心两端坐标点对应的颜色都可构成互补色。从理论上,RGB 颜色空间可以表示出任意的颜色。

3. 计算机中图像颜色的表示

RGB 颜色空间不仅具有理论上的意义，而且在色度学的实际应用中，也扮演了重要的角色。其最重要的应用在于：计算机屏幕上图像的显示、图像文件的存储及各种数字图像处理算法都是以 RGB 颜色空间为基础的。

首先分析一下计算机屏幕上图像的显示问题：人们看到的计算机屏幕上的图像事实上是被显示在屏幕上不同位置的不同位图（一种最基本数字图像的格式）。而一幅位图是由一个个像素组成的，颜色是像素的唯一特征。与以上分析的 RGB 颜色空间类似，在计算机中每个像素的颜色由 R（红色）、G（绿色）和 B（蓝色）3 个分量的叠加来表示。但各个分量的取值范围并不是从 0～1，而是从 0～255，这是因为计算机中存储单元的大小通常用字节(Byte)为单位的，一个字节的大小用 8 位二进制数来表示，换算成十进制数则是 256。所以用 1 个字节(256 个梯级)来表示一个分量的颜色差异，RGB 三个分量则可表示 256×256×256 种＝16777216 种颜色，这一数目已远远超出人眼所能分辨的颜色数目，故这种位图称为真彩色位图。在一些情形下，图像中所包含的颜色数目远小于 16777216 种，此时，如果仍采用真彩色位图来描述则是对计算机资源的浪费，因此，计算机中的位图格式除了真彩色位图外，还有 256 色位图和 16 色位图等，这些位图称为索引位图，索引位图使用颜色表的方式来描述其颜色信息，索引位图的详细情况在此不多叙述。在图像处理问题上，出于处理精度的考虑，通常采用真彩色位图。以上分析的是屏幕上显示图像的颜色原理。

实际上，在图像处理等计算机应用问题中，时常需要读取、处理并在处理后重新存储计算机磁盘中的位图。事实上，计算机中任何格式的文件在磁盘中都是以字节为单位，按特定的顺序(取决于文件格式的不同)进行存储的。计算机磁盘中的真彩色位图文件包括的内容首先是一个称为位图文件头的结构体，其次是一个称为位图信息头的结构体，在这两个结构体之后是位图中各像素点的颜色数据，每个像素点的颜色数据用相邻的 3 个字节来存储，依次表示该像素点颜色的 B（蓝色）、G（绿色）、R（红色）分量值。各像素点的颜色数据是按从下到上，从左到右的顺序存储的，即先存储左下角像素的数据，从左到右存储完一行像素后，再存储第二行各像素的数据，按此顺序，最后存储右上角像素的数据，这也是 RGB 颜色空间的一个重要应用。

除此之外，现有的图像采集设备最初采集到的颜色信息均是用 R（红色）、G（绿色）和 B（蓝色）三个通道的灰度值来表示的，称为彩色的 RGB 格式，彩色显示设备（如监视器）最终也是使用 RGB 格式来表示颜色的。图像处理中使用的其他所有的颜色空间都是从 RGB 颜色空间转换而来的，如果需要显示出其处理结果，也需转换回 RGB 颜色空间。为了适应具体图像处理与识别问题的需要，RGB 颜色空间还可通过 R、G、B 分量不同的线性变换，构成 XYZ、Ohta 等类 RGB 颜色空间。因此，在彩色数字图像处理中，最基本、最常用的表示颜色的方法就是 RGB 颜色空间，其基本原理就是采用 R、G、B 三个颜色分量来表示所有颜色。

5.2.2.2　HIS 颜色空间

RGB 颜色空间的颜色数据足以表达各种不同颜色，但是这些数据却难以让人们产生足够的感官体验。因为人们观察颜色的时候是从以下三个方面进行直接的感官感受的。

亮度：表示颜色的明亮程度。一般来说，能量大的光则显得亮。

色调：表示不同颜色特征的量，反映颜色的类别，如红色、绿色、蓝色等。例如，太阳光的不同波长光谱色会令人们在视觉上呈现不同的色感。

饱和度：表示颜色接近光谱色的程度。一种颜色越接近光谱色，其饱和度越好。对于同一色调的彩色光，其饱和度越高，颜色就越纯。

因此，RGB 颜色空间的主要缺点是不直观，从 RGB 值中难以直接获得该值所表示的颜色的认知属性。其次，RGB 颜色空间是最不均匀的颜色空间之一，两个颜色之间的知觉差异不能表示为该颜色空间中两个色点之间的距离。从图像处理的实际应用的角度看，RGB 颜色空间的缺点还表现为 RGB 值之间的高相关性（B-R：0.78，R-G：0.98，G-B：0.94）。这些高相关性的存在，形成彩色图像模式识别中的特征重复现象，是个十分不利的因素。XYZ、Ohta 等颜色空间虽然从某个角度弥补了 RGB 颜色空间的一些不足之处，但由于这些颜色空间均是由 RGB 颜色空间作简单的线性变换而得到的，仍无法克服 RGB 颜色空间的一些固有缺点，如不直观等，故这些颜色空间均为类 RGB 颜色空间。类 RGB 颜色空间的最明显特征就是不能用一个特征量来表示颜色。为了把颜色的描述和人们对颜色的认知或感觉对应起来，人们设计了许多类型的认知颜色空间，HIS 颜色空间就是其中的一种，由于其适于用解析的方式来描述颜色，故在彩色数字图像处理中得到广泛的应用。

在观察颜色时，如果两种颜色在以下这三个方面中的某个方面存在差异，人们就能够将这两种颜色辨别出来，这三个方面是：①是什么颜色？②该颜色的亮度如何？③该颜色的纯度如何？HIS 颜色空间正是采用这三者作为其三个色度分量的，分别称为色调（H）、亮度（I）及饱和度（S）。于是，HIS 颜色空间反映了人们观察彩色的方式。

在 HIS 颜色空间中，I 表示亮度（或强度）。为简单起见，可采用 R、G、B 三个灰度的算术平均值来表示亮度 I，当然也可使用对不同分量有不同权值的彩色机制。亮度 I 的值确定了像素的整体亮度，而不管其颜色是什么。可以通过平均 R、G、B 分量将彩色图像转化为灰度图像，这样就丢掉了彩色信息。

包含彩色信息的两个参数是色调（H）和饱和度（S）。图 5-7 中的色环描述了这两个参数。色调由角度表示，彩色的色调反映了该彩色最接近什么样的光谱波长，不失一般性，可假定 0° 的彩色为红色，120° 的为绿色，240° 的为蓝色。色度从 0° 变到 240° 覆盖了所有可见光谱的彩色。在 240° 到 300° 之间是人眼可见的非光谱色（紫色）。

饱和度参数是色环的原点（圆心）到彩色点的半径长度。在环的外围圆周是纯的或饱和的颜色，其饱和度值为 1。在中心是中性（灰色）影调，即饱和度为 0。饱和度的概念可描述如下：假设有一桶纯红色的颜料，它对应的色度为 0，饱和度为 1。混入白色染料后使红色变得不再强烈，减少了它的饱和度，但没有使它变暗。粉红色对应于饱和度值约为 0.5。随着更多的白色染料加入到混合物中，红色变得越来越淡，饱和度降低，最后接近于 0（白色）。相反地，如果将黑色染料与纯红色混和，它的亮度将降低（变黑），而它的色调（红色）和饱和度（1）将保持不变。

总之，三个彩色坐标定义了一个柱形彩色空间（如图 5-8 所示）。灰度阴影沿着轴线以底部的黑变到顶部的白。具有最高亮度且饱和度最大的颜色位于圆柱顶面的圆周上。

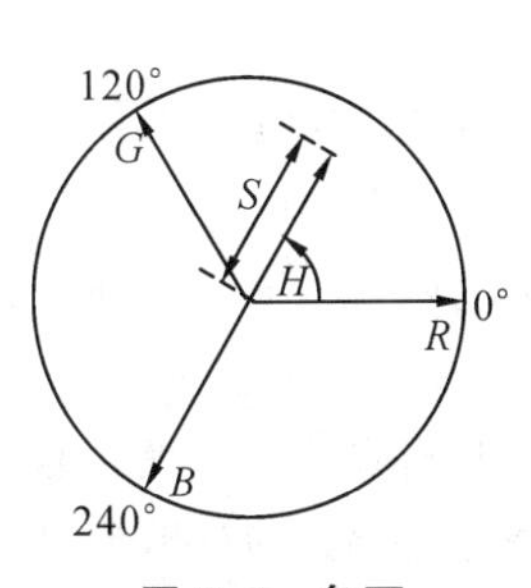

图 5-7　色环

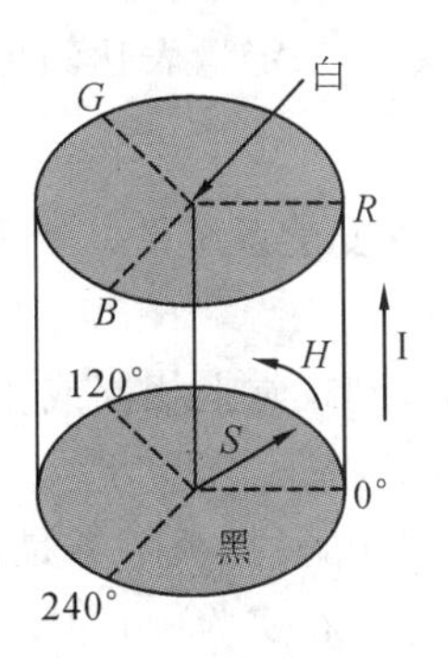

图 5-8　HIS 颜色空间

在图像处理中，需要在 RGB 颜色空间和 HIS 颜色空间之间进行互相的变换。

HIS 颜色空间与 RGB 颜色空间之间的变换如下所示：

$$\begin{cases} H=W & B\leqslant G \\ H=2\pi-W & B>G \end{cases},\qquad W=\cos^{-1}\left\{\frac{2R-G-B}{2[(R-G)^2+(R-B)(G-B)]^{\frac{1}{2}}}\right\}$$

$$I=\frac{R+G+B}{3},\qquad S=1-\frac{3\min(R,G,B)}{R+G+B}$$

图像处理的结果通常需要将 HIS 颜色空间中的处理结果转换回 RGB 颜色空间，根据要转换的颜色点所位于色环中的扇区不同，其转换公式也有所不同，具体如下。

当 $0°\leqslant H\leqslant 120°$时，有

$$R=\frac{I}{\sqrt{3}}\left[1+\frac{S\cos(H)}{\cos(60°-H)}\right],\quad B=\frac{I}{\sqrt{3}}(1-S),\quad G=\sqrt{3}I-R-B$$

当 $120°\leqslant H\leqslant 240°$时，有

$$G=\frac{I}{\sqrt{3}}\left[1+\frac{S\cos(H-120°)}{\cos(180°-H)}\right],\quad R=\frac{I}{\sqrt{3}}(1-S),\quad B=\sqrt{3}I-R-G$$

当 $240°\leqslant H\leqslant 360°$时，有

$$B=\frac{I}{\sqrt{3}}\left[1+\frac{S\cos(H-240°)}{\cos(300°-H)}\right],\quad G=\frac{I}{\sqrt{3}}(1-S),\quad R=\sqrt{3}I-G-B$$

5.2.2.3　CIE 标准色度学系统

以上单纯从色度学的角度对颜色空间进行分析，从理论和应用的角度，均具有重要的意义。但是站在光度学和色度学相结合的角度去考虑问题，例如，对“RGB 颜色空间中的三个颜色分量到底是由波长为多少的色光构成”这一问题，单凭以上偏重逻辑分析的单纯色度学理论是无法得到令人满意的答案。

因此，为了从逻辑和物理相结合的角度考虑光度学和色度学的问题以得到更加准确的结论，有必要了解国际照明委员会(CIE)所规定的一套颜色测量原理、数据和计算方法。

物体颜色是光刺激人眼产生的反应，要将观察者的颜色感觉数字化，CIE 规定了一套标准色度系统，称为 CIE 标准色度学系统，这一系统是近代色度学的基本组成部分，是色度计算的基础，也是彩色复制的理论基础之一。

CIE 标准色度学系统是一种混色系统，是以颜色匹配实验为出发点建立起来的。用组成

每种颜色的三原色数量来定量表达颜色。

1. 颜色匹配

建立 CIE 标准色度学系统的一个重要原因是为了解决当时在颜色混合和颜色匹配中出现的一些问题。

把两种颜色调节到视觉上相同或相等的过程称为颜色匹配。图 5-9 所示是颜色匹配的一种实验装置图。

在颜色匹配实验中，黑挡板下方是被匹配的颜色，即目标颜色，而黑挡板上方则是 RGB 颜色空间中的三基色。在实验中，CIE 首先规定了这三种基色光的波长，分别为 700 nm(R)、546.1 nm(G)、435.8 nm(B)，然后利用这三种基色光进行不同配比的颜色匹配实验，试图配出在观察者看来和黑挡板下方的目标颜色一致的颜色。

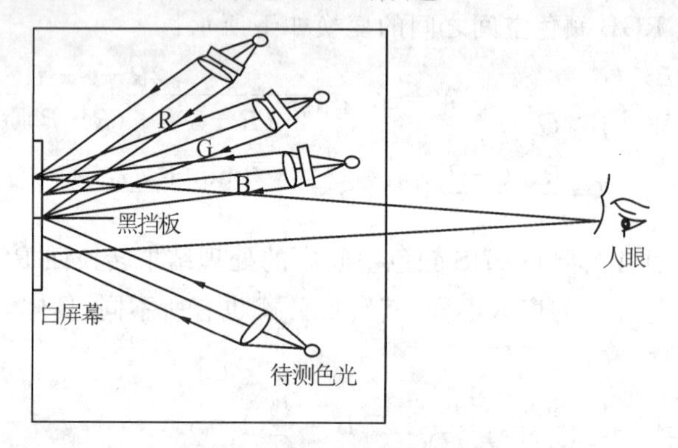

图 5-9 颜色匹配实验装置图

2. CIE1931-RGB 标准色度学系统

CIE 标准色度学系统的第一个版本称为 CIE1931-RGB 标准色度学系统，是 CIE 在 1931 年发布的。这一色度学系统是在类似于图 5-9 所示的实验装置上，以标准色度观察者在 1°～4°的视场下的基本颜色视觉实验数据为基础而产生的。

在 CIE1931-RGB 标准色度学系统的实验中，为了确切地描述颜色匹配中三基色的相对比例，首先必须定义基色单位，即定义多大亮度的基色光为该基色光的一个单位。为此，需要提出"等能白光"这样一个概念，即假想在整个可见光谱范围内光谱辐射能相等的光源的光色，称为等能白色，等能白光的辐射通量谱函数图像为整个可见光范围内的一条平行于横轴(波长轴)的直线。显然，如果波长分别为 700 nm(R)、546.1 nm(G)、435.8 nm(B)的红色光、绿色光、蓝色光可以作为三基色光而混合匹配出任意颜色的话，则此三基色配出等能白色时它们的辐射通量是相等的。由于人眼视觉效率函数随波长变化，其光通量之间的关系如表 5-3 所示，取 1 lm 红色光的光通量作为一个单位。

表 5-3 三基色单位亮度的光通量关系表

颜色	红色	绿色	蓝色	混合色(等能白色)
波长/nm	700	546.1	435.8	—
单位量流明数	1.0000	4.5907	0.0691	5.6508

采用以上三基色单位量作为标准，就可通过实验测定配比任意颜色所需要的三基色的量了。

在颜色匹配实验中，当与待测色达到色匹配时所需的三基色的量，称为三刺激值，记作 R、G、B。一种颜色与一组 R、G、B 值相对应，R、G、B 值相同的颜色，颜色感觉必定相同。三基色各自在 R、G、B 总量中的相对比例称为色度坐标，用小写符号 r、g、b 来表示，即

$$\left.\begin{aligned} r&=\frac{R}{R+G+B}\\ g&=\frac{G}{R+G+B}\\ b&=\frac{B}{R+G+B}=1-r-g \end{aligned}\right\}$$

CIE1931-RGB 标准色度学系统的实验证明，几乎所有的颜色都可以用三基色按某个特定比例混合而成。如果用上述规定单位量的三基色，在可见光范围内每隔波长间隔（如 10 nm）对等能白光的各个波长进行一系列的颜色匹配实验，可得每个光谱色的三刺激值。实验得出的颜色匹配曲线如图 5-10 所示，图 5-10 中的 CIE1931-RGB 配光曲线也称为 CIE1931-RGB 标准色度观察者。

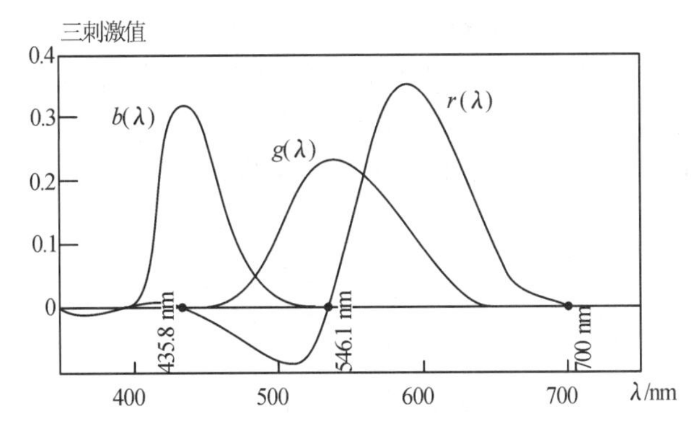

图 5-10　CIE1931-RGB **色度学系统颜色匹配光谱三刺激值曲线**

从图 5-10 可以得到，任意波长的光，都可以由三基色的光按图中的比例匹配而成，但图中曲线表明，如要配出 500 nm 附近某一段波长的光，需要的红色基色的光量为负值，即在实验中，要把这一数量的红光照射于被匹配光的一侧（图 5-9 的黑挡板下方）才行。这对配光的物理意义及数学计算而言，都是个不太完善的结果。

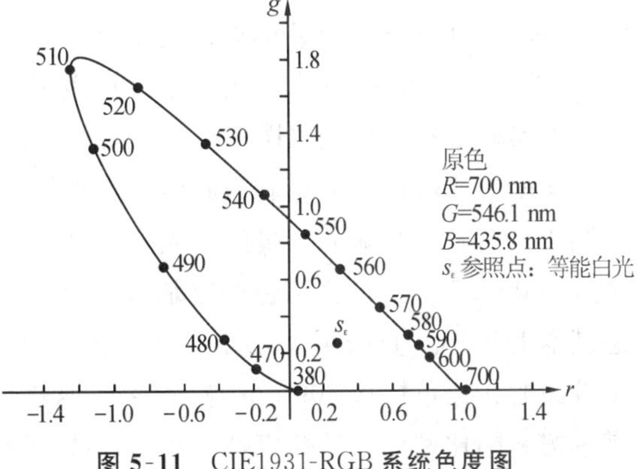

图 5-11　CIE1931-RGB **系统色度图**

根据配光的三刺激值色度坐标的公式，r、g、b 三个色度坐标中只有两个是独立的，通常可选取 r、g 分别作为横坐标和纵坐标，可绘制出如图 5-11 所示的 CIE1931-RGB 标准色度学系统色度图。从图 5-11 中也明显可见，配出许多颜色所需要的红色基色分量的刺激值是负的。

3. CIE1931-XYZ 标准色度学系统及其他 CIE 标准色度学系统

CIE1931-RGB 标准色度学系统存在着一些缺点：系统在某些场合下，如被匹配颜色的饱和度很高时，三基色系数就不能同时取正，而且由于三基色都对混合色的亮度有贡献，当用颜色方程计算时就很不方便。

因此，希望有一种系统满足以下的要求：

(1)三刺激值均为正；

(2)某基色的刺激值，正好代表混合色的亮度，而另外两种基色对混合色的亮度没有贡献；

(3)当三刺激值相等时，混合光仍代表标准(等能)白光。

这样的系统在以实际的光谱色为三基色时是无法从物理上实现的，CIE 通过研究提出了以下以假想色为逻辑上的三基色的 XYZ 表色系统，即 CIE1931-XYZ 标准色度学系统。

1) CIE1931-XYZ 标准色度学系统

CIE1931-XYZ 标准色度学系统中的三基色 X、Y、Z 实质上是 CIE1931-RGB 标准色度学系统中三基色 R、G、B 的线性组合。两者之间的转换关系如下所示：

$$\left.\begin{aligned} X&=2.7689R+1.7517G+1.1302B \\ Y&=1.0000R+4.9507G+0.0601B \\ Z&=0.0000R+0.0565G+5.5943B \end{aligned}\right\}$$

根据上式，可得到以下用于描述色品图的三刺激值，即

$$\begin{cases} x=\dfrac{X}{X+Y+Z} \\ y=\dfrac{Y}{X+Y+Z} \\ z=\dfrac{Z}{X+Y+Z}=1-x-y \end{cases}$$

由此可得到如图 5-12 所示的 CIE1931-XYZ 标准色度学系统颜色匹配光谱三刺激值曲线，又称为 CIE1931-XYZ 标准色度观察者。

从图 5-12 可见，配光所用的三基色色品坐标 x、y、z 没有出现负值。由图 5-12 中色品坐标的实验数据可以画出图 5-13 所示的 CIE1931-XYZ 标准色度学系统色品图。

从图 5-13 可知，颜色刺激的值全为正值，进一步分析还可得到如下规律：光谱轨迹曲线及链接光谱轨迹两端的直线所构成的马蹄形内，包含了所有物理上能实现的颜色，人眼不能区分 700～770 nm 的光谱色的差别，因为它们有相同的色品坐标点。540～700 nm 的光谱轨迹基本上与 x、y 直线重合，所以用 540 nm 和 700 nm 的光谱色可以匹配出它们之间的饱和度较高的光谱色链接 400 nm 与 700 nm 两点的连线称为紫线，是由 400 nm 与 700 nm 的光谱色按不同比例混合的颜色，$Y=0$ 的直线(XZ)是无亮度线，靠近这条线的坐标点表示较低的视觉亮度。图 5-13 表示，在相同的辐射能量下，蓝紫色的可视亮度较低，色品图的中心(点 C 附近)为白色(灰色)区域，所以越靠近中心的颜色饱和度越低，经过中心白色点直线连接的颜色互为补色。

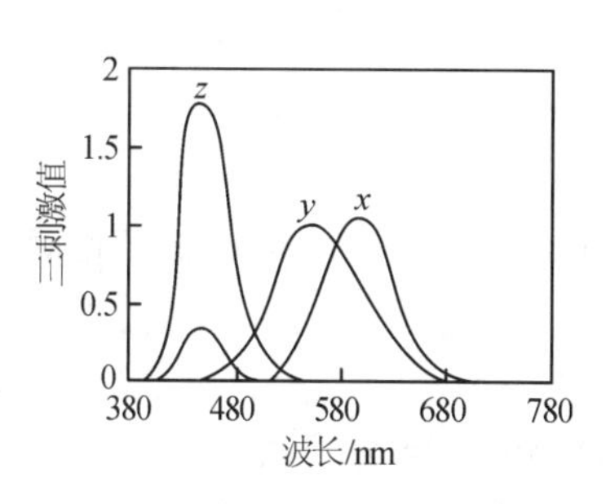

图 5-12 CIE1931-XYZ 标准色度学系统颜色匹配光谱

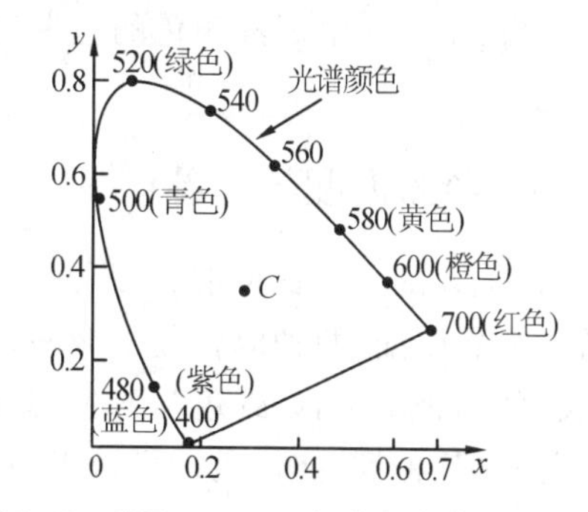

图 5-13 CIE1931-XYZ 标准色度学系统色品图

CIE1931-XYZ 标准色度学系统是国际上色度计算、颜色测量和颜色表征的统一标准，是所有测色仪器的设计与制造依据。

2) CIE 其他标准色度学系统

CIE1931-XYZ 标准色度学系统的实验数据是在视场为 2°时测得的，但进一步的实验结果分析表明单纯原色的混合物，在整个视场低于 10°时出现不均匀现象，工业上配色总是在比 2°视场更大的范围。为了适合 10°大视场的色度测量，1964 年 CIE 规定了一组 CIE 1964 补充标准观察者光谱三刺激值和相应的色度图，这一系统称为 CIE 1964 补充标准色度学系统。研究表明，观察视场增加到 10°，辨色精度得到提高，但进一步增大视场就不再得到提高了。

另一方面，研究结果表明：人眼对颜色辨别能力有很大的差别（相差达十几倍），而在 CIE1931-XYZ 标准色度学系统中，用不同坐标点之间的距离不能准确表示人眼对色差的感觉，两者没有较好的一致性。因此，CIE 进行了均匀颜色空间的研究和实验。均匀颜色空间是一种可以表示颜色的色调、明度、饱和度的坐标空间，在此空间不同坐标点之间的距离可以表示颜色之间的差别，而且在整个空间和不同的方向上有较好的一致性和均匀性，HIS 颜色空间体现了均匀颜色空间的基本思想。

在经过充分的实验研究和理论分析之后，CIE 先后建立了 CIE1960 均匀颜色空间(CIE1960UCS)、CIE1964 均匀颜色空间(CIE1964-LUV)、CIE1976 L * u * v * 均匀颜色空间(CIE Luv)和 CIE1976 L * a * b * 均匀颜色空间(CIE Lab)。CIE 对颜色匹配实验中的测试条件也做了一些标准性的规定，以上问题请参阅相关参考资料。

5.2.3 知识应用

5.2.3.1 RGB 颜色空间的原理

把 R(红色)、G(绿色)、B(蓝色)三基色的光亮度作一定的尺度化之后，可以作为直角坐标系三维空间的三个坐标轴，构成一个三维的颜色空间，颜色空间中不同的坐标点就表示了不同的颜色。这种表示颜色的方法即为 RGB 颜色空间。

5.2.3.2 HIS 颜色空间及其优点

用 H(色调)、I(亮度)和 S(饱和度)三个参数来描述颜色的方法即是 HIS 颜色空间，其优点主要有:①与人眼观察颜色的主观感受相一致,表达了颜色的表观特征;②一个均匀性较好的颜色空间。

5.2.3.3 色彩匹配与互补色

用R、G、B的一定比例混合以得到和待匹配的目标颜色给人的主观感受相同的颜色的过程称为色彩匹配;两种混合起来能够得到白色或灰色的颜色称为互补色。互补色可以看成是“相反”的两种颜色,如红色与青色、蓝色与黄色、绿色与紫色、黑色与白色等。在实际应用中,当不需要某种颜色时,通常可采用和颜色成互补色的滤色片将其滤去。

5.2.3.4 白光LED是如何制造出来的?

有两种方法:其一,用红色光、绿色光、蓝色光三种色光LED混合发光;其二,用某种色光的LED激励其互补色的荧光粉,在荧光粉数量合适时便可产生白光,通常用蓝色LED芯片配合黄色荧光粉产生白光。

习 题 5

5-1 哪个光学量用于描述光源整体发光的多少?哪个光学量用于描述光源在空间不同方向发光强弱的分布情况?

5-2 实际情形中光的反射都是漫反射,漫反射的一个极端情形是镜面反射,即满足反射定律的反射,另一个极端情形是什么?

5-3 色彩匹配中同种颜色可以由多种不同的颜色组合方案来匹配而得到吗?

5-4 为什么RGB颜色空间表示颜色需要用到一个三维的坐标系,而CIE标准色度学系统表示颜色采用的是二维坐标系呢?

5-5 在辐射量和光学量中起基础性和纽带性作用的物理量分别是什么,它们各是什么量纲?各是什么单位?它们之间的关系及其量纲之间的关系如何?

5-6 哪个光学量是国际单位制的7个基本量之一?其单位是什么?它和光通量之间的关系如何?

5-7 光照度和光亮度的定义分别是什么?各自的单位分别是什么?

5-8 如图5-14所示,在离桌面1.0 m处有盏100 cd的电灯L,设可把电灯L看成是各向同性的点光源,求:

(1)桌上A、B两点的照度。

(2)如果电灯L可垂直上下移动,求怎样的高度使点B的照度最大。

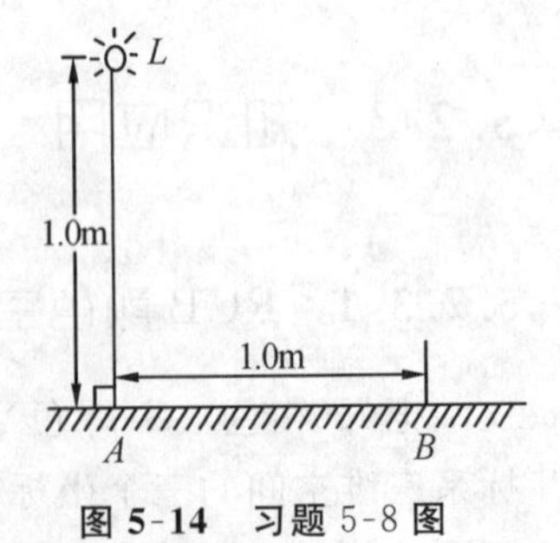

图5-14 习题5-8图

5-9 已知氦氖激光器发射波长约633 nm的红光,光谱光效率函数值为0.238,辐射通量为25 mW,求激光器的光通量。

5-10 计算机中屏幕图像像素点的颜色是如何表示的?

5-11 相加混色法和相减混色法分别适用于什么情形?其各自的基本颜色分别是什么?

5-12 试分析描述单色光和白色光颜色特性的参数。

5-13 具备最基础的物理意义的CIE颜色系统是哪一个?其主要缺点是什么?

6

典型光学仪器

6.1 人眼

◆知识点

¤人眼的调节和适应
¤人眼的缺陷及校正
¤人眼的分辨率
¤双目立体视觉

6.1.1 任务目标

了解人眼调节能力及人眼调节能力的变化，人眼适应能力及适应能力的变化，人眼缺陷的存在及校正方法，人眼的分辨率和双目立体视觉，能够分析人眼的光学成像特性及应用。

6.1.2 知识平台

6.1.2.1 人眼的结构

1. 结构

人眼是一个完整的成像光学系统，同时又是目视光学系统的接收器，可以看成是整个光学系统的一个组成部分，如图 6-1 所示。

2. 特性

(1)人眼中的水晶体好似一个双凸透镜，故人眼的成像特性可用单透镜系统进行分析计算。

(2)人眼光学系统的物方焦距和像方焦距不相等,物方焦距为 $f\approx-17$ mm,像方焦距为 $f'\approx33$ mm。

(3)人眼有较大的视场,大约为150°。

(4)外界物体在视网膜上成倒像。

(5)瞳孔是人眼的可变光阑。

(6)正常人眼,对黄绿光最灵敏,对红光和紫光不灵敏,在可见光以外,则无视觉反应。

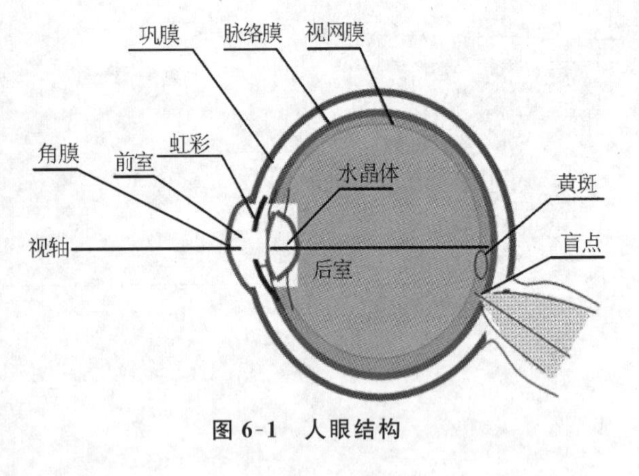

图 6-1　人眼结构

6.1.2.2　人眼的调节和适应

1. 人眼的调节

人眼有两种调节功能:视度调节和瞳孔调节。

1) 视度调节

当人眼观察物体时,要使物体在视网膜上形成一个清晰的像,水晶体是人眼光学系统的主要成像器件。在眼球内,水晶体和视网膜间的距离在观察过程中可以认为是不变的,为了使远近不同的物体都能在视网膜上成像,必须相应地改变人眼水晶体的焦距。当肌肉用力时,水晶体曲率增大,可看清近物;当肌肉放松时,水晶体曲率变小,可看清远处物体。人眼的这种自动调焦以看清不同远近物体的过程,称为视度调节。

2) 远点、近点

(1)远点:人眼自动调焦能看清的最远点。远点到眼物方主点的距离称为远点距离,用 l_p 表示。

(2)近点:人眼自动调焦能看清的最近点。近点到眼物方主点的距离称为近点距离,用 l_r 表示。

若令

$$R=\frac{1}{l_r},\quad P=\frac{1}{l_p} \tag{6-1}$$

则 R、P 分别表示远点距离和近点距离的会聚度(或发散度),其单位为屈光度(D),1 D=1 m^{-1}。

3) 调节能力

远点距离和近点距离的倒数之差,即

$$\overline{A}=R-P \tag{6-2}$$

其单位为D。

人眼的调节能力是随年龄的变化而变化的。当年龄增大时,肌肉调节能力衰退,近点逐渐变远,其调节范围变小。表6-1给出不同年龄人眼的调节情况。当然,这里是平均值,仅看成粗略的标准值。由表6-1所列数据可见,青少年时期,近点距人眼很近,调节范围很大。当人到45岁时,近点在明视距离以外。当人到60岁时,远点距离为2 m,只有通过调节,才能看到无限远的物体。当人到80岁时,水晶体的调节能力完全丧失,调节范围为零。

表 6-1 不同年龄人眼的调节情况

年龄/岁	l_r/m	P/D	l_p/m	R/D	$\overline{A}$/D
10	−0.071	−14	∞	0	14
15	−0.083	−12	∞	0	12
20	−0.100	−10	∞	0	10
25	−0.118	−8.5	∞	0	8.5
30	−0.143	−7	∞	0	7
35	−0.182	−5.5	∞	0	5.5
40	−0.222	−4.5	∞	0	4.5
45	−0.286	−3.5	∞	0	3.5
60	−2.000	−0.5	2.000	0.5	1
70	1.000	1	0.800	1.25	0.25
80	0.400	2.5	0.400	2.5	0

4）瞳孔调节

瞳孔是人眼中的孔径光阑，可根据外界光线的强弱，自动改变其直径的大小，从而实现自动调节光通量的大小。一般白天光线较强，瞳孔缩小到 2 mm 左右，夜晚光线较暗时可以扩大到 8 mm。设计目视光学仪器时必须要考虑与人眼瞳孔大小的配合。

2. 人眼的适应

（1）定义：人眼除了能够随物体距离的改变而调节水晶体的曲率以外，还能在不同亮暗程度的条件下工作。人眼所能感受的光亮度的变化范围很大，其比值可达 $10^{12}:1$。这是因为人眼对不同亮度条件有适应的能力，这种能力称为人眼的适应。

（2）人眼对周围空间光亮情况有自动适应能力，有暗适应和明适应两种。在暗处时，瞳孔逐渐变大，进入人眼的光能量增加；在亮处时，瞳孔逐渐变小，进入人眼的光能量减小。当人眼已对所在环境的光亮度条件适应时，瞳孔直径随所处环境的光亮度有一定对应值，表 6-2 列出了各种亮度适应时瞳孔直径的平均值。

表 6-2 各种亮度适应时瞳孔直径的平均值

适应视场亮度/(lx/m²)	10^{-5}	10^{-3}	10^{-2}	10^{-1}	1	10	10^2	10^3	2×10^4
瞳孔直径/mm	8.17	7.80	7.44	6.72	5.66	4.32	3.04	2.32	2.24

6.1.2.3 人眼的缺陷及校正

1. 正常眼、明视距离

（1）正常眼：远点在无限远处，像方焦点与视网膜重合的人眼称为正常眼，如图 6-2(a) 所示。

（2）明视距离：在正常照明情况下（E=50 lx），正常眼最方便及最习惯工作的距离，大小为 250 mm。

2. 人眼的缺陷及校正

常见的人眼缺陷有近视眼、远视眼和散光眼。

(1)近视眼:远点在人眼前有限距离处,称为近视眼,如图 6-2(b)所示。校正方法就是配戴一块负透镜,其焦距大小恰能使其后焦点与远点重合,如图 6-3(b)所示。

(2)远视眼:远点在人眼后有限距离处,称为远视眼,如图 6-2(c)所示。校正方法就是配戴一块正透镜,其焦距恰等于远点距,如图 6-3(a)所示。

老花眼:50 岁以后的远视眼称为老花眼。

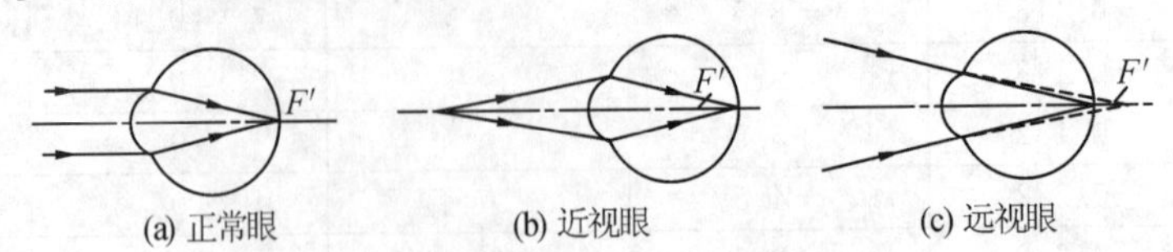

图 6-2　正常眼、近视眼和远视眼

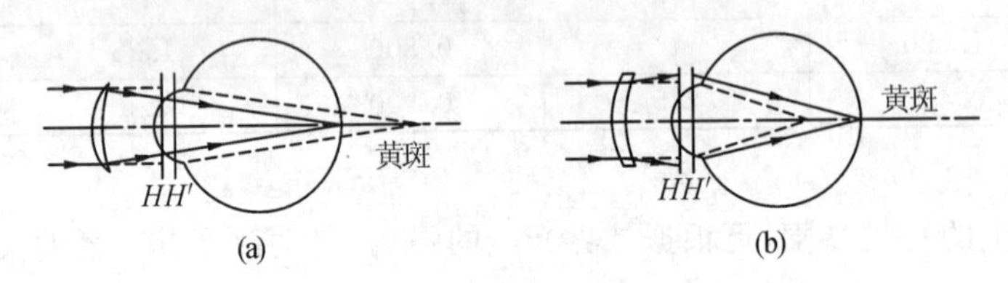

图 6-3　近视眼和远视眼的矫正

(3)散光眼:当人眼角膜曲面不对称,不同截面上有不同的光焦度,使得从观察物体不同方向射来的光线不能同时清晰成像在视网膜上,称为散光眼。散光眼分为近视散光眼和远视散光眼。近视散光眼的校正方法是配戴一块凹柱面透镜,远视散光眼的校正方法是配戴一块凸柱面透镜。

(4)视度:表示近视眼或远视眼的程度,用远点距离的倒数表示,即

$$\mathrm{SD}=\frac{1}{l_{\mathrm{p}}} \tag{6-3}$$

单位是屈光度。医院和眼镜店通常把 1 屈光度称为 100 度。

6.1.2.4　人眼的分辨率

1. 人眼的分辨率及极限分辨角

1) 人眼的分辨率

人眼能够分辨开靠近的两个物点的极限值,称为人眼的分辨率。

2) 人眼的极限分辨角

人眼刚刚能分辨开的两个相邻点对人眼所张的角。人眼的分辨率与极限分辨角成反比。如果把人眼看成理想光学系统,根据物理光学中衍射理论的分析,可得人眼的极限分辨角为

$$\varepsilon=\frac{1.22\lambda}{D}=\frac{1.22\times 0.00055}{D}\times 206265''=\frac{140''}{D} \tag{6-4}$$

式中,$\lambda=555$ nm,D 为入瞳直径,在此处为瞳孔直径,由于人眼在正常情况下瞳孔直径 $D=2$ mm,故式(6-4)变为

$$\varepsilon=\frac{140''}{2}=70''\approx 1'$$

在良好的照明条件下,一般可以认为人眼的极限分辨角为 $1'$左右。

在设计目视光学仪器时，应使仪器本身由衍射决定的分辨能力与人眼的极限分辨角相适应，即光学系统的放大率和观察物体所需要的分辨率的乘积应等于人眼的分辨率。

2. 人眼的瞄准精度

分辨是指人眼能区分开两个点或线之间的线距离或角距离的能力，而瞄准是指人眼判断一点与另一点是否重合的能力。一个点(或其他形状的图案)去和另一点重合时，如果完全重合在一起，则瞄准精度是最高的，这当然是很难实现的。

(1)人眼的瞄准精度：瞄准后偏离重合的线距离或角距离。

(2)瞄准精度与被瞄准的图案和瞄准的方法有关。常见瞄准方法的瞄准精度如表 6-3 所示。

表 6-3　不同瞄准图案的瞄准精度

瞄准方式	示意图	人眼瞄准精度	瞄准方式	示意图	人眼瞄准精度
二实线叠合		±60″	双线对称夹单线		±(5″～10″)
二直线的端部对准		±(10″～20″)	叉线对准单线		±10″

6.1.2.5　双目立体视觉

人眼不仅能感觉物体的大小、形状、颜色和亮暗，还能产生远近感觉及辨别不同物体在空间的相对位置。无论用双目观察还是用单目观察都能产生远近感觉，但用双目判断的结果比用单眼要准确得多。

1. 单目视觉

用单目判断物体的远近，是利用人眼的调节变化而产生的感觉。因水晶体的曲率变化很小，故判断极为粗略。一般用单目判断距离不超过 5 m。

单目观察空间物体是不能产生立体视觉的。但对于熟悉的物体，凭借生活经验，往往在大脑中把一个平面上的像想象为一个空间物体。

2. 双目立体视觉

当用双目观察物体时，同一物体在左、右两眼中分别产生一个像，这两个像在视网膜上的分布只有满足一定条件时才可以产生单一视觉，即双目的视觉汇合到大脑中成为一个像，这种像是出于生理和心理产生的。

1) 视差角

当双目注视物点 A 时，双目的视轴对准点 A，两个视轴之间的夹角 θ_A 称为视差角。双目节点 J_1 和 J_2 的连线称为视觉基线，其长度用 b 表示，如图 6-4 所示。物体远近不同，视差角不同，使眼球发生转动的肌肉紧张程度也就不同，根据这种不同的视差角，双目能容易地辨别物体的远近。

如果物点 A 到视觉基线的距离为 L，则视差角为

$$\theta_A = b/L \tag{6-5}$$

2）立体视差

远近不同的物体对应不同的视差角，其差异称为立体视差，简称视差，用 $\Delta\theta$ 表示。图6-5给出不同距离的物体对应的视差角。如果 $\Delta\theta$ 增大，则人眼感觉两个物体的纵向深度增大；如果 $\Delta\theta$ 减小，人眼感觉两个物体的纵向深度减小。

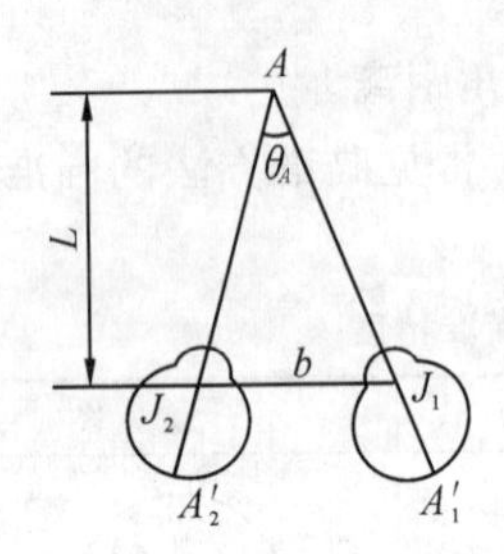

图 6-4 双目观察物体

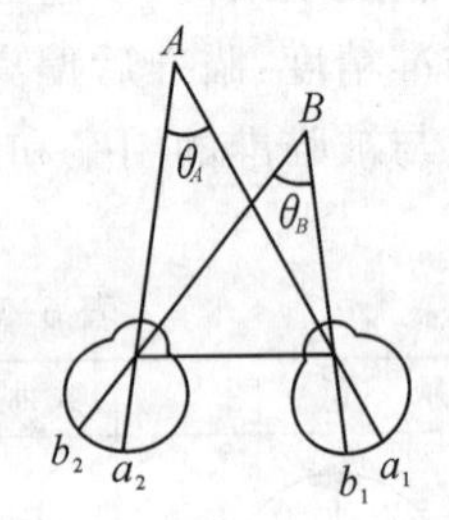

图 6-5 双目立体视差

3）体视锐度

人眼能感觉到 $\Delta\theta$ 的极限值 $\Delta\theta_{min}$ 称为体视锐度。一般取 $\Delta\theta_{min}=10''$，经过训练可达 $3''\sim5''$。

4）立体视觉半径

无限远物点对应的视差角 $\theta_\infty=0$，当物点对应的视差角 $\theta=\Delta\theta_{min}$ 时，人眼刚好能分辨出它和无限远物点的距离差别，即是人眼能分辨远近的最大距离，称为立体视觉半径，用 L_{max} 表示，人眼两瞳孔间的平均距离 $b=62$ mm，则

$$L_{max} = b/\theta_{min} = 62\times206265/10\ \text{m} = 1200\ \text{m} \tag{6-6}$$

立体视觉半径以外的物体，人眼不能分辨其远近。然而并不是在立体视觉半径内所有的情况下人眼都能产生立体感觉，在某些特殊情况下，即使在立体视觉半径内也有可能不产生立体视觉。

5）立体视觉阈

双目能分辨两点间的最短深度距离，称为立体视觉阈，用 ΔL 表示，即

$$\Delta L = \Delta\theta\frac{L^2}{b} \tag{6-7}$$

6）双目立体视觉误差

当 $\Delta\theta=\Delta\theta_{min}$ 时，对应的 ΔL 即为双目立体视觉误差。将 $b=62$ mm，$\Delta\theta_{min}=10''=0.00005$ 代入式(6-7)，得

$$\Delta L = 8\times10^{-4}L^2 \tag{6-8}$$

即人眼不能分辨小于双目立体视觉误差 $\Delta L(8\times10^{-4}L^2)$ 的深度。物体距离越远，立体视觉误差越大。例如，当物点在 100 m 距离上时，对应的立体视觉误差为 8 m；当物点在明视距离上时，双目立体视觉误差只有约 0.05 m。只有当 L 小于 1/10 立体视觉半径时，才能应用式(6-8)，否则误差较大。

由式(6-6)和式(6-8)可知，如果通过双目光学系统（双目望远镜和双目显微镜）来增大视觉基线 b 或增大体视锐度 $\Delta\theta_{min}$（减少 $\Delta\theta_{min}$ 值），则可增大立体视觉半径和减少双目立体视觉误差。

6.1.3 知识应用

例 6-1 一个远点距离为 2 m 的近视眼,为使其在戴上眼镜后远点恢复到无限远,问该如何配眼镜?

解 眼镜的第二焦点$\frac{1}{f'}=\frac{1}{l'}-\frac{1}{l}=\frac{1}{-2}-\frac{1}{\infty}$,得 $f'=-2$ m,或眼镜的光焦度 $\varphi=-0.5$ D,为该眼睛配一副 50 度的近视眼镜即可。

例 6-2 一个近点距离为 125 cm 的远视眼,为使其在戴上眼镜后近点恢复到明视距离处,问该如何配眼镜?

解 所需加的正透镜的第二焦点$\frac{1}{f'}=\frac{1}{l'}-\frac{1}{l}=\frac{1}{-1.25}-\frac{1}{0.25}$,得 $f'=0.31$ m,或眼镜的光焦度 $\varphi=3.2$ D,为该眼睛配一副 320 度的远视眼镜即可。

例 6-3 人在儿童时期,近点距离约 7 cm,而远点距离在无限远,问此时人眼的调节范围是多少?人在老年时期,近点距离约 1 m,而远点距离已移到 2 m 处,问此时人眼的调节范围是多少?

解 儿童时期 $\overline{A}=R-P=\left[\frac{1}{\infty}-\left(-\frac{1}{7}\times10^2\right)\right]\text{ D}=14.3\text{ D}$

老年时期 $\overline{A}=R-P=\left[-\frac{1}{2}-\left(-\frac{1}{1}\right)\right]\text{ D}=0.5\text{ D}$

6.2 放大镜

◆**知识点**

¤放大镜的视觉放大率

¤放大镜的光束限制

¤放大镜的线视场

6.2.1 任务目标

掌握放大镜的成像光学特性、放大镜的视觉放大率,了解放大镜的光束限制和线视场。

6.2.2 知识平台

6.2.2.1 视觉放大率

1. 放大镜的视觉放大率

物体通过目视光学仪器后,其像对人眼的张角大于人眼直接观察物体时对人眼的张角,因而目视光学仪器的放大率不能用理想光学系统中所讨论的横向放大率或角放大率来理解。因为在用人眼通过仪器观察物体时，有意义的是像在视网膜上的大小。目视光学仪器的放大率用视觉放大率来表示。

用仪器观察物体时在视网膜上的像高 y'_i 与用人眼直接观察物体时在视网膜上的像高 y'_e 之比，用 Γ 表示，即

$$\Gamma=\frac{y'_i}{y'_e} \tag{6-9}$$

或用仪器观察物体时，其像对人眼张角的正切与人眼直接观察物体时像对人眼的张角正切之比。设人眼后节点到视网膜的距离为 l'，则式(6-9)又可写为

$$\Gamma=\frac{y'_i}{y'_e}=\frac{l'}{l}=\frac{\tan\omega'}{\tan\omega} \tag{6-10}$$

2. 放大镜视觉放大率

可按式(6-10)计算放大镜视觉放大率公式。人眼直接观察时，一般将物体放在明视距离上，则 $\tan\omega=\frac{y}{D}$。

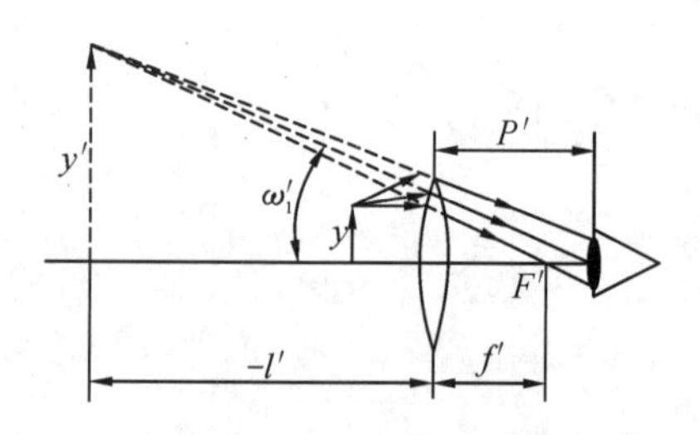

图 6-6 放大镜成像原理

当用放大镜观察物体时，由图 6-6 可知，虚像对人眼的张角为 $\tan\omega'=\frac{y'}{P'-l'}$。

根据式(6-10)，有

$$\Gamma=\frac{y'D}{y(P'-l')}$$

由垂轴放大倍率公式

$$y'=-\frac{x'}{f'}y=\frac{f'-l'}{f'}y$$

有

$$\Gamma=\frac{f'-l'}{P'-l'}\times\frac{D}{f'} \tag{6-11}$$

由式(6-11)可见，Γ 是一个变量，它随放大镜 P' 和人眼距离 l'（虚像与放大镜的距离）的变化而变化。下面几种特殊情况是非常重要的。

(1)当 $l'=\infty$ 时，相当于把物体放在放大镜的前焦点上，则有

$$\Gamma_0=\frac{D}{f'}=\frac{250}{f'} \tag{6-12}$$

式中，f' 的单位是 mm。人们把由此计算出的视觉放大率作为放大镜和目镜的光学常数，通常标注在其镜筒上。知道了 Γ_0，就可求出其相应的 f'。

(2)实际上人眼观察物体的最佳距离为明视距离，故一般将放大镜所成的虚像成像于明视距离处，则 $P'-l'=D$，由式(6-11)得

$$\Gamma=1-\frac{P'-D}{f'}=\frac{250}{f'}+1-\frac{P'}{f'} \tag{6-13}$$

式中，f' 的单位是 mm。此式适用于小放大倍率（长焦距）的放大镜，即看书用的放大镜。若人眼紧贴着放大镜，即 $P'\approx0$，则

$$\Gamma=\frac{250}{f'}+1 \tag{6-14}$$

当像成在明视距离处时，其放大率比成像在无限远处时的放大率大。但实际上人眼不可能紧贴放大镜，即 $P'\neq 0$，所以这两种情况下的放大率是近似相等的。

常用的放大镜，适当选择 f'，使 Γ 在 2.5×～25×之间。若用单透镜（平凸或双凸）作放大镜，由于不能校正像差，通常不超过 3×。倍率较大的放大镜由组合透镜组成。若放大镜的物体是前面光学系统所成的像，则把这样的放大镜称为目镜。

6.2.2.2 放大镜的光束限制和线视场

1. 放大镜的光束限制

在讨论放大镜的光束限制时，常与人眼共同考虑，此时眼瞳是孔径光阑，又是出瞳。放大镜是视场光阑，又是出射窗、入射窗，同时放大镜本身又是渐晕光阑，图 6-7 为像空间光束限制情况。

2. 放大镜的像方视场角

由图 6-7 可知，当渐晕系数 k 分别为 100%、50%和 0 时，其像方视场角分别为

$$\left.\begin{aligned}\tan\omega_1'&=\frac{h-a'}{P'}\\ \tan\omega'&=\frac{h}{P'}\\ \tan\omega_2'&=\frac{h+a'}{P'}\end{aligned}\right\}\tag{6-15}$$

式中，a' 为出瞳半高度，对渐晕系数 $k=0.5$ 而言，h 为放大镜通光口径的半高度。

3. 放大镜的线视场

因为放大镜用于观察近距离小物体，故放大镜的视场通常用物方线视场 $2y$ 来表示，如图 6-8 所示。当物面放在放大镜前焦平面上时，像平面在无限远处，对渐晕系数 $k=0.5$ 而言，则线视场为

$$2y=2f'\tan\omega'\tag{6-16}$$

将式(6-12)中的 f' 和式(6-15)中的 $\tan\omega'$ 代入式(6-16)，当渐晕系数 $k=0.5$ 时，线视场为

$$2y=\frac{500h}{\Gamma_0 P'}\tag{6-17}$$

由此可知，放大镜的倍率 Γ_0 越大，线视场越小。因而放大镜的放大率不宜过高。由于放大镜的放大率通常在 3 倍左右，如果需要较大的放大率，必须采用组合光学系统。

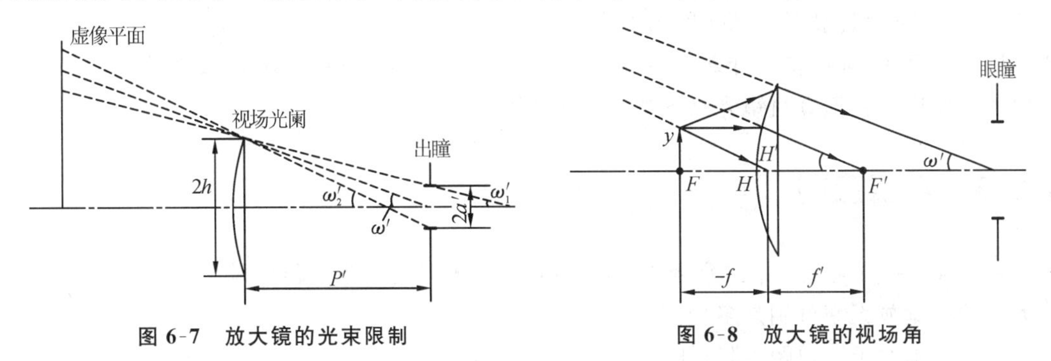

图 6-7 放大镜的光束限制

图 6-8 放大镜的视场角

6.2.2.3 目镜

1. 目镜的作用

目镜是放大视角的仪器。通常放大镜用来直接放大实物，而目镜则用来放大其他光组所成的像。复杂的助视光学仪器包括物镜和目镜两部分。目镜通常由不接触的两个薄透镜组成，面向物体的透镜称为场镜，接触人眼的透镜称为视镜。常配备一块分划板，板上包含一组叉丝或透明刻度尺，以提高测量的精度。

2. 两种目镜

最重要而且用途最广的目镜有以下两种。

1）惠更斯目镜

惠更斯目镜由两个同种玻璃的平凸透镜组成，两者都是凸面向着物镜。场镜的焦距等于视镜焦距的三倍，两者间的距离等于视镜焦距的两倍。图 6-9(a)为该目镜光路图，图 6-9(b)为该目镜的实物。惠更斯目镜的视场相当大，视角可达 40°，在 25°范围以内更清晰，而且结构简单，因此显微镜中经常采用这种目镜。

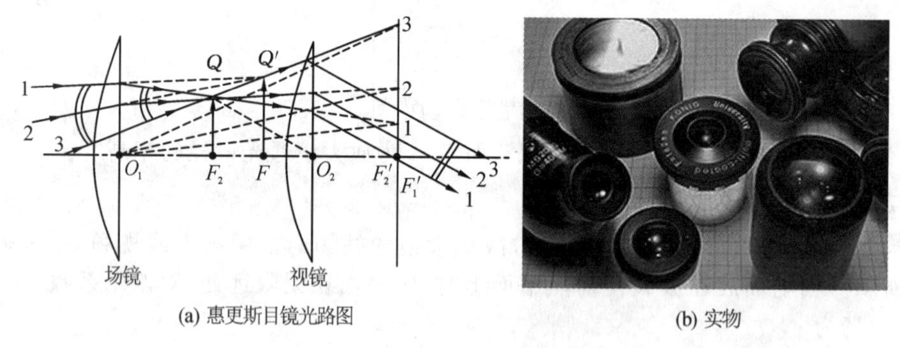

(a) 惠更斯目镜光路图　　(b) 实物

图 6-9　惠更斯目镜光路图及实物

2）冉斯登目镜

冉斯登目镜由两个焦距相等的平凸透镜组成，两个凸面相对，两者的间距 d 为焦距的 2/3。冉斯登目镜的球差、轴向色差和畸变等均小于惠更斯目镜的，但垂轴色差较大。若用消色差胶合透镜代替接目镜（称为开尔纳目镜），则可校正垂轴色差。冉斯登目镜可当普通放大镜使用。冉斯登目镜光路图如图 6-10 所示。

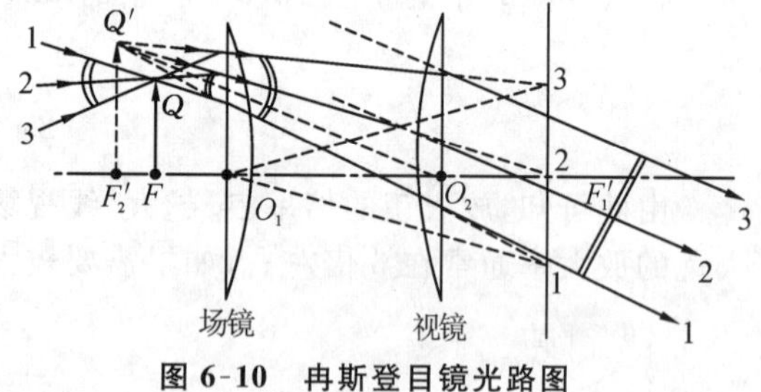

图 6-10　冉斯登目镜光路图

6.2.3 知识应用

例 6-4　一放大镜的第二焦距为 100 mm，求当人眼放于明视距离附近和紧靠放大镜时，放大镜的视觉放大率分别是多少？

解　人眼放于明视距离附近时，有

$$\Gamma_0=\frac{D}{f'}=\frac{250}{f'}=\frac{250}{100}=2.5\times$$

人眼紧靠着放大镜时，有

$$\Gamma=\frac{250}{f'}+1=\frac{250}{100}+1=3.5\times$$

6.3　望远系统

◆**知识点**

¤望远系统的视觉放大率

¤望远系统的分辨率及工作放大率

¤望远系统的视场

6.3.1　任务目标

掌握望远系统的视觉放大率，了解望远系统的视场、分辨率和工作放大率。能够分析望远系统的成像特性，熟练求解与分析各种望远系统的视觉放大率。

6.3.2　知识平台

6.3.2.1　望远镜的结构、特点和类型

1. 望远镜的结构

望远镜是由两个共轴的光学系统组成的，其中向着物体的系统称为物镜，接近人眼的系统称为目镜。

2. 望远镜的特点

在观看无限远的物体时，如天文望远镜，物镜的第二焦点与目镜的第一焦点重合，即两个系统的光学间隔为零。在观看有限远的物体时，如大地测量用的望远镜或观剧望远镜，两个系统的光学间隔是一个不为零的小数量。然而作为一般的研究，可以认为，望远镜是由光学间隔为零的两个共轴光学系统组成的无焦系统。

3. 望远镜的类型

在整个系统中，物镜为正光组，目镜可以是正光组，也可以是负光组，前者是开普勒望远镜，后者是伽利略望远镜。

6.3.2.2 望远镜的光学性能

1. 望远镜成像过程

图 6-11 给出开普勒望远镜的光路图。自无限远的物点 A(图 6-11 中未画出)发出的光束，在物镜上与望远镜光轴有不大的夹角 ω，经望远镜物镜后光束会聚于物镜的第二焦平面上的点 A'，成为 A 的像，此光束经目镜后成为与望远镜光轴有较大夹角 ω' 的一组平行光。这表明，望远镜使位于无限远的物体仍成像于无限远处，不过却使原来与望远镜光轴夹角不大的 ω 光束变为与望远镜光轴有较大夹角 ω' 光束。按前述放大率概念，这就相当于使物点 A 对人眼的张角放大，从而在视网膜上获得放大的像。

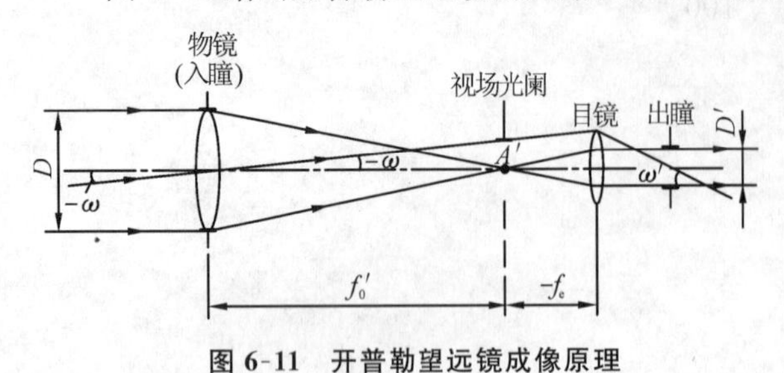

图 6-11 开普勒望远镜成像原理

2. 望远系统的视觉放大率

$$\Gamma=\frac{\tan\omega'}{\tan\omega}=\gamma \tag{6-18}$$

对于开普勒望远镜，由图 6-11 可以看出

$$\Gamma=-\frac{f_0'}{f_e'}=-\frac{D}{D'} \tag{6-19}$$

式中，D 和 D' 分别是望远镜的入瞳直径和出瞳直径。

由式(6-19)可知，望远镜的视觉放大率是光瞳垂轴放大率的倒数，即

$$\Gamma=\frac{1}{\beta} \tag{6-20}$$

由式(6-19)可知，望远系统的视觉放大率与物体的位置无关，仅取决于望远系统的结构，当增大物镜焦距 f'_0(或入瞳直径 D)或减小目镜焦距 f'_e(或减小出瞳直径 D')时，可增大望远镜的视觉放大率，但目镜焦距不得小于 6 mm，使得望远系统保持一定的出瞳距，以避免眼睫毛与目镜的表面相碰。

由式(6-19)还可知，对望远系统而言，随物镜和目镜焦距符号不同，视觉放大率可能为正值，也可能为负值，因此通过望远镜来观察物体的像的方向是不同的。若 $\Gamma<0$，成倒像；反之，成正像。

个人使用的小型手持式望远镜放大倍率不宜过大，一般以 3×～12×为宜，倍率过大时，成像清晰度就会变差，同时抖动严重，超过 12×的望远镜一般使用三角架等方式加以固定。天文望远镜有很高的放大倍率，例如，反射望远镜的相对口径可以做得较大，主焦点式反射望远镜的相对口径为 1/5～1/2.5，甚至更大。折反射望远镜相对口径也很大(甚至可大于 1)，光力强，视场广阔，像质优良。世界上最大的折射望远镜是在德国陶登堡天文台安装的施密特望远镜，改正口径为 1.35 m，主镜口径为 2 m。

3. 开普勒望远镜和伽利略望远镜的特点

1) 开普勒望远镜

物镜和目镜的第二焦距均为正，成倒像，这在天文观测和远距离目标观测中无关紧要，但

在一般望远镜中，总是希望出现正立的像。为此，应在系统中加入转像系统。图6-12所示为军用望远镜的棱镜转像系统。因为开普勒望远镜的物镜在其后焦平面上形成一个实像，故可在中间像的位置放置一个分划板，用于瞄准或测量。

2）伽利略望远镜

物镜第二焦距为正，目镜的第二焦距为负，放大率 Γ 为正值，系统成正立的像；无中间实像，不能安装分划板，不能用于测量、瞄准，结构简单，筒长短，较为轻便，光能损失少。图6-13所示为伽利略望远镜成像原理图。

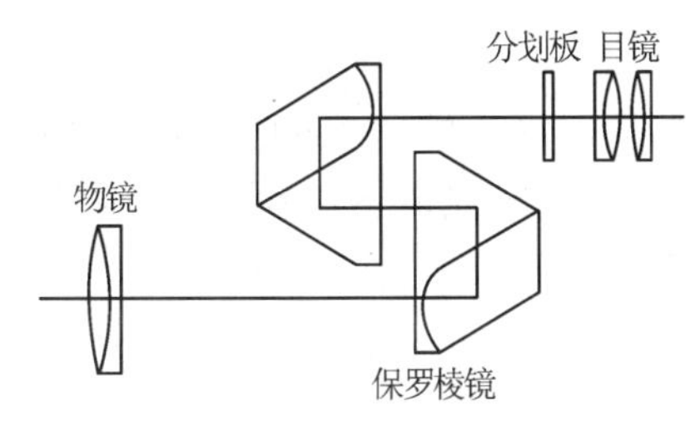

图6-12　军用望远镜的棱镜转像系统

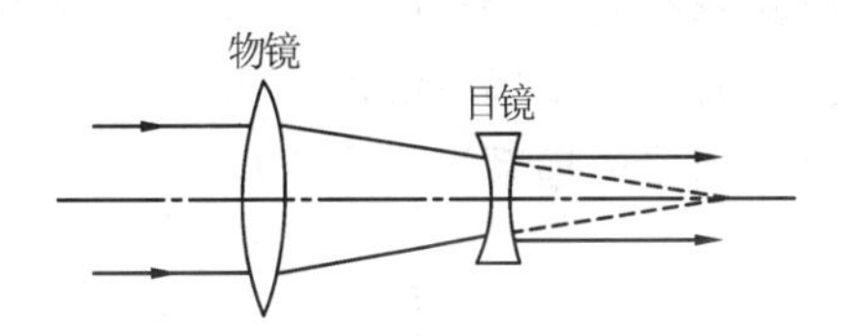

图6-13　伽利略望远镜成像原理

4. 望远系统分辨率

望远系统分辨率用极限分辨角表示，可得

$$\varphi=\frac{a}{f_0'}=\frac{0.61\lambda}{n'\sin u' f_0'} \tag{6-21}$$

因为像空间折射率 $n'=1$，$\sin u'=D/2f_0'$，取 $\lambda=0.0005555$ mm，故式(6-21)可写成

$$\varphi=\frac{140''}{D} \tag{6-22}$$

式中，D 以mm为单位。

根据道威判断，有

$$\varphi=\frac{120''}{D} \tag{6-23}$$

即入射光瞳直径 D 越大，极限分辨率越高。

5. 有效(正常)放大率

表示观测仪器精度的指标是极限分辨角。若以60″作为人眼的分辨极限，为使望远镜所能分辨的细节也能被人眼所分辨，则望远镜的视觉放大率 Γ 和它的极限分辨角 φ 应满足

$$\varphi\Gamma=60''$$

$$\Gamma=\frac{60''}{\varphi}=\frac{D}{2.3} \tag{6-24}$$

从式(6-24)求得的视觉放大率 Γ 是满足分辨要求的最小视觉放大率，称为有效(正常)放大率。

6. 工作放大率

正常放大率是在人眼分辨极限为1′情况下得出的，但人眼在此分辨极限条件下工作时，特别容易疲劳，故为了降低眼的疲劳程度，在设计望远镜时，一般视觉放大率比按式(6-24)求得的数值大2～3倍，称为工作放大率。如果视觉放大率取2.3倍，则

$$\Gamma=D \tag{6-25}$$

对观测仪器的精度要求则是其分辨角，由式(6-24)可求得

$$\varphi=60''/\Gamma \tag{6-26}$$

7. 望远镜的光束限制

1）开普勒望远镜的光束限制

开普勒望远镜物镜框是孔径光阑，也是入瞳；出瞳在目镜外面，与人眼重合，目镜框是渐晕光阑，一般允许有50%的渐晕。物镜的后焦平面上可放置分划板，分划板框即是视场光阑，如图6-11所示。

2）伽利略望远镜的光束限制

伽利略望远镜一般以人眼的瞳孔作为孔径光阑，同时又是望远系统的出瞳。物镜框为视场光阑，同时又是望远系统的入射窗。由于望远系统的视场光阑不与物平面（或像平面）重合，因此伽利略望远系统对大视场一般存在渐晕现象，如图6-14所示。

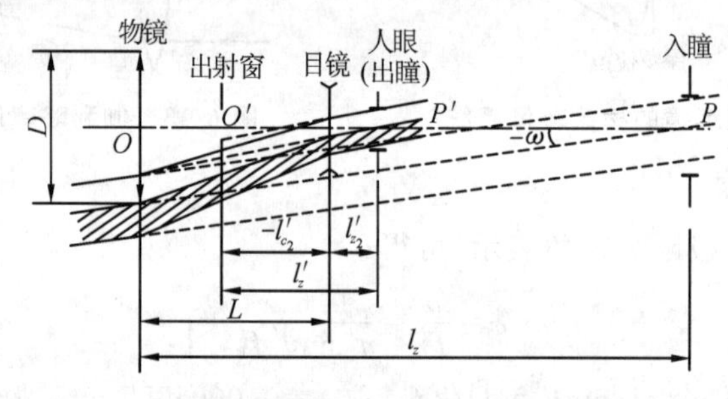

图 6-14 伽利略望远镜的光束限制

8. 望远镜的视场

1）开普勒望远镜的视场

由图6-11可求出，望远镜的物方视场角满足

$$\tan\omega=\frac{y'}{f'_0} \tag{6-27}$$

式中，y'是视场光阑半径，即分划板半径。

开普勒望远镜的视场2ω一般不超过15°。人眼通过开普勒望远镜观察，必须使眼瞳位于系统的出瞳处，才能观察到望远镜的全视场。

2）伽利略望远镜的视场

由图6-14可知，当视场为50%渐晕时，其视场角为

$$\tan\omega=\frac{D}{2l_z} \tag{6-28}$$

式中，D为物镜框直径；l_z为入瞳到物镜框的距离。又因为$\tan\omega'=\frac{D'}{2l'_z}$，$D'$为出射窗直径，由图6-14和式(6-10)可得

$$l_z=\Gamma l'_z=\Gamma(-l'_{c_2}+l'_{z_2}) \tag{6-29}$$

所以有

$$\tan\omega=\frac{D}{2l_z}=\frac{D}{2\Gamma(L+\Gamma l'_{z_2})} \tag{6-30}$$

式中，$L=f_0'+f_e'$ 为望远镜的机械筒长；l_{z_2}' 为人眼到目镜的距离。

伽利略望远镜的最大视场是由通过入射窗的边缘和相反方向的入瞳边缘的光线决定的，即

$$\tan\omega_{\max}=\frac{D+D_p}{2\Gamma(L+\Gamma l_{z_2}')} \tag{6-31}$$

式中，D_p 是入瞳的直径。

当物镜的口径一定时，伽利略望远镜的视觉放大率越大，视场越小，故其视觉放大率不大。一般仅用于剧院观剧。

6.3.2.3　射电望远镜

射电望远镜(Radio Telescope)是指观测和研究来自天体的射电波的基本设备(如图 6-15 所示)，可以测量天体射电的强度、频谱及偏振等量，包括收集射电波的定向天线，放大射电信号的高灵敏度接收机，记录、处理和显示信息等。

图 6-15　40 m 射电望远镜

1. 基本原理

经典射电望远镜的基本原理与光学反射望远镜的相似，投射的电磁波被一精确镜面反射后，同相到达公共焦点。用旋转抛物面作镜面易于实现同相聚焦，因此，射电望远镜天线大多是抛物平面。射电望远镜表面和理想抛物面的均方误差为 $\lambda/16\sim\lambda/10$，该望远镜一般就能在波长大于 λ 的射电波段上有效地工作。

该望远镜一般能在波长大于 λ 的射电波段上有效地工作。如果对米波或长分米波观测，则可以用金属网作镜面；如果对厘米波和毫米波观测，则需要用光滑、精确的金属板(或镀膜)作镜面。从天体投射并汇集到望远镜焦点的射电波，必须达到一定的功率电平，才能为接收机所检测。目前的检测技术水平要求最弱的电平一般应达 10～20 W。射频信号功率首先在焦点处放大 10～1000 倍，并变换成较低频率(中频)，然后用电缆将其传送至控制室，在那里再进一步放大、检波，最后以适于特定研究的方式进行记录、处理和显示。天线收集天体的射电辐射，接收机将这些信号加工、转化成可供记录、显示的形式，终端设备把信号记录下来，并按特定的要求进行某些处理，然后显示出来。表征射电望远镜性能的基本指标是空间分辨率和灵敏度，前者反映区分两个天体上彼此靠近的射电点源的能力，后者反映探测微弱射电源的能力。射电望远镜通常要求具有高空间分辨率和高灵敏度。

2. 灵敏度和分辨率

射电天文所研究的对象，有太阳那样强的连续谱射电源，有辐射很强但极其遥远因而角径很小的类星体，有角径和流量密度都很小的恒星，也有频谱很窄、角径很小的天体微波激射源等射电望远镜。为了检测到所研究的射电源的信号，将它从邻近背景源中分辨出来，并进而观测其结构细节，射电望远镜必须有足够的灵敏度和分辨率。

1）灵敏度

灵敏度是指射电望远镜的最低可测的能量值，这个值越低，其灵敏度越高。为提高灵敏度，常用的办法有降低接收机本身的固有噪声、增大天线接收面积、延长观测积分时间等。

2）分辨率

分辨率是指区分两个彼此靠近射电源的能力，分辨率越高就能将越近的两个射电源分开。那么，怎样提高射电望远镜的分辨率呢？对单天线射电望远镜来说，天线的直径越大分辨率越高。但是天线的直径难以做得很大，目前单天线的最大直径小于 300 m，对于波长较长的射电波段分辨率仍然很低。因此就提出了使用两架射电望远镜构成的射电干涉仪。对射电干涉仪来说，两个天线的最大间距越大分辨率越高。另外，在天线的直径或两个天线的间距一定时，接收的无线电波长越短分辨率越高。拥有高灵敏度、高分辨率的射电望远镜，才能在射电波段"看"到更远、更清晰的宇宙天体。

6.3.2.4 激光扩束镜

激光扩束镜是能够改变激光光束直径和发散角的透镜组件，其原理如图 6-16 所示。从激光器发出的激光束具有一定的发散角，对于激光加工来说，只有通过激光扩束镜的调节使激光光束变为准直(平行)光束，才能利用聚焦镜获得细小的高功率密度光斑；在激光测距中，必须通过激光扩束镜最大限度地改善激光的准直度才能得到理想的远距离测量效果；通过激光扩束镜能够改变光束直径以便用于不同的光学仪器设备。

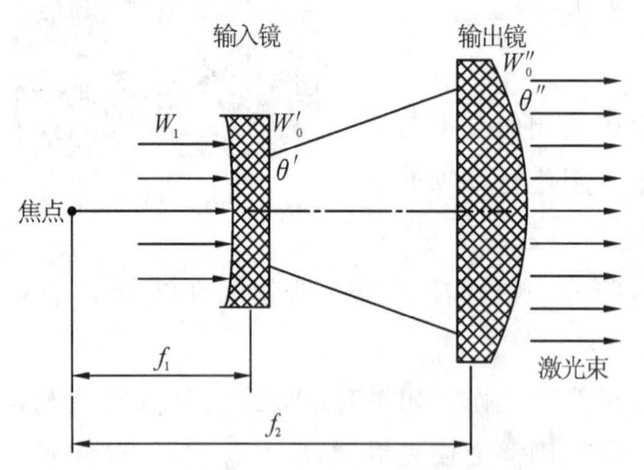

图 6-16 激光扩束镜的原理

最通用的激光扩束镜起源于伽利略望远镜，通常包括一个输入负透镜和一个输出正透镜。输入负透镜将一个虚焦点光束传送给输出正透镜，两个透镜是虚共焦结构。一般小于 20× 的激光扩束镜都用该原理制造，因为它简单、体积小、价格也低。它的局限性在于不能容纳空间滤波或进行大倍率的扩束。

6.3.3 知识应用

例 6-5 有一望远镜，物镜焦距 $f'_0=500$ mm，相对孔径 $D/f'_0=1/10$，今测得出瞳直径 $D'=2.5$ mm，求望远镜的放大率 Γ 和目镜的焦距 f'_e。

解 由 $f'_0=500$ mm 和相对孔径 $D/f'_0=1/10$，得

$$D=50\ \text{mm}$$

$$\Gamma=-\frac{f'_0}{f'_e}=-\frac{D}{D'}=-\frac{50}{2.5}=-20$$

又由 $-\dfrac{f'_0}{f'_e}=-\dfrac{D}{D'}$，得 $f'_e=25$ mm。

6.4 显微系统

◆知识点

¤显微系统的视觉放大率

¤显微系统的线视场

¤显微系统的分辨率

¤显微系统的有效放大率

6.4.1 任务目标

掌握显微系统的成像特性和视觉放大率，了解显微系统的光束限制和线视场，了解显微物镜的数值孔径和显微镜的分辨率和有效放大率，能够熟练求解各种显微系统的视觉放大率和分析显微物镜的倍率与数值孔径间的关系。

6.4.2 知识平台

6.4.2.1 显微镜的构造

显微镜由两个正透镜组成，靠近物体的称为物镜，接近人眼的称为目镜。

显微镜包括照明系统和成像系统，如图 6-17 所示。成像系统包括物镜和目镜，如图 6-18 所示。

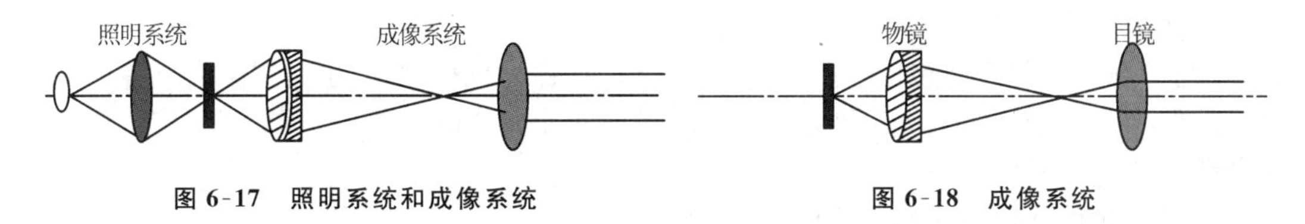

图 6-17 照明系统和成像系统

图 6-18 成像系统

6.4.2.2 显微镜的光学性能

1. 显微镜的成像过程

如图 6-19 所示，物镜 L_1 将近距离物 AB 成放大实像 $A'B'$，此实像在目镜物方焦平面附近，再经目镜 L_2 按放大镜方式成放大虚像 $A''B''$，供人眼观察。这是一个二次成像过程。在整个成像过程中，目镜起着一个放大镜的作用，所以它对物体的放大是视觉放大，而物镜所起的作用是垂轴放大，这样显微镜与普通放大镜相比有更高的放大率。

2. 参数

1）视觉放大率

人眼在明视距离处观察物体时，有

$$\Gamma=\frac{250}{f'}$$

人眼通过显微镜观察物体时，由显微镜成像原理图6-19，有

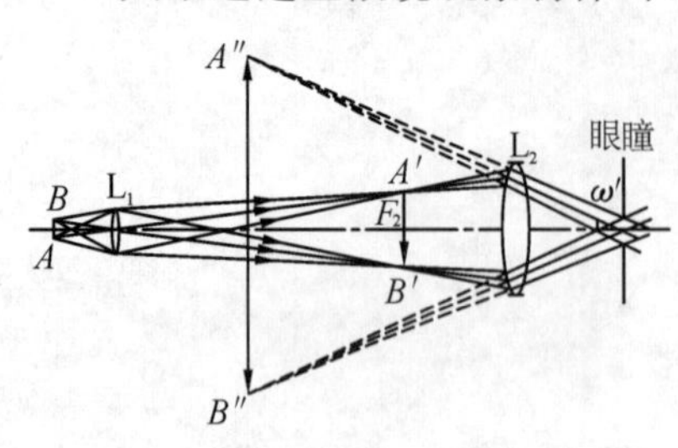

图6-19 显微镜成像原理图

$$\tan\omega'=\frac{y'}{f'_e}$$

式中，ω'为显微镜的像方视场角。

利用物镜的垂轴放大率计算公式$\beta=\frac{y'}{y}=-\frac{x'}{f'}=-\frac{\Delta}{f'}$，再根据视觉放大率的定义，可得显微镜的视觉放大率为

$$\Gamma=\frac{\tan\omega'}{\tan\omega}=\frac{250\Delta}{f'_0 f'_e}=\beta\Gamma_e \tag{6-32}$$

式中，250 mm为人眼的明视距离；f'_0为物镜焦距，f'_e为目镜焦距，$\Delta=x'$表明物镜的像位于目镜的物方焦点处。式(6-32)表示显微镜的视觉放大率Γ是物镜垂轴放大率β与目镜视觉放大率Γ_e之积。

若把显微镜看成一个组合系统，其组合焦距为$f'=-\frac{f'_0 f'_e}{\Delta}$，则

$$\Gamma=\frac{250}{f'} \tag{6-33}$$

即与放大镜的视觉放大率公式相同。这说明显微镜实质上与放大镜相同，故可以把显微镜看成组合放大镜。

2）共轭距

各国生产的通用显微物镜从物平面到像平面的距离(共轭距)，不论放大率如何都是相等的，大约等于180 mm。对于生物显微镜，我国规定共轭距为195 mm。

3）机械筒长

把显微镜的物镜和目镜取下后，所剩的镜筒长度称为机械筒长，也是固定的。各国有不同的标准，如160 mm、170 mm和190 mm等，我国规定160 mm作为物镜和目镜定位面的标准距离。

4）显微镜的物镜和目镜常用的倍率

显微镜的物镜和目镜可以根据倍率要求而替换。常用的物镜倍率有4×、10×、40×和100×，常用的目镜倍率为5×、10×和15×。

3. 显微镜的光束限制

1）显微镜的线视场

显微镜的线视场取决于放在目镜前焦平面上的视场光阑的大小，物体经物镜成像于视场光阑上。设视场光阑直径为D，则显微镜的线视场为

$$2y=\frac{D}{\beta} \tag{6-34}$$

为保证在这个视场内得到优质的像，视场光阑的大小应与目镜的视场角一致，即

$$D=2f'_{e}\tan\omega' \tag{6-35}$$

用目镜的视觉放大率表示，即为

$$D=\frac{500\tan\omega'}{\Gamma_{e}} \tag{6-36}$$

将式(6-36)代入式(6-34)，则

$$2y=\frac{500\tan\omega'}{\beta\Gamma_{e}}=\frac{500\tan\omega'}{\Gamma} \tag{6-37}$$

由此可见，在选定目镜后，显微镜的视觉放大率越大，其在物空间的线视场越小。

2) 显微镜的出瞳直径

对于普通显微镜，物镜框是孔径光阑，复杂物镜是以最后镜组的镜框为孔径光阑。用于测量的显微镜，一般在物镜的像方焦平面上设置专门的孔径光阑。孔径光阑经目镜所成的像即为出瞳。

设显微镜的出瞳直径为 D'，可推导得

$$D'=\frac{500\ \mathrm{NA}}{\Gamma} \tag{6-38}$$

由式(6-38)可以看出，显微镜的出瞳直径与倍率成反比，显微镜的放大率通常较大，因此显微镜的出瞳直径很小，一般小于眼瞳直径，只有在低倍时，才能达到眼瞳直径。

3) 显微物镜的数值孔径

式(6-38)中的 $\mathrm{NA}=n\sin u$ 称为显微物镜的数值孔径，它与物镜的倍率 β 及机械筒长一起，刻在镜框上，是显微镜的重要光学参数。

4) 显微镜的景深

通过显微镜观察的物体都有一定的厚度，如果对一定厚度的物体都能在显微镜上成清晰的像，则显微镜需要一定的景深。

从理论上分析，显微镜的景深受三个方面因素的影响：几何景深、物理景深和调节景深。

(1)几何景深：清晰成像的几何深度，其大小为

$$2\Delta_{g}=\frac{250n\varepsilon}{\Gamma\mathrm{NA}} \tag{6-39}$$

(2)物理景深：由衍射理论得

$$\Delta_{p}=\frac{n\lambda}{\mathrm{NA}^{2}} \tag{6-40}$$

(3)调节景深：人眼在像空间的调节范围所对应的物空间深度，其大小为

$$\Delta_{m}=\frac{250n}{\Gamma^{2}} \tag{6-41}$$

显微镜的总景深为三部分之和，即

$$\Delta=2\Delta_{g}+\Delta_{p}+\Delta_{m}=\frac{250n\varepsilon}{\Gamma\mathrm{NA}}+\frac{n\lambda}{\mathrm{NA}^{2}}+\frac{250n}{\Gamma^{2}} \tag{6-42}$$

由此可见，显微镜视觉放大率越大，景深越小，显微镜的数值孔径越大，景深越小，并且数值孔径的影响比视觉放大率的影响要重要得多。人眼固有的张角越大，景深越大。

4. 显微镜的分辨率和有效放大率

1) 艾里斑及半径大小

显微镜的孔径光阑一般都很小，对可见光都有一定的衍射作用，使得任何一个点光源经光学系统后，其像为一个艾里斑，斑的中心即为像点。设艾里斑半径为 α，根据衍射理论，则

$$\alpha=\frac{0.61\lambda}{n'\sin u'}=\frac{0.61\lambda}{\mathrm{NA}} \tag{6-43}$$

2) 显微镜的分辨率

显微镜的分辨率是指辨别两个靠近点的极限值。通常以能分辨的物方两点间最短距离 σ 来表示。σ 越小，分辨能力越强。

a. 瑞利分辨率

根据瑞利判断，两个相邻像点 A'、B' 之间的间隔等于艾里斑半径，即 $\sigma'=\alpha$ 时，则 A'、B' 能被光学系统分辨，可推得分辨率为

$$\sigma=\frac{\alpha}{\beta}=\frac{0.61\lambda}{\mathrm{NA}} \tag{6-44}$$

b. 道威分辨率

根据道威判断，当 $\sigma=0.85\alpha/\beta$ 时，A'、B' 可分辨，分辨率为

$$\sigma=0.85\alpha/\beta=\frac{0.5\lambda}{\mathrm{NA}} \tag{6-45}$$

实践证明，瑞利分辨率标准是比较保守的，因此通常以道威判断给出的分辨率作为光学系统的目视衍射分辨率，或称为理想分辨率。

由以上公式可知，显微镜的分辨力主要取决于显微物镜的数值孔径，与目镜无关。目镜仅把经过物镜分辨的像放大，即使目镜放大率很高，也不能把物镜不能分辨的物体的细节看清。

3) 提高显微镜分辨能力的方法

(1)减小入射光波长；

(2)增大物方介质折射率；

(3)提高数值孔径 NA：提高数值孔径的方法是增大孔径角，物方孔径角 U 最大可达 $60°\sim70°$，因此，显微物镜属于大孔径系统，进一步提高数值孔径的方法是提高物方空间的折射率，“油浸物镜”便是用于这一目的，即在显微物镜前片和物体之间浸以液体(如杉木油或二碘甲烷等)，可使数值孔径达到 1.5，因此，光学显微镜的极限分辨距约为 $\lambda/3$。

4) 有效放大率

距离为 σ 的两个点不仅要通过物镜分辨，而且要通过整个显微镜放大，以使被物镜分辨的细节能被人眼区分开。设人眼容易分辨的角距离为 $2'\sim4'$，则在明视距离上对应的线距离 σ' 的范围为

$$2\times250\times0.00029\ \mathrm{mm}\leqslant\sigma'\leqslant4\times250\times0.00029\ \mathrm{mm}$$

把 σ' 换算到显微镜的物空间，有

$$\sigma'=\sigma\Gamma \tag{6-46}$$

按道威判断取 σ，则有

$$2\times250\times0.00029\ \mathrm{mm}\leqslant\frac{0.5\lambda}{\mathrm{NA}}\cdot\Gamma\leqslant4\times250\times0.00029\ \mathrm{mm}$$

设照明光的平均波长为 0.0005555 mm，得

$$523\ \text{NA} \leqslant \Gamma \leqslant 1046\ \text{NA}$$

近似写作

$$500\ \text{NA} \leqslant \Gamma \leqslant 1000\ \text{NA} \tag{6-47}$$

Γ 称为显微镜的有效放大率。可见，Γ 与 NA 密切相关，NA 越大，其所允许的放大率就越大。一般浸液物镜的最大数值孔径为 1.5，故显微镜能达到的有效放大率不超过 1500×。当放大率低于 500 NA 时，物镜的分辨力没有被充分利用，人眼不能分辨已被物镜分辨的物体的细节；当放大率高于 1000 NA 时，称为无效放大，不能使观察的物体的细节更清晰。一般浸液物镜的最大数值孔径为 1.5，故显微镜能达到的有效放大率不超过 1500×。

6.4.2.3 显微镜的类型

从对物体成像的特点来看，对近距离成像的光学系统都可以归于显微系统，近代显微镜常在系统中加入其他镜组，以扩大显微镜的功能。

1. 筒长无限的显微物镜

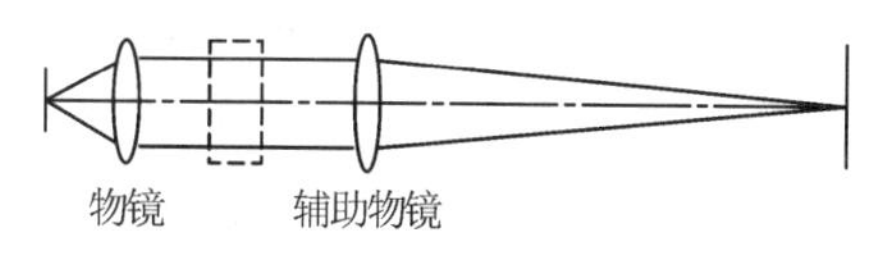

图 6-20 筒长无限的显微物镜

在典型的显微镜中，加入辅助物镜，构成筒长无限的物镜，如图 6-20 所示。物体准确地位于物镜的物方焦平面处，经物镜成像于无限远处，在平行光路中加入辅助物镜，则在辅助物镜焦平面处得到物体的倒立的放大像。这种显微物镜的优点是，物镜和辅助物镜之间是平行光，有利于装配和调整，且可以在其间加入棱镜、滤光片和偏振片，而不会引起像点位置的变化及产生双像、叠影等。这种显微物镜的放大率为

$$\beta = \frac{y'}{y} = -\frac{f'_2}{f'_1}$$

2. 显微摄影系统——显微镜与摄影系统组合

显微镜与摄影系统组合可以构成显微摄影系统，如图 6-21 所示，此时摄影物镜直接置于目镜的后方，使目镜所成的虚像经摄影物镜后，成像在照相底片或 CCD(电荷耦合器件)等接收器上。此时，显微镜摄影的物像放大率为

$$\beta = \frac{f'_{\text{摄影}} \cdot \Gamma}{250}$$

为了简化结构，摄影物镜还可以直接用目镜代替，物经物镜所成的像，直接利用目镜成像在照相底片上，此时的目镜称为摄影目镜，为使整个共轭物像距不致于太大，目镜应设计成负光组。此时，显微镜摄影的物像放大率为 $\beta = \beta_0 \cdot \beta_e$。

3. 数字显微镜

如图 6-22 所示，在显微物镜的像平面上，直接放置 CCD 接收器，连接到计算机上，还可以对显微镜的图像进行测量和实时处理，图像的大小也可以通过 CCD 靶面上的像素面积计算出来。

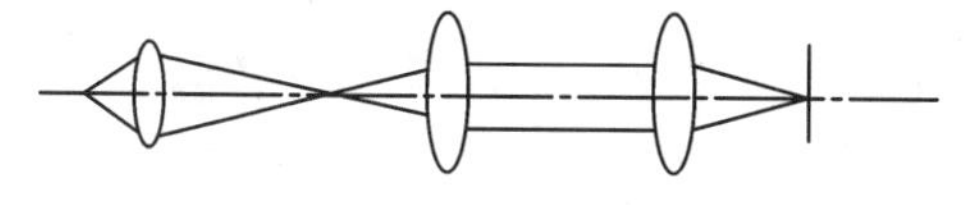
图 6-21 显微摄影系统

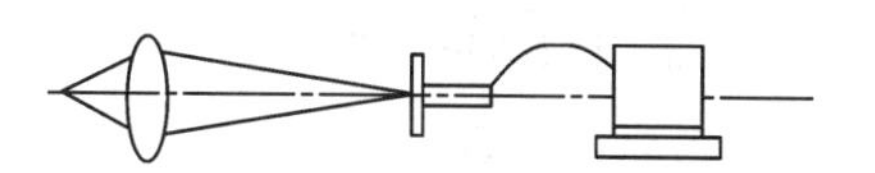
图 6-22 数字显微镜

6.4.2.4 显微物镜

1. 显微物镜的作用

显微物镜为观测目标提供放大像，显微镜的分辨率和放大率都主要依赖于显微物镜（因为目镜提供的放大率有限）。显微物镜的放大率和数值孔径反映了其主要性能。显微物镜的数值孔径和放大率是互相联系的，数值孔径大，分辨率就高，也就需要足够的放大率来达到有效放大。目前，国内生产的显微物镜，其数值孔径和放大率的匹配关系如表 6-4 所示。

表 6-4　数值孔径和放大率的匹配关系

显微物镜类型	低倍（双胶合型）	中倍（李斯特型）	高倍（阿米西型）	高倍（油浸型）
放大率	3～6	6～10	40～63	80～100
数值孔径	0.04～0.15	0.15～0.3	0.4～0.85	1.25～1.4

2. 分类

显微物镜除了按倍率划分有低、中、高倍之外，显微物镜按照显微镜校正像差情况的不同，可分为消色差物镜、复消色差物镜、平像场复消色差物镜等。

1）消色差物镜

校正轴上点色差、球差、正弦差，而对轴外像差不予以考虑。

2）复消色差物镜

严格校正轴上点色差、球差、正弦差，且应校正二级光谱。

3）平视场复消色差物镜

平视场就是消场曲（像平面弯曲），这种显微物镜设计结构十分复杂，在复消色差基础上还要校正场曲。

图 6-23 给出几种典型显微物镜的结构型式，图 6-23(a)为低倍物镜，由双胶合物镜组成，β 为 3×～6×，NA 为 0.1～0.15；图 6-23(b)为中倍物镜，由两组双胶合透镜组成，称为里斯特物镜，β 为 8×～10×，NA 为 0.25～0.3；图 6-23(c)为高倍物镜，在里斯特物镜前加一个半球透镜，其第二面为齐明面，半球透镜使里斯特物镜的孔径角增加 n^2 倍，这种物镜称为阿米西物镜，β 为 40×，NA 为 0.65；图 6-23(d)为浸液物镜，在阿米西物镜中再加一个同心齐明透镜，称为阿贝浸液物镜，β 为 90×～100×，NA 为 1.25～1.4，在玻璃盖片和物镜前片之间浸液（折射率为 n），可使数值孔径提高 n 倍；图 6-23(e)为复消色差物镜，有阴影线的透镜，是由特殊材料萤石制成的，β 为 90×，NA 为 1.3；图 6-23(f)为平视场复消色差物镜，β 为 40×，NA 为0.85。

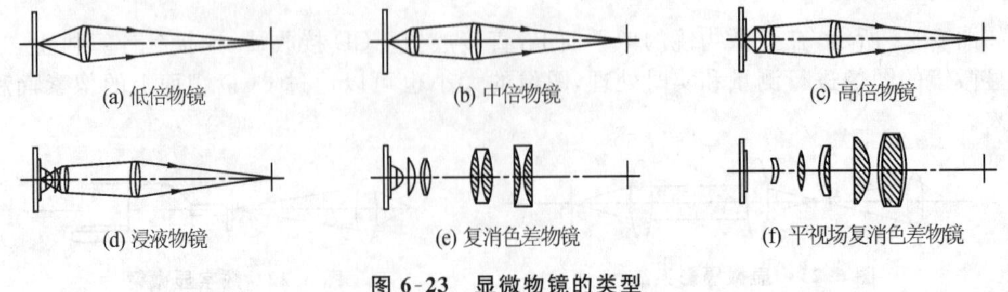

图 6-23　显微物镜的类型

6.4.2.5 显微镜的照明

对于显微系统而言，它一般由两部分构成：成像系统和照明系统。照明系统有图 6-24 所示的四种照明方法：透射光亮视场照明、透射光暗视场照明、反射光亮视场照明和反射光暗视场照明。采取何种照明方法，取决于观察物体的性质，以及获取信息的种类。生物显微镜多为透明标本，常用透射光亮视场照明。透射光亮视场照明又分为临界照明和柯勒照明两种。图 6-25 和图 6-26 所示为两种照明方式的光路。

1. 临界照明

把光源的像成像在物平面上，这相当于在物平面上设置光源，但由于光源表面亮度不均匀，明显呈现出灯丝的结构，从而影响显微镜的观察效果。其特点是临界照明中聚光镜的出瞳与物镜的入瞳重合，像方视场与物方视场重合。

2. 柯勒照明

柯勒照明消除了临界照明中物平面光照度不均匀的缺点，柯勒照明与临界照明不同的是它使用了两个聚光镜，而使照明系统更显复杂。其特点是照明系统的出窗与显微镜的入瞳重合，照明系统的出瞳与显微镜的入窗重合。

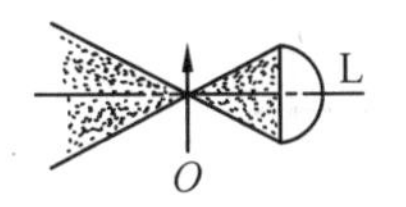

(a) 透射光亮视场照明

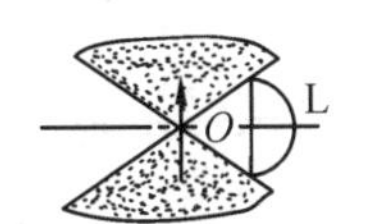

(b) 透射光暗视场照明

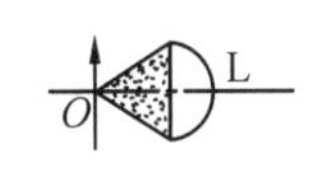

(c) 反射光亮视场照明

(d) 反射光暗视场照明

图 6-24 显微镜的照明方法

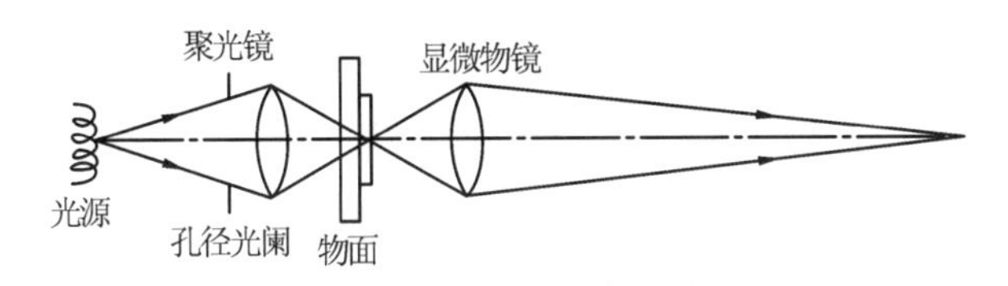

图 6-25 临界照明

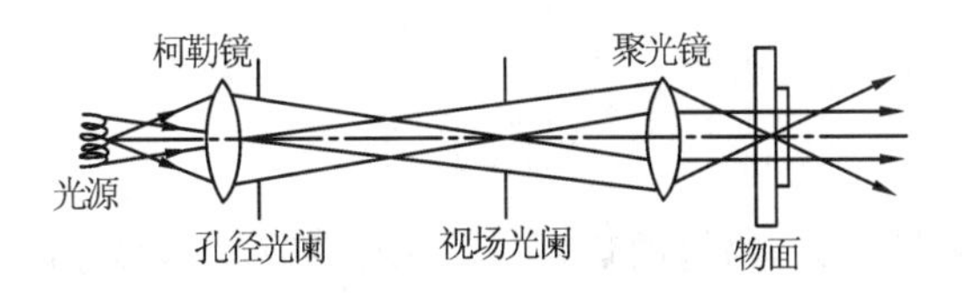

图 6-26 柯勒照明

3. 照明系统与成像系统的匹配

照明系统与成像系统的配合有两点很重要，一是瞳窗要衔接，这样既能保证物体的照明范围又可以充分利用光能；二是照明系统必须为被照物体提供足够的孔径角，使之与成像系统的数值孔径相匹配，以确保成像系统的性能。

6.4.2.6 显微镜的放大本领

目镜的放大本领一般不超过 20×，在某些应用上仍嫌太小，欲进一步提高放大本领，就要用组合的光组构成放大镜，这种放大镜称为显微镜。最简单的显微镜是由两组透镜构成的，一组为焦距很短的物镜，另一组是目镜(通常用惠更斯目镜)。

1. 显微镜的光路图

为简单起见，显微镜的目镜和物镜各以单独的一块会聚薄透镜来表示。$P''Q''$在明视距离处。显微镜的光路图如图 6-27 所示。

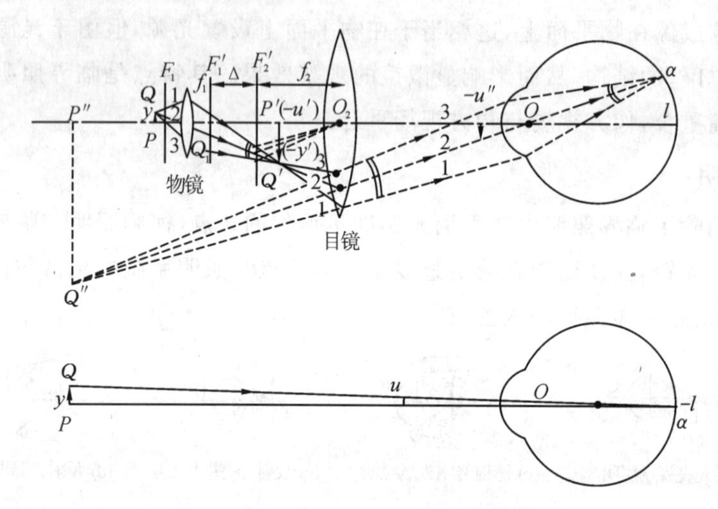

图 6-27 显微镜的光路图

2. 显微镜的放大本领

计算物镜的横向放大率为

$$s \approx f_1$$

$$\beta = \frac{y'}{y} = \frac{s'}{s} \approx \frac{s'}{f_1} = \frac{s'}{-f_1'} = -\frac{s'}{f_1'}$$

则

$$y' \approx -y\frac{s'}{f_1}$$

欲使物镜所成的像尽量大，物镜的焦距 f_1' 必须很短。其次考虑目镜的放大本领。把目镜当成放大镜，将 $P'Q'$放大，$P''Q''$在明视距离处，由 $M = \frac{u'}{u} = \frac{25}{f_2'}$可知，$f_2'$ 也必须很小。要使最后的像尽量大，$P'Q'$的位置应尽量靠近目镜物方焦平面 F_2 处。这样直线 $Q'O_2$ 可看成与 $Q''O$ 近似地互相平行，则视角为

$$u'' \approx u'$$

$$-u' \approx \frac{-y'}{-f_2}$$

$$u'=-\frac{y'}{f_2}=\frac{y'}{f_2'}\approx-\frac{ys'}{f_1'f_2'}$$

这就是显微镜所成像的视角。若不用显微镜而直接看置于明视距离处的这个物体，则视角为

$$u\approx\frac{y}{25}$$

于是显微镜的放大本领为

$$M=-\frac{25s'}{f_1'f_2'}=l$$

因为 f_1 和 f_2 都很小，可近似地把 s' 当成光学间隔 Δ，也可近似地当成物镜与目镜之间的距离，即镜筒之长 l，于是有

$$M\approx\frac{-2sl}{f_1'f_2'}=(-\frac{1}{f_1'})(\frac{25}{f_2'})$$

显微镜的放大本领也可用下述方法导出。物镜和目镜组成的复合光组的焦距为

$$f'=-\frac{f_1'f_2'}{\Delta}$$

把整个显微镜当成一个简单的放大镜，应用 $M=\frac{25}{f'}$，即得放大本领为

$$M=\frac{25}{f'}=\frac{-25\Delta}{f_1'f_2'}\approx(-\frac{l}{f_1'})(\frac{25}{f_2'})$$

与上面结果几乎完全一致。

6.4.3　知识应用

例 6-6　一显微镜上标明 170 mm/0.17，40/0.65，其含义是什么？

解　表明显微物镜的放大率为 40×，NA＝0.65，适合于机械筒长 170 mm，物镜是对玻璃厚度 d＝0.17 m 的玻璃盖板校正像差的。

例 6-7　要求显微镜的放大率为 325×～650×，则宜选用什么倍率的目镜？若用 25×的目镜呢？

解　当显微镜的放大率为 325×～650×时，宜选用 10×或 15×的目镜。若用 25×的目镜，则导致无效放大。

例 6-8　如果要求读数显微镜的瞄准精度为 0.001 mm，求显微镜的放大率。

解　人眼直接观察 0.001 mm 的物体所对应的视角为

$$\tan\omega_e=\frac{0.001}{250}=4\times40^{-6}$$

人眼的视角分辨力为 60″，因此要求显微镜的视放大率为

$$\Gamma=\frac{\tan\omega'}{\tan\omega}=\frac{\tan60''}{4\times10^{-6}}=73\times$$

6.5 照相机

◆知识点

¤摄影物镜的光学特性

¤摄影物镜的类型

6.5.1 任务目标

掌握摄影物镜的光学特性，了解摄影物镜的焦距、相对孔径、视场、分辨力。了解普通摄影物镜、大孔径摄影物镜、广角摄影物镜、远摄物镜和变焦距物镜的特点。

6.5.2 知识平台

6.5.2.1 照相机的结构

照相机是由摄影物镜和感光器件组成的。通常把摄影物镜和感光胶片、CCD(电荷耦合器件)、电子光学变像管或电视摄像管等接收器件组成的光学系统称为摄影光学系统，其中包括传统光学照相机、电视摄像机、CCD 摄像机和数码照相机等。

6.5.2.2 照相机的光学特性

1. 摄影物镜的光学特性

摄影物镜的作用是将外界景物成像在感光胶片或 CCD 等接收器上，产生景物像。摄影物镜的光学特性由焦距 f、相对孔径$\frac{D}{f}$、视场角 2ω 表示。

1）焦距

焦距决定成像的大小比例，对于同一个目标，焦距越长，所成像的比例越大；焦距越短，成像的比例越小。

在拍摄远处的物体时，像的大小为

$$y'=-f'\tan\omega \tag{6-48}$$

在拍摄近处物体时，像的大小取决于垂轴放大率，像的大小为

$$y'=y\beta=\frac{yf'}{x} \tag{6-49}$$

可见，像的大小都是与焦距成正比的，为了获得大比例的像，必须增大物镜的焦距，如航摄镜头，焦距可达数百毫米甚至数米。

2）相对孔径

a. 像平面照度

相对孔径决定像平面照度。由光度学理论可知，摄影物镜像平面的光照度与相对孔径的平方成正比，当物体在无限远时，像平面中心照度 E' 为

$$E'=\frac{1}{4}\tau\pi L\frac{D^2}{f'^2} \tag{6-50}$$

式中，L 为物体的亮度，τ 为系统通过率。对大视场物镜，其视场边缘的照度要比视场中心小得多，在光度学中我们得知，

$$E'_{\mathrm{M}}=E'\cos^4\omega' \tag{6-51}$$

式中，ω' 为像方视场角。

由式(6-51)可知，大视场物镜视场边缘的照度急剧下降。

b. 光圈

为了控制像平面照度，一般照相物镜都利用可变光阑来控制孔径光阑的大小。

光阑的大小用光圈数 F 来表示，即

$$F=\frac{f'}{D} \tag{6-52}$$

式中，f' 为摄影物镜的焦距，D 为入瞳的直径。

由式(6-52)可知，光圈数是相对孔径的倒数。为了方便选择，光圈按一定的分值标注在镜头上，分值的方法一般是按每增大一挡光圈值，对应的像平面照度依次减半。由于像平面的照度与相对孔径的平方成正比，所以光圈值按公比为$\sqrt{2}$的等比级数变化（相对孔径按 $1/\sqrt{2}$ 等比级数变化），国家标准是按表 6-5 来分挡的。因为像平面照度与曝光时间成正比，故曝光时间按公比为 2 的等比级数变化。

表 6-5 国家标准

D/f'	1∶1.4	1∶2	1∶2.8	1∶4	1∶5.6	1∶8	1∶11	1∶16	1∶22
F	1.4	2	2.8	4	5.6	8	11	16	22

3）视场

a. 衡量视场标准

视场决定摄影系统成像的范围，摄影物镜视场的大小由物镜的焦距和接收器的尺寸决定。在接收器的尺寸确定以后，一般来说，焦距越长，成像的范围越小，焦距越短，则其成像范围越大。若接收器的最大横向尺寸为 h'，在拍摄远处的物体时，则有

$$\tan\omega=\frac{h'}{f'} \tag{6-53}$$

拍摄近处的物体时，视场 y 的大小为

$$y=\frac{h'}{f'}\cdot x \tag{6-54}$$

由此可见，在确定接收器以后，视场与焦距成反比。对应长焦距和短焦距这两种情况的物镜分别称为远摄物镜和广角物镜。普通照相机标准镜头的焦距介于两者之间。

b. 摄影物镜接收器尺寸

摄影物镜的接收器器件框是视场光阑和出射窗，它的尺寸取决于像平面的最大尺寸，表

6-6 列出了几种常用摄影胶片的规格及近年来常用的 CCD 尺寸的规格。

表 6-6 常用摄影胶片

名称	长×宽/(mm×mm)	名称	长×宽(mm×mm)
135 mm 胶片	36×24	1″CCD	12.8×9.6
120 mm 胶片	60×60	2/3″CCD	8.8×6.6
16 mm 电影胶片	10.4×7.5	1/2″CCD	6.4×4.8
35 mm 电影胶片	22×16	1/3″CCD	4.4×3.3
航摄胶片	180×180 230×230	1/4″CCD	3.2×2.4

由表 6-6 可以看出，胶片的尺寸比 CCD 要大得多，因此要求物镜的焦距也大得多。

c. 胶卷照相机与数码照相机

数码照相机中的 CCD 比胶卷照相机中的接收器要小得多，因此所有的镜头焦距也都要小。使用 6～15 mm 镜头和一定大小 CCD 的数码照相机，与使用 28～72 mm 镜头的胶卷照相机的视场范围可以是完全一样的。数码照相机中使用的 CCD 大小并非完全一样。一般使用 135 mm 胶卷照相机时，很容易根据视场要求选择镜头的类型。

为使数码照相机的此参数也容易识别，许多制造商都将 CCD 镜头的焦距用等价胶片的焦距来标称，称为等价 135 mm。

4）分辨率

a. 定义

摄影系统的分辨率是以像平面上每毫米内能分辨开的线对数来表示的，其大小取决于物镜的分辨率和接收器的分辨率。

设物镜的分辨率为 N_L，接收器的分辨率是 N_r，按经验公式，系统的分辨率 N 为

$$\frac{1}{N}=\frac{1}{N_L}+\frac{1}{N_r} \tag{6-55}$$

b. 理论分辨率

根据瑞利准则，物镜的理论分辨率为

$$N_L=\frac{1}{\sigma}=\frac{D}{1.22\lambda\cdot f'}$$

取 $\lambda=0.555\ \mu m$，则

$$N_L=\frac{1475D}{f'}=\frac{1475}{F} \tag{6-56}$$

式中，F 为物镜的光圈数。所以，物镜的理论分辨力与相对孔径(D/f')成反比。

c. 实际分辨率

由于摄影物镜有较大的像差，且存在着衍射效应，所以物镜的实际分辨率要低于理论分辨率。此外物镜的分辨率还与被摄目标的对比度有关，同一物镜对不同对比度的目标(分辨率板)进行测试，其分辨率也是不同的。因此评价摄影物镜像质的科学方法是利用光学传递函数(OTF)来判断。

不同接收器的分辨率有很大的差别，摄影胶片的分辨率普遍比 CCD 高，摄影胶片的分辨率很容易达到每毫米 200 线，而 CCD 的分辨率取决于像素的大小，目前 CCD 的像素尺寸为 6～14 μm，对应的线对数为每毫米 85～35 线。

2. 摄影物镜的类型

摄影物镜属于大视场、大相对孔径的光学系统，为了获得较好的成像质量，它既要校正轴上点像差，又要校正轴外点像差。摄影物镜根据不同的使用要求，其光学参数和像差校正也不尽相同。因此，摄影物镜的结构形式是多种多样的。摄影物镜主要分为普通摄影物镜、大孔径摄影物镜、广角摄影物镜、远摄物镜和变焦距物镜等。

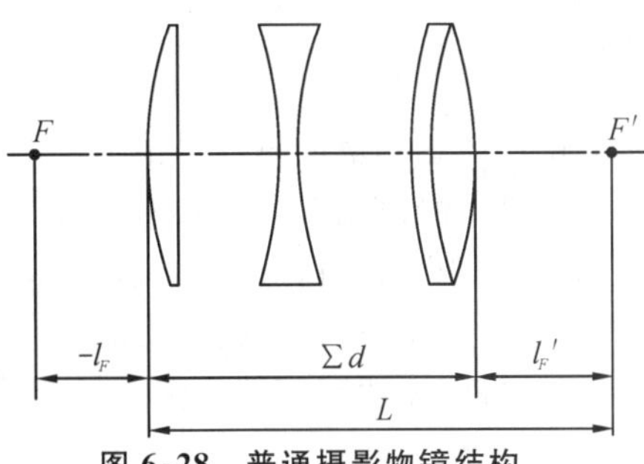

图 6-28　普通摄影物镜结构

1）普通摄影物镜

普通摄影物镜是应用最广的物镜。一般具有下列光学参数，f' 为 20～500 mm，D/f' 为 1∶9～1∶2.8，视场角可达 64°。图 6-28 给出最流行的著名的天塞（Tessar）物镜的结构形式，其相对孔径为 1∶3.5～1∶2.8，其视场角为 55°。

2）大孔径摄影物镜

大孔径摄影物镜相对比较复杂。图 6-29 给出双高斯（Guass）物镜的结构形式，其光学参数：f' 为 50 mm，D/f' 为 1∶2，2ω 为 40°～60°。

3）广角摄影物镜

广角摄影物镜多为短焦距物镜，以便获得更大的视场。其结构形式一般采用反远距型物镜。广角摄影物镜中最著名的应属鲁沙尔-32 型广角摄影物镜，其光学参数：f' 为 70.4 mm，D/f' 为 1∶6.8，2ω 为 122°，图 6-30 所示的为其结构形式。

4）远摄物镜

远摄物镜一般在高空摄影中使用，为获得较大的像平面，摄远物镜的焦距可达到 3 m 以上，但其机械筒长 L 小于焦距，远摄比 L/f' 小于 0.8。随着焦距的增加，系统的二级光谱也增加，设计时常用特种火石玻璃。为缩短筒长，也可以采用折反型物镜，但其孔径中心光束有遮拦。

图 6-31 所示的为蔡司公司的远摄天塞物镜结构，其光学参数为 $D/f'=1∶6$，$2\omega<30°$。

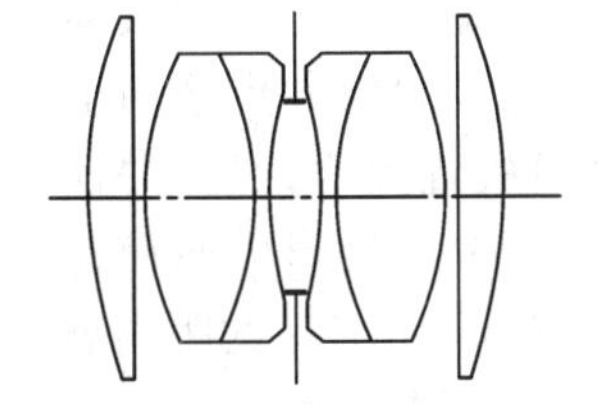
图 6-29　大孔径摄影物镜结构

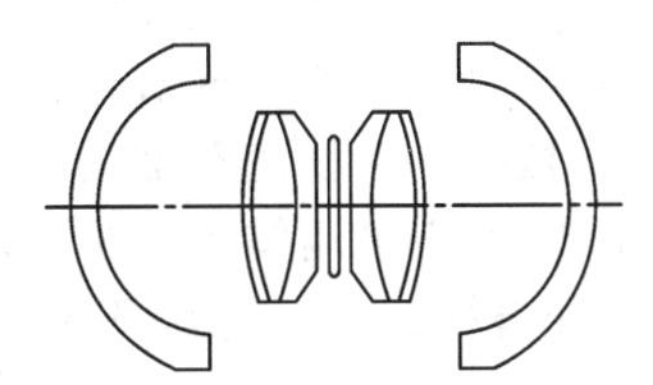
图 6-30　广角摄影物镜结构

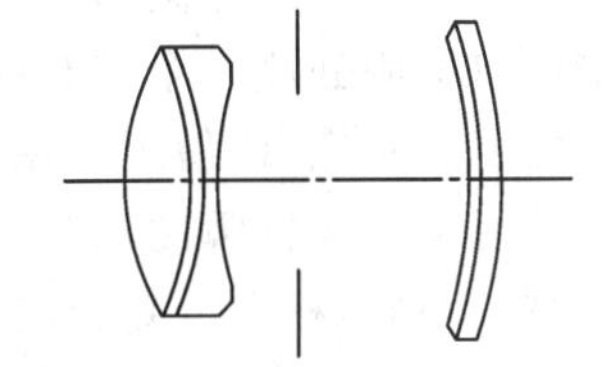
图 6-31　远摄天塞物镜结构

5）变焦距物镜

a. 变焦距物镜的特点

变焦距物镜的焦距可以在一定范围内连续变化，故对一定距离的物体其成像的放大率也在一定范围内连续变化。在摄影领域，变焦距物镜几乎代替了定焦距物镜，并已用于望远系统、显微系统、投影系统等。变焦系统由多个子系统组成。焦距变化是通过一个或多个子系统的轴向移动、改变光组间隔来实现的，其变倍比为

$$M=\frac{f'_{\max}}{f'_{\min}}=\frac{|\beta_2\beta_3\cdots\beta_k|_{\max}}{|\beta_2\beta_3\cdots\beta_k|_{\min}} \tag{6-57}$$

焦距为

$$f' = f'_1 \beta_2 \beta_3 \cdots \beta_k \tag{6-58}$$

b. 变焦距物镜的设计要求

在设计时应满足三个基本要求：

(1)焦距变化时，成像的位置保持不变；

(2)各焦距所对应的相对孔径应该一致；

(3)各焦距所对应的成像质量和照度分布应达到使用要求。

c. 应用

图 6-32 表示一种变焦距物镜的结构组合。透镜组 1 为前固定组，透镜组 2 为变倍组，透镜组 3 为补偿组，透镜组 4 为后固定组。透镜组 2 可沿光轴做等速的往返运动，当透镜组 2 移动时，物镜的焦距也在变化，物体通过透镜组 1 和透镜组 2 所形成的像随之沿光轴移动。为了使物镜的原像平面不变，应该在移动透镜组 2 的同时，按非线性规律移动透镜组 3，使像点通过透镜组 3 时仍成像在原处，这就保证了像平面的稳定性。透镜组 2 和透镜组 3 的变动是相关的，它们靠精密的凸轮机构来实现控制。

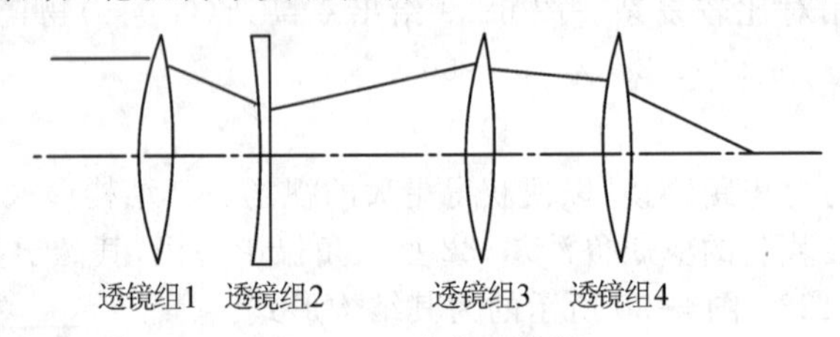

图 6-32　变焦距物镜

6.5.3　视窗与链接

6.5.3.1　显微镜应用的拓展

在筒长无限的显微物镜中，还可以用来设计焦度计(一种检查眼镜片折光度的仪器)，在物镜的焦平面处放一个带有标记的分划板，由前面分析可知，辅助物镜的像方焦平面上得到标记的倒立实像，该像可以用投影屏接收。在物镜和辅助物镜之间放置被测镜片，并使被测镜片的后顶点与物镜的像方焦点重合，由于被测镜片有折光度，像点偏离投影屏而使标记变得模糊。为此，移动分划板的位置，使得标记像在投影屏上再次变清晰，由移动的距离就可求出被测镜片的折光度。若设分划板自焦点移动向左取负，向右取正，根据牛顿公式有

$$x' = \frac{f'^2_0}{x}$$

式中，x 为分划板的移动量，$x' = -l_{F被测}$ 为被测透镜物方焦点位置，其相应的折光度 $\mathrm{SD} = \frac{1}{l} = \frac{1000x}{f'^2_0}$。

6.5.3.2　数码照相机

数码照相机是在传统照相机的基础上发展起来的，但它又摆脱了银盐类感光材料胶卷的

束缚，而以一种电子芯片CCD或CMOS(互补金属氧化物半导体)作为成像器件，将被摄景物以数字信号方式记录在存储介质中，以数字信息的方式实现照片的传输、浏览和打印输出。

数码照相机是光、机电一体化的产品，它的核心部件是CCD。CCD由一种高感光度的半导体材料制成，在光线作用下，可将光线的强度转化为电荷的积累，通过A/D(模/数)转换芯片转换成数字图像。数字图像经过压缩以后通过照相机内部的快闪存储器或移动式存储卡保存下来，然后根据需要可将图像传给计算机，以决定是否编辑或打印输出。

1. 工作原理

数码照相机的许多部件，如CCD、A/D(模/数)转换器、DSP(数字信号处理器)、图像存储器、LCD(液晶显示器)等都是胶卷照相机所没有的。数码照相机系统的工作过程是把光信号转化为数字信号的过程。光线通过透镜系统和滤光器投射到CCD上，CCD将光强和色彩转换为电信号并记录到数码照相机存储器中，形成计算机可以处理的数字信号，其中DSP处理工作量较大，一般设计成专用硬件。

2. 数码照相机的关键参数

数码照相机最关键的参数是像素数、CCD尺寸、变焦倍率和镜头亮度。

1) 像素数

像素数可以理解为在摄影器件上设置的像栅格一样的东西，而光线的颜色和强度则能够以这种栅格为单位接收到照相机中。所以，栅格越细(也就是说像素越多)，照片的颗粒就越细，相应地拍摄对象的细节部分就表现得越好。

规格中经常标明有“总像素数”和“有效像素数”两个数字。总像素数顾名思义是指数码照相机所具有的像素总数。但实际上，摄像器件外部的像素生成图像数据时并未使用。因此，除去不被使用的像素以外的可用于照片的像素数就是有效像素数。由于现有的规格肯定会标明有效像素数，因此在选购数码照相机时最好以此加以比较。

2) CCD尺寸

如果像素数相同，CCD尺寸越大，每个像素的尺寸就越大。像素尺寸越大，所能处理的数据量就会增加，从而就能够区别微细光线的颜色和强度，也就是说就能够生成层次感丰富的照片。

中档数码照相机一般使用1/2.7～1/1.5英寸(1英寸＝25.4毫米)的CCD，但是高级单反照相机有的会超过1英寸。

3) 变焦倍率

镜头方面，变焦倍率和F值最关键。对于数码照相机来说，变焦倍率越大，远景拍摄就越方便。但相应地镜头就越大，价格也就越高。一般有3倍左右的变焦功能也就足够用了。但是，规格中也许会出现光学变焦倍率和数码变焦倍率两项，其中体现镜头性能的是光学变焦倍率。数码变焦倍率是指将部分图像裁剪出来进行放大的功能。所以，利用数码变焦进行放大的越多，画质就越差。

4) 镜头亮度

由于镜头的焦距会因为摄影器件的尺寸而有所不同，因此直接进行比较没有太大的意义。基本上所有的规格中都会标明换算成35 mm照相机后的焦距。

F值表示镜头亮度。不用闪光灯在中午进行拍摄时，达到F4.5左右就足够了。但是当经常在傍晚时分或光线昏暗的室内拍摄时，最好达到F3.5或F2.8左右。

对照相机的易用性影响较大的规格包括从打开电源到可以拍摄之间的启动时间、可连续拍摄的最短时间，以及从按下快门到快门关闭之间的时滞。为了不放过任何拍摄时机，显然这些指标的数值越小越好。

习 题 6

6-1 近年来青少年近视眼激增的原因除了饮食营养不均衡等外，为什么还与“四机”(电视机、游戏机、计算机、手机)在青少年中的广泛使用关系密切？

6-2 放大镜的焦距与人眼的明视距离大小关系是什么？

6-3 移近物体可增大其对人眼所张的角（视角），视角越大，像也越大，越能分辨物体的细节。但为什么又不能将物体一直移近人眼？

6-4 显微镜的分辨率是由物镜还是目镜来决定的？

6-5 决定显微物镜分辨率的两个因素是什么？

6-6 某浸油物镜的数值孔径为 1.25，用可见光照明时(取其平均波长)，显微镜的分辨率是多大？

6-7 显微物镜与目镜的关系。

6-8 望远镜的视觉放大率和视场的关系如何？

6-9 望远镜的视场总是和视觉放大率一起考虑的，为什么？

6-10 为什么军用望远镜视觉放大率不宜过大？

6-11 试述各类摄影物镜的特点。

6-12 对正常人来说，观察前方 0.5 m 远的物体，人眼需要调节多少视度？

6-13 一个人近视程度是 2 D，调节范围是 8 D，求：

(1)其远点距离；

(2)其近点距离；

(3)配戴 100 度的近视镜，求该镜的焦距、远点距离、近点距离。

6-14 某人看不清楚在其眼前 2.5 m 的物体，需要配戴怎样光焦度的眼镜才能使此人的视力恢复正常？另一个人看不清楚在其眼前 1 m 以内的物体，需要配戴怎样光焦度的眼镜才能使此人的视力恢复正常？

6-15 一放大镜焦距 $f'=25$ mm，通光孔径 $D=18$ mm，人眼距放大镜为 50 mm，像距离人眼的明视距离为 250 mm，渐晕系数 $K=50\%$，求：

(1)视觉放大率；

(2)线视场；

(3)物体的位置。

6-16 已知显微镜目镜的 $\Gamma=15\times$，物镜的 $\beta=-2.5\times$，共轭距 $L=180$ mm，求：

(1)目镜焦距为多少？

(2)物镜焦距及物、像方截距为多少？

(3)显微镜总视觉放大率为多少？总焦距为多少？

6-17 一显微物镜的垂轴放大率 $\beta=-3\times$，数值孔径 NA$=-0.1$，共轭距 $L=180$ mm，物镜框为孔径光阑，目镜焦距 $f'_e=25$ mm。

(1)求显微镜的视觉放大率；

(2)求出射光瞳直径；

(3)求出射光瞳距离(镜目距);

(4)当斜入射照明时,$\lambda=0.00055$ mm,求显微镜的分辨率;

(5)求物镜通光孔径;

(6)设物体高 $2y=6$ mm,渐晕系数为 50%,求目镜的通光孔径。

6-18 一架显微镜,物镜焦距为 4 mm,中间像成在物镜第二焦点后面 160 mm 处,如果目镜 $\Gamma=20\times$,显微镜的总视觉放大率是多少?

6-19 欲分辨 0.000 725 mm 的微小物体,使用波长 $\lambda=0.00055$ mm,当斜入射照明时,请计算:

(1)显微镜的最小视觉放大率;

(2)合适的数值孔径。

6-20 一个天文望远镜,物镜的焦距为 400 mm,相对孔径为 $f/5.0$,今测得出瞳直径为 2.0 mm,试求望远镜的放大率和目镜焦距。

6-21 一个伽利略望远镜,物镜和目镜相距 120 mm,若望远镜的视觉放大率 $\Gamma=4\times$,物镜和目镜的焦距各为多少?

6-22 拟制一个 3× 的望远镜,已有一个焦距为 500 mm 的物镜,在开普勒望远镜和伽利略望远镜中,目镜的光焦度和物体到目镜的距离各是多少?

6-23 为看清 4 km 处相隔 150 mm 的两个点(设 $1'=0.0003$ rad),用开普勒望远镜观察:

(1)求开普勒望远镜的工作放大倍率;

(2)若筒长 $L=100$ mm,求物镜和目镜的焦距;

(3)物镜框是孔径光阑,求出射光瞳距离;

(4)为满足工作放大率要求,求物镜的通光孔径;

(5)若物方视场角 $2\omega=8°$,求像方视场角;

(6)渐晕系数为 50%时,求目镜的通光孔径。

6-24 开普勒望远镜的筒长 $L=225$ mm,$\Gamma=-8\times$,视场角 $2\omega=6°$,出瞳直径 $D'=5$ mm,无渐晕,求:

(1)物镜和目镜的焦距;

(2)目镜通光孔径和出瞳距。

6-25 有一个照相物镜,焦距为 50 mm,拍摄不同距离时需要进行调焦。当拍摄距离为 1 m 时,计算物镜相对于拍摄距离时的调焦距离和方向。

6-26 两透镜组成的系统,$f_1'=500$ mm,$f_2'=-400$ mm,两个透镜间距 $d=300$ mm,求组合透镜的焦距。若用透镜观察 200 m 处的物,负透镜应如何调焦才能使得像平面的位置不变,此时透镜组的焦距又为多少?

7

光的干涉

波动光学是研究光的波动性的学科。当光的量子效应不明显，而主要显示出波动性时，完全可以用经典电磁场理论来研究光在宏观传播过程中的波动现象（干涉、衍射、偏振等），以及光波与介质的相互作用（光的吸收、散射、色散）。光的电磁理论的确立，推动了光学及整个物理学的发展。光的电磁理论仍然是阐明大多数光学现象及掌握现代光学的一个重要基础。

光的干涉现象是光的波动性的重要特征。从科学方面讲，干涉现象的研究促进了波动光学理论的发展；从实用角度讲，光的干涉可以作为一种测量手段，可广泛用于生产实践和科学研究。

本章首先叙述光的电磁性质，分析光在两个电介质界面上的传播规律，接着讲述了获得稳定干涉的条件和方法，以杨氏双缝干涉为代表的分波面双光束干涉、分振幅双光束干涉的等倾干涉和等厚干涉及典型干涉系统。

7.1 光的电磁性

◆知识点

¤光波的电磁性

¤平面单色光波的波动方程

¤能流密度与光强

7.1.1 任务目标

知道光波的电磁性；理解并掌握平面单色光波的波动方程及光波的时空特性；理解光强的概念，掌握相对光强的计算。

7.1.2　知识平台

7.1.2.1　光的电磁性

1. 电磁波谱

19 世纪 60 年代，麦克斯韦建立了经典电磁理论，并把光学现象和电磁现象联系起来，指出光也是一种电磁波，从而产生了光的电磁理论。光的电磁理论可以研究光在宏观传播过程中的波动现象（干涉、衍射、偏振等），以及光波与介质的相互作用（光的吸收、散射、色散），这就是波动光学的主要内容。

自从人们证实了光是一种电磁波后，又经过大量的实验，进一步证实了 X 射线、γ 射线、无线电波等也都是电磁波。它们的电磁特性相同，只是波长（或频率）不同而已。如果按其波长（或频率）的次序排列成谱，则称为电磁波谱，如图 7-1 所示。

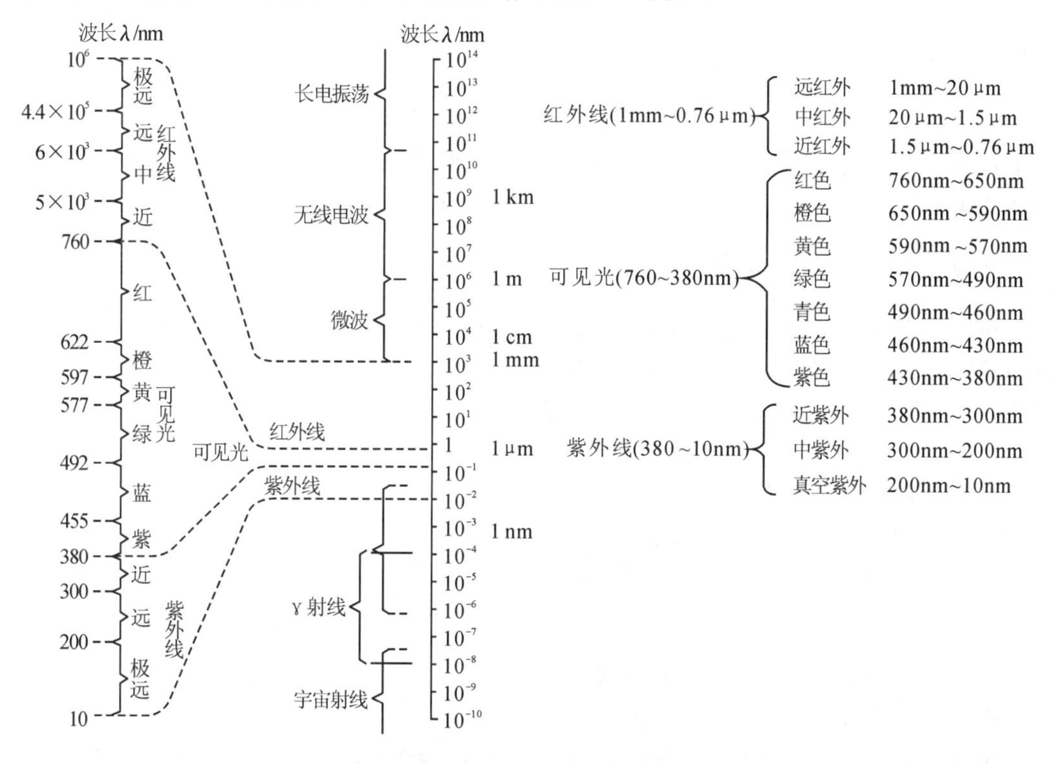

图 7-1　电磁波谱

通常所说的光学区域（或光学频谱）包括红外线、可见光和紫外线，可见光的波长范围是 380～760 nm，对应的频率范围是 8×10^{14}～4×10^{14} Hz，是整个电波频谱的很窄一部分。由于光的频率极高（10^{12}～10^{16} Hz），数值很大，使用起来很不方便，所以采用波长表征。光的波长通常用纳米（nm）或埃（Å）来表示，1 nm＝10^{-9} m，1 Å＝0.1 nm＝10^{-10} m。

2. 光学和电磁学的物理量之间的联系

根据电动力学,电磁波在介质中的传播速度为

$$v=\frac{1}{\sqrt{\varepsilon_r\mu_r}}\cdot\frac{1}{\sqrt{\varepsilon_0\mu_0}} \tag{7-1}$$

式中,ε_0 和 μ_0 是真空中的介电常数和磁导率,ε_r 和 μ_r 是相对介电常数和相对磁导率,是电磁学中的物理量(描写物质的电学和磁学性质)。在真空中,$\varepsilon_r=\mu_r=1$,所以光在真空中的速率为

$$c=\frac{1}{\sqrt{\varepsilon_0\mu_0}} \tag{7-2}$$

把式(7-2)代入式(7-1),得光在介质中的速率为

$$v=\frac{c}{\sqrt{\varepsilon_r\mu_r}} \tag{7-3}$$

对于大多数介质 $\mu_r\approx1$,$\varepsilon_r>1$,所以介质中的光速一般比真空中的光速要小。

由于 ε_r 和 μ_r 与介质种类有关,故同一束光在不同介质中有不同的速率。由折射率的定义式容易得出

$$n=\frac{c}{v}=\sqrt{\varepsilon_r\mu_r}\approx\sqrt{\varepsilon_r} \tag{7-4}$$

式中,n 是光学中的物理量(描写光学性质)。式(7-4)把光学和电磁学两个不同领域中的物理量联系起来了。

7.1.2.2 平面单色光波的波动方程

在单色光波中,平面单色光波是一种最简单、最基本但也是最重要的一种光波。因为根据傅里叶分析,任何光波都可以看成为不同频率、不同方向平面单色光波的叠加。根据光的电磁理论,平面单色光波就是平面简谐电磁波。

光波是电磁波,即光波是由变化的电场和变化的磁场构成的。一列沿 z 轴正方向传播的平面简谐电磁波可用下列波动方程来描述:

$$\left.\begin{aligned}\boldsymbol{E}&=\boldsymbol{E}_0\cos\left[\omega\left(t-\frac{z}{v}\right)+\varphi_e\right]\\ \boldsymbol{B}&=\boldsymbol{B}_0\cos\left[\omega\left(t-\frac{z}{v}\right)+\varphi_M\right]\end{aligned}\right\} \tag{7-5}$$

式中,$\boldsymbol{E}$ 和 $\boldsymbol{B}$ 分别是电场强度和磁感应强度矢量,$\boldsymbol{E}_0$ 和 $\boldsymbol{B}_0$ 分别是它们的振幅矢量。

图 7-2 形象地描绘了平面单色光波。

虽然光波中同时存在着电场和磁场,从波的传播特性来看,它们处于同样的地位,但实验表明:光与物质发生作用的多方面效应,如照片乳胶的感光、光电效应及人眼对光的感觉等主要是光波中电场的作用结果。因此,通常把光波中的电场矢量 $\boldsymbol{E}$ 称为光矢量,把电场 $\boldsymbol{E}$ 的振动称为光振动。在讨论光波的波动特性时,只考虑电场矢量 $\boldsymbol{E}$ 即可。

1. 平面单色光波的余弦函数表示

1) 沿 z 轴正方向传播的平面单色光波

沿 z 轴正方向传播的平面单色光波的波动方程为

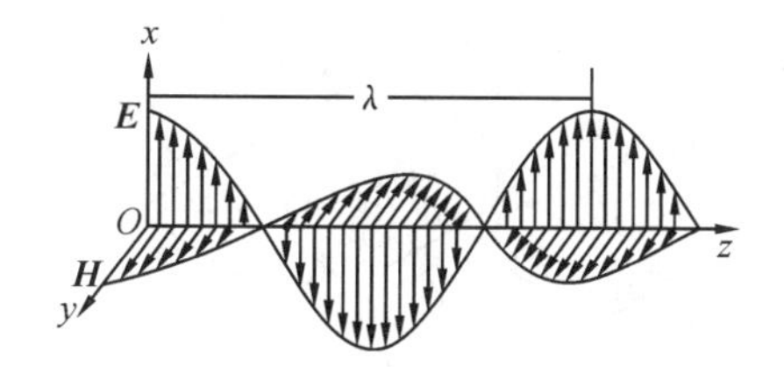

图 7-2 平面单色光波示意图

$$\boldsymbol{E}=\boldsymbol{E}_0\cos\left[\omega\left(t-\frac{z}{v}\right)+\varphi_0\right] \tag{7-6}$$

式中，$\varphi(z,t)=\left[\omega\left(t-\frac{z}{v}\right)+\varphi_0\right]$为 t 时刻 z 处的振动相位，常数 φ_0 为时空原点($t=0,z=0$)的振动相位，即空间原点的初相位。

由式(7-6)容易看出，此波动方程描述了光矢量的简谐振荡状态以速度 v 向 z 轴的正方向传播。因为假设原点位置的光矢量在 t 时刻的振荡状态为

$$\boldsymbol{E}=\boldsymbol{E}_0\cos(\omega t+\varphi_0)$$

则 z 轴上任意一点 P(坐标为 z)的光矢量振荡状态应与 $t-t'$时刻的原点振荡状态相同，t'($t'=z/v$)是光矢量的振动状态从原点传播到点 P 的时间。因而点 P 光矢量的振动为

$$\boldsymbol{E}=\boldsymbol{E}_0\cos[\omega(t-t')+\varphi_0]=\boldsymbol{E}_0\cos\left[\omega\left(t-\frac{z}{v}\right)+\varphi_0\right]$$

这正好是平面单色光波的波动方程。$\boldsymbol{E}=\boldsymbol{E}_0\cos\left[\omega\left(t+\frac{z}{v}\right)+\varphi_0\right]$表示波沿 z 轴的负方向传播。

λ 是简谐波的波长，λ_0 为真空中光波长，T 为周期，ω 为角频率，ν 为频率，v 为波速，k 为波数，这些物理量之间的关系如下：

$$\nu=\frac{1}{T},\qquad \omega=2\pi\nu=\frac{2\pi}{T},\qquad \lambda=vT,\qquad \lambda_0=cT,\qquad k=\frac{2\pi}{\lambda} \tag{7-7}$$

因而式(7-6)可改写为

$$\boldsymbol{E}=\boldsymbol{E}_0\cos\left[2\pi\left(\frac{t}{T}-\frac{z}{\lambda}\right)+\varphi_0\right]=\boldsymbol{E}_0\cos(\omega t-kz+\varphi_0) \tag{7-8}$$

由式(7-8)的第一式看出，z 每变化 λ，或 t 每变化 T，则相位改变 2π，$\boldsymbol{E}$ 复原，因此光波在时间、空间中均具有周期性。其时间周期性用周期(T)、频率(ν)、角频率(ω)表征，由于式(7-8)形式的对称性，其空间周期性可用 λ、$1/\lambda$、k 表征，并分别称为空间周期、空间频率和空间角频率。平面单色光波的时间周期性与空间周期性密切相关，并由 $\nu=v/\lambda$ 相联系。

2) 沿任一方向传播的平面单色光波

如图 7-3 所示，若平面单色光波沿着任意一波矢量(简称波矢)$\boldsymbol{k}$ 方向传播，则可用下列波动方程来描述

$$\boldsymbol{E}=\boldsymbol{E}_0\cos(\omega t-\boldsymbol{k}\cdot\boldsymbol{r}+\varphi_0) \tag{7-9}$$

式中，$\boldsymbol{k}$ 的方向指向波的传播方向，其数值 $k=2\pi/\lambda$ 称为波数或空间角频率。$\boldsymbol{r}$ 为到空间任意一点 P(其位置由直角坐标系中的坐标 x、y、z 表示)的位置矢量。

$$\boldsymbol{k}\cdot\boldsymbol{r}=k_x x+k_y y+k_z z$$

式中，k_x，k_y，k_z 分别为波矢量 $\boldsymbol{k}$ 在 x，y，z 方向的分量，记波矢量 $\boldsymbol{k}$ 与 x、y、z 轴正向的夹角分

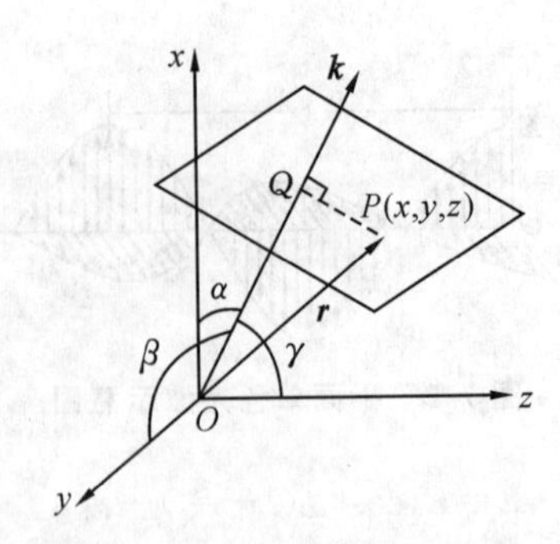

图 7-3 沿 k 方向传播的平面波

别为 α、β、γ，显然有

$$k_x=k\cos\alpha,\quad k_y=k\cos\beta,\quad k_z=k\cos\gamma$$

故式(7-9)可写为

$$\boldsymbol{E}=\boldsymbol{E}_0\cos[\omega t-k\cdot(x\cos\alpha+y\cos\beta+z\cos\gamma)+\varphi_0]\tag{7-10}$$

2. 平面单色光波的复指函数表示

为便于运算，经常把平面单色光波的余弦波动方程用相应的复指函数来表示。例如，可以将沿 z 轴正方向传播的平面单色光波写成

$$\boldsymbol{E}=\boldsymbol{E}_0\mathrm{e}^{-\mathrm{i}(\omega t-kz+\varphi_0)}=\boldsymbol{E}_0\cos(\omega t-kz+\varphi_0)-\mathrm{i}\boldsymbol{E}_0\sin(\omega t-kz+\varphi_0)\tag{7-11}$$

显然式(7-11)的实部即为式(7-8)所示的函数，所以有物理意义的是式(7-11)中的实部。在需要对余弦波动方程做线性运算(加、减、乘常数、除常数、微分、积分)时，就直接拿复指函数来替代余弦波动方程进行复数运算，从最后运算结果中取实部即为所求。

此外，由于对复指数函数 $\mathrm{e}^{-\mathrm{i}(\omega t-kz+\varphi_0)}$ 和 $\mathrm{e}^{\mathrm{i}(\omega t-kz+\varphi_0)}$ 两种形式取实部得到的余弦函数相同，所以采用 $\mathrm{e}^{-\mathrm{i}(\omega t-kz+\varphi_0)}$ 和 $\mathrm{e}^{\mathrm{i}(\omega t-kz+\varphi_0)}$ 两种形式完全等效。因此，在不同的文献书籍中，根据作者的习惯不同，可以采取其中任意一种形式。

对于平面单色光波的复指数表示式，可以将波动方程的时间因子与空间因子分开来写，即

$$\boldsymbol{E}=\boldsymbol{E}_0\mathrm{e}^{\mathrm{i}(kz-\varphi_0)}\mathrm{e}^{-\mathrm{i}\omega t}\tag{7-12}$$

在讨论单色光场中各点光振动的空间分布时，时间因子 $\mathrm{e}^{-\mathrm{i}\omega t}$ 总是相同的，常可略去不写。剩下的空间因子，我们定义为光场的复振幅，记为

$$\widetilde{\boldsymbol{E}}=\boldsymbol{E}_0\mathrm{e}^{\mathrm{i}(kz-\varphi_0)}\tag{7-13}$$

复振幅表示场振动的振幅和相位随空间的变化。

由平面单色光波的波动方程式(7-9)和式(7-10)可知，相应的平面单色光波的复指函数为

$$\boldsymbol{E}=\boldsymbol{E}_0\mathrm{e}^{-\mathrm{i}(\omega t-\boldsymbol{k}\cdot\boldsymbol{r}+\varphi_0)}=\boldsymbol{E}_0\mathrm{e}^{-\mathrm{i}[\omega t-k(x\cos\alpha+y\cos\beta+z\cos\gamma)+\varphi_0]}\tag{7-14}$$

复振幅为

$$\widetilde{\boldsymbol{E}}=\boldsymbol{E}_0\mathrm{e}^{\mathrm{i}(\boldsymbol{k}\cdot\boldsymbol{r}-\varphi_0)}=\boldsymbol{E}_0\mathrm{e}^{\mathrm{i}[k(x\cos\alpha+y\cos\beta+z\cos\gamma)-\varphi_0]}\tag{7-15}$$

7.1.2.3 光强

1. 能流密度

任何波动过程必定伴随着能量的传播，光波的传播也正是电磁能量的传播过程。为了描

述能量的传播情况，引入能流密度（玻印亭矢量）$\boldsymbol{S}$，其定义为

$$\boldsymbol{S}=\boldsymbol{E}\times\boldsymbol{H} \tag{7-16}$$

式中，$\boldsymbol{E}$ 和 $\boldsymbol{H}$ 分别是电场强度和磁场强度矢量。

玻印亭矢量的大小等于单位时间内通过垂直于传播方向的单位面积的电磁能量，其方向取能量的流动方向。因为电磁波中 $\boldsymbol{E}\perp\boldsymbol{H}$ 且 $\sqrt{\varepsilon_r\varepsilon_0}\boldsymbol{E}=\sqrt{\mu_r\mu_0}\boldsymbol{H}$，玻印亭矢量的瞬时值为

$$S=|\boldsymbol{E}\times\boldsymbol{H}|=\sqrt{\frac{\varepsilon_r\varepsilon_0}{\mu_r\mu_0}}E^2=\sqrt{\frac{\varepsilon_0}{\mu_0}}nE^2=\frac{n}{c\mu_0}E^2 \tag{7-17}$$

2. 光强

由于光的频率很高，例如，可见光的电场 $\boldsymbol{E}$ 和磁场 $\boldsymbol{H}$ 以频率为 10^{14} Hz 量级迅速变化，所以 $\boldsymbol{S}$ 的变化速率是很快的。目前响应最快的光接收器（如光电二极管响应时间为 $10^{-8}\sim10^{-9}$ s）远远跟不上光能量的瞬时变化，接收器输出的信号只能反映 S 的平均值。所以，在实际上都利用能流密度的时间平均值 $\langle S\rangle$ 表征光电磁场的能量传播，并把 $\langle S\rangle$ 称为光强，以 I 表示，即

$$I=\langle S\rangle=\frac{1}{T}\int_0^T S\mathrm{d}t=\frac{1}{T}\int_0^T\frac{n}{c\mu_0}E^2\mathrm{d}t=\frac{n}{c\mu_0}\frac{1}{T}\int_0^T E_0^2\cos^2(\omega t-\boldsymbol{k}\cdot\boldsymbol{r}+\varphi_0)\mathrm{d}t \tag{7-18}$$

对简谐波，式(7-18)中的时间 T 为余弦函数的一个周期，由于函数 $\cos^2(\omega t-\boldsymbol{k}\cdot\boldsymbol{r}+\varphi_0)$ 在一个周期中的平均值为1/2，可知

$$I=\frac{1}{2}\frac{n}{\mu_0 c}E_0^2 \tag{7-19}$$

因为 μ_0、c 为常数，若考察同一介质中光的传播，n 也为常数，光强 I 的变化仅由 E_0^2 确定。在许多实际问题中我们关心的仅是光强的空间分布，即光场中各处的相对强度，这时可舍弃式(7-19)中的常系数，而直接把光强写为

$$I=E_0^2 \tag{7-20}$$

当涉及光在两种不同介质中的传播时，为比较不同介质中的光强，必须利用式(7-19)以计入不同 n 值的影响。

7.1.3 知识应用

例7-1 平面单色光波的波动方程为 $E=0.2\cos(100\pi t+\frac{y}{4})$，求其振幅、波长、周期和波速，并判断波的传播方向。

解 可以将已知方程与标准形式比较，利用相应项系数相等来得出结果，即

$E=0.2\cos(100\pi t+\frac{y}{4})=0.2\cos2\pi(\frac{t}{0.02}+\frac{y}{\pi})$ 与 $E=E_0\cos[2\pi(\frac{t}{T}-\frac{y}{\lambda})+\varphi_0]$ 比较得

$E_0=0.2$ V/m，$\lambda=8\ \pi$m$=25.1$ m，$T=0.02$ s，$v=\frac{\lambda}{T}=\frac{8\pi}{0.02}$ m/s$=1256.6$ m/s，光波的传播方向为沿着 y 轴负方向传播。

7.2 光在两种电介质分界面上的反射和折射

◆**知识点**

¤菲涅耳公式

¤布儒斯特定律

¤半波损失

¤反射率和透射率

7.2.1 任务目标

了解菲涅耳公式，掌握 r_s、r_p、t_s、t_p 的含义，根据 r_s、r_p、t_s、t_p 分析反射光和折射光的 s、p 分量随入射角的相位变化；掌握布儒斯特定律；理解半波损失的概念并掌握几种情况下的半波损失。

7.2.2 知识平台

当光波由一种介质投射到与另一种介质的分界面上时，将发生反射和折射现象，即传播方向会发生改变，同时，还会引起光波的能量分配、相位的跃变及偏振态的变化等问题。这些问题都可以根据光的电磁理论，由电磁场的边界条件求得全面的解决。

7.2.2.1 菲涅耳公式

光由一种介质 n_1 入射到另一种介质 n_2，在界面上将产生反射和折射。菲涅耳公式给出的是反射光、折射光与入射光的振幅和相位关系。为区别起见，描述入射光（Incident Light）、反射光（Reflected Light）、折（透）射光（Transmission Light）的各个分量分别以脚标 i、r、t 加以区分。

1. s 分量和 p 分量

电矢量 $\boldsymbol{E}$ 可在垂直传播方向 $\boldsymbol{k}$ 的平面内任意方向上振动，而它总可以分解成垂直于入射面（界面法线与入射光线组成的平面）振动的 s 分量（记作 E_s）和平行于入射面振动的 p 分量（记作 E_p）。s 分量和 p 分量的反射光和折射光的振幅和相位关系是不同的，要分别予以讨论。一旦确定这两个分量的反射、折射特性，也即确定任意方向上振动的光的反射、折射特性。

为讨论方便起见，规定 s 分量和 p 分量的正方向如图 7-4 所示。

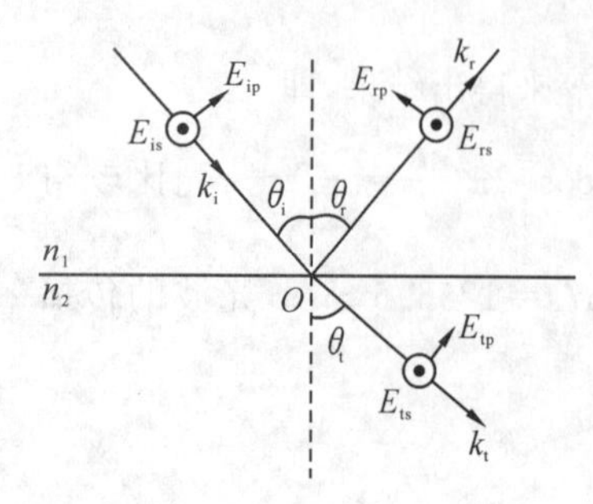

图 7-4 s 分量和 p 分量的正方向

2. 菲涅耳公式

根据电磁场的边界条件及 s 分量、p 分量的正方向规定，
在界面两侧邻近点的入射场、反射场和折射场各分量满足如下关系：

$$r_s=\frac{E_{rs}}{E_{is}}=-\frac{\sin(\theta_i-\theta_t)}{\sin(\theta_i+\theta_t)}=\frac{n_1\cos\theta_i-n_2\cos\theta_t}{n_1\cos\theta_i+n_2\cos\theta_t} \tag{7-21}$$

$$r_p=\frac{E_{rp}}{E_{ip}}=\frac{\tan(\theta_i-\theta_t)}{\tan(\theta_i+\theta_t)}=\frac{n_2\cos\theta_i-n_1\cos\theta_t}{n_2\cos\theta_i+n_1\cos\theta_t} \tag{7-22}$$

$$t_s=\frac{E_{ts}}{E_{is}}=\frac{2\cos\theta_i\sin\theta_t}{\sin(\theta_i+\theta_t)}=\frac{2n_1\cos\theta_i}{n_1\cos\theta_i+n_2\cos\theta_t} \tag{7-23}$$

$$t_p=\frac{E_{tp}}{E_{ip}}=\frac{2\cos\theta_i\sin\theta_t}{\sin(\theta_i+\theta_t)\cos(\theta_i-\theta_t)}=\frac{2n_1\cos\theta_i}{n_2\cos\theta_i+n_1\cos\theta_t} \tag{7-24}$$

以上四个等式称为菲涅耳公式，其中，r_s、r_p 称为 s 分量和 p 分量的振幅反射系数，t_s、t_p 称为 s 分量和 p 分量的振幅透射系数。

7.2.2.2 反射和折射时的振幅关系与布儒斯特定律

菲涅耳公式显示出反射光或折射光与入射光振幅的相对变化是随着入射角的变化而变化的。图 7-5 绘出了在 $n_1<n_2$（光由光疏介质射向光密介质）和 $n_1>n_2$（光由光密介质射向光疏介质）两种情况下，反射系数、透射系数随入射角 θ_i 的变化曲线。

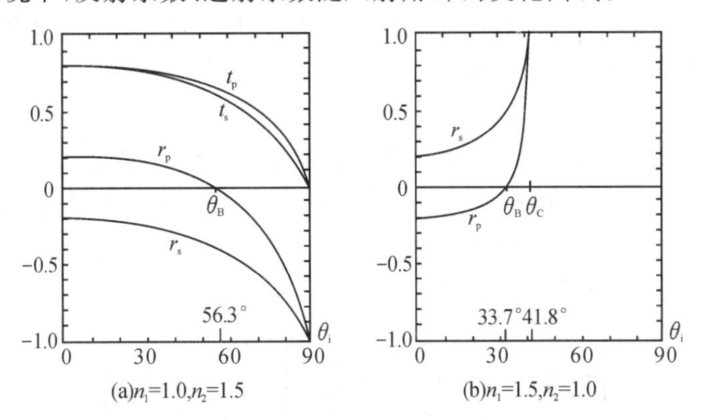

图 7-5　r_s，r_p，t_s，t_p 随入射角 θ_i 的变化曲线

1. $n_1<n_2$

（1）当 $\theta_i=0$（垂直入射）时，$|r_s|$、$|r_p|$、t_s、t_p 都不等于零，表示存在反射光和折射光。

（2）随着入射角 θ_i 的增大，t_s 和 t_p 减小，$|r_s|$ 增大。而当 $\theta_i=\theta_B$ 时，$|r_p|=0$，即反射光中没有 p 分量，只有 s 分量，反射光为振动方向垂直于入射面的线偏振光，这种现象称为布儒斯特定律，相应的入射角称为布儒斯特角，用 θ_B 表示，且

$$\theta_B+\theta_t=90^\circ \qquad \tan\theta_B=\frac{n_2}{n_1} \tag{7-25}$$

（3）当 $\theta_i=90^\circ$（掠入射）时，$|r_s|=|r_p|=1$ 为最大值，$t_s=t_p=0$ 为最小值，表示没有折射光。

2. $n_1 > n_2$

当 $\theta_i = 0$ 时，$|r_s|$、$|r_p|$ 与图 7-5(a)相同；随着入射角 θ_i 的增大，$|r_s|$ 也增大；当 $\theta_i \geqslant \theta_C$（$\theta_C$ 为全反射临界角）时，$|r_s| = |r_p| = 1$，表示发生全反射现象，且仍然存在布儒斯特现象。

7.2.2.3 反射和折射时的相位关系与半波损失

由式(7-21)～式(7-24)可以看出，r_s、r_p、t_s 和 t_p 通常是实数，随着 θ_i 的变化只会出现正值或负值的情况。因此，反射光和折射光电场不是与入射光同相位(振幅比取正值)就是反相位(振幅比取负值)，其相应的相位变化是零或是 π。

1. 折射光与入射光的相位关系

由式(7-23)和式(7-24)可知，不论光波以什么角度入射至分界面，也不论界面两侧折射率的大小如何，t_s 和 t_p 总是取正值，其 s 分量和 p 分量的取向与图 7-4 规定的正向一致。因此，折射光总是与入射光同相位。

2. 反射光和入射光的相位关系

1) $n_1 < n_2$

图 7-5(a)中显示，r_s 对所有的 θ_i 值都是负值，即 E_{rs} 方向与规定的正向相反，表明反射时 s 分量在界面上发生的相位变化为 π。当 $0 \leqslant \theta_i < \theta_B$ 时，r_p 为正值，表明 E_{rp} 取规定的正向，其相位不变；当 $\theta_B < \theta_i \leqslant \pi/2$ 时，r_p 为负值，即 E_{rp} 与规定的正向相反，表明在界面上，反射光的 p 分量有 π 的相位变化，如图 7-6 所示。

2) $n_1 > n_2$

图 7-5(b)中显示，当 $0 \leqslant \theta_i \leqslant \theta_C$ 时，r_s 为正值，E_{rs} 取规定的正向，其相位不变；当 $0 \leqslant \theta_i < \theta_B$ 时，r_p 为负值，即 E_{rp} 与规定的正向相反，在界面上，反射光的 p 分量有 π 的相位变化；当 $\theta_B < \theta_i \leqslant \theta_C$ 时，r_p 为正值，取规定的正向，其相位不变；当 $\theta_C < \theta_i \leqslant \pi/2$ 时，发生了全反射，E_{rs} 和 E_{rp} 的相位改变既不是零也不是 π，而随入射角有一个缓慢变化，如图 7-7 所示。

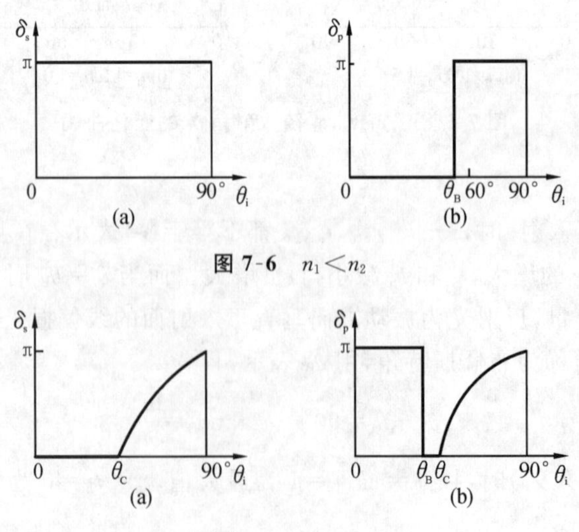

图 7-6 $n_1 < n_2$

图 7-7 $n_1 > n_2$

3. 半波损失

我们来分析一下两种特殊入射情况下在介质 n_1 和介质 n_2 的分界面上反射光与入射光之间的相位关系。

1）当入射光正入射时，反射光的相位特性

当 $n_1<n_2$ 时，考虑到图 7-4 所示的正方向规定，入射光和反射光的 s 分量、p 分量方向如图 7-8 所示。由于 $r_s<0$，反射光中的 s 分量与规定方向相反；由于 $r_p>0$，反射光中的 p 分量与规定正方向相同。所以，在入射点处，合成的反射光矢量 $\boldsymbol{E}_r$ 相对入射光矢量 $\boldsymbol{E}_i$ 反向，振动的相位发生了 π 的突变。本来沿着光波相位的变化是与光程成正比的，在分界面上发生这种相位突变后，相位和光程之间的关系不再相符了。为了使两者协调一致，我们需要在几何光程差 ΔL 上添加一项 $\pm\lambda/2$（λ 为真空中波长），即

$$\Delta L'=\Delta L\pm\frac{\lambda}{2}$$

$\Delta L'$是有效光程差，它是与实际的相位相符的。通常把相位突变而引起的这个附加光程差 $\pm\lambda/2$称为半波损失。

当 $n_1>n_2$ 时，$r_s>0$，$r_p<0$，反射光中 s、p 分量方向都与入射光相同。所以，在入射点处，合成的反射光矢量 $\boldsymbol{E}_r$ 相对入射光矢量 $\boldsymbol{E}_i$ 同向，反射光没有半波损失，如图 7-9 所示。

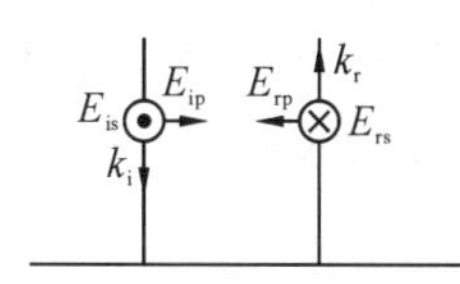

图 7-8　正入射时产生 π 相位突变（$n_1<n_2$）

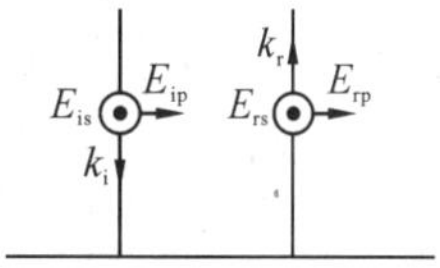

图 7-9　正入射无相位突变（$n_1>n_2$）

2）入射光掠入射时，反射光的相位特性

当入射光掠入射，即 $\theta_i\approx 90°$，$n_1<n_2$ 时，$r_s<0$，$r_p<0$。考虑到图 7-4 的正方向规定，其入射光和反射光的 s 分量、p 分量方向如图 7-10 所示。因此，在入射点外，入射光矢量 $\boldsymbol{E}_i$ 与反射光矢量 $\boldsymbol{E}_r$ 方向近似相反，即掠入射时的反射光在 $n_1<n_2$ 时，将产生半波损失。$n_1>n_2$，$\theta_i\approx 90°$的情况同学们自己讨论。

图 7-10　掠入射时产生 π 相位突变（$n_1<n_2$）

以上两种情况说明：在正入射和掠入射的情况下，光从光疏介质到光密介质时，反射光有半波损失，从光密介质到光疏介质时，反射光无半波损失。

讨论一列波的相位改变，说到底是为了处理它与其他列波的相干叠加问题。如在讨论洛埃德镜干涉时，我们要考虑镜面入射光与反射光的半波损失问题；在讨论薄膜干涉时，要研究从薄膜的上、下表面反射的两束光 1、2 之间有没有 π 的相位差，在计算了两束光间的几何程差后还要考虑是否需要添加半波损失。图 7-11 所示是薄膜的上、下两侧介质相同的四种情形下薄膜上、下表面反射的实际光矢量方向（包含 s 分量和 p 分量）。

由图 7-11 可见，就 1、2 两束反射光而言，其 s、p 分量的方向总是相反，反射光对的电场

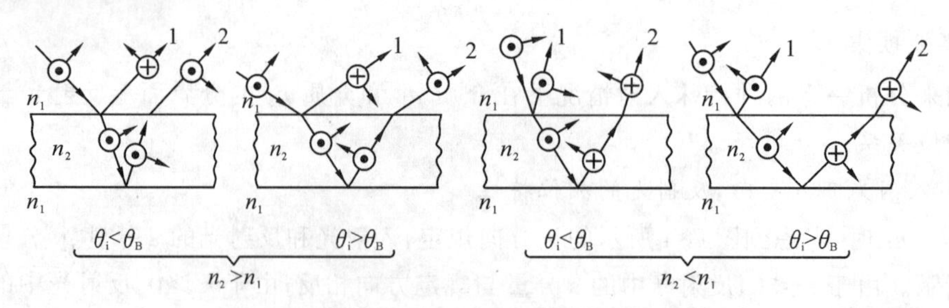

图 7-11 薄膜上、下表面反射的实际光矢量方向

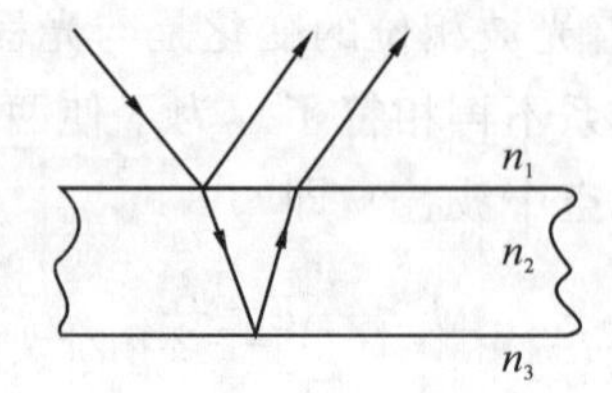

图 7-12 薄膜不同表面反射光的附加光程差

方向也相反，有 π 的相位差，存在半波损失。因此，薄膜上、下两侧介质相同时，上、下两表面反射光之间的有效程差中总要添加一项 $\pm\lambda/2$。

用以上相同的方法分析可以得到如下结论：设薄膜（折射率为 n_2）的上、下两侧介质的折射率分别为 n_2 和 n_3（如图 7-12 所示），当 $n_1<n_2<n_3$（或 $n_1>n_2>n_3$）时，薄膜上、下两表面反射光对之间不存在半波损失；当 $n_1<n_2>n_3$（或 $n_1>n_2<n_3$）时，薄膜上、下两表面反射光对之间存在半波损失。

7.2.2.4 反射率和透射率

由菲涅耳公式还可以得到入射光与反射光和透射光的能量关系，即反射率和透射率。在讨论过程中，不计吸收、散射等能量损耗，因此，入射光能量在反射光和折射光中重新分配，而总能量保持不变。

1. 反射率、透射率的定义公式

设每秒投射到界面单位面积上的能量为 W_i，反射光和透射光的（折射光）的能量分别为 W_r、W_t，则定义反射率、透射率分别为

$$R=\frac{W_r}{W_i} \tag{7-26}$$

$$T=\frac{W_t}{W_i} \tag{7-27}$$

且 $R+T=1$。

2. 反射率、透射率计算公式

如图 7-13 所示，界面上一单位面积，设入射光、反射光和透射光的光强分别为 I_i、I_r、I_t，则

入射光 $$W_i=I_i\cos\theta_i=\frac{1}{2}\frac{n_1}{\mu_0 c}E_{i0}^2\cos\theta_i$$

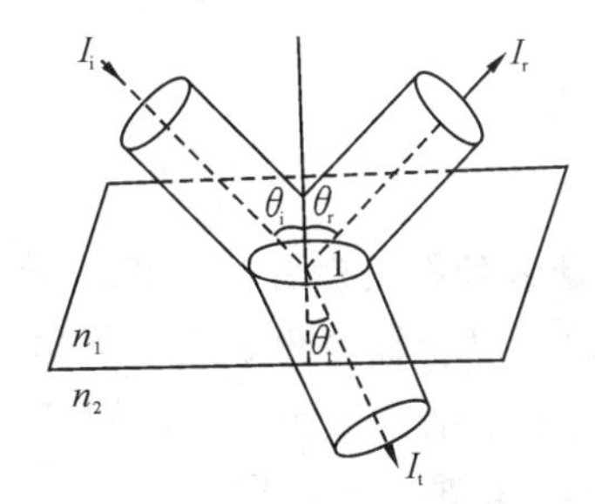

图7-13　投射到单位面积上的入射能、反射能与投射能

反射光　　$$W_r=I_r\cos\theta_r=\frac{1}{2}\frac{n_1}{\mu_0 c}E_{r0}^2\cos\theta_r$$

透射光　　$$W_t=I_t\cos\theta_t=\frac{1}{2}\frac{n_2}{\mu_0 c}E_{t0}^2\cos\theta t$$

因为 $\theta_i=\theta_r$，所以反射率、透射率分别为

$$R=\frac{W_r}{W_i}=\frac{I_r\cos\theta_r}{I_i\cos\theta_i}=\left(\frac{E_{r0}}{E_{i0}}\right)^2 \tag{7-28}$$

$$T=\frac{W_t}{W_i}=\frac{I_t\cos\theta_t}{I_i\cos\theta_i}=\frac{n_2\cos\theta_t}{n_1\cos\theta_i}\left(\frac{E_{t0}}{E_{i0}}\right)^2 \tag{7-29}$$

应用菲涅耳公式，可以写出 s 分量和 p 分量的反射率和透射率表达式，即

$$R_s=\left(\frac{E_{rs0}}{E_{is0}}\right)^2=r_s^2=\frac{\sin^2(\theta_i-\theta_t)}{\sin^2(\theta_i+\theta_t)} \tag{7-30}$$

$$R_p=\left(\frac{E_{rp0}}{E_{ip0}}\right)^2=r_p^2=\frac{\tan^2(\theta_i-\theta_t)}{\tan^2(\theta_i+\theta_t)} \tag{7-31}$$

$$T_s=\frac{n_2\cos\theta_t}{n_1\cos\theta_i}\left(\frac{E_{ts0}}{E_{is0}}\right)^2=\frac{n_2\cos\theta_t}{n_1\cos\theta_i}t_s^2=\frac{\sin2\theta_i\sin2\theta_t}{\sin^2(\theta_i+\theta_t)} \tag{7-32}$$

$$T_p=\frac{n_2\cos\theta_t}{n_1\cos\theta_i}\left(\frac{E_{tp0}}{E_{ip0}}\right)^2=\frac{n_2\cos\theta_t}{n_1\cos\theta_i}t_p^2=\frac{\sin2\theta_i\sin2\theta_t}{\sin^2(\theta_i+\theta_t)\cos^2(\theta_i-\theta_t)} \tag{7-33}$$

同样式(7-30)～式(7-33)满足能量守恒定律，有 $R_s+T_s=1$，$R_p+T_p=1$。

3. 影响反射率和透射率的因素

影响反射率和透射率的因素，除了分界面两边介质的性质外，须考虑入射光的偏振性和入射角的因素。当入射光为线偏振光且其电矢量与入射面成 α 时，光的反射率和透射率为

$$R=R_s\sin^2\alpha+R_p\cos^2\alpha \tag{7-34}$$

$$T=T_s\sin^2\alpha+T_p\cos^2\alpha \tag{7-35}$$

当入射光为自然光，由于自然光的电矢量的取向迅速且无规则，所以在此测量时间内的平均值为

$$R_n=R_s\langle\sin^2\alpha\rangle+R_p\langle\cos^2\alpha\rangle=\frac{1}{2}(R_s+R_p) \tag{7-36}$$

$$T_n=T_s\langle\sin^2\alpha\rangle+T_p\langle\cos^2\alpha\rangle=\frac{1}{2}(T_s+T_p) \tag{7-37}$$

7.2.3 知识应用

例 7-2 如图 7-14 所示，欲使线偏振的激光通过红宝石棒时，在棒端面没有反射损失，棒端面对棒轴倾角 α 应取何值？光束入射角 φ_1 应为多大？入射光的振动方向如何？已知红宝石的折射率 $n=1.76$，光束在棒内沿棒轴方向传播。

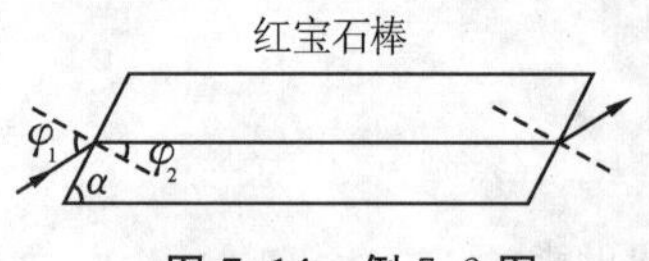

图 7-14 例 7-2 图

解 根据光在界面上的反射特性，若没有反射损耗，入射角应当为布儒斯特角，入射光的振动方向应为 p 分量方向。因此，入射角 φ_1 应为

$$\varphi_1=\theta_B=\arctan(\frac{n_2}{n_1})=\arctan(1.76)=60.39^\circ$$

因为光沿布儒斯特角入射时，其入射角和折射角互为余角，所以折射角为

$$\varphi_2=90^\circ-\theta_B=29.61^\circ$$

由图的几何关系，若光在红宝石内沿棒轴方向传播，则 α 与 φ_2 互为余角，所以

$$\alpha=\varphi_1=60.39^\circ$$

入射光的振动方向在图面内、垂直于传播方向。

例 7-3 空气中有一薄膜($n=1.46$)，两表面严格平行。今有一平面偏振光以 30°的角射入，其振动平面与入射面夹角为 45°，如图 7-15 所示。由表面反射的光①和经内部反射后的反射光④的光强各为多少？它们在空间的取向如何？

解 将入射平面光分解成 s、p 分量，由于入射光振动面和入射面夹角是 45°，所以 $E_s=E_p=E_i/\sqrt{2}$。

首先，求反射光①的振幅及空间取向。

因入射角 $\theta_1=30^\circ$，故在 $n=1.46$ 介质中的折射角 $\theta_2=\arcsin(\sin\theta_1/n)=20^\circ$，所以，反射光①的 s、p 分量的振幅为

$$E_{s1}=\frac{E_i}{\sqrt{2}}\left[-\frac{\sin(\theta_1-\theta_2)}{\sin(\theta_1+\theta_2)}\right]=-0.227\frac{E_i}{\sqrt{2}}$$

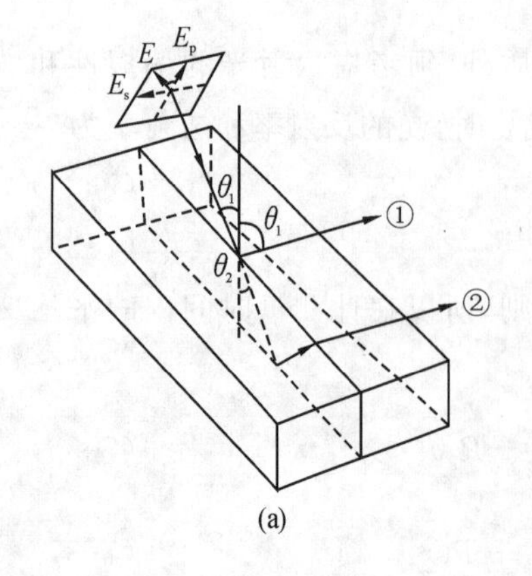

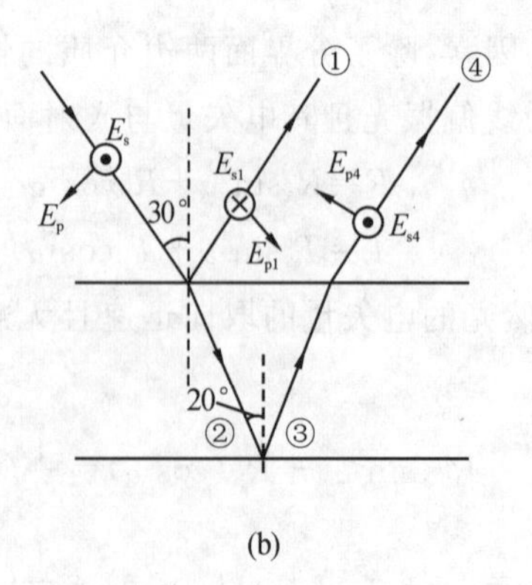

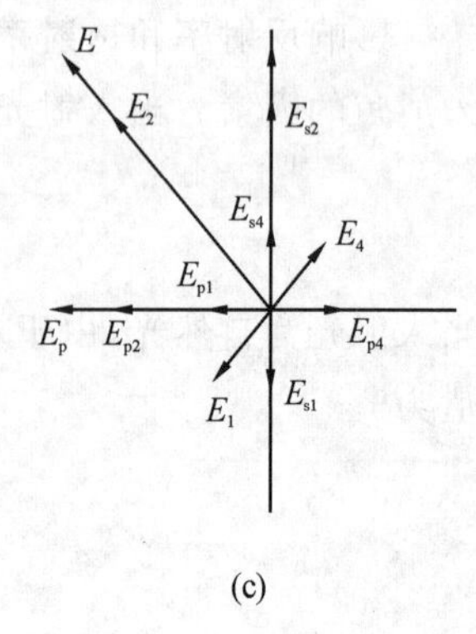

图 7-15 例 7-3 图

$$E_{p1}=\frac{E_i}{\sqrt{2}}\left[\frac{\tan(\theta_1-\theta_2)}{\tan(\theta_1+\theta_2)}\right]=0.148\frac{E_i}{\sqrt{2}}$$

合振幅为

$$E_1=\sqrt{E_{s1}^2+E_{p1}^2}=0.271\frac{E_i}{\sqrt{2}}$$

振动面与入射面的夹角为

$$\alpha_1=\arctan\left|\frac{E_{s1}}{E_{p1}}\right|=\arctan\frac{0.227}{0.148}=56.86^\circ$$

光强为

$$I_1=|E_1|^2=0.0366I_i$$

为了计算反射光④的特性，必须先计算②和③。

对于光②，其 s、p 分量的振幅为

$$E_{s2}=\frac{E_i}{\sqrt{2}}\frac{2\sin\theta_2\cos\theta_1}{\sin(\theta_2+\theta_1)}=0.773\frac{E_i}{\sqrt{2}}$$

$$E_{p2}=\frac{E_i}{\sqrt{2}}\left[\frac{2\sin\theta_2\cos\theta_1}{\sin(\theta_1+\theta_2)\cos(\theta_1-\theta_2)}\right]=0.785\frac{E_i}{\sqrt{2}}$$

E_2、E_{s2}、E_{p2}的方向标注在图 7-15(c)中。

对于光③，它是第二个界面的反射光，相应第二个界面的角度关系为$\theta_1=20^\circ$，$\theta_2=30^\circ$，其 s、p 分量的振幅为

$$E_{s3}=E_{s2}\left[-\frac{\sin(\theta_1-\theta_2)}{\sin(\theta_1+\theta_2)}\right]=0.773\frac{E_i\sin10^\circ}{\sqrt{2}\sin50^\circ}=0.175\frac{E_i}{\sqrt{2}}$$

$$E_{p3}=E_{p2}\left[\frac{\tan(\theta_1-\theta_2)}{\tan(\theta_1+\theta_2)}\right]=0.785\frac{E_i}{\sqrt{2}}\frac{\tan(-10^\circ)}{\tan50^\circ}=-0.116\frac{E_i}{\sqrt{2}}$$

因而，光④的 s、p 分量振幅为

$$E_{s4}=E_{s3}\frac{2\sin\theta_2\cos\theta_1}{\sin(\theta_2+\theta_1)}=0.175\frac{E_i}{\sqrt{2}}\frac{2\sin30^\circ\cos20^\circ}{\sin50^\circ}=0.215\frac{E_i}{\sqrt{2}}$$

$$E_{p4}=E_{p3}\frac{2\sin\theta_2\cos\theta_1}{\sin(\theta_1+\theta_2)\cos(\theta_1-\theta_2)}=-0.116\frac{E_i}{\sqrt{2}}\frac{2\sin30^\circ\cos20^\circ}{\sin50^\circ\cos10^\circ}=-0.145\frac{E_i}{\sqrt{2}}$$

合振幅为

$$E_4=\sqrt{E_{s4}^2+E_{p4}^2}=0.259\frac{E_i}{\sqrt{2}}$$

其振动面和入射面的夹角为

$$\alpha_4=\arctan\left|\frac{E_{s4}}{E_{p4}}\right|=56.19^\circ$$

其振动方向标注在图 7-15 中，它的光强为

$$I_4=|E_4|^2=0.336I_i$$

例 7-4 平行光以布儒斯特角从空气射到玻璃($n=1.5$)上，求：(1)能流反射率R_p和R_s；(2)能流透射率T_p和T_s。

解 光以布儒斯特角入射时，反射光无 p 分量，即$R_p=0$，布儒斯特角为

$$\theta_i=\theta_B=\arctan 1.5=56.3^\circ,\quad \theta_i+\theta_t=90^\circ$$

s 分量的能流反射率为

$$R_s=r_s^2=\frac{\sin^2(\theta_i-\theta_t)}{\sin^2(\theta_i+\theta_t)}=\sin^2(90^\circ-2\theta_B)=14.8\%$$

因为能量守恒,能流透射率分别为

$$T_p=1-R_p=1$$

$$T_s=1-R_s=85.2\%$$

7.3 光的干涉概述

◆**知识点**

¤光的干涉的定义及光的相干条件

¤干涉条纹的对比度

¤获得相干光的方法

7.3.1 任务目标

理解光的叠加现象和光的叠加原理;掌握光的相干条件;掌握干涉条纹的对比度的含义;掌握获得相干光的方法。

7.3.2 知识平台

7.3.2.1 光的干涉的概念

当两束或多束光在一定条件下相遇叠加时,在叠加区域形成稳定的、光强强弱分布的现象,出现了明暗相间或彩色条纹,这种现象称为光的干涉。

7.3.2.2 光的干涉的条件

一列波在空间传播时,在空间每点引起振动。在两列(或多列)波的交叠区域,波场中某点的振动等于各个波单独存在时在该点所产生的振动之和,这就是波的叠加原理。光的叠加也服从波的叠加原理。由于振动量通常是矢量,所以一般情况下此处之“和”应理解为矢量和。

如图 7-16 所示,两个平面简谐光波 S_1、S_2 在空间点 P 相遇,其在点 P 的电矢量分别为 $\boldsymbol{E}_1$ 和 $\boldsymbol{E}_2$,$\boldsymbol{E}_1$ 和 $\boldsymbol{E}_2$ 的振动方向夹角为 α,则由波的叠加原理,点 P 的合振动为

$$\boldsymbol{E}=\boldsymbol{E}_1+\boldsymbol{E}_2$$

在实际中,往往更关心叠加后的光强分布,因为大多数光的接收器(包括人眼)只对光强做出反应。

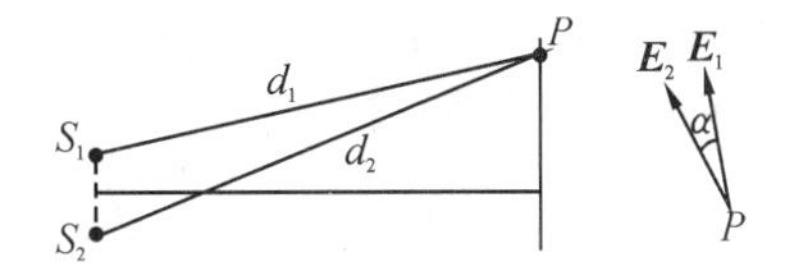

图 7-16　两列平面简谐光波的叠加

$\boldsymbol{E}_1$ 和 $\boldsymbol{E}_2$ 两列光波在点 P 叠加后的光强 I 表示为

$$\boldsymbol{I}=\langle(\boldsymbol{E}_1+\boldsymbol{E}_2)\cdot(\boldsymbol{E}_1+\boldsymbol{E}_2)\rangle=\langle\boldsymbol{E}_1\cdot\boldsymbol{E}_1\rangle+\langle\boldsymbol{E}_2\cdot\boldsymbol{E}_2\rangle+2\langle\boldsymbol{E}_1\cdot\boldsymbol{E}_2\rangle=I_1+I_2+I_{12} \tag{7-38}$$

从 I 的表达式可以看出，因为 I_{12} 的存在，该点合振动的强度不是简单地等于两个点振动单独在该点产生的强度之和，I_{12} 称为干涉项。只有干涉项不为零，才会发生光的干涉，这种能产生干涉现象的叠加称为相干叠加；反之，若干涉项为零，叠加后光强并不重新分布，即不发生光的干涉，这种叠加称为非相干叠加。

设

$$\begin{aligned}\boldsymbol{E}_1&=\boldsymbol{E}_{10}\cos(\omega_1 t-k_1 d_1+\varphi_{01})\\ \boldsymbol{E}_2&=\boldsymbol{E}_{20}\cos(\omega_2 t-k_2 d_2+\varphi_{02})\end{aligned} \tag{7-39}$$

式中，$d_1=S_1P$，$d_2=S_2P$，φ_{01} 和 φ_{02} 分别为振源 S_1 的 S_2 振动初相位，令

$$\varphi_1=-k_1d_1+\varphi_{01}\quad \varphi_2=-k_2d_2+\varphi_{02}$$

则式(7-39)可改写为

$$\left.\begin{aligned}\boldsymbol{E}_1&=\boldsymbol{E}_{10}\cos(\omega_1 t+\varphi_1)\\ \boldsymbol{E}_2&=\boldsymbol{E}_{20}\cos(\omega_2 t+\varphi_2)\end{aligned}\right\} \tag{7-40}$$

即

$$\begin{aligned}I_{12}&=2\langle\boldsymbol{E}_1\cdot\boldsymbol{E}_2\rangle=2\boldsymbol{E}_{10}\cdot\boldsymbol{E}_{20}\langle\cos(\omega_1 t+\varphi_1)\cos(\omega_2 t+\varphi_2)\rangle\\ &=E_{10}E_{20}\cos\alpha\langle\cos[(\omega_1+\omega_2)t+(\varphi_1+\varphi_2)]+\cos[(\omega_1-\omega_2)t+(\varphi_1-\varphi_2)]\rangle\\ &=E_{10}E_{20}\cos\alpha\{\langle\cos[(\omega_1+\omega_2)t+(\varphi_1+\varphi_2)]\rangle+\langle\cos[(\omega_1-\omega_2)t+(\varphi_1-\varphi_2)]\rangle\}\end{aligned} \tag{7-41}$$

由于 ω_1、ω_2 极高，量级达 10^{14} Hz，在观察时间内求平均值时，有 $\langle\cos[(\omega_1+\omega_2)t+(\varphi_1+\varphi_2)]\rangle=0$，因此式(7-41)简化为

$$I_{12}=E_{10}E_{20}\cos\alpha\langle\cos[(\omega_1-\omega_2)t+(\varphi_1-\varphi_2)]\rangle \tag{7-42}$$

分析式(7-42)可得产生干涉的条件如下。

1. 频率相同

若两束光波的频率不相同，则 $(\omega_1-\omega_2)$ 项也能达 10^{14} Hz 量级的量，所以 $\langle\cos[(\omega_1-\omega_2)t+(\varphi_1-\varphi_2)]\rangle=0$，将使 $I_{12}=0$，不产生干涉现象。频率相同时，有

$$I_{12}=E_{10}E_{20}\cos\alpha\langle\cos\delta\rangle \tag{7-43}$$

式中，$\delta=\varphi_1-\varphi_2$，为两束光波在相遇点的相位差。

2. 振动方向相同

干涉项 I_{12} 与 $\boldsymbol{E}_1$ 和 $\boldsymbol{E}_2$ 的振动方向夹角 α 有关。当 $\boldsymbol{E}_1$ 和 $\boldsymbol{E}_2$ 的振动方向互相垂直时($\alpha=90°$)，式(7-43)中的 $\cos\alpha=0$，所以 $I_{12}=0$，因此不产生干涉现象；当 $\boldsymbol{E}_1$ 和 $\boldsymbol{E}_2$ 的振动方向相同时($\alpha=0$)，式(7-43)中的 $\cos\alpha=1$，$I_{12}=E_{10}E_{20}\langle\cos\delta\rangle$，$I_{12}$ 最终的取值取决于 δ；当 $\boldsymbol{E}_1$ 和 $\boldsymbol{E}_2$ 的

振动方向夹角α取任意其他值时只有两个振动在同一方向上的分量能够产生干涉，而其垂直分量将在观察面上形成背景光，对干涉条纹的清晰程度产生影响。当α值很小时，这种影响可以忽略。

3. 相位差恒定

在两束光波相遇的区域内，对于确定的点要求在观察时间内两束光波的相位差δ恒定，δ只是空间位置的函数，而与时间无关，所以$\langle\cos\delta\rangle=\cos\delta$，$I_{12}=E_{10}E_{20}\cos\delta$，该点的强度才稳定。不然，$\delta$随机变化，在观察时间内多次经历$0\sim2\pi$的一切数值，而使$I_{12}=0$。对于空间不同的点，此时对应着不同的相位差，因而有不同的强度，则在空间形成稳定的强度强弱分布。

光波的频率相同、振动方向相同和相位差恒定是能够产生干涉的必要条件，称为相干条件。满足干涉条件的光波称为相干光波。

当满足干涉条件时，由式(7-38)，设$I_1=\langle\boldsymbol{E}_1\cdot\boldsymbol{E}_1\rangle=E_{10}^2/2$，$I_2=\langle\boldsymbol{E}_2\cdot\boldsymbol{E}_2\rangle=E_{20}^2/2$，则点$P$的叠加光强$I$为

$$I=I_1+I_2+E_{10}E_{20}\cos\delta=I_1+I_2+2\sqrt{I_1I_2}\cos\delta \tag{7-44}$$

由式(7-44)可知，场中任意点P的强度取决于两束光波在点P的相位差δ。

当$\delta=2m\pi, m=0,\pm1,\pm2,\cdots$时，$\cos\delta=1$，光强取极大值，称为干涉极大，点$P$相长干涉，即

$$I_M=I_1+I_2+2\sqrt{I_1I_2} \tag{7-45}$$

当$\delta=(2m+1)\pi, m=0,\pm1,\pm2,\cdots$时，$\cos\delta=-1$，光强取极小值，称为干涉极小，点$P$相消干涉，即

$$I_m=I_1+I_2-2\sqrt{I_1I_2} \tag{7-46}$$

在具体的干涉装置中，还必须满足两束叠加光波的光程差不超过光波的波列长度这一补充条件。因为实际光源发出的光波是一个个波列，原子这一时刻发出的波列与下一时刻发出的波列，其光波的振动方向和相位都是随机的，因此不同时刻相遇波列的相位已无固定关系，只有同一原子发出的同一波列相遇才能相干。

7.3.2.3 干涉条纹的对比度

满足相干条件是产生干涉条纹的必要条件，能否观察到明暗相间的干涉图样，还有赖于其清晰度。为反映其亮暗对比的鲜明程度，引入对比度这一概念，其定义式为

$$K=\frac{I_M-I_m}{I_M+I_m} \tag{7-47}$$

易见$0\leqslant K\leqslant1$，K值越大，条纹亮暗对比越鲜明、越清晰。当$I_m=0$时，$K=1$，对比度最大，条纹十分明显。当$I_M=I_m$时，$K=0$，干涉场中光强均匀，条纹完全消失。

将式(7-45)和式(7-46)代入式(7-47)，有

$$K=\frac{2\sqrt{I_1}\sqrt{I_2}}{I_1+I_2} \tag{7-48}$$

可见，当$I_1=I_2$时，$K=1$，干涉图样的可见度最大，条纹清晰可见。而I_1与I_2相差越大，K值越小，干涉图样越模糊。

7.3.2.4　获得相干光波的方法

为了产生相干光波，可以利用光学方法将每个发光原子(或一般说点源)发出的一束光波分成两束(或多束)光波，由于其初相位相同，它们经过不同光程后相遇，在场点将保持稳定的相位差，从而可以产生干涉现象，将一束光波分为两束相干光波的方法有以下两种。

1. 分波面法

如图7-17所示，由点光源S发出的光的波面同时到达一个不透光的屏幕上的两个细小的孔S_1和S_2，由S_1和S_2透过的光在屏幕后某些区域产生交叠而形成干涉场。由于S_1和S_2是由S发出的同一波面的两部分，所以这种产生光的干涉的方法称为分波面法。

2. 分振幅法

如图7-18所示，MM'是一透明介质薄膜，一束光OA入射到薄膜上点A，一部分反射，一部分折射，其反射光1和2与透射光$1'$和$2'$分别在点P和P'相遇时会产生干涉。这种由薄膜两表面反射或透射出去的光所形成的干涉，通常称为薄膜干涉。因为入射光在界面反射和折射时所携带能量的一部分反射回来，一部分透射出去，透射光和反射光的能流密度都比入射光能流密度小，而能流密度正比于振幅的平方，所以可形象地说成振幅被“分割”了，这种由薄膜表面反射和折射将一束光波分成两束(或多束)相干光波的方法称为分振幅法。

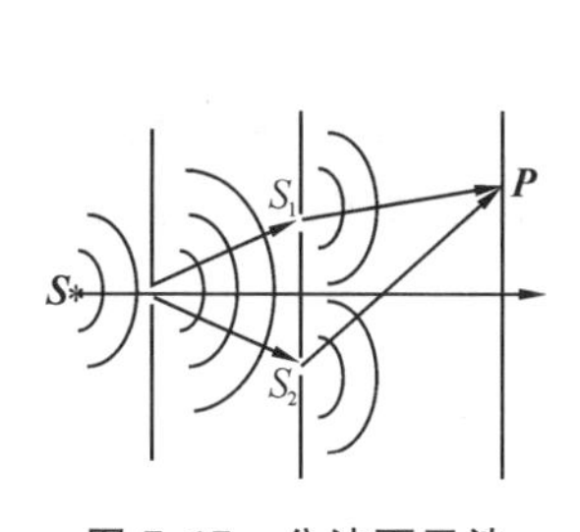

图7-17　分波面干涉

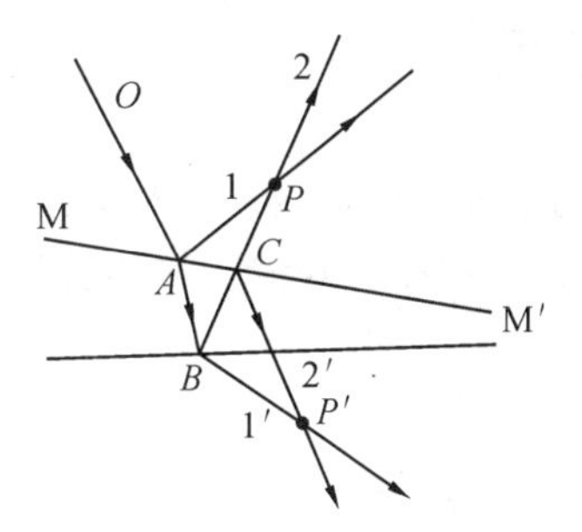

图7-18　分振幅干涉

7.3.3　知识应用

例7-5　波的叠加与干涉有何区别与联系？两列振幅相等的相干波发生相长干涉时，其强度是每列波单独产生的强度的4倍，这与能量守恒定律是否有矛盾？

解　波的叠加是指当两列或多列波同时在同一个介质中传播时，在它们交叠区域内各点的振动是各列波单独在该点所产生的振动的合成。若两列波满足相干条件，则交叠区域内各点的合光强会出现交叉项$2\sqrt{I_1 I_2}\cos\delta$，由交叠处的两列波间的相位差$\delta$进行强度分布调制，且合振动的强度是稳定的，不随时间发生变化。场中某些点的强度始终增强，而另外一些点的强度则始终减弱，这种因为波的叠加而引起强度相长和相消的现象称为波的干涉现象。因此，可以说光的干涉是一种特殊的光的叠加现象。

在干涉现象中，干涉合光强$I=I_1+I_2+2\sqrt{I_1 I_2}\cos\delta=E_1^2+E_2^2+2E_1E_2\cos\delta$。若$E_1=E_2=E$，当干涉相长时，即满足$\delta=2m\pi(m=0,\pm1,\pm2,\cdots)$的那些点，$I=I_M=4E^2$，即亮纹处，

合光强是两束光波单独产生的光强 E^2 的 4 倍。这似乎与能量守恒定律相矛盾。但是,当干涉相消时,即满足 $\delta=(2m+1)\pi(m=0,\pm1,\pm2,\cdots)$ 的那些点,$I=I_m=0$,即暗纹处两束光波能量之和变为零。实际上,干涉场中总能量并没有变,亮纹、暗纹处能量的平均值为 $I=\frac{I_M+I_m}{2}=2E^2$,等于两束光波单独传播的光强之和。这表明,干涉使光场中能量发生了重新分布,亮纹处能量的增多是以暗纹处能量的减少为代价的,总能量仍然守恒。

7.4 分波面干涉

◆知识点

¤杨氏双缝干涉

¤干涉条纹的特点

¤条纹间距、明暗纹位置

¤菲涅耳双面镜、菲涅耳双棱镜、洛埃德镜

7.4.1 任务目标

掌握杨氏双缝干涉实验装置及菲涅耳双(面、棱)镜实验、洛埃德镜等改进型装置,了解其干涉条纹形状,掌握杨氏双缝干涉实验条纹间距、明纹与暗纹位置公式,掌握相位差与光程间的关系。

7.4.2 知识平台

7.4.2.1 杨氏双缝干涉实验

1. 杨氏双缝干涉实验装置

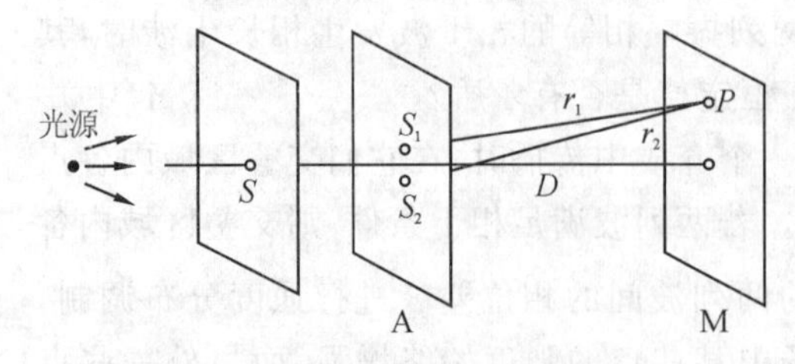

图 7-19 杨氏双缝干涉实验装置

1801 年,英国物理学家托马斯·杨成功地实现了光的干涉实验,首次有力地证明了光是一种波动,这就是著名的杨氏双缝干涉实验。杨氏双缝干涉实验是用分波面法产生干涉的最著名的实验。杨氏双缝干涉实验装置如图 7-19 所示。为了提高干涉条纹的亮度,S、S_1 和 S_2 常用三条相互平行的狭缝来代替。

2. 干涉条纹的特点

图 7-20 为杨氏双缝干涉实验原理图。设双缝 S_1 与 S_2 之间的距离为 d,屏幕 M 与双缝

屏幕A间的距离为D。点P为屏幕M上任意一点，点P到S_1与S_2的距离为r_1、r_2，点P到屏幕M上点O的距离为x，点P的角位置用θ表示。假定$SS_1=SS_2$，且通常情况下，$d \ll D$，因此，从S_1和S_2发出到达点P的两束光波近似平行。

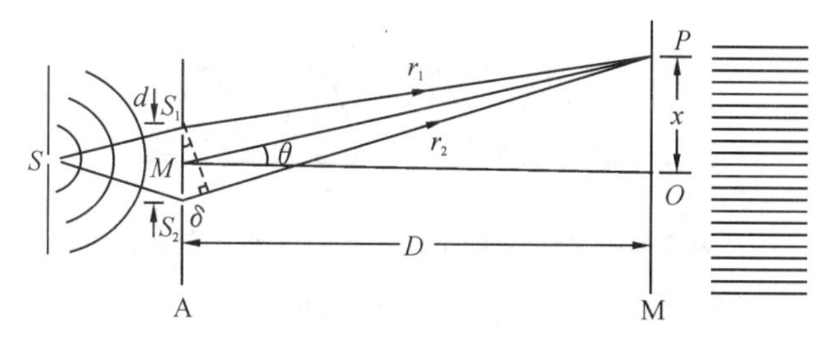

图7-20 杨氏双缝干涉实验原理图

1）光程差

由图7-20可见，S_1和S_2到达点P的光程差$\Delta=r_2-r_1$，又$r_1=\sqrt{(x-\frac{d}{2}^2)+D^2}$，$r_1=\sqrt{(x+\frac{d}{2})^2+D^2}$，所以$r_2^2-r_1^2=2xd$得光程差为

$$\Delta=r_2-r_1=\frac{2xd}{r_1+r_2} \tag{7-49}$$

因为通常的干涉实验装置中要求$D \gg d$，$D \gg x$，所以式(7-49)中$r_1+r_2 \approx 2D$，所以

$$\Delta=r_2-r_1=\frac{d}{D}x=d\tan\theta \approx d\sin\theta \tag{7-50}$$

2）相位差

$$\delta=\varphi_1-\varphi_2=\frac{2\pi}{\lambda}(r_1-r_2)+(\varphi_{01}-\varphi_{02})$$

因为$SS_1=SS_2$，所以S_1和S_2处的光振动相位相同，即$\varphi_{01}=\varphi_{02}$，则

$$\delta=\varphi_1-\varphi_2=\frac{2\pi}{\lambda}(r_1-r_2)=\frac{2\pi}{\lambda}\Delta \tag{7-51}$$

3）光强分布

由于S_1、S_2对称设置，且大小相等，可认为由S_1、S_2发出的两束光波在点P的光强度相等，即$I_1=I_2=I_0$，则

$$I=I_1+I_2+2\sqrt{I_1 I_2}\cos\delta=2I_0(1+\cos\delta) \tag{7-52}$$

当$\delta=\frac{2\pi}{\lambda}\Delta=2m\pi$时，$m=0,\pm1,\pm2,\cdots$，即

$$\Delta=m\lambda,m=0,\pm1,\pm2,\cdots \tag{7-53}$$

两束光波在点P的光程差为波长的整数倍，点P干涉相长，产生最大的光强$I_M=4I_0$，点P为明条纹(简称明纹)。

当$\delta=\frac{2\pi}{\lambda}\Delta=(2m+1)\pi$时，$m=0,\pm1,\pm2,\cdots$，即

$$\Delta=(2m+1)\frac{\lambda}{2},\quad m=0,\pm1,\pm2,\cdots \tag{7-54}$$

两束光波在点 P 的光程差为半波长的奇数倍，点 P 干涉相消，产生最小的光强 $I_m=0$，点 P 为暗条纹(简称暗纹)。当两束光波在点 P 的光程差为其他值时，点 P 的光强值在 0～$4I_0$ 之间变化，干涉条纹介于最明和最暗之间，如图 7-21 所示。

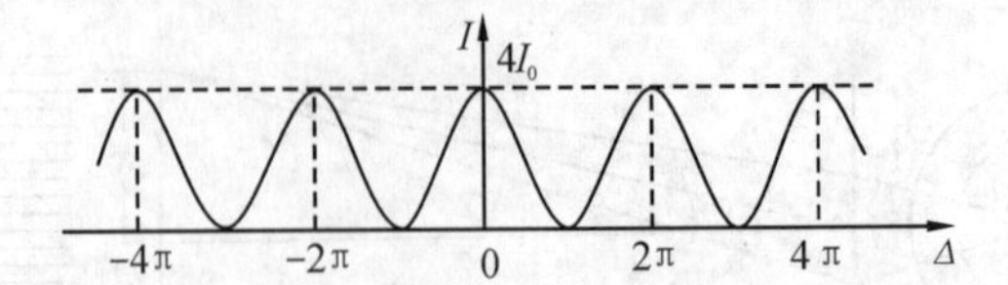

图 7-21　杨氏双缝干涉实验图样光强的分布

由式(7-50)和式(7-53)可求出明纹中心的位置，即

$$\sin\theta=m\frac{\lambda}{d},\quad m=0,\pm1,\pm2,\cdots \tag{7-55}$$

或

$$x=m\frac{D\lambda}{d},\quad m=0,\pm1,\pm2,\cdots \tag{7-56}$$

式(7-55)和式(7-56)中 m 称为明纹的级次。$m=0$ 的明纹称为零级明纹或中央明纹，相应于 $m=\pm1,\pm2,\cdots$ 的明纹分别称为第 1 级明纹，第 2 级明纹，…。

由式(7-50)和式(7-54)可求出暗纹中心的位置，即

$$\sin\theta=(2m+1)\frac{\lambda}{2d},\quad m=0,\pm1,\pm2,\cdots \tag{7-57}$$

或

$$x=(2m+1)\frac{D\lambda}{2d},\quad m=0,\pm1,\pm2,\cdots \tag{7-58}$$

式(7-57)和式(7-58)中 m 称为暗纹的级次。相应于 $m=0,\pm1,\pm2,\cdots$ 的暗纹分别称为零级暗纹，第 1 级暗纹，第 2 级暗纹，…。

由出现明纹和暗纹的位置可知，条纹中央位置为零级明纹，两侧对称地分布着较高级次的明暗相间的直条纹。这些明暗相间的直条纹与狭缝 S、S_1 和 S_2 平行。

4) 条纹间距

相邻两明纹(或暗纹)间的距离称为条纹间距。用 Δx 表示。由式(7-56)可知，相邻明纹之间的距离为

$$\Delta x=x_{m+1}-x_m=\frac{D}{d}\lambda \tag{7-59}$$

对于暗纹，同样可以得到如式(7-59)的形式。此式表明 Δx 与级次 m 无关，当干涉装置和波长一定时，干涉条纹的间距 Δx 也一定，这说明当单色光入射时，杨氏双缝干涉条纹是等间距的平行明暗纹。

3. 光源大小的影响

在图 7-22 所示的杨氏双缝干涉实验中，当点光源 S 位于 z 轴上时，在屏幕上生成的干涉图样的零级明纹中心在点 P_0 处，干涉条纹对称分布在 yz 平面的上、下两侧，但干涉条纹的亮度很弱。若将点光源沿 x 方向移至 S'处，因为 S'至 S_1、S_2 的距离不等，所以相干光波的初相位不同，但它们的初相位差是一个常量，此时屏幕上光强分布的形式没有变化，只是整个图样在 x 轴的方向上产生了平移。在光源和屏幕至双孔距离一定的条件下，条纹平移的距离

与光源平移的距离成正比，条纹移动的方向和光源移动的方向则相反。如果光源有一定的宽度，且假设光源只包含两个排列在 x 轴方向，强度相等的不相干发光点 S 和 S' 将在屏幕上各自产生一组条纹，由上面的讨论可知，两组条纹的间距相等，但彼此有位移，如果两组条纹恰好相对平移了半个条纹，如图 7-23 所示，实曲线表示 S 产生的强度分布，虚线表示 S' 产生的强度分布，这时一组条纹的极大值刚好落在另一组条纹的极小值上，这两组条纹相加，使屏幕上处处强度相等，因此条纹可见度下降为零，不可能观察到干涉图样。

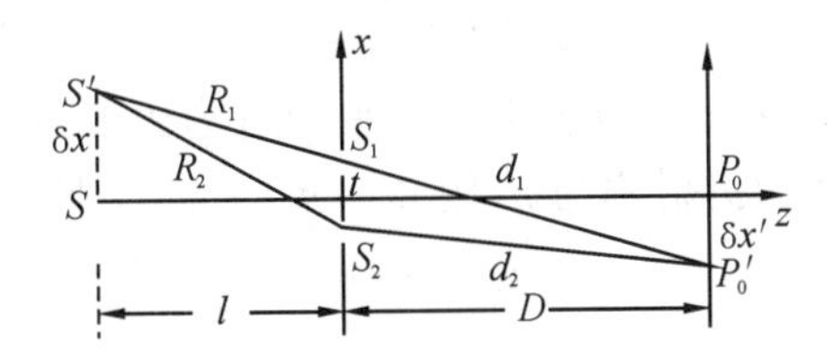

图 7-22　杨氏双缝干涉实验装置中点光源移至 z 轴

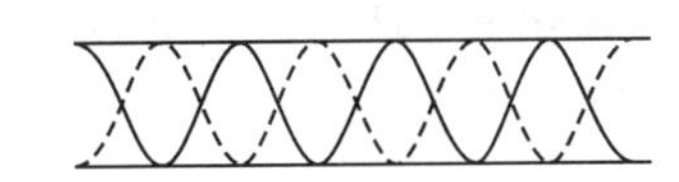

图 7-23　两个点光源干涉条纹强度分布

若点光源 S 沿 y 轴方向平移时，S 至 S_1、S_2 的距离不变，不会引起干涉条纹的变动，假设沿 y 轴方向有一定宽度的线光源，其上各点光源在屏幕上各自形成的一组干涉图样彼此重叠，即明纹与明纹重叠，暗纹与暗纹重叠。这些干涉图样的非相干叠加产生的总的干涉图样显得清晰、明亮。所以，在杨氏双缝干涉实验中通常不用点光源，而采用沿 y 轴方向的线光源，与之相应，S_1、S_2 也采用沿 y 轴方向的双缝。

7.4.2.2　其他几种分波面干涉装置

1. 菲涅耳双面镜

如图 7-24 所示，菲涅耳双面镜由两块彼此夹角很小的平面反射镜 AM 和 BM 组成，S 是与双面镜的交线（图中以 M 表示）平行的狭缝。从狭缝光源发射出来的光波经两块平面镜反射后被分割为两束相干光波，在它们叠加的区域设置一屏幕，就可在屏幕上 FG 区域内接收到与交线平行的干涉条纹。从双面镜反射的两束相干光波可以看成是 S 在双面镜中形成的虚像 S_1 和 S_2 发出的，因而 S_1 和 S_2 相当于一对相干光源，其位置可按反射定律确定。

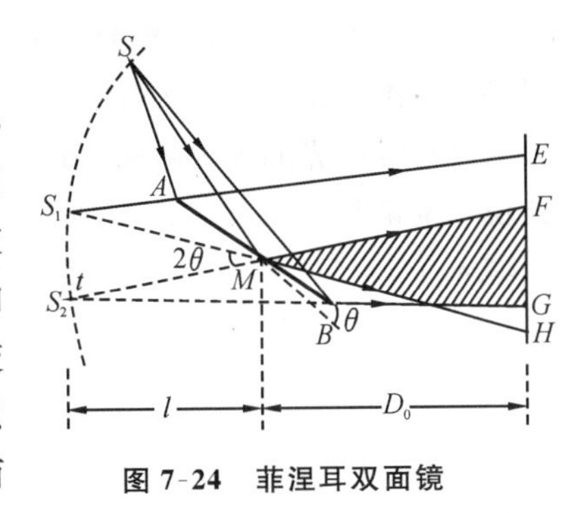

图 7-24　菲涅耳双面镜

如图 7-24 所示，S 到 M 的距离为 l，根据平面镜成像的对称性，$S_1M=S_2M=l$。θ 为二面角的夹角，由二面角的反射特性知 $\angle S_1MS_2=2\theta$，所以 $d=t=2l\theta$。设屏幕到两个镜面交线的距离为 D_0，则连线 S_1S_2 到屏幕的距离 $D=D_0+l$。

于是屏幕上干涉条纹的间距为

$$\Delta x=\frac{D}{d}\lambda=\frac{D_0+l}{2l\theta}\lambda \tag{7-60}$$

2. 菲涅耳双棱镜

如图 7-25 所示，菲涅耳双棱镜由两个相同的薄棱镜底面相接组成（在实际制作时，可将一个薄平板玻璃的一面研磨成两个斜面即成)，棱镜的顶角 α 很小，一般约为 $30'$。从缝光源 S 发出的光波经过双棱镜的上、下部分折射后分割成为两束相干光波，它们可以看成是 S 经过双棱镜两表面折射后形成的两个虚像 S_1 和 S_2 发出的光波，在它们交叠的区域内将产生干涉。如果将光阑 M 放在图 7-25 所示位置，则在屏幕上 FG 区域内可观察到干涉条纹。

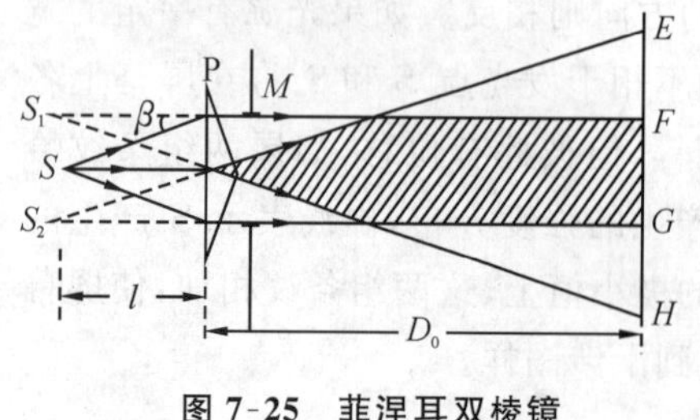

图 7-25　菲涅耳双棱镜

如图 7-25 所示，对菲涅耳双棱镜同样有 $D=D_0+l$，但 $\angle S_1MS_2=2\beta$，β 为由 S 发出的垂直入射光线经每个薄棱镜产生的偏向角。设棱镜的折射率为 n，则 $\beta=(n-1)\alpha$，于是 $d=2l\beta$，得干涉条纹间距为

$$\Delta x=\frac{D}{d}\lambda=\frac{D_0+l}{2l(n-1)\alpha}\lambda \tag{7-61}$$

3. 洛埃德镜

在洛埃德(Lloyd)镜实验中(见图 7-24)，缝光源 S_1 与反射镜面 K 平行，并放在离反射镜面 K 相当远并且接近镜平面的地方，S_1 发出的光波一部分直接射到屏幕上，另一部分以大约 90°的角度(掠射)入射到反射镜 K 上，再经反射镜反射到屏幕，与直接射来的光波叠加产生干涉。S_1 和它在反射镜中的虚像 S_2 构成一对相干光源。

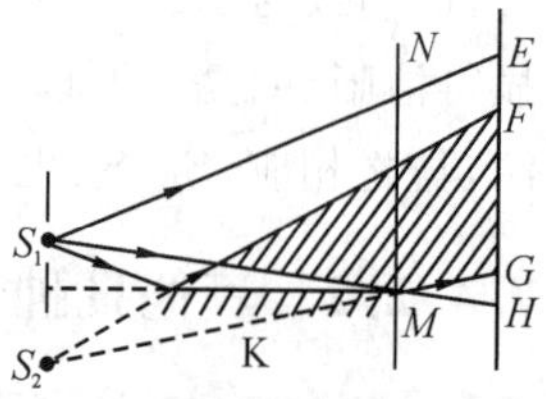

从图 7-26 可看出，两束相干光波在屏幕上的重叠区是在 F 和 G 之间。显然，在屏幕上观察不到光程差为零的干涉条纹，除非将屏幕移到图 7-26 中的 MN 位置(屏幕与反射镜端接触)，在点 M 处入射光与反射光的光程相同，因而点 M 似乎应为明纹的中心，而实际上它却位于暗纹中心。这说明两束相干光波在点 M 处的光振动具有相反的相位，这个事实表明光从空气掠入射到玻璃表面上时，表面上的反射光的相位突变了 π，即有半波损失。

图 7-26　洛埃德镜

设 S_1 到反射镜面 K 的垂直距离为 h，则 $d=2h$。D 为 S_1 到屏幕的距离，则

$$\Delta x=\frac{D}{d}\lambda=\frac{D}{2h}\lambda \tag{7-62}$$

7.4.3　知识应用

7.4.3.1　利用杨氏双缝干涉实验装置测量光的波长

例 7-6　在杨氏双缝干涉实验中，已知 $d=0.1$ mm，$D=20$ cm，若某种光照射此装置，测得第 2 级明纹之间的距离为 5.44 mm 时，试求此光的波长。

解　由题意可求得条纹间距为

$$\Delta x=\frac{5.44}{4}\ \text{mm}=1.36\ \text{mm}$$

再由条纹间距公式 $\Delta x=\dfrac{D}{d}\lambda$ 得

$$\lambda=\frac{d}{D}\Delta x=\frac{0.1}{20\times10}\times1.36\ \text{mm}=680\ \text{nm}$$

即照射光的波长为 680 nm。

7.4.3.2　利用杨氏双缝干涉装置测量透明介质的厚度或折射率

例 7-7　在杨氏双缝干涉实验装置中，已知 $d=1$ mm，$D=50$ cm，将一折射率 $n=1.50$ 的薄玻璃片盖在其中一个缝上，加上薄玻璃片后零级明纹的位移为 2 cm，试求薄玻璃片的厚度。

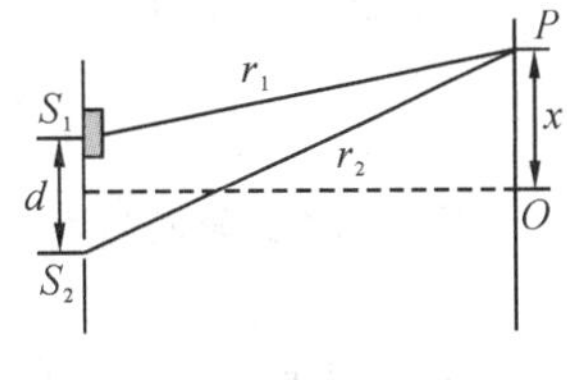

图 7-27　例 7-7 图

解　将厚度为 h 的薄玻璃片盖在缝 S_1 上，则零级明纹应向上移 2 mm，如图 7-27 所示，点 P 处形成零级明纹。S_2 和 S_1 至场中点 P 的光程差恰为零，即

$$\Delta=S_2P-S_1P-(n-1)h=0$$

而 $S_2P-S_1P=\frac{d}{D}x$，整理得 $h=\frac{d}{(n-1)D}x$，于是有

$$h=\frac{1\times2}{(1.5-1)\times500}\ \text{mm}=8\times10^{-3}\ \text{mm}$$

即薄玻璃片的厚度为 8 mm。

7.5　分振幅干涉(一)——等倾干涉

◆**知识点**

¤等倾干涉的光程差

¤等倾干涉的条纹特点

¤扩展光源

7.5.1　任务目标

理解和掌握等倾干涉的定义；掌握等倾干涉光程差的计算及光强分布的计算；掌握等倾干涉条纹特点及等倾干涉的应用。

7.5.2　知识平台

7.5.2.1　等倾干涉的光程差

如图 7-28 所示，设有一个均匀透明的平行平面介质薄膜，其折射率为 n，厚度为 h，放在折射率为 n_0 的透明介质中。波长为 λ 的单色光入射到薄膜的上表面，入射角为 i，折射角为 i'，经薄膜的上、下表面反射后生成一对平行相干光束 1 和 2。若在薄膜的上半空间放置一正

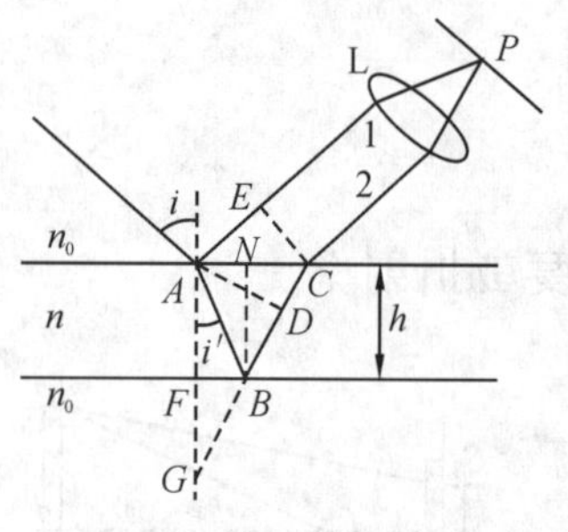

图 7-28 光程差的计算

透镜 L 接收这些平行光，它们将会聚于 L 后焦平面上的点 P。这样，光束 1 和 2 会在点 P 处发生干涉。

为对干涉条纹进行具体的分析与计算，首先应求得光束 1 和 2 到达点 P 的光程差。如图 7-28 所示，作 CE 垂直于光束 1 并交光束 1 于 E，根据物像间的等光程性，EP 的光程与 CP 的光程相同，故光束 1 和 2 的光程差来自于路径 AE 和路径 ABC 的光程差别，即

$$\Delta = n(AB+BC) - n_0 AE$$

作 $AD \perp BC$ 并交 BC 于 D，由折射定律及几何关系可得到 $nDC = nAC\sin i' = n_0 AC\sin i = n_0 AE$，所以有

$$\Delta = n(AB+BD) = nDG$$

这里 G 为 A 关于薄膜下表面的对称点，显然 $DG = 2h\cos i'$，故有

$$\Delta = 2nh\cos i' \tag{7-63}$$

式中，Δ 仅表示由于光线路径不同产生的光程差。考虑到放在同种介质中的薄膜上、下两表面的反射光对光束 1 和 2 存在半波损失，式(7-63)中应补充附加光程差得

$$\Delta = 2nh\cos i' (+\frac{\lambda}{2}) \tag{7-64}$$

式中，λ 为入射光在真空中的波长，括号表示该项是否需要应视薄膜上、下两侧介质的折射率与薄膜本身介质折射率的具体相对大小及第 7.2 节中的结论来确定。

根据折射定律，Δ 也可表示为入射角 i 的函数，即

$$\Delta = 2h\sqrt{n^2 - n_0^2 \sin^2 i} (+\frac{\lambda}{2}) \tag{7-65}$$

由式(7-65)可知，对一定波长 λ 的单色光而言，光程差是 n、h、i 的函数。在等倾干涉中对于等厚度的均匀薄膜(n、h 为常数)，则光程差只取决于入射光在薄膜上的入射角 i，因此凡具有相同入射角的光束所形成的反射光在相交区有相同的光程差，必定属于同一级干涉条纹，所以把这种干涉称为等倾干涉。由此也可以看出为了获得等倾干涉条纹，必须具备两个条件：一是要有厚度均匀的薄膜；二是入射到薄膜上的光束要有各种不同的入射角。

7.5.2.2 干涉装置与条纹特点

图 7-29 所示是一种常用的观察等倾干涉的简单装置的示意图。M 为与薄膜表面成 45°角放置的分束镜，从点光源 S 发出的同一圆锥面上的光束经过 M 反射后均以相同的入射角入射到薄膜上，在薄膜上、下表面反射后，相干光波形成两个平行的锥面，被透镜 L 会聚在后焦平面 P 的同一圆周上，由于在该圆上相交的各对相干光束有相同的光程差，所以该圆属于同一级条纹。同样由 S 发出的处于不同大小顶角的圆锥面上的光束最终将会在屏幕 P 上产生其他各级干涉条纹，这些干涉条纹最终组成以 O' 为中心的一系列明暗相间的同心圆环，如图 7-30 所示。

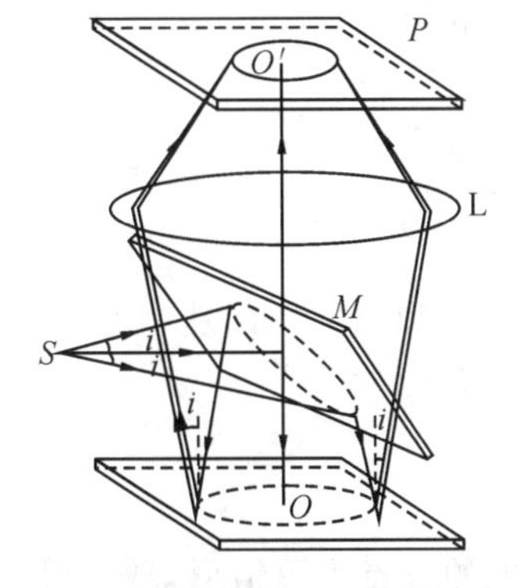

图 7-29　观察等倾干涉装置的光路

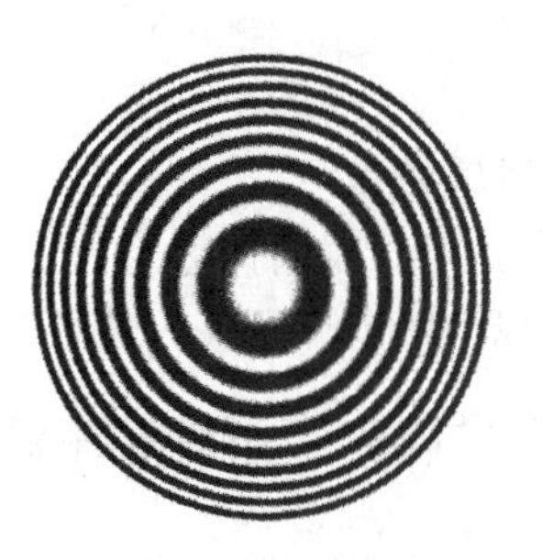

图 7-30　等倾干涉图样

如图 7-31 所示，为了找到彼此平行的反射光在屏幕上的交点 P，只需通过 L 的中心作平行于反射光的辅助线(图 7-31 中的虚线)。由此可看出越靠近中心点 O' 的条纹对应的入射角 i 越小。设在薄膜上、下两侧介质相同的情况下进行分析，则点 P 的光程差满足产生明纹的条件，即

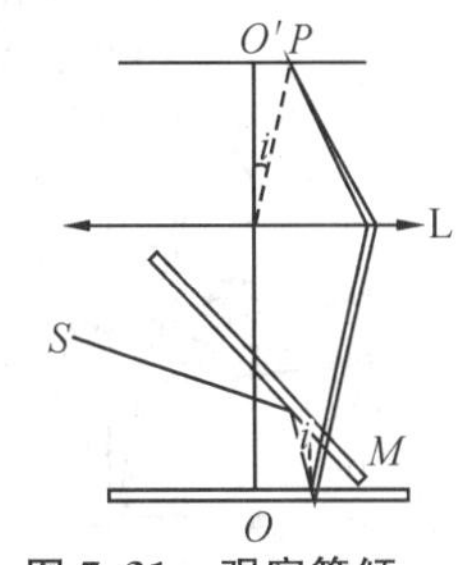

图 7-31　观察等倾干涉装置的平面图

$$2h\sqrt{n^2-n_0^2\sin^2 i}+\frac{\lambda}{2}=m\lambda \tag{7-66}$$

式(7-66)说明，$i=0$ 时，m 最大，i 增加，则 m 减小，即等倾干涉环中心 O' 的干涉级最高，从中心到边缘干涉级逐渐减小。

假定中心点正好为亮点，级次为 m_0，则

$$2nh+\frac{\lambda}{2}=m_0\lambda \tag{7-67}$$

从中心点向外数第 N 个亮环级次为 $m=m_0-N$，其半径用 r_n 表示，对应的角半径(条纹半径对透镜中心的张角)为 i_n，则该级条纹有

$$2nh\cos i'_n+\frac{\lambda}{2}=m\lambda \tag{7-68}$$

式(7-67)减式(7-68)，得

$$2nh(1-\cos i'_n)=N\lambda \tag{7-69}$$

假定观察范围不大，近似有 $\cos i_n=1-i_n^2/2$，故式(7-69)可简化为

$$i'^2_n=\frac{N\lambda}{nh} \tag{7-70}$$

这时折射定律 $n_0\sin i_n=n\sin i'_n$ 可简化成 $n_0 i_n=ni'_n$，代入式(7-70)得

$$i_n=\frac{1}{n_0}\sqrt{\frac{nN\lambda}{h}} \tag{7-71}$$

对式(7-71)等号两边求微分，并令 $\Delta N=1$，得第 N 个条纹附近相邻两圆环间的角间距为

$$\Delta i_n=\frac{n\lambda}{2n_0^2 h i_n} \tag{7-72}$$

在观察范围较小的条件下，根据式(7-71)和式(7-72)，可得圆环形干涉条纹半径和条纹间距分别为

$$r_n=f'i_n=\frac{f'}{n_0}\sqrt{\frac{nN\lambda}{h}} \tag{7-73}$$

$$\Delta r_n=f'\Delta i_n=\frac{nf'\lambda}{2n_0^2hi_n} \tag{7-74}$$

式中，f'为透镜的焦距。

以上讨论对暗纹同样适用。上述结果表明，条纹半径越大，即从中心越往外走，条纹间距也越小，所以等倾圆环条纹的特征是中央疏而边缘密。

7.5.2.3 扩展光源对等倾干涉的影响

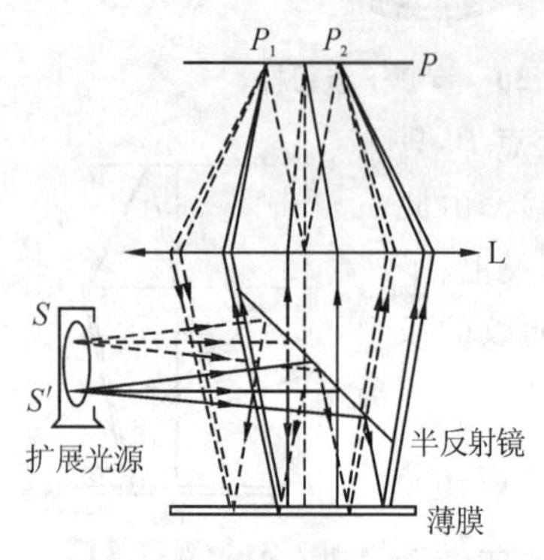

图 7-32 用扩展光源观察等倾条纹

上面一直考虑的是点光源情形，现在讨论扩展光源的情况。对于扩展光源，可将其看成许多个点光源。我们在扩展光源上任取另一点 S'（如图 7-32 所示）。图中屏幕上点 P_1 和点 P_2 是从 S 点发出的光线形成的同一干涉条纹上的点。从点 S'发出的与点 S 到点 P_1 和 P_2 的光线平行的光线具有相同的倾角和光程差，所以经透镜 L 后也会聚到点 P_1 和点 P_2。也就是说，从点 S'发出的光线在屏幕上产生与点 S 完全一样的干涉图样。所以若将点光源换成扩展光源，等倾干涉条纹的强度大大加强，使干涉图样更加明亮。

7.5.3 知识应用

例 7-8 肥皂膜的反射光呈现绿色，这时肥皂膜的法线和视线的夹角约为 35°，试估算肥皂膜的最小厚度。设肥皂水的折射率为 1.33，绿光波长为 5000Å。

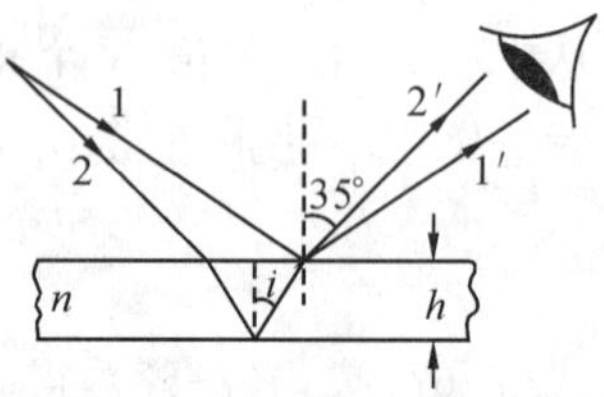

解 如图 7-33 所示，考虑到肥皂膜存在半波损失，反射光出现绿色亮场的光程差应满足

$$2nh\cos i'+\frac{\lambda}{2}=m\lambda,\qquad m=1,2,3\cdots$$

图 7-33 例 7-8 图

令 $m=1$，并由折射定律 $\sin 35°=n\sin i'$，得肥皂膜的最小厚度为

$$h_0=\frac{\lambda}{4n\cos i'}=\frac{\lambda}{4n\sqrt{1-\sin^2 i'}}=\frac{\lambda}{4\sqrt{n^2-\sin^2 35°}}=\frac{5000}{4\sqrt{1.33^2-\sin^2 35°}}\text{Å}\approx 1042\ \text{Å}$$

7.6 分振幅干涉(二)——等厚干涉

◆**知识点**

¤等厚干涉的光程差

¤劈尖的条纹特点
¤牛顿环的条纹特点

7.6.1 任务目标

理解和掌握等厚干涉的定义；掌握劈尖和牛顿环干涉光程差的计算及光强分布的计算；掌握劈尖和牛顿环干涉条纹的特点；掌握劈尖和牛顿环条纹的变动及其应用。

7.6.2 知识平台

前面讨论了光照射到厚度均匀薄膜的干涉，而实际上，薄膜的厚度通常是不均匀的，下面讨论厚度不均匀的薄膜产生的薄膜干涉。

如图 7-34 所示，只要光源 S 发出的光束足够宽，相干光束的交叠区可以从薄膜表面附近一直延伸到无穷远。若要计算从 S 经过两表面到场中任意一点 P 的光程差是颇为复杂的，我们仅限于讨论薄膜很薄、薄膜表面附近场点的干涉。

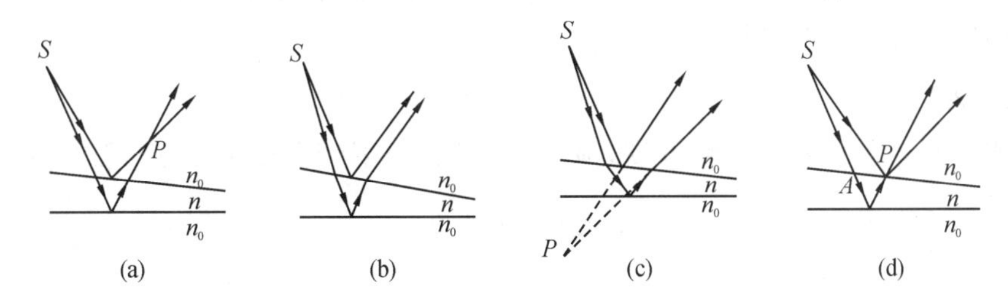

图 7-34 非平行平面薄膜产生的干涉

7.6.2.1 等厚干涉的光程差

如图 7-35 所示，设有一个均匀透明的、折射率为 n 的、厚度不均匀的薄膜，放在折射率为 n_0 的透明介质中。当薄膜很薄时，图 7-35 中的点 A、P 相距很近，在 AP 区域间内，薄膜厚度可视为相等。从 S 发出经两表面反射到达点 P 的一对相干光线的光程仍可由下式表示：

$$\Delta=2nh\cos i'+\frac{\lambda}{2}=2h\sqrt{n^2-n_0^2\sin^2 i}+\frac{\lambda}{2} \tag{7-75}$$

式中，i 为 A 处入射角，h 为 A 处薄膜厚度。如果用入射角完全相同的单色光投射到薄膜上，则光程差仅仅取决于薄膜厚度。在薄膜厚度相同的地方，反射光对所产生的光程差相同，形成同一级干涉条纹，因此这种干涉称为等厚干涉。等厚干涉条纹取决于薄膜上厚度相同点的轨迹。

图 7-36 所示为通常观察等厚干涉的实验装置。

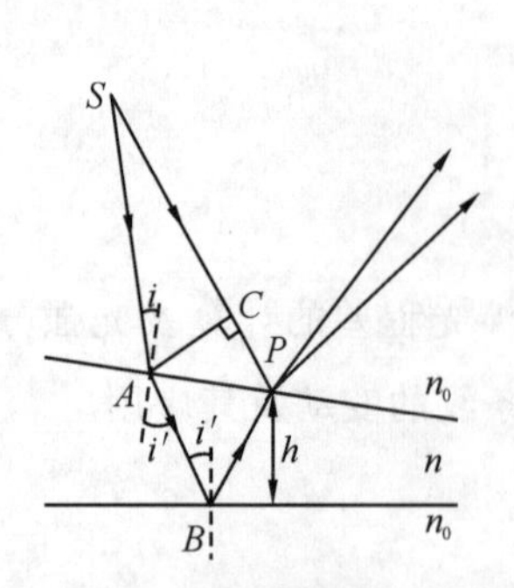

图 7-35 薄膜表面干涉场中光程差的计算

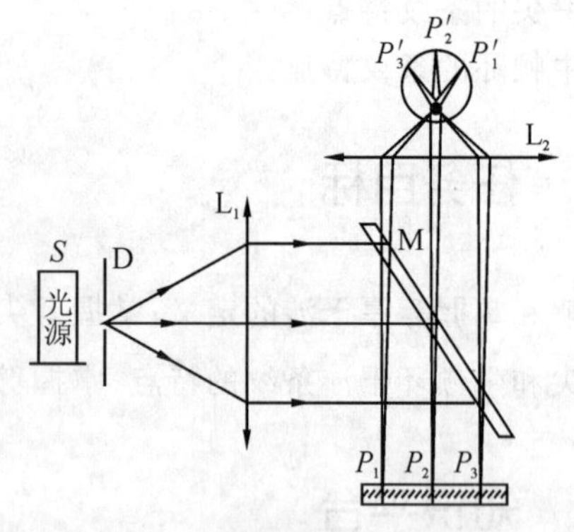

图 7-36 观察等厚干涉的实验装置

7.6.2.2 劈尖

1. 干涉装置

产生干涉的部件是一个放在空气中的劈尖形状的介质薄片或薄膜，简称劈尖，它的两个表面是平面，其间有一个很小的夹角 θ。实验时使平行单色光近于垂直地入射到劈面上，如图 7-37 所示。从薄膜上、下表面反射的光就在薄膜的上表面附近相遇而发生干涉。因此当观察薄膜表面时就会看到干涉条纹。

2. 光程差

以 h 表示在入射点 A 处薄膜厚度，则两束相干的反射光在相遇时的光程差为

$$\Delta=2nh+\frac{\lambda}{2} \tag{7-76}$$

3. 条纹特点

1）明纹

相长干涉产生明纹的条件是

$$2nh+\frac{\lambda}{2}=m\lambda,\qquad m=1,2,3\cdots \tag{7-77}$$

2）暗纹

相消干涉产生暗纹的条件是

$$2nh+\frac{\lambda}{2}=(2m+1)\frac{\lambda}{2},\qquad m=0,1,2,3\cdots \tag{7-78}$$

这里 m 是干涉条纹的级次。式(7-77)和式(7-78)表明，每级明纹(或暗纹)都与一定的薄膜厚度 h 相对应。因此在薄膜上表面的同一条等厚线上，就形成同一级次的一条干涉条纹，这样形成的干涉条纹称为等厚条纹。

3）条纹形状

由于劈尖的等厚线是一些平行于棱边的直线，所以等厚条纹是一些与棱边平行的明暗相间的直条纹，如图 7-38 所示。

在棱边处 $h=0$，由于有半波损失，两束相干光波相差 π，因而形成暗纹。

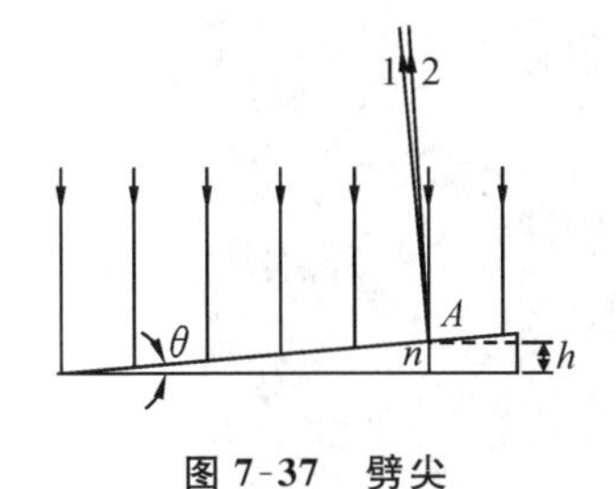

图 7-37 劈尖

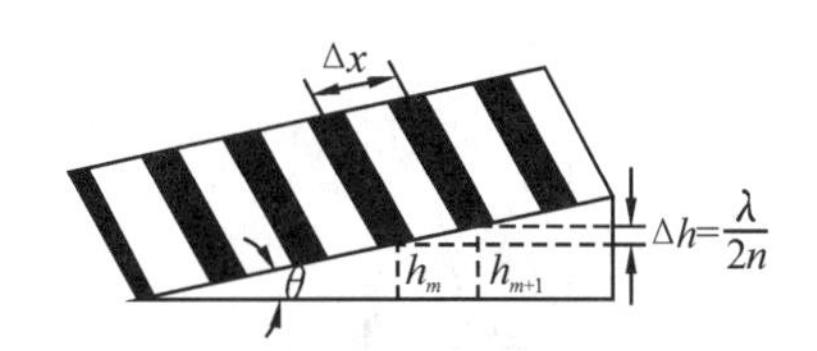

图 7-38 劈尖干涉条纹

4）条纹间距

由图 7-38 可知

$$\Delta x=\frac{\Delta h}{\sin\theta} \tag{7-79}$$

式中，θ 为劈尖顶角，Δh 为与相邻两条明纹（或暗纹）对应的薄膜厚度之差。

对相邻的两条暗纹，由式(7-77)有

$$2nh_{m+1}+\frac{\lambda}{2}=(2m+3)\frac{\lambda}{2} \qquad 与 \qquad 2nh_m+\frac{\lambda}{2}=(2m+1)\frac{\lambda}{2}$$

将两式相减得

$$\Delta h=h_{m+1}-h_m=\frac{\lambda}{2n} \tag{7-80}$$

把式(7-80)代入式(7-79)可得

$$\Delta x=\frac{\lambda}{2n\sin\theta} \tag{7-81}$$

通常 θ 很小，所以 $\sin\theta\approx\theta$，式(7-81)又可改写为

$$\Delta x=\frac{\lambda}{2n\theta} \tag{7-82}$$

式(7-82)表明，劈尖干涉形成的干涉条纹是等间距的，条纹间距与劈尖角 θ 有关。θ 越大，条纹间距越小，条纹越密。当 θ 大到一定程度后，条纹就密不可分了。对于给定的劈尖，不同波长的光波产生的干涉条纹疏密程度不同，因此，当采用复色光时，将形成彩色条纹。

从前面的分析可知，劈尖干涉的每个条纹处，劈尖的厚度是一定的，而且由式(7-80)可知，两条相邻明纹（或暗纹）对应的厚度差为 $\lambda/(2n)$。因此，若将劈尖厚度每增加或减少 $\lambda/(2n)$ 时，则整个干涉条纹就会向棱边或背离棱边的方向移动一个距离 Δx。因此，通过跟踪某干涉条纹移动的距离 $N\Delta x$ 或数出越过视场中某一处的明纹（或暗纹）的数目 N，可以求出劈尖厚度的变化，即

$$\Delta h=N\frac{\lambda}{2n} \tag{7-83}$$

7.6.2.3 牛顿环

1. 干涉装置

将一个球面曲率半径很大的平凸透镜 A 的凸面紧贴在一块平板玻璃 B 上，凸面和平面相切于点 O，如图 7-39(a)所示，在凸透镜和平板玻璃之间形成一个厚度不均匀的空气薄膜，

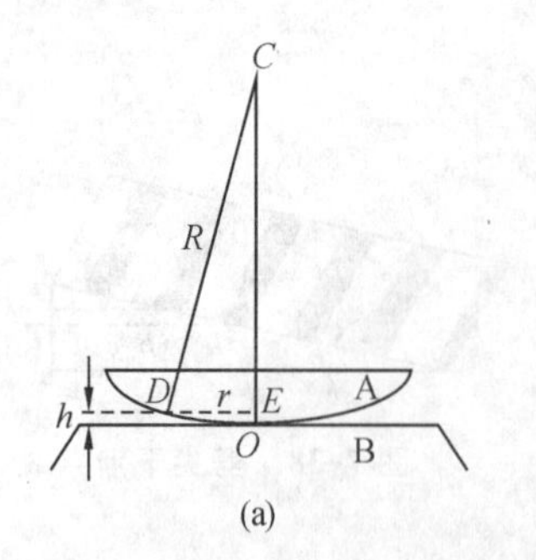

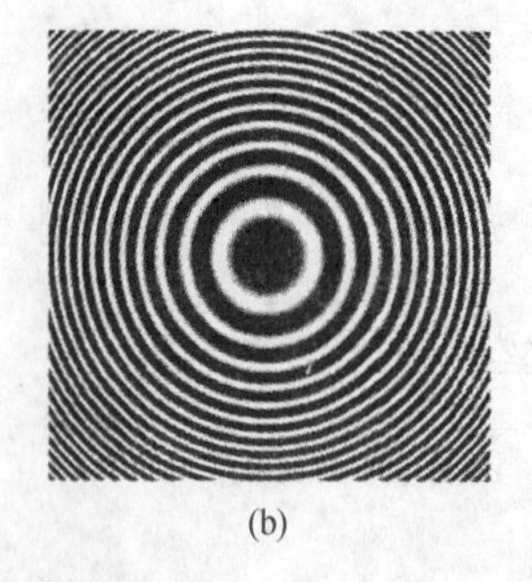

图 7-39　牛顿环

从切点到边缘空气薄膜的厚度逐渐增加。用单色光垂直入射，在空气层两个表面的反射光产生等厚干涉，形成以点 O 为中心的一系列明暗相间的同心圆环，如图 7-39(b)所示。

2. 光程差

在图 7-39(a)中，设透镜凸面的曲率半径为 R，对应于某干涉环的空气层厚度为 h，该环的半径为 r，在光线正入射时，由式(7-75)可得从空气层两个表面反射的相干光波的光程差为

$$\Delta=2h+\frac{\lambda}{2} \tag{7-84}$$

由$\triangle CDE$ 可得，$R^2=r^2+(R-h)^2$，化简得 $r^2=2hR-h^2=h(2R-h)\approx 2hR$，则

$$h=\frac{r^2}{2R} \tag{7-85}$$

3. 条纹特点

1) 明环

当 $\Delta=\frac{r^2}{R}+\frac{\lambda}{2}=m\lambda$ 时，可得第 m 级明环的半径为

$$r=\sqrt{\left(m-\frac{1}{2}\right)R\lambda},\qquad m=1,2,3,\cdots \tag{7-86}$$

2) 暗环

当 $\Delta=\frac{r^2}{R}+\frac{\lambda}{2}=(2m+1)\frac{\lambda}{2}$时，可得第 m 级暗环的半径为

$$r=\sqrt{mR\lambda},\qquad m=0,1,2,3,\cdots \tag{7-87}$$

在式(7-87)中，当 $m=0$，$r=0$ 时，与同心圆环中心对应，即牛顿环中心为一暗点。

由上述圆环半径公式可知，圆环半径越大，相应的干涉级次就越高，这与等倾干涉圆环的情形刚好相反。与等倾圆环条纹一样，牛顿环的条纹间距也不是均匀的，随着圆环半径的增大，空气层上、下两表面间的夹角也增大，因而条纹变密。

7.6.3　知识应用

7.6.3.1　利用劈尖测量细丝的直径

例 7-9　把金属细丝夹在两块平玻璃之间，形成空气劈尖，如图 7-40 所示。金属丝和棱

边间距离 $D=28.880$ mm，用 $\lambda=589.3$ nm 的钠黄光垂直照射，测得 30 条明纹之间的总距离为 4.295 mm，求金属丝的直径 d。

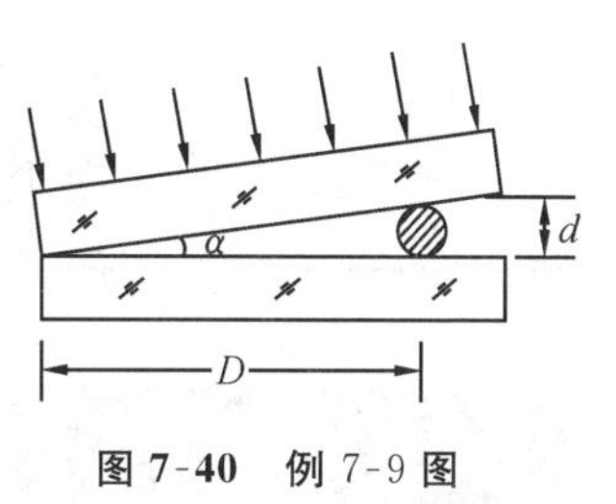

图 7-40 例 7-9 图

解 由图 7-40 所示的几何关系可得

$$d=D\tan\alpha\approx D\alpha$$

式中，α 为劈尖角，相邻两明纹间距和劈尖角的关系为 $\Delta x=\dfrac{\lambda}{2n\alpha}$，有

$$d=D\frac{\lambda}{2\Delta x}=28.880\times\frac{589.3\times10^{-6}}{2\times\dfrac{4.295}{29}}\ \text{mm}=5.746\times10^{-2}\ \text{mm}$$

金属球的直径为 5.746×10^{-2} mm。

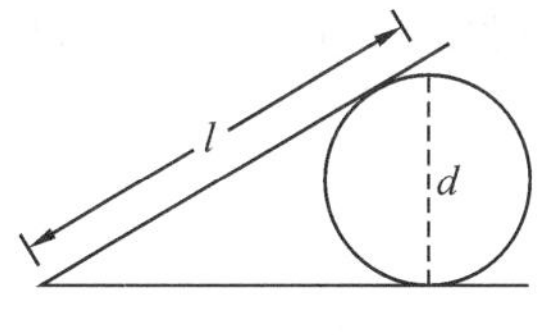

图 7-41 例 7-10 图

例 7-10 在两块玻璃板之间夹一细丝形成劈形空气膜，如图 7-41所示，用波长为 500 mm 的单色光垂直照射时，测得干涉条纹间距为 0.5 mm，劈棱至细丝的距离是 5 cm，求细丝的直径 d。若将细丝向棱边靠近或移远，干涉条纹有何变化？

解 由式(7-80)可知，在劈形空气薄膜上相邻两条明纹之间所对应的空气薄膜厚度之差为 $\lambda/2$，从劈棱到细丝间的距离 l 内干涉明纹的数目为

$$N=\frac{d}{\lambda/2}$$

另一方面，若设干涉条纹间距为 Δx，则距离 l 内干涉明纹的数目

$$N=\frac{l}{\Delta x}$$

则有

$$d=\frac{l\lambda}{2\Delta x}$$

已知 $l=50$ mm，$\lambda=0.5\ \mu$m，$\Delta x=0.5$ mm，所以

$$d=\frac{50\times0.5}{2\times0.5}\mu\text{m}=25\ \mu\text{m}$$

若将细丝向劈棱靠近或移远，劈的顶角将增大或减小，干涉条纹的间距将减小或增加，而在劈棱至细丝范围内干涉条纹的数目是不变的。

7.6.3.2 利用劈尖检验光学表面的平整度

例 7-11 要求光学玻璃表面与理想平面之差小于一个波长，这就需要用光学方法来检验。待测平面与标准平面形成空气劈尖，用单色光垂直照射，利用等厚干涉条纹进行检测，若干涉条纹如图 7-42 所示，求其缺陷处的凹凸程度(已知 L、l、λ)。

解 由等厚干涉可知，点 A 与点 P 的光程差相等，所以，干涉条纹在点 P 处对应的缺陷点 P' 处是凸出来的。设 h 为缺陷点 P' 处在待测平面上凸起的高度，则有

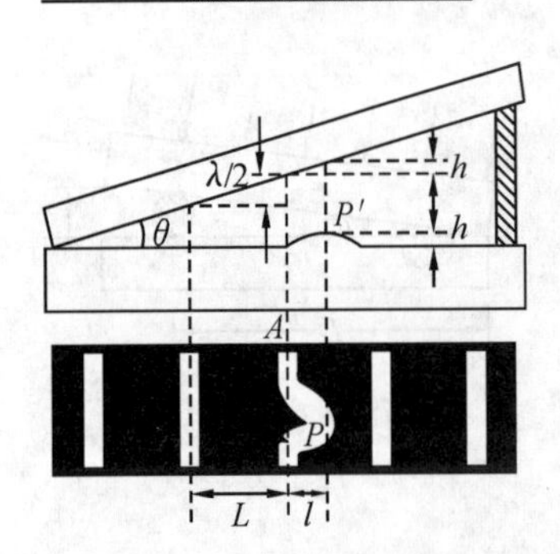

图 7-42 例 7-11 图

$$\sin\theta=\frac{h}{l}$$

又因相邻条纹所对应的空气薄膜厚度之差为 $\lambda/2$,故有

$$\sin\theta=\frac{\lambda/2}{L}$$

所以,缺陷处的凸起的高度为

$$h=\frac{l\lambda}{2L}$$

显然,只要 $l\leqslant 2L$,待测光学零件就是合格的。

7.6.3.3 利用牛顿环装置可以测量透镜的曲率半径 R(或入射光波长)

例 7-12 用紫色光($\lambda=400$ nm)观察牛顿环时,测得某暗环的半径为 $r_m=4$ mm,由此环再往外数第 5 暗环的半径 $r_{m+5}=6$ mm,求透镜凸面的曲率半径。

解 由暗环公式得

$$r_m^2=mR\lambda,\qquad r_{m+5}^2=(m+5)R\lambda$$

两式相减得

$$R=\frac{r_{m+5}^2-r_m^2}{5\lambda}=\frac{36-16}{5\times4\times10^{-4}}\ \mathrm{m}=10\ \mathrm{m}$$

由于透镜的凸面和平板玻璃不可能理想接触于一点,实际上观察到的牛顿环中心是一暗斑。根据牛顿环测量半径时,很难读准暗环的序数,本题说明可以不必知道暗环的序数,只需测出任意两环的半径和它们的序数之差即可求出透镜的曲率半径。

7.6.3.4 利用牛顿环装置检验透镜球表面质量

例 7-13 如图 7-43(a)所示,A 是曲率半径为 R_0 的标准样板,B 是曲率半径为 R 的待测凸透镜。A 的凹面与 B 的凸面之间构成厚度不等的空气薄膜,在光垂直照射下产生牛顿环。如果某处出现不规则的牛顿环(非圆形),表明待测凸面形状在该处有不规则起伏。如果出现一些完整的牛顿环,表明待测凸面形状与标准凹面形状无偏差,只是它们的曲率半径有偏差,偏差的大小与牛顿环的条数有关。若在样板周边加压时,发现光圈向中心收缩,则应当进一步研磨透镜的边缘还是中央部分?为什么?

解 待测透镜的曲率半径 R 与标准球面曲率半径 R_0 间存在两种关系,分别如图 7-43(b)和图 7-43(c)所示。

对于图 7-43(b),要想待测透镜满足面形要求,应进一步研磨透镜的边缘。对于图7-43(c),则应进一步研磨透镜的中央部分。如果标准样板和待测透镜两者在边缘接触,当空气隙缩小时,条纹从边缘向中间移动;如果两者在中间接触,当空气隙缩小时,条纹从中心向边缘移动。

依据题意,在标准样板周边加压时光圈向中心收缩,则应当进一步研磨透镜的边缘。

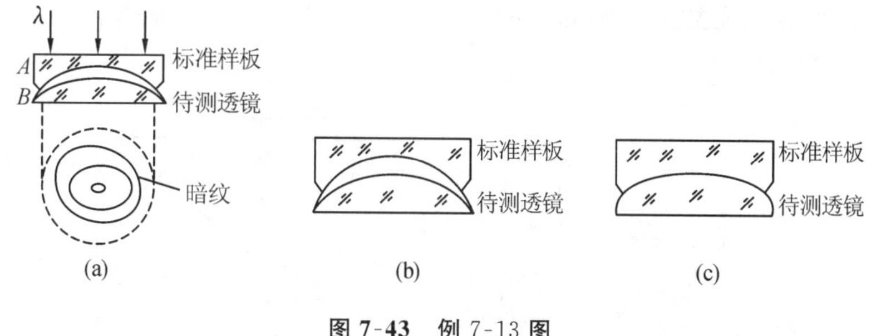

图7-43　例7-13图

7.7　典型干涉仪

◆**知识点**

¤迈克耳逊干涉仪

¤法布里-珀罗干涉仪

7.7.1　任务目标

掌握迈克耳逊干涉仪和法布里-珀罗干涉仪的结构、原理及条纹特点和条纹的运动；熟悉多光束干涉的光强分布规律及其应用。

7.7.2　知识平台

7.7.2.1　迈克耳逊干涉仪

1. 干涉装置

迈克耳逊仪的结构如图7-44(a)所示，M_1 和 M_2 都是平面反射镜，分别安装在相互垂直的两臂上，其中 M_2 是固定的，M_1 可通过精密丝杆沿滑轨移动，M_1 和 M_2 的倾斜还可由镜后的螺钉分别调节。G_1 和 G_2 是厚度和折射率完全相同的一对平行平面玻璃板，两者平行放置，与两块平面反射镜都成45°。在 G_1 的背面镀有一层半透半反膜，使照射到 G_1 上的光一半反射一半透射，所以 G_1 又称为分光板。

如图7-44(b)所示，从扩展光源 S 来的一束光入射到 G_1 上，折射到 G_1 的光在分光板 G_1 背面的半反射面 A 上的点 C 分解为反射光1和透射光2，反射光1受到平面镜 M_1 反射后折回，再穿过 G_1 而进入人眼或光电探测器，透射光2通过 G_2 后经平面镜 M_2 反射折回，再经半反射面 A 在点 D 反射也进入人眼或光电探测器，两束光来自同一束光，因而是相干光，在视网膜上或光电探测器内相遇产生干涉。从图7-44(b)可看出，光束1通过玻璃板 G_1 三次，而光束2只通过 G_1 一次。为使两束光在叠加时的光程差不致太大，应在玻璃板内补偿光程，因此在光束 2 的路径上安放一个和 G_1 完全一样的 G_2，使光束在玻璃板内通过的光程相等，因此玻璃板 G_2 称为补偿板。

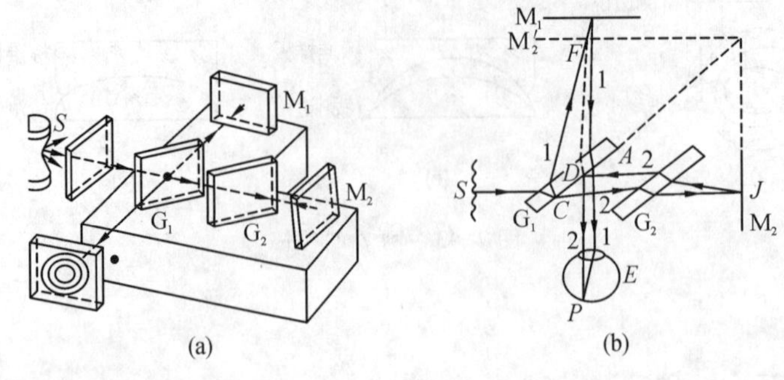

图 7-44 迈克耳逊干涉仪的结构

2. 等效光路

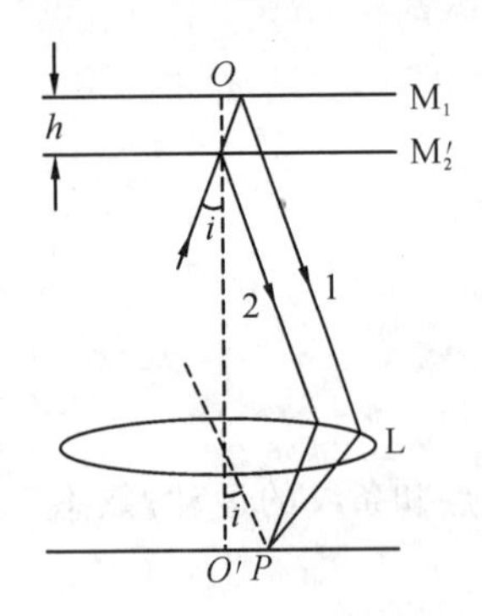

图 7-45 等效光路

在图 7-44(b)中，M_2'为 M_2 通过半反射面 A 所生成的虚像，位置在 M_1 附近，它可以在 M_1 之前，也可以在 M_1 之后。在 E 处的观察者看来，就好像两相干光是从 M_1 和 M_2'反射而来的。因此，可以认为由 M_1 和 M_2 两个平面反射光所产生的干涉是实反射面 M_1 和虚反射面 M_2'所构成的虚空气薄膜两表面反射光所产生的干涉。图 7-45 为它的等效光路图。

3. 光程差

因为空气的折射率 $n=1$，光束进入薄膜时不发生偏折，薄膜内的折射角就是 M_1 的入射角 i，因此，两束光在点 P 的光程差为

$$\Delta=2h\cos i \tag{7-88}$$

式中，h 为 M_1 与 M_2'的距离。

4. 条纹特点

1）等倾条纹

调节 M_1 或 M_2 背后的螺钉，当 M_1 与 M_2 严格垂直时，则 M_2'与 M_1 严格平行，观察到等倾圆环条纹。

等倾干涉条纹的第 m 级明环应满足

$$\Delta=2h\cos i=m\lambda$$

显然，越靠近圆心的明环相应的 i 越小，级次 m 就越大，$i=0$，级次最大，最大的级次为

$$m_{\max}=\frac{2h}{\lambda}$$

由上式可知，每当 h 减小半个波长时，$m_{\max}$ 减小一个数目，从中心消失一个明环。同理，每当 h 增大半个波长时，$m_{\max}$ 增大一个数目，从中心冒出一个明环。计算从中心冒出（或消失）的明环数目 N，则可以计算 M_1 平移的距离为

$$d=N\frac{\lambda}{2} \tag{7-89}$$

如图 7-46 所示，M_2'与 M_1 严格平行，起初 M_1 与 M_2'较远，这时在视场中看到的等倾圆条纹较细较密，如图 7-46(a)所示。将 M_1 移向 M_2'的过程中，h 不断减小，干涉圆环不断向中心收缩消失，条纹变稀变粗，同一视场中条纹数变少，如图 7-46(b)所示。当 M_1 移至与 M_2'重合时(这时光程差为零)，中心斑点是亮点且扩大到整个视场，如图 7-46(c)所示。如果继续移动 M_1 使它逐渐离开 M_2'，h 不断增大，干涉圆环不断从中心冒出，视场里的圆环又变密变细，如图 7-46(d)和(e)所示。

2）等厚条纹

当 M_1 与 M_2 不严格垂直时，M_1 与 M_2'之间有微小的夹角，形成空气劈尖，这时可观察到等厚条纹。起初 M_1 与 M_2'较远，由于光程差较大，条纹的对比度极小，看不清条纹，如图 7-46(f)所示。将 M_1 逐渐向 M_2'移动，开始出现越来越清晰的条纹，不过这些条纹不是严格的等厚线，它们两端朝背离 M_1 和 M_2'的交线方向弯曲。在 M_1 向 M_2'靠近的过程中，这些条纹朝背离 M_1 与 M_2'交线方向(向左)平移，如图 7-46(g)所示。当 M_1 和 M_2'十分靠近，甚至相交的时候，条纹变直了，如图 7-46(h)所示。若继续移动 M_1，使 M_1 逐渐远离 M_2'，可观察到条纹朝 M_1 和 M_2'的交线方向(仍向左)平移，且条纹两端朝背离 M_1 和 M_2'的交线方向弯曲，如图 7-46(i)所示。当 M_1 和 M_2'的距离太大时，条纹的对比度逐渐减小，直到看不见，如图 7-46(j)所示。

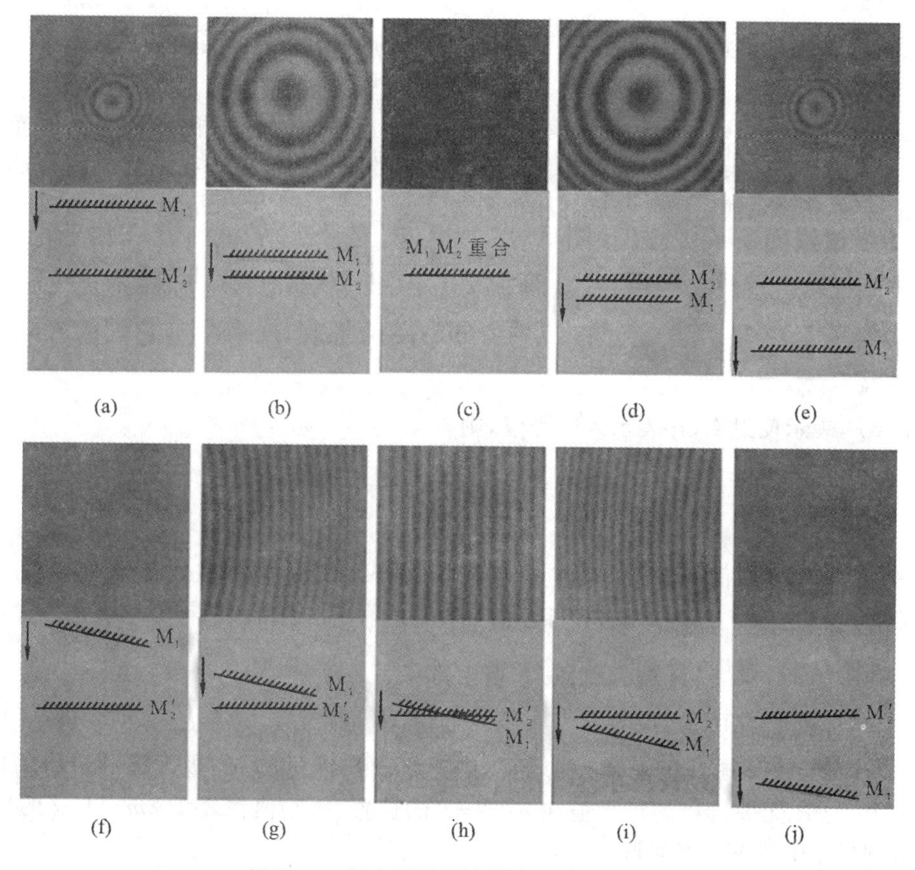

图 7-46　迈克耳逊干涉仪产生的各种条纹

7.7.2.2 多光束干涉

前面讨论的干涉现象都是双光束的干涉，这样的干涉图样的光强变化比较缓慢。用实验法很难准确测定光强的极大值或极小值的位置，所以双光束条纹比较模糊。对干涉的实际应用来说，干涉图样最好是十分细锐、边缘清晰且被宽阔的黑暗背景隔开的明纹。利用多光束干涉可以满足这些要求。所谓多光束是指一组彼此平行的光，而且任意相邻两束光的光程差是相同的。

1. 干涉原理图

当一束光射向薄膜时，要经过多次的反射和透射，将出现很多反射光和透射光。当薄膜的反射率很低(5%)时，只考虑两束光的干涉才是近似正确的；当薄膜的反射率很高(90%)时，必须考虑多光束叠加的干涉。如图 7-47 所示，一个平行平面介质薄膜，厚度为 h，折射率为 n，置于折射率为 n_0 的介质中。一束光入射到薄膜上，经薄膜的两个表面反射和折射产生多束相干的反射光 1,2,3,…和透射光 1′,2′,3′,…，用透镜 L 和 L′分别把它们会聚起来，就可以在它们的焦平面上观察到一组同心圆环。

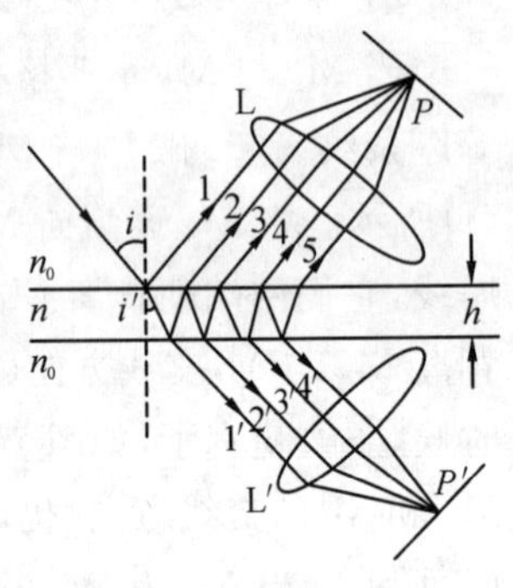

图 7-47 多光束干涉

2. 光程差

不考虑半波损失的情况下，相邻两束光到达点 P 的光程差为

$$\Delta=2nh\cos i' \tag{7-90}$$

此外还必须考虑界面反射时的相位跃变，因为薄膜上、下两侧折射率相同，除了反射光 1 和 2 以外，任何其他相邻两束光间没有因相位跃变而引起的附加相位差。在没有这一附加光程差的情况下，每束光较它前一束光落后的相位差为

$$\delta=\frac{2\pi}{\lambda}\Delta=\frac{4\pi nh\cos i'}{\lambda} \tag{7-91}$$

3. 条纹特点

1) 光强

令 $R=r^2$ 表示反射率，I_i 表示入射光强，则

$$I_t=\frac{I_i}{1+\frac{4R\sin^2(\delta/2)}{(1-R)^2}} \tag{7-92}$$

因为点 P'为透镜 L′焦平面上任意一点，它与倾角为 i 的入射光对应，所以式(7-92)表示 L′焦平面上的透射光强分布公式。入射光强应等于反射光强与透射光强之和，即 $I_i=I_t+I_r$，于是有

$$I_r=I_i-I_t=\frac{I_i}{1+\frac{(1-R)^2}{4R\sin^2(\delta/2)}} \tag{7-93}$$

图 7-48 中给出不同 R 的 $I_r-\delta$ 曲线，图中曲线表明，I_t 和 I_r 的极大值和极小值的位置仅由 δ 决定，与 R 无关。I_t 的极大值在 $\delta=2m\pi$ 的位置，极小值在 $\delta=(2m+1)\pi$ 的位置；I_r 的极大值和极小值位置刚好对调。

为了讨论方便，引入的参数

$$F=\frac{4R}{(1-R)^2} \tag{7-94}$$

称为精细度系数，则式(7-92)和式(7-93)可写为

$$I_t=\frac{I_i}{1+F\sin^2(\delta/2)} \tag{7-95}$$

$$I_r=I_i\frac{F\sin^2(\delta/2)}{1+F\sin^2(\delta/2)} \tag{7-96}$$

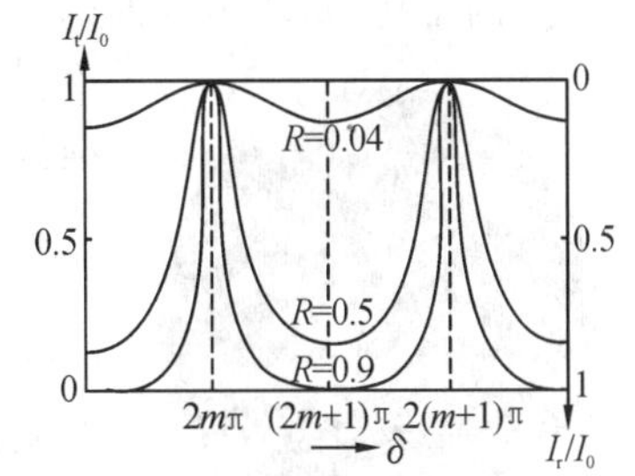

图 7-48　多光束干涉强度分布曲线

因为$\frac{I_r}{I_i}+\frac{I_t}{I_i}=1$，所以，反射光和透射光的强度互补，即对某一束反射光，其干涉条纹为明纹时，相应的透射光的干涉条纹为暗纹。

2）条纹的锐度

图 7-49 中以 δ 为横坐标标出了透射光干涉图样中的一条明纹。通常以半宽度的概念来描述明纹的细锐程度，称为条纹的锐度。半宽度即强度等于极大值强度一半的两点对应的相位差范围，记作 $\Delta\delta$，即

$$\Delta\delta=\frac{4}{\sqrt{F}}=\frac{2(1-R)}{\sqrt{R}} \tag{7-97}$$

3）精细度

通常用相邻两个极大值间的相位间隔 2π 和条纹的锐度之比表示条纹的细锐程度，称为条纹的精细度 N，即

$$N=\frac{2\pi}{\Delta\delta}=\frac{\pi\sqrt{F}}{2}=\frac{\pi\sqrt{R}}{1-R} \tag{7-98}$$

R 越大，ε 越小，N 越大，条纹越细。

7.7.2.3　法布里-珀罗干涉仪

法布里-珀罗干涉仪是一种多光束干涉系统。

1. 干涉装置

法布里-珀罗干涉仪(简称 F-P 干涉仪)是利用多光束干涉产生细锐条纹的典型仪器，它除了是一种分辨率极高的光谱仪器外，还应用于激光器中的谐振腔，其结构和光路图如图7-50所示。仪器中最主要的部分是两块高精密磨光的石英板或玻璃板 G_1、G_2，利用精密调节装置，使它们平行，这样在它们之间形成一个平行平面的空气层，为了提高反射率，在这两个表面上镀有多层介质膜或金属膜。另外为了避免 G_1、G_2 两板外表面(非工作表面)反射光所

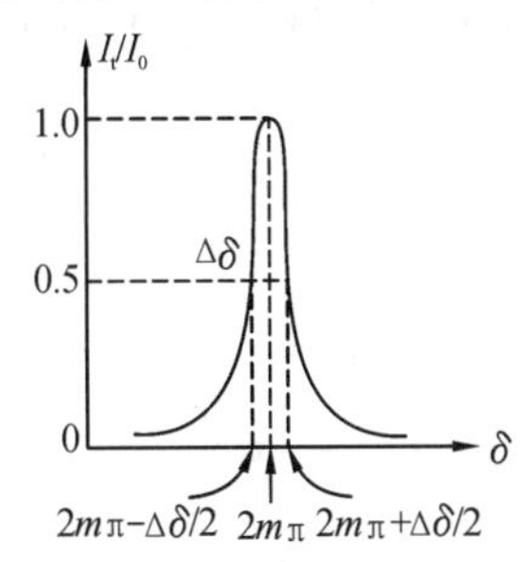

7-49　透射明纹的半宽度

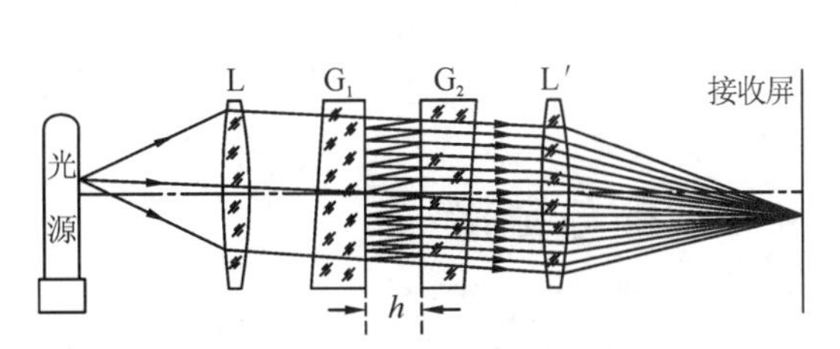

图 7-50　法布里-珀罗干涉仪的结构和光路图

造成的干扰，每块板间的两个表面并不严格平行，而是有一个微小角度（一般为 $5'\sim30'$）。如果 G_1、G_2 两板间的距离用间隔器固定，则该装置称为法布里-珀罗标准具。如果 G_1、G_2 两板间的光程可以调节，则称为法布里-珀罗干涉仪。

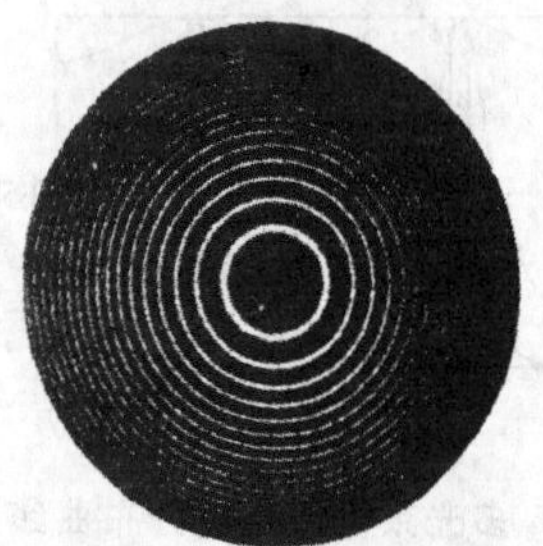

图 7-51 法布里-珀罗干涉仪形成的等倾干涉条纹

扩展单色光源位于透镜 L 的物方焦平面上，光源上某一点发出的光经 L 后变为平行光入射到空气薄膜上，在 G_1、G_2 间反复反射后形成振幅递减的多束相干光。相干光透射出去入射到 L'上，在置于 L'的像方焦平面处的接收屏上形成等倾干涉条纹（图 7-51）。

2. 条纹特点

法布里-珀罗干涉仪干涉条纹的光强分布函数就是上面所讨论的式(7-95)和式(7-96)。这些条纹的形状与迈克耳逊干涉仪产生的等倾条纹相似，也是同心环，但是迈克耳逊干涉仪是双光束干涉装置，而法布里-珀罗干涉仪是多光束干涉装置，所以后者比前者产生的干涉条纹要细锐得多，这正是法布里-珀罗干涉仪胜过迈克耳逊干涉仪的最大优点。

7.7.3 知识应用

7.7.3.1 利用迈克耳逊干涉仪测量光波长

例 7-14 迈克耳逊干涉仪的可动反射镜移动了 0.310 mm，干涉条纹移动了 1250 条，则所用的单色光的波长为多少？

解 由题意 $d=0.310\ \text{mm}$，$N=1250$，又由公式 $d=N\dfrac{\lambda}{2}$，有

$$\lambda=\frac{2d}{N}=\frac{2\times0.310}{1250}\ \text{mm}=496\ \text{nm}$$

7.7.3.2 利用迈克耳逊干涉仪测量介质折射率

例 7-15 用波长为 589 nm 的钠光灯作为光源，在迈克耳逊干涉仪的一个臂上放置一长度为 $l=5.00$ cm 的透明容器，容器两底与光线垂直，它的厚度忽略不计。若把容器中空气缓缓抽空，看到中心处吞入 49.5 个等倾圆环，求空气的折射率等于多少？

解 设空气的折射率为 n，则容器中空气抽空使得光程差变化量为 $2(n-1)l$。当光程差变化量为一个 λ 时，干涉条纹移过一个条纹，当中心处吞入 49.5 个等倾圆环时，光程差的变化量满足 $2(n-1)l=49.5\lambda$，所以

$$n=\frac{49.5\times\lambda}{2l}+1=\frac{49.5\times589\times10^{-9}}{2\times5\times10^{-2}}+1=1.000292$$

7.7.4 视窗与链接

增透膜与增反膜

光在两种介质的界面上同时发生反射和折射，从能量的角度看，对于任何透明介质，光的

能量并不全部透过界面，而总有一部分从界面上反射回来，光正入射到空气与玻璃的表面时，反射光能约占入射光能的5%。在各种光学仪器中，为了矫正像差或其他原因，往往采用多透镜的镜头。假定一个照相机的镜头由6个透镜组成，那么光线就要通过12个表面。在每个表面损失5%的光能，那么在12个表面总共损失的光能就约占入射光总能量的一半。如果镜头更加复杂，那么因反射而损失的光能就更多了。此外，这些反射光在光学仪器中还会造成有害的杂光，影响成像的清晰度。

为了避免反射损失，近代光学仪器中都采用真空镀膜的方法，在透镜表面上敷上一层薄透明胶，它能够减少光的反射，增加光的透射，这种薄膜称为增透膜或减反射膜。增透膜的原理就是薄膜干涉。增透膜单膜的结构如图7-52所示，在透镜表面覆上一层透明氟化镁(MgF_2，折射率 $n_2=1.38$)薄膜，适当地选择它的厚度，可使得可见光中对视觉最灵敏的黄绿色光($\lambda=5500\text{Å}$)在薄膜上、下表面反射的两相干光的光程差满足干涉极小条件。这样反射光能由于干涉相消而减弱了，从而相应地导致透射光能的增强，这种单膜的反射率为1.2%。

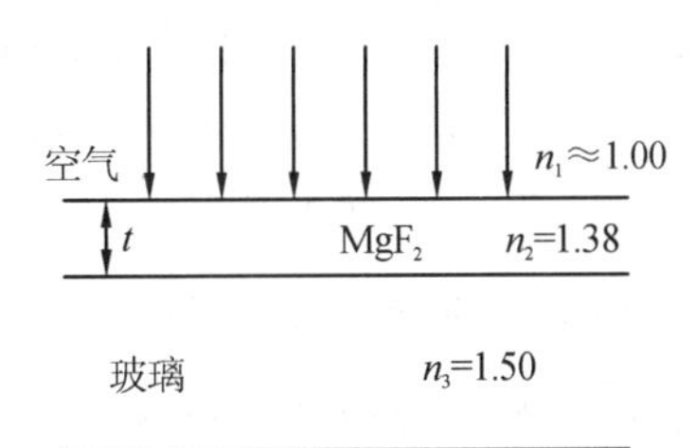

图7-52 增透膜单膜的结构示意图

作为例子，我们来算一算 MgF_2 薄膜厚度应为多大？如图7-55所示，如果光垂直入射，则有 $i'=0$；又因为 $n_1<n_2<n_3$，则两束反射光间无半波损失，没有附加光程差。希望在 MgF_2 薄膜两个表面上反射的光能够干涉相消，就要求光程差满足

$$\Delta=2n_2t=(2m+1)\frac{\lambda}{2}$$

所以

$$t=\frac{1}{2n}(2m+1)\frac{\lambda}{2}=\frac{5500\text{Å}}{4\times1.38}(2m+1)=1000\text{Å}(2m+1),\qquad m=0,1,2,\cdots$$

$$t=1000\text{Å},3000\text{Å},5000\text{Å},\cdots$$

可见 MgF_2 薄膜的厚度取1000Å、3000Å、5000Å……通常取1000Å。

由上面的讨论可以看出，增透膜只能使个别波长的反射光达到极小，对于其他波长相近的反射光也有不同程度的减弱。至于控制哪种波长的反射光达到极小，视实际需要而定。

根据同样的道理，如果在飞机表面镀一层透明膜，它的厚度刚好使雷达发射的无线电波因干涉相消而不反射，那么敌人的雷达就发现不了这架飞机。

实际中有时提出相反的需要，即尽量降低透射率，提高反射率，这时就需要镀上一层增反膜。例如，宇航员头盔和面甲上都须镀上反射红外线的增反膜来屏蔽红外线辐射，在放映机中可用红外反射镜过滤光源中的红外线，避免电影胶片过热。这时在玻璃上覆上一层折射率为 n_2(满足 $n_1<n_2>n_3$)的薄膜，则上、下表面反射光之间有半波损失，使反射光满足干涉极大条件，反射光能因干涉相长而增强。靠单膜是不能将反射率提高太多的。例如，当

$n_1=1.00$，$n_3=1.52$ 时，取由硫化锌（$n_2=2.40$）制成增反膜，反射率增至 33.8%。为进一步提高反射率，应该采用多层膜。激光器谐振腔中的反射镜也多用多层膜制成。

习　题　7

7-1　当一束光射在两种透明介质的分界面上时，会发生只有透射而无反射的情况吗？

7-2　科学幻想小说中常描绘一种隐身术，根据所学知识设想一下，即使有办法使人体变得无色透明，要想别人完全看不见，还需要什么条件？

7-3　光由光密介质向光疏介质入射时，其布儒斯特角能否大于全反射的临界角？

7-4　试列举出一种不产生明暗相间条纹的光干涉现象。

7-5　试将牛顿环、迈克耳逊干涉环、法布里-珀罗干涉环三种干涉条纹进行比较。

7-6　在杨氏双缝干涉实验中，进行如下调节，干涉条纹如何变化？(1)双缝间距逐渐增大；(2)把单狭缝 S 向上或向下移动一个微小距离；(3)逐渐增大入射光的波长。

7-7　干涉按不同的类型可以分为几类，分别有什么特点？

7-8　在玻璃中传播的平面电磁波，其电场表示为 $E_z=10^2\cos\left[\pi\times10^{15}\times\left(\dfrac{z}{0.65c}-t\right)\right]$，求(1)该电磁波的频率、波长、周期、振幅和玻璃的折射率；(2)波的传播方向、电场强度矢量各为哪个方向？

7-9　如图 7-53 所示，从 S_1 和 S_2 发出的两相干电磁波的波长为 10 m，两列波在彼此距离很近的点 P_1、P_2 处的强度分别为 9 W/m^2 和 16 W/m^2。若 $S_1P_1=2560$ m，$S_1P_2=2450$ m，$S_2P_1=3000$ m，$S_2P_2=2555$ m，P_1 和 P_2 两点处的电磁波的强度等于多少（假设两列波从 S_1 和 S_2 发出时同相位）？

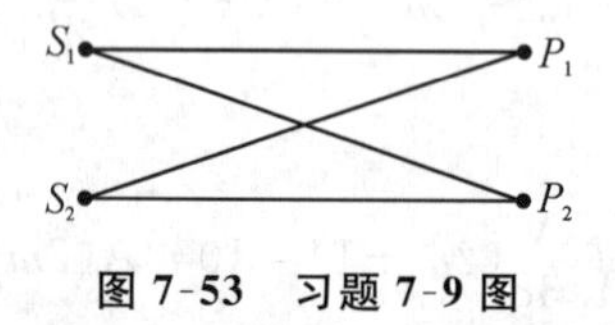

图 7-53　习题 7-9 图

7-10　假设窗玻璃的折射率为 1.5，斜照的太阳光（自然光）的入射角为 60°，试求太阳光的反射率和透射率。

7-11　如图 7-54 所示，用棱镜改变光方向，并使光垂直棱镜表面射出，入射光是平行于纸面振动的氦氖激光（$\lambda=0.6328\ \mu$m）。入射角 φ_1 等于多少时透射最强？由此计算出该棱镜底角 α 应为多大（$n=1.52$）？

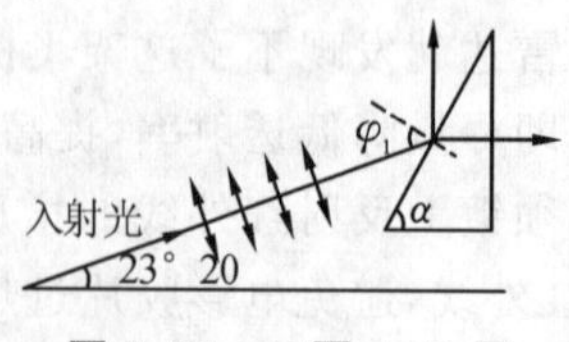

图 7-54　习题 7-11 图

7-12 汞弧灯发出的光通过一个滤光片后照射杨氏双缝干涉装置。缝间距为 $d=0.66$ mm，观察屏与双缝相距为 $D=2.5$ m，并测得相邻明纹间距离为 $\Delta x=2.27$ mm。试计算入射光的波长，并指出其颜色。

7-13 在菲涅耳双面镜干涉实验中，单色光的波长为 $\lambda=500$ nm。光源和观察屏到菲涅耳双面镜交线的距离分别为 0.5 m 和 1.5 m，菲涅耳双面镜夹角为 10^{-3} rad。试求观察屏上条纹的间距。

7-14 在杨氏双缝干涉实验中两缝间距为 0.15 mm，在 1.0 m 远处测得第 1 级和第 10 级暗纹之间的距离为 36 mm。求所用单色光的波长。

7-15 用很薄的玻璃片盖在杨氏双缝干涉装置的一条缝上，这时接收屏上零级条纹移到原来第 7 级明纹的位置上。如果入射光的波长为 $\lambda=550$ nm，玻璃片的折射率为 $n=1.58$，试求此玻璃片的厚度。

7-16 一玻璃劈尖，折射率为 $n=1.52$。波长为 $\lambda=589.3$ nm 的钠光垂直入射，测得相邻条纹间距 $\Delta x=5.0$ mm，求劈尖夹角。

7-17 制造半导体器件时，常常要精确测定硅(Si)片上二氧化硅(SiO_2)薄膜的厚度，这时可把 SiO_2 薄膜的一部分腐蚀掉，使其形成劈尖，利用等厚条纹测出其厚度。已知 SiO_2 的折射率为 1.5，Si 的折射率为 3.42，入射光波长为 589.3 nm，观察到 7 条暗纹(如图 7-55 所示)，SiO_2 薄膜的厚度 e 是多少？

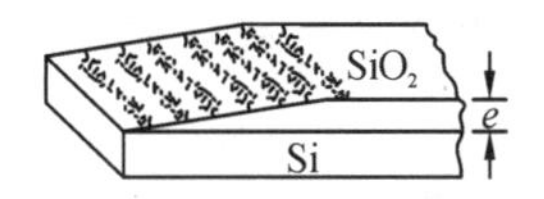

图 7-55 习题 7-17 图

7-18 块规是一种长度标准器，它是一块钢质长方体，两端面磨平抛光，很精确地相互平行，两端面间距离即长度标准。块规的校准装置如图 7-56 所示，其中 G_1 是一合格块规，G_2 是与 G_1 同规号待校准的块规。两者置于平台上，上面盖上平玻璃。平玻璃与块规端面间形成空气劈尖。用波长为 589.3 nm 的光垂直照射时，观察到两端面上方各有一组干涉条纹。

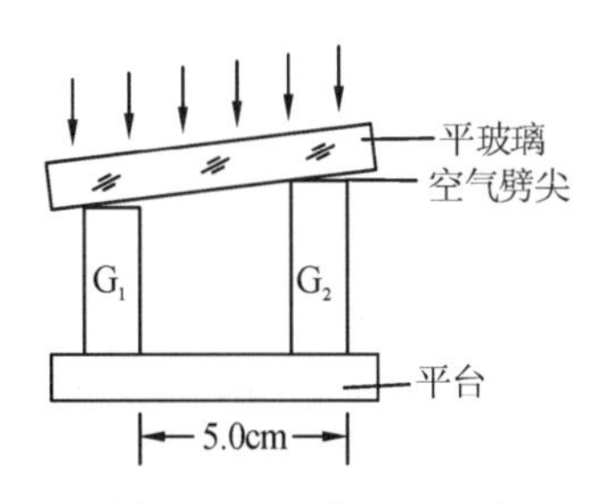

图 7-56 习题 7-18 图

(1)两组条纹的间距都是 $\Delta x=0.50$ mm，试求 G_1、G_2 的长度差；

(2)如何判断 G_2 比 G_1 的长度长还是短？

(3)如果两组条纹间距分别为 $\Delta x_1=0.50$ mm，$\Delta x_2=0.30$ mm，这表示 G_2 加工有什么不合格？如果 G_2 加工完全合格，应观察到什么现象？

7-19 一个薄玻璃片，厚度为 0.4 μm，折射率为 1.50，用可见光(波长范围为 380～760 nm)垂直照射，哪些波长的光在反射中加强？哪些波长的光在透射中加强？

7-20 在制作珠宝时,为了使人造水晶(n=1.5)具有强反射本领,就在其表面上镀一层二氧化硅(n=2.0)。要使波长为 560 nm 的光强烈反射,该镀层至少应多厚?

7-21 一个玻璃(n=1.5)附有一层油膜(n=1.32),今用一波长连续可调的单色光垂直照射油面。当波长为 485 nm 时,反射光干涉相消;当波长增为 679 nm 时,反射光再次干涉相消。求油膜的厚度。

7-22 可见光照射到折射率为 1.33 的肥皂膜上,若从 45°角方向观察薄膜呈现绿色(500 nm),试求肥皂膜最小厚度。若从垂直方向观察,肥皂膜正面呈现什么颜色?

7-23 在折射率为 n_1=1.52 的镜头表面涂有一层折射率为 n_2=1.38 的 MgF_2 增透膜,如果此增透膜适用于波长为 λ=550 nm 的光波,增透膜的厚度应是多少?

7-24 牛顿环干涉装置各部分折射率如图 7-57 所示。试大致画出反射光的干涉条纹的分布。

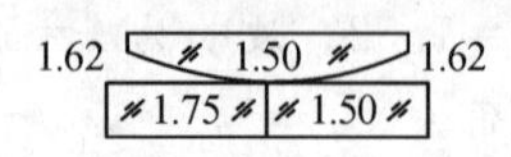

7-57 习题 7-24 图

7-25 用单色光观察牛顿环,测得某一明环的直径为 3.00 mm,它外面第 5 个明环的直径为 4.60 mm,平凸透镜的半径为 1.03 m,求此单色光的波长。

7-26 将折射率为 1.54 的玻璃板插入迈克耳逊干涉仪的一个臂内,观察到 20 个条纹的移动,若所用光的波长为 λ=590 nm,求玻璃板的厚度。

8

光的衍射

8.1 光的衍射概述

◆知识点

¤光的衍射现象

¤光波的标量衍射理论

¤光的衍射现象是光的波动性的另一个主要标志，也是光在传播过程中最重要的属性之一。光的衍射在近代科学技术中已获得了极其重要的应用。

8.1.1 任务目标

掌握光的衍射现象产生的条件和分类；掌握惠更斯-菲涅耳原理，了解基尔霍夫公式的近似处理。

8.1.2 知识平台

8.1.2.1 光的衍射现象

若光在传播过程中遇到障碍物偏离直线，将传播到障碍物的几何阴影区域中，并在屏幕上呈现出光强不均匀分布的现象称为光的衍射。通常将在障碍物后的屏幕上出现明暗相间的条纹，称为衍射图样。

如图 8-1 所示，让一个足够亮的单色点光源 S 发出的光透过一个圆孔照射到屏幕 K 上，并且逐渐改变圆孔的大小，就会发现：当圆孔足够大时，在屏幕上看到一个均匀光斑，其大小就是圆孔的几何投影(如图 8-1(a)所示)；随着圆孔逐渐减小，起初光斑也相应地变小，而后光斑开始模糊，并且在圆斑外面产生若干围绕圆斑的明暗相间的同心圆环(如图 8-1(b)所

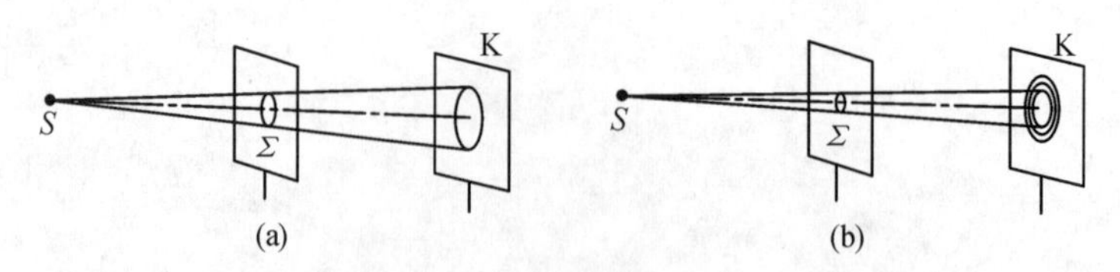

图 8-1　光的衍射现象

示),此后再使圆孔变小,光斑及圆环不但不跟着变小,反而会增大,这就是光的衍射现象。

在日常生活中,我们经常见的是光的直线传播和反射、折射现象,极少发现光的衍射现象,这是因为衍射是有条件的,只有当障碍物的尺寸与光的波长相近时,光的衍射现象才显著。

8.1.2.2　光波的标量衍射理论

1. 惠更斯-菲涅耳原理

如图 8-2 所示的波源 S,在某一时刻所产生波面为 Σ,则 Σ 上的每点都可以看成是一个次波源,它们发出球面次波,其后某一时刻的波面 Σ',即是该时刻这些球面次波的包络面,波面的法线方向就是该波的传播方向。惠更斯原理能够很好地解释光的直线传播、光的反射和光的折射,能够定性地说明衍射现象,但不能说明衍射过程及其强度分布。

菲涅耳根据波的叠加和干涉原理,提出了“子波相干叠加”的概念,他认为,从同一波面上发出的子波是相干波,因而波面 Σ' 上每点的光振动应该是在光源和该点之间任意波面(如波面 Σ)上的各点发出的子波场叠加的结果,这就是惠更斯-菲涅原理。

利用惠更斯-菲涅耳原理可以解释衍射现象:在任意给定的时刻,任意波面上的点都起着次波波源的作用,它们各自发出的球面次波将在点 P 相遇。一般说来,由各次波源到点 P 的光程是不同的,从而在点 P 引起的振动相位不同,点 P 的总振动就是这些次波在这里相干叠加的结果。

根据惠更斯-菲涅耳原理,图 8-3 所示的一个单色光源 S 对于空间任意点 P 的作用,可以看成是 S 和 P 之间任意波面 Σ 上各点发出的次波在点 P 相干叠加的结果。假设波面 Σ 上任意点 Q 的光场复振幅为 $\widetilde{E}(Q)$,在点 Q 取一个面元 $\mathrm{d}\sigma$,则面元上的次波源对点 P 光场的贡献为

$$\mathrm{d}\widetilde{E}(P)=CK(\theta)\widetilde{E}(Q)\frac{\mathrm{e}^{\mathrm{i}kr}}{r}\mathrm{d}\sigma \tag{8-1}$$

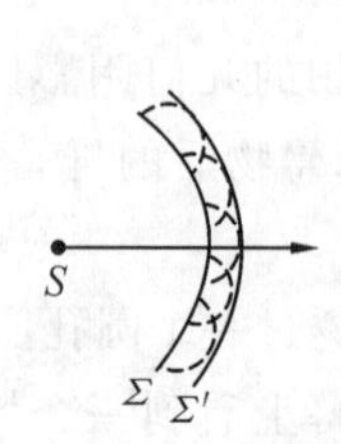

图 8-2　惠更斯原理

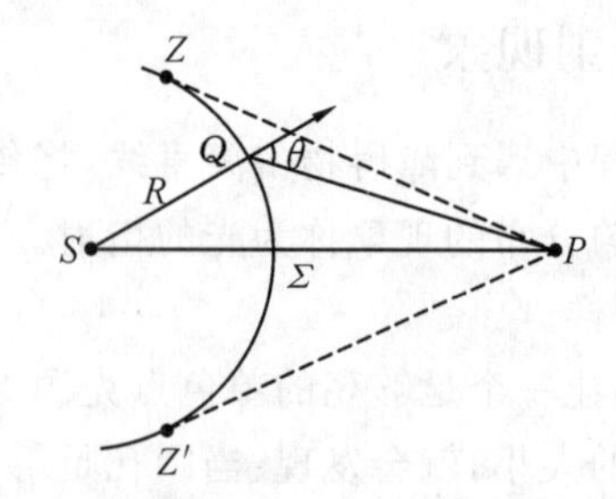

图 8-3　单色点光源 S 对点 P 的光作用

式中，C 是比例系数，$r=QP$。$K(\theta)$称为倾斜因子，它是与波面法线和 QP 的夹角 θ(称为衍射角)有关的量，按照菲涅耳的假设：当 $\theta=0$ 时，$K(\theta)$为最大值；随着 θ 的增大，$K(\theta)$迅速减小；当 $\theta\geqslant\pi/2$ 时，$K(\theta)=0$。因此，图 8-3 中波面Σ上只有 ZZ'范围内的部分对点 P 的光振动有贡献。所以点 P 的光场复振幅为

$$\widetilde{E}(P)=C\iint_{\Sigma}\widetilde{E}(Q)\frac{\mathrm{e}^{ikr}}{r}K(\theta)\mathrm{d}\sigma \tag{8-2}$$

这就是惠更斯-菲涅耳原理的数学表达式，称为惠更斯-菲涅耳公式。

当 S 是点光源时，点 Q 的光场复振幅为

$$\widetilde{E}(Q)=\frac{A}{R}\mathrm{e}^{\mathrm{i}kR} \tag{8-3}$$

式中，R 是光源到点 Q 的距离。在这种情况下，$\widetilde{E}(Q)$可以从积分号中提取出来，但是由于 $K(\theta)$的具体形式未知，不可能由式(8-2)确定 $\widetilde{E}(P)$。因此，从理论上来讲，这个原理是不够完善的。

2. 菲涅耳-基尔霍夫公式

基尔霍夫的研究弥补了菲涅耳理论的不足，他从微分波动方程出发，利用场论中的格林(Green)定理，给出了惠更斯-菲涅耳原理较完善的数学表达式，将空间点 P 的光场与其周围任意封闭曲面上的各点光场建立起了联系，得到了菲涅耳理论中没有确定的倾斜因子 $K(\theta)$的具体表达式，建立了光的衍射理论，其公式表示如下：

$$\widetilde{E}(P)=-\frac{i}{\lambda}\iint_{\Sigma}\widetilde{\boldsymbol{E}}(l)\frac{r^{\mathrm{i}kr}}{r}\left[\frac{\cos(\boldsymbol{n},\boldsymbol{r})-\cos(\boldsymbol{n},\boldsymbol{l})}{2}\right]\mathrm{d}\sigma \tag{8-4}$$

此式称为菲涅耳-基尔霍夫公式。与式(8-2)进行比较，可得

$$\widetilde{E}(Q)=\widetilde{E}(l)=\frac{A}{l}\mathrm{e}^{\mathrm{i}kl}$$

$$K(\theta)=\frac{\cos(\boldsymbol{n},\boldsymbol{r})-\cos(\boldsymbol{n},\boldsymbol{l})}{2}$$

$$C=-\frac{i}{\lambda}$$

因此，如果将积分面元 $\mathrm{d}\sigma$ 视为次波源的话，式(8-4)可解释为：①点 P 的光场是Σ上无穷多次波源产生的，次波源的复振幅与入射波在该点的复振幅 $\widetilde{E}(Q)$成正比，与波长 λ 成反比；②因子($-i$)表明，次波源的振动相位超前于入射 $\pi/2$；③倾斜因子 $K(\theta)$表示了次波的振幅在各个方向上是不同的，其值在 0～1 之间。如果一平行光垂直入射到Σ上，则 $\cos(\boldsymbol{n},\boldsymbol{l})=-1$，$\cos(\boldsymbol{n},\boldsymbol{r})=\cos\theta$，因而有

$$K(\theta)=\frac{1+\cos\theta}{2}$$

当 $\theta=0$ 时，$K(\theta)=1$，这表明波面法线方向上的次波贡献最大；当 $\theta=\pi$ 时，$K(\theta)=0$，这一结论说明，菲涅耳关于次波贡献的研究中假设 $K(\pi/2)=0$ 是不正确的。

3. 基尔霍夫公式的近似处理

应用基尔霍夫衍射公式，对于一些极简单的衍射问题，也因为被积函数形式复杂而得不到解析形式的积分结果。为此，必须根据实际条件进一步做近似处理。

1）初步近似——傍轴近似

在一般的光学系统中，对成像起主要作用的是那些与光学系统光轴夹角极小的傍轴光线。对于傍轴光线，图 8-4 所示的开孔Σ的线度和屏幕上的考察范围都远小于开孔到屏幕的距离，因此下面的两个近似条件通常都成立：

(1)$\cos(\boldsymbol{n},\boldsymbol{r})\approx 1$，于是 $K(\theta)\approx 1$；

(2)$r\approx z_1$。

这样，式(8-4)可以简化为

$$\widetilde{E}(P)=-\frac{\mathrm{i}}{\lambda_{z_1}}\iint_{\Sigma}\widetilde{E}(Q)\mathrm{e}^{ikr}\,\mathrm{d}\sigma \tag{8-5}$$

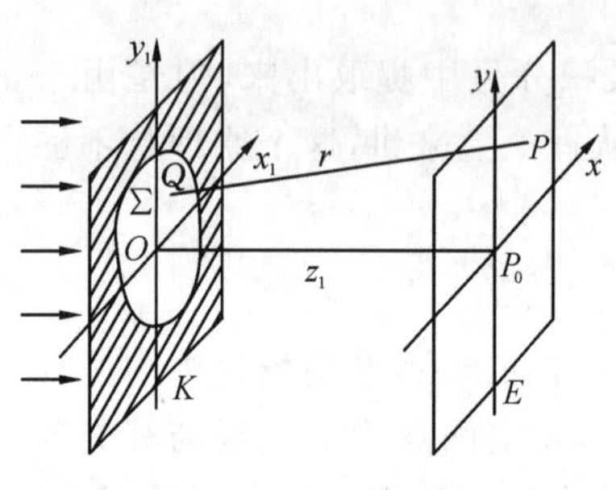

图 8-4 孔径Σ的衍射

在这里，指数中的 r 未用 z_1 代替，这是因为指数中 r 所影响的是次波场的相位，r 的微小变化会引起相位的很大变化，因而会对干涉效应产生显著的影响，所以不可用常数 z_1 替代。

2）距离近似—菲涅耳近似和夫琅禾费近似

用基尔霍夫衍射公式计算近场和远场衍射时，可以按照离衍射孔的距离将衍射公式进行简化。下面求出这两种衍射的近似计算公式。

a. 菲涅耳近似

如图 8-4 所示，设$\overline{QP}=r$，则由几何关系有

$$r=\sqrt{z_1^2+(x-x_1)^2+(y-y_1)^2}=z_1\sqrt{1+\left(\frac{x-x_1}{z_1}\right)^2+\left(\frac{y-y_1}{z_1}\right)^2}$$

$$=z_1\left\{1+\frac{1}{2}\cdot\frac{(x-x_1)^2+(y-y_1)^2}{z_1^2}-\frac{1}{8}\cdot\left[\frac{(x-x_1)^2+(y-y_1)^2}{z_1^2}\right]^2+\cdots\right\}$$

当满足$\frac{k}{8}\frac{[(x-x_1)^2+(y-y_1)^2]^2_{\max}}{z_1^3}\ll\pi$时，上式第三项及以后的各项都可略去，简化为

$$r=z_1\left[1+\frac{1}{2}\cdot\frac{(x-x_1)^2+(y-y_1)^2}{z_1^2}\right]$$

$$=z_1+\frac{x^2+y^2}{2z_1}-\frac{xx_1+yy_1}{z_1}+\frac{x_1^2+y_1^2}{2z_1}$$

这一近似称为菲涅耳近似，在这个区域内观察到的衍射现象称为菲涅耳衍射(或近场衍射)。

在菲涅耳近似下，点 P 的光场复振幅为

$$\widetilde{E}(x,y)=-\frac{\mathrm{i}}{\lambda_{z_1}}\iint_{\Sigma}\widetilde{E}(x_1,y_1)\mathrm{e}^{ikz_1\left[1+\frac{(x-x_1)^2+(y-y_1)^2}{2z_1^2}\right]}\mathrm{d}x_1\mathrm{d}y_1 \tag{8-6}$$

b. 夫琅禾费近似

当屏幕离衍射屏的距离很大，且满足 $k\frac{(x_1^2+y_1^2)_{\max}}{2z_1}\ll\pi$ 时，可将 r 进一步简化为

$$r=z_1+\frac{x^2+y^2}{2z_1}-\frac{xx_1+yy_1}{z_1}$$

这一近似称为夫琅禾费近似，在这个区域内观察到的衍射现象称为夫琅禾费衍射(或远场

衍射)。

在夫琅禾费近似下,点 P 的光场复振幅为

$$\widetilde{E}(x,y)=-\frac{i\mathrm{e}^{\mathrm{i}kz_1}}{\lambda_{z_1}}\mathrm{e}^{\mathrm{i}k\frac{x^2+y^2}{2z_1}}\iint_{\Sigma}\widetilde{E}(x_1,y_1)\,\mathrm{e}^{-\mathrm{i}k\frac{xx_1+yy_1}{z_1}}\mathrm{d}x_1\mathrm{d}y_1 \tag{8-7}$$

由以上讨论可知,菲涅耳衍射和夫琅禾费衍射是距离近似下的两种衍射情况,两者的区别条件是屏幕到衍射屏的距离 z_1 与衍射孔的线度(x_1,y_1)之间的相对大小。

8.2 菲涅耳衍射

◆**知识点**

¤菲涅耳波带法

¤菲涅耳波带片

8.2.1 任务目标

掌握菲涅耳波带法,并利用菲涅耳波带法分析菲涅耳衍射问题,掌握菲涅耳波带片的定义及作用。

8.2.2 知识平台

光源和屏幕(或两者之一)离开衍射孔(或缝)的距离有限,这种衍射称为菲涅耳衍射,或近场衍射。通常可以用菲涅耳衍射公式来计算衍射图样,还可以用一些定性或半定量的方法,如菲涅耳波带法来得到衍射图样。

8.2.2.1 菲涅耳波带法

图 8-5 绘出了单色点光源 S 照射圆孔衍射屏的情况,点 P_0 位于圆孔中垂线上,在某时刻通过圆孔的波面为 MM',半径为 R。

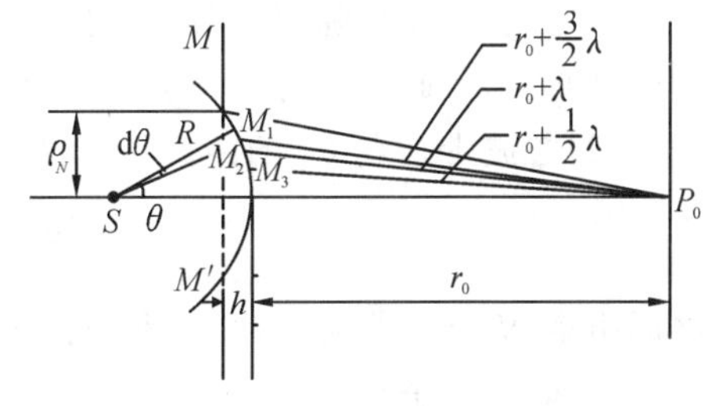

图 8-5 圆孔衍射的波带法示意图

1. 菲涅耳半波带

以点 P_0 为中心,以 $r_1,r_2,\cdots,r_N$ 为半径,在波面上作圆,把 MM'分成 N 个环带,所选取的半径分别为

$$r_1=r_0+\frac{\lambda}{2}$$

$$r_2=r_0+\frac{2\lambda}{2}$$

$$\vdots$$

$$r_N = r_0 + \frac{N\lambda}{2}$$

因此，相邻两个环带上的相应两点到点 P_0 的光程差为半个波长，这样的环带称为菲涅耳半波带。

2. 点 P_0 的振幅

设 $a_1, a_2, \cdots, a_N$ 分别为第1，第2，…，第 N 个波带在点 P_0 产生光场振幅的绝对值，则由惠更斯-菲涅耳原理可知，点 P_0 的光场振幅应为各波带在点 P_0 产生光场振幅的叠加，近似为

$$A_N = a_1 - a_2 + a_3 - a_4 + \cdots \pm a_N \tag{8-8}$$

式中，当 N 为奇数时，a_N 前面取＋号；N 为偶数时，a_N 前面取－号。这种取法是由于相邻的波带在点 P_0 引起的振动相位相反决定的。

因此，利用菲涅耳波带法求点 P_0 的光强，首先应求出各个波带在点 P_0 振动的振幅。由惠更斯-菲涅耳原理可知，各波带在点 P_0 产生的振幅 a_N 主要由三个因素决定：波带的面积大小 ΔS_N；波带到点 P_0 的距离 $\bar{r}_N$；波带对点 P_0 连线的倾斜因子 $K(\theta)$，且有

$$a_N \propto \frac{\Delta S_N}{\bar{r}_N} K(\theta) \tag{8-9}$$

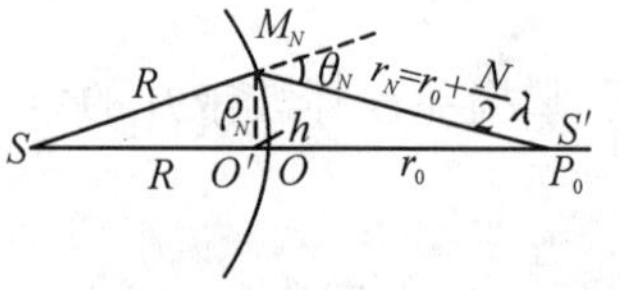

图 8-6　求波带面积

(1)波带面积 ΔS_N 的计算。在图8-6中，设圆孔对点 P_0 共有 N 个波带，这 N 个波带相应的波面面积是

$$S_N = 2\pi R h = \frac{\pi R}{R + r_0}\left(N r_0 \lambda + N^2 \frac{\lambda^2}{4}\right)$$

同样也可以求得$(N-1)$个波带所对应的波面面积为

$$S_{N-1} = \frac{\pi R}{R + r_0}\left[(N-1) r_0 \lambda + (N-1)^2 \frac{\lambda^2}{4}\right]$$

两式相减，即得第 N 个波带的波面面积为

$$\Delta S_N = S_N - S_{N-1} = \frac{\pi R \lambda}{R + r_0}\left[r_0 + \left(N - \frac{1}{2}\right)\frac{\lambda}{2}\right] \tag{8-10}$$

由此可见，波面面积随着序数 N 的增大而增大。但由于通常波长 λ 相对于 R 和 r_0 很小，λ^2 项可以略去，因此可视各波面面积近似相等。

(2)各波带到点 P_0 的距离可取两者的平均值，即

$$\bar{r}_N = \frac{r_N + r_{N-1}}{2} = r_0 + \left(N - \frac{1}{2}\right)\frac{\lambda}{2} \tag{8-11}$$

这说明第 N 个波带到点 P_0 的距离随着序数 N 的增大而增大。

(3)倾斜因子为

$$K(\theta) = \frac{1 + \cos\theta_N}{2} \tag{8-12}$$

将式(8-10)～式(8-12)代入式(8-9)，可以得到各个波带在点 P_0 产生的振动振幅

$$a_N \propto \frac{\pi R \lambda}{R + r_0} \frac{1 + \cos\theta_N}{2} \tag{8-13}$$

可见，各个波带产生的振幅 a_N 的差别只取决于倾角 θ_N。随着 N 增大，θ_N 也相应增大，所各波带在点 P_0 所产生的光场振幅将随之单调减小，即

$$a_1 > a_2 > a_3 > \cdots > a_N$$

又由于这种变化比较缓慢，所以近似有下列关系：

$$a_2 = \frac{a_1 + a_3}{2}$$

$$a_4 = \frac{a_3 + a_5}{2}$$

$$\vdots$$

$$a_{2m} = \frac{a_{2m-1} + a_{2m+1}}{2}$$

$$\vdots$$

当 N 为奇数时，有

$$A_N = \frac{a_1}{2} + \frac{a_N}{2}$$

当 N 为偶数时，有

$$A_N = \frac{1}{2}a_1 + \frac{a_{N-1}}{2} - a_N$$

当 N 较大时，$a_{N-1} \approx a_N$，故有

$$A_N = \frac{a_1}{2} \pm \frac{a_N}{2} \tag{8-14}$$

式中，N 为奇数取＋号，N 为偶数取－号。

由此得出结论：圆孔对点 P_0 露出的波带数 N 决定了点 P_0 衍射光的强弱。若逐渐增大或缩小圆孔，在点 P_0 将可以看到明暗交替的变化。

3. 波带数 N

利用图 8-6，由各量之间的几何关系可以得出

$$N = \frac{\rho_N^2}{\lambda}\left(\frac{1}{R} + \frac{1}{r_0}\right) \tag{8-15}$$

4. 圆对称物体的菲涅耳衍射

1）圆孔衍射

上面讨论了屏幕轴上点 P_0 的光强，对于轴外点的光强，原则上也可以用同样的方法来分析。考查轴外点 P，如图 8-7 所示，这时应该以点 P 为中心，分别以 $z_1 + \frac{\lambda}{2}, z_1 + \lambda, \cdots$ 为半径在圆孔露出的波面 Σ 上作波带（z_1 为点 P 到圆孔衍射屏的距离）。这些波带在点 P 产生的光强，不仅取决于波带的数目，而且也取决于每个波带露出的面积。随着点 P 离开点 P_0 逐渐往外，其光强将发生时大时小的变化。由于整个装置的轴对称性，在屏幕上离点 P_0 距离相同的点 P 都应有相同的光强。因此，圆孔的菲涅耳衍射图样是一组明暗交替的同心圆环条纹，中心点可能是亮点也可能是暗点。

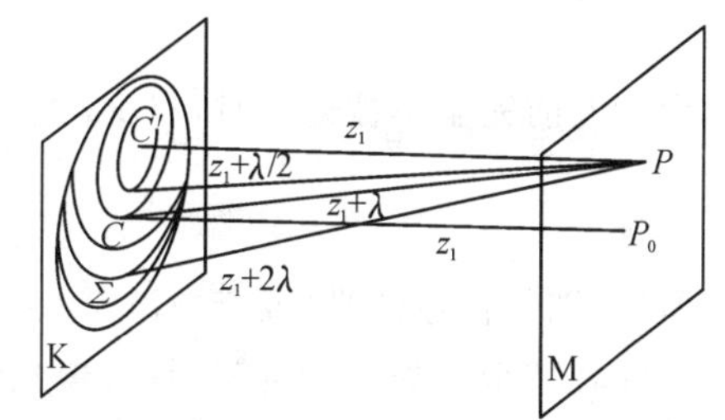

图 8-7　对轴外点作波带

2）圆屏衍射

如果用一个很小的不透明圆屏替代圆孔衍射屏，就是圆屏的菲涅耳衍射装置。为了求得轴上点 P_0 的光强，也可以采用波带法。在使用圆屏的情况下，前 N 个波带被挡住，第 $(N+1)$ 个以外的波带全部通光。因此，点 P_0 的合振幅为

$$A_\infty = a_{N+1} - a_{N+2} + \cdots + a_\infty$$
$$= \frac{a_{N+1}}{2} + \left(\frac{a_{N+1}}{2} - a_{N+2} + \frac{a_{N+3}}{2}\right) + \left(\frac{a_{N+3}}{2} - a_{N+4} + \frac{a_{N+5}}{2}\right) + \cdots$$
$$= \frac{a_{N+1}}{2}$$

这就是说，只要圆屏不十分大，$(N+1)$ 为不大的有限值，则点 P_0 的振幅总是刚露出的第一个波带在点 P_0 产生的光场振幅的一半，即点 P_0 永远是亮点，这个亮点称为泊松亮斑。不难想象，随着圆屏直径增大，N 是一个很大的数目，则被挡住的波带就很多，点 P_0 的光强近似为零，使得泊松亮斑的亮度逐渐减弱，这时基本上是几何光学的结论：几何阴影处光强为零。

8.2.2.2 菲涅耳波带片

1. 定义

由于相邻波带的相位相反，它们对于观察点的作用是相互抵消的。因此，可以设想，若将奇数波带（或偶数波带）挡住，只露出偶数（或奇数）波带，那么点 P_0 的振幅和光强会大大增加，这种将奇数波带或偶数波带挡住所制成的特殊光阑称为菲涅耳波带片。

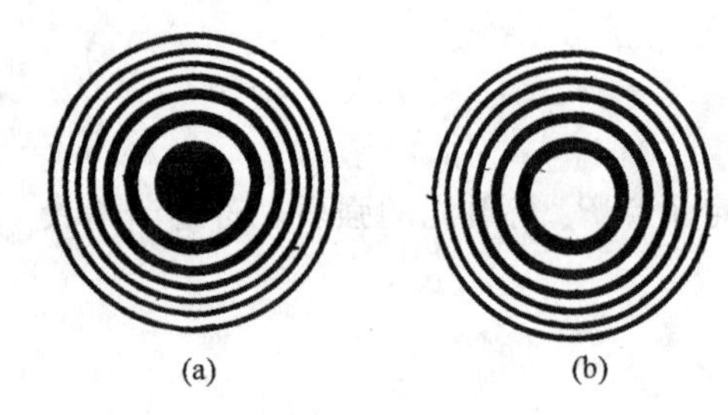

图 8-8 菲涅耳波带片

图 8-8 给出了奇数波带和偶数波带被挡住（涂黑）的两种菲涅耳波带片。

2. 作用

假若有一个可以露出 20 个波带的衍射孔，则根据式(8-14)可知，点 P_0 为暗点。现在如果让其中的 1，3，5，…，19 等 10 个奇数波带通光，而使 2，4，6，…，20 等 10 个偶数波带不通光，则点 P_0 的合振幅为

$$A_N = a_1 + a_3 + a_5 + \cdots + a_{19} \approx 10a_1$$

因为波前完全不被遮住时，点 P_0 的合振幅为

$$A \approx \frac{a_1}{2}$$

所以，挡住偶数波带（或奇数波带）后，点 P_0 光强约为波前完全不被遮住时的 400 倍。因此，菲涅耳波带片类似于透镜，具有聚光作用，所以又称为菲涅耳透镜。由式(8-15)经过变换可得

$$\frac{1}{R} + \frac{1}{r_0} = \frac{N\lambda}{\rho_N^2} \tag{8-16}$$

这个关系式与薄透镜成像公式很相似，可视为波带片对轴上物点的成像公式。R 相当于

物距(物点与波带片之间的距离),r_0 相当于像距(观察点与波带片之间的距离),而焦距为

$$f_N=\frac{\rho_N^2}{N\lambda} \tag{8-17}$$

相应的点 P_0 为焦点。

8.2.3 知识应用

例 8-1 在进行菲涅耳衍射实验中,圆孔半径为 $\rho=1$ mm,光源与圆孔的距离为 0.2 m,波长为 $\lambda=0.6328\ \mu$m,当屏幕由很远的地方向圆孔靠近时,求前两次出现光强最大和最小的位置。

解 若屏幕在无穷远处,则该圆孔的菲涅耳数为

$$N_m=\frac{\rho^2}{\lambda R}=7.9$$

这说明当屏幕从远处向圆孔靠近时,半波带最少是 8 个。又因为 N 为偶数,对应于第 1 个光强最小值,这时光源与圆孔的距离为

$$r_{m1}=\frac{R}{\dfrac{N}{N_m}-1}=15.8\ \text{m}$$

对应于第 2 个光强最小值的半波带数 $N=10$,其位置为

$$r_{m2}=\frac{R}{\dfrac{N}{N_m}-1}=0.75\ \text{m}$$

对应于第 1 个光强最大值的半波带数 $N=9$,其位置为

$$r_{M1}=\frac{R}{\dfrac{N}{N_m}-1}=1.44\ \text{m}$$

对应于第 2 个光强最大值的半波带数 $N=11$,其位置为

$$r_{M2}=\frac{R}{\dfrac{N}{N_m}-1}=0.51\ \text{m}$$

应用类似方法可以计算得到如下结论:①其他条件不变,光源与圆孔的距离越大,在轴上观察到明暗交替变化的范围越小;②其他条件不变,圆孔半径(减小菲涅耳数)越小,在轴上明暗交替变化的范围也越小。

例 8-2 波长为 0.45 μm 的单色平面波入射到不透明的屏幕 A 上,屏幕上有半径为 $\rho=0.6$ mm的小孔和一个与小孔同心的环形缝,其内外半径为 $0.6\sqrt{2}$ mm 和 $0.6\sqrt{3}$ mm,求距离屏幕 A 为 80 cm 的屏幕 B 上出现的衍射图样中央亮点的强度是不存在屏幕 A 时光强的多少倍?

解 首先应当明确该同心环形缝的作用。

如果屏幕 A 上只有一个半径为 $\rho=0.6$ mm 的小孔,则相对于衍射图中心亮点,波面上露出的半波带数为

$$N=\frac{\rho^2}{\lambda r_0}=1$$

如果屏幕A上小孔半径为$0.6\sqrt{3}$ mm，则$N=3$。

如果屏幕A上小孔半径为$0.6\sqrt{2}$ mm，则$N=2$。

同心环形缝的存在，说明第2个半波带被挡住。这时$A_3=a_1+a_3$。如果$a_1\approx a_3$，则$A_3\approx 2a_1$。

如果不存在屏幕A，则$A_0=a_1/2$。所以在这两种情况下，屏幕B上中央亮点强度之比为

$$\frac{I_N}{I_0}=\frac{(2a_1)^2}{(a_1/2)^2}=16$$

即存在屏幕A时，中央亮点光强是不存在屏幕A时光强的16倍。

8.3 夫琅禾费矩孔衍射

◆**知识点**

◇夫琅禾费矩孔衍射的光强分布

◇夫琅禾费矩孔衍射图样特点

8.3.1 任务目标

掌握矩孔衍射的光强分布情况，掌握矩孔衍射图样的特征。

8.3.2 知识平台

光源和屏幕都在离衍射孔（或缝）无限远处，这种衍射称为夫琅禾费衍射，或远场衍射。夫琅禾费衍射实际上是菲涅耳衍射的极限情形。

对于夫琅禾费衍射，若用平行光进行衍射实验时，屏幕必须放置在远离衍射屏的地方，当利用透镜时，在它焦平面上得到的衍射图样就是不用透镜时的远场衍射图样，只是空间范围缩小，光能集中罢了。因此，实际上讨论夫琅禾费衍射问题都是在透镜的焦平面上进行的。

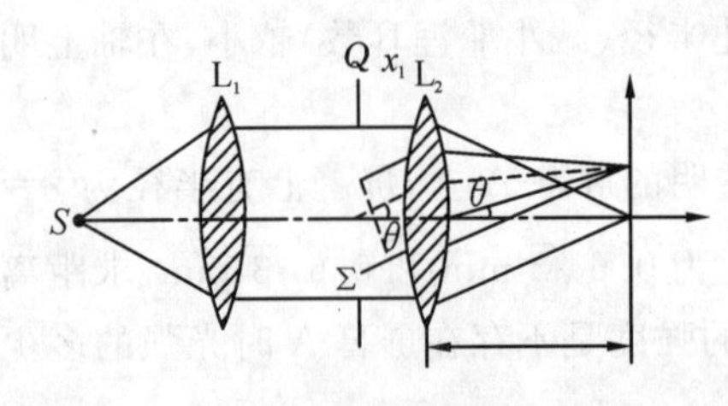

图8-9 观察夫琅禾费衍射的实验装置

图8-9所示是实验室中通常采用的夫琅禾费衍射装置的示意图。单色点光源S放置在透镜L_1的前焦平面上，所产生的平行光垂直入射开孔Σ，由于开孔的衍射，在透镜L_2的后焦平面上可以观察到开孔Σ的夫琅禾费衍射图样。

8.3.2.1　夫琅禾费矩孔衍射的光强分布

图 8-10 所示是夫琅禾费矩孔衍射原理图，其衍射孔是矩形。根据惠更斯-菲涅耳原理，矩孔后面空间任意点 P 的光振动是矩孔处波面上所有次波波源发出的次波传播到点 P 的振动的相干叠加。

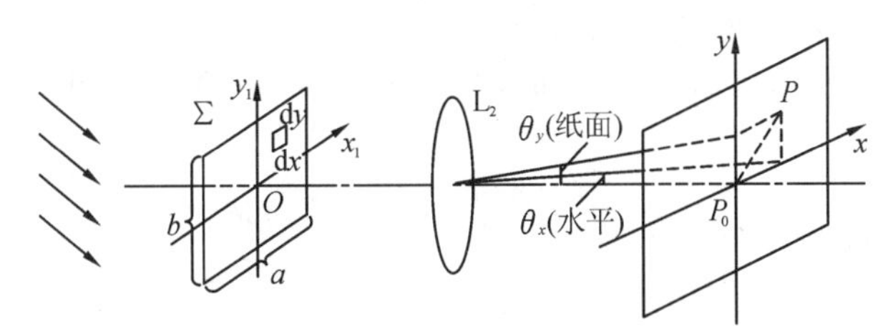

图 8-10　夫琅禾费矩孔衍射原理图

1. 光强公式

在图 8-10 所示的夫琅禾费矩孔衍射装置中，矩形沿 x_1 轴和 y_1 轴方向的宽度分别是 a 和 b，中心位于坐标原点。单色点光源 S 放置在透镜 L_1 的前焦平面上，所产生的平行光垂直入射开孔Σ，由于开孔的衍射，在透镜 L_2 的后焦平面上可以观察到开孔Σ的夫琅禾费衍射图样，后焦平面上各点的光场复振幅由式(8-7)给出。若开孔面上有均匀的光场分布，可令 $\widetilde{E}(x_1, y_1)=A=$常数。又因为透镜紧贴孔径，$z_1\approx f$，所以，后焦平面上的光场复振幅可写为

$$\widetilde{E}(x_1, y_1) = C\iint_{\Sigma} \mathrm{e}^{-\mathrm{i}k(xx_1+yy_1)/f}\mathrm{d}x_1\mathrm{d}y_1$$

$$C=-\frac{iA}{\lambda f}\mathrm{e}^{\mathrm{i}k\left(f+\frac{x^2+y^2}{2f}\right)}$$

因为衍射孔是矩形，根据式(8-7)，透镜焦平面上点 $P(x,y)$ 的光场复振幅为

$$\widetilde{E}(x,y) = C\int_{-b/2}^{b/2}\int_{-a/2}^{a/2} \mathrm{e}^{-\mathrm{i}k(xx_1+yy_1)}\mathrm{d}x_1\mathrm{d}y_1 \tag{8-18}$$

在傍轴近似下，图 8-10 中的方向角 θ_x 和 θ_y 有如下关系：

$$\sin\theta_x=\frac{x}{f}, \qquad \sin\theta_y=\frac{y}{f}$$

则式(8-18)经过积分后可得

$$\widetilde{E}(x,y)=\widetilde{E}_0\,\frac{\sin\alpha}{\alpha}\frac{\sin\beta}{\beta} \tag{8-19}$$

式中，$\widetilde{E}_0=Cab\mathrm{e}^{\left[\frac{\mathrm{i}k}{2f}(x^2+y^2)\right]}$是观察屏中心点 P_0 处的光场复振幅；a、b 分别是矩形孔沿 x_1、y_1 轴方向的宽度；α、β 分别为

$$\alpha=\frac{\pi a}{\lambda}\sin\theta_x, \qquad \beta=\frac{\pi b}{\lambda}\sin\theta_y \tag{8-20}$$

则在点 $P(x,y)$ 的光强度为

$$I(x,y)=I_0\left(\frac{\sin\alpha}{\alpha}\right)^2\left(\frac{\sin\beta}{\beta}\right)^2 \tag{8-21}$$

式中，I_0 是点 P_0 的光强度，且有 $I_0=|Cab|^2$。

2. 光强分布

1）沿 x 轴的衍射光强分布

当 $y=0$ 时，根据式(8-21)有

$$I=I_0\left(\frac{\sin\alpha}{\alpha}\right)^2 \tag{8-22}$$

(1)当 $\alpha=0$ 时，I 有极大值，称为主极大，$I_M=I_0$。

(2)当 $\alpha=m\pi(m=\pm1,\pm2,\pm3,\cdots)$时，$I$ 有极小值($I=0$)，与这些 α 相应的点是暗点，暗点的位置为

$$a\sin\theta_x=m\lambda \tag{8-23}$$

相邻两暗点之间的间隔为

$$\Delta x=\frac{f\lambda}{a} \tag{8-24}$$

(3)当 $\tan\alpha=\alpha$ 时，可求出相邻两个暗点之间的次极大位置。

矩孔衍射沿 x 轴的光强分布如表 8-1 所示。在图 8-11 中还给出了矩孔衍射沿 x 轴的相对光强分布。

表 8-1　矩孔衍射沿 x 轴的光强分布

α	$\left(\frac{\sin\alpha}{\alpha}\right)^2$	光强极值
0	1	主极大
π	0	极小
$1.430\pi=4.483$	0.4718	次极大
2π	0	极小
$2.458\pi=7.725$	0.01684	次极大
3π	0	极小
$3.470\pi=10.80$	0.00834	次极大
4π	0	极小
$4.478\pi=14.07$	0.00503	次极大
		极小

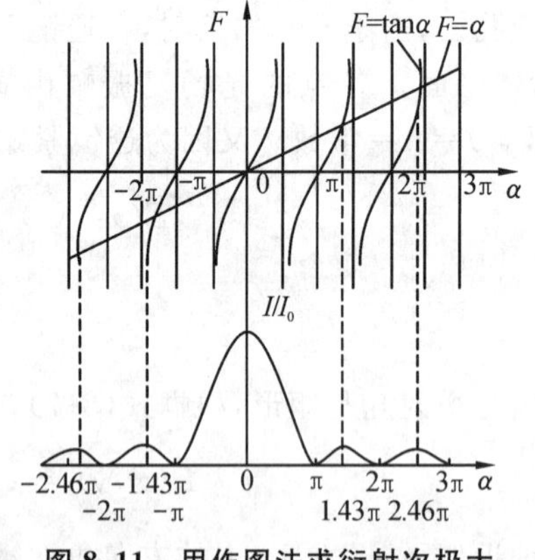

图 8-11　用作图法求衍射次极大

2）沿 y 轴的衍射光强分布

当 $x=0$ 时，根据式(8-21)有

$$I=I_0\left(\frac{\sin\beta}{\beta}\right)^2 \tag{8-25}$$

其分布特性与沿 x 轴的类似。

3）轴外点的光强分布

x、y 轴以外各点的光强可按式(8-21)进行计算，图 8-12 给出一些特征点的相对光强。显然，尽管在 xOy 面内存在一些次极大点，但它们的光强极弱。

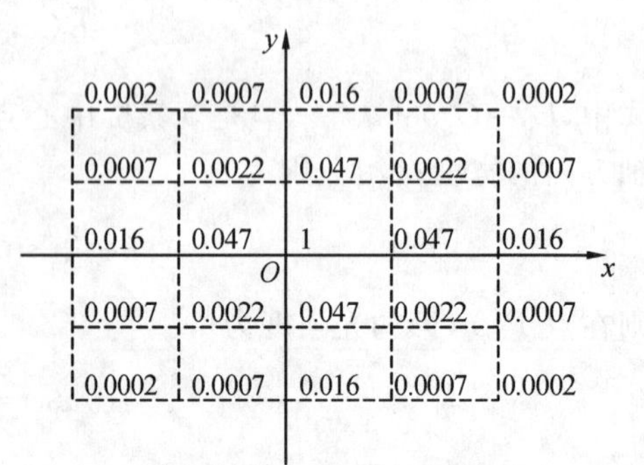

图 8-12　夫琅禾费矩孔衍射图样中一些特征点的相对光强

8.3.2.2　夫琅禾费矩孔衍射的衍射图样

图 8-13 给出了夫琅禾费的矩孔衍射图样。可以看出矩孔衍射的光能量主要集中在中央亮斑处，

其他亮斑的强度比中央亮斑要小得多。

1. 中央亮斑的位置

中央亮斑的边缘在 x、y 轴上的位置坐标为

$$x=\pm\frac{f\lambda}{a},\qquad y=\pm\frac{f\lambda}{b}\tag{8-26}$$

2. 中央亮斑的面积

$$S_0=xy=\frac{4f^2\lambda^2}{ab}\tag{8-27}$$

该式说明，中央亮斑面积与矩孔面积成反比，在相同波长和装置下，衍射孔越小，中央亮斑越大，但是，由于

$$I_0=|Cab|^2=A^2a^2b^2\tag{8-28}$$

相应的点 P_0 光强越小。

当孔径尺寸 $a=b$，即衍射孔为方形孔时，沿 x、y 轴方向有相同的衍射图样。当 $a\neq b$，即为矩形孔径时，其衍射图样沿 x、y 轴方向的形状虽然一样，但线度不同，在 x 轴上的亮斑宽度与 y 轴上亮斑宽度之比，恰与矩形孔在两个轴上的宽度关系相反。例如，当 $a<b$ 时，衍射图样如图 8-13 所示，衍射图样在 x 轴方向比在 y 轴方向的宽。

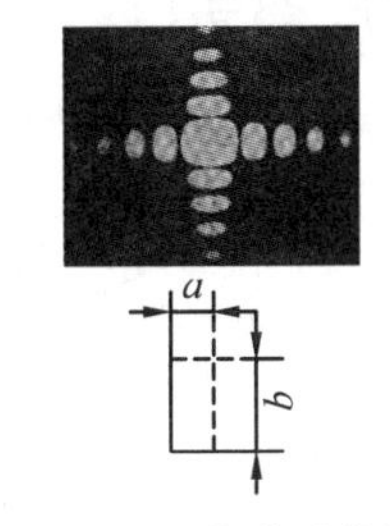

图 8-13　夫琅禾费矩孔衍射图样

8.4　夫琅禾费单缝衍射

◆**知识点**

☒夫琅禾费单缝衍射的光强公式

☒夫琅禾费单缝衍射的图样特点

☒夫琅禾费单缝衍射的条纹宽度

8.4.1　任务目标

掌握单缝衍射的光强公式，会利用光强公式分析光强分布情况及单缝衍射图样特征。

8.4.2　知识平台

8.4.2.1　夫琅禾费单缝衍射的光强公式

对于上面讨论的夫琅禾费矩孔衍射，如果矩孔一个方向的尺寸比另一个方向的大得多，如 $b\gg a$，则该矩孔衍射就变成一个单(狭)缝衍射(如图 8-14(a)所示)。这时，沿 y 轴方向的衍射效应不明显，只在 x 轴方向有明暗变化的衍射图样(如图 8-14(b)所示)。相应点 P 的光

强为

$$I=I_0\left(\frac{\sin\alpha}{\alpha}\right)^2 \tag{8-29}$$

式中,I_0 是点 P_0 的光强,$\alpha=\frac{\pi a\sin\theta}{\lambda}$,$\theta$ 为衍射角。

在衍射理论中,通常把$\left(\frac{\sin\alpha}{\alpha}\right)^2$称为单缝衍射因子。因此,矩孔衍射的相对强度分布是两个单缝衍射因子的乘积。

在夫琅禾费单缝衍射实验中,常采用与单缝平行的线光源代替点光源,这时,在屏幕上将得到一些与单缝平行的直线衍射条纹,如图 8-15 所示。

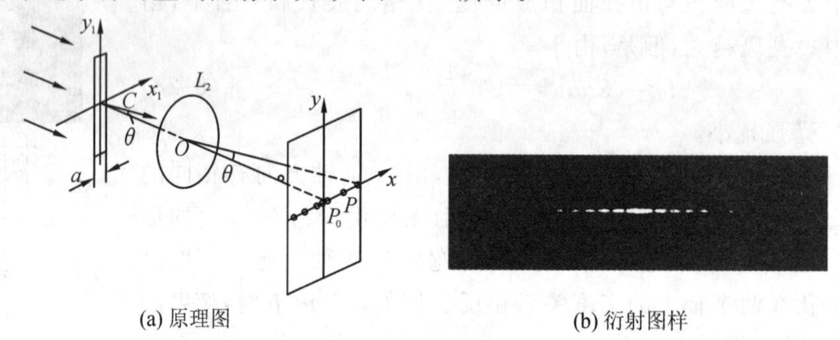

(a) 原理图　　(b) 衍射图样

图 8-14　夫琅禾费单缝衍射

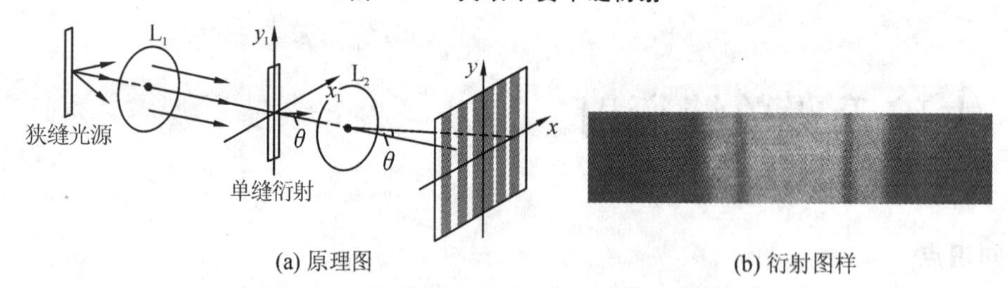

(a) 原理图　　(b) 衍射图样

图 8-15　用线光源照明的夫琅禾费单缝衍射

8.4.2.2　夫琅禾费单缝衍射的特征

1. 光强分布

以下用单色光照明。

(1)当 $\theta=0°$时,$a=0$,$I=I_0$,对应于点 P_0,是光强中央主极大值(明纹)的位置。

(2)当 $a=m\pi$ 时,有

$$\sin\theta=m\frac{\lambda}{a},\qquad m=\pm1,\pm2,\pm3,\cdots \tag{8-30}$$

此时 $I=0$,是光强极小值(暗纹)的位置。

(3)当 $a\approx\tan a$ 时,可得出各次级大(明纹)的位置,即

$$\sin\theta_1\approx\pm1.43\frac{\lambda}{a}$$

$$\sin\theta_2\approx\pm2.46\frac{\lambda}{a}$$

$$\vdots$$

当计算精度要求不高时，可写成

$$\sin\theta = N\frac{\lambda}{a}, \qquad N=\pm\frac{3}{2},\pm\frac{5}{2},\pm\frac{7}{2},\cdots$$

相应各次极大光强为 $I_1 \approx 0.047I_0$，$I_2 \approx 0.0165I_0$，…。

2. 条纹宽度

相邻暗纹之间的距离就是各级明纹的宽度。

1）角宽度

因为各级暗纹的位置由式(8-30)确定，对式(8-30)两边分别对 Q 和 m 取微分，有

$$\cos\theta\Delta\theta = \Delta m\frac{\lambda}{a}$$

由此可得相邻暗纹的角宽度 $\Delta\theta$ 为

$$\Delta\theta = \frac{\lambda}{a\cos\theta} \tag{8-31}$$

当衍射角 θ 很小时，相邻暗纹的角宽度为

$$\Delta\theta \approx \frac{\lambda}{a} \tag{8-32}$$

此即明纹的角宽度。

当 λ 一定时，a 减小，则 $\Delta\theta$ 增大，衍射现象显著，即衍射反比定律。

2）线宽度

由图 8-14(a)可知

$$\Delta x = f'\tan\theta \approx f'\frac{\lambda}{a} \tag{8-33}$$

f' 是透镜 L_2 的焦距。

3）中央明纹的角宽度和线宽度

对于中央明纹，其宽度为+1 级暗纹与-1 级暗纹之间的距离，所以其角宽度 $\Delta\theta_0$ 为 $\Delta\theta_1$ 的两倍，即

$$\Delta\theta_0 = 2\Delta\theta_1 = \frac{2\lambda}{a} \tag{8-34}$$

其线宽度为

$$\Delta x_0 = 2f'\frac{\lambda}{a} \tag{8-35}$$

8.4.3 知识应用

例 8-3 衍射细丝测径仪就是把夫琅禾费单缝衍射装置中的单缝用细丝代替。今测得一细丝的夫琅禾费零级衍射条纹的宽度为 1 cm，已知入射光的波长为 0.63 μm，透镜焦距为 50 cm，求细丝的直径。

解 由式(8-35)可知，$\Delta x_0 = 2f'\frac{\lambda}{a}$，其中 $\Delta x_0 = 1$ cm，$f' = 50$ cm，可得 $a = 63$ μm。a 为单缝宽度，也就是细丝的直径。

例 8-4 用可见光照射单缝，其单缝宽度 $a = 0.6$ mm，透镜 L_2 的焦距 $f' = 400$ mm。在

屏幕上距中央明纹的中心 1.4 mm 处看到的是明纹，则入射光波波长是多少？明纹是第几级明纹？

解 由图 8-14(a)可知

$$\sin\theta=\frac{x}{f}=\frac{1.4}{400}=N\frac{\lambda}{a}$$

所以 $N\lambda=2.1\ \mu\text{m}$。

当 $N\approx\frac{5}{2}$时，$\lambda=0.82\ \mu\text{m}$；当 $N\approx\frac{7}{2}$时，$\lambda=600$ nm；当 $N\approx\frac{9}{2}$时，$\lambda=466.6$ nm；当 $N\approx\frac{11}{2}$时，$\lambda=382$ nm。可以看到第 3、4、5 级明纹，其波长分别为 600 nm、466.6 nm、382 nm。

8.5 夫琅禾费圆孔衍射

◆**知识点**

¤夫琅禾费圆孔衍射的光强公式

¤夫琅禾费圆孔衍射的图样特点，艾里斑半径

¤夫琅禾费光学仪器的分辨本领，瑞利判据

8.5.1 任务目标

掌握圆孔衍射的光强分布情况，了解其衍射图样特点，掌握艾里斑半径公式，会应用瑞利判据计算常用光学仪器的分辨本领。

8.5.2 知识平台

光通过小圆孔时，也会产生衍射现象。由于光学仪器的光瞳通常是圆形的，而且大多是通过平行光或近似的平行光成像的，所以讨论夫琅禾费圆孔衍射现象对光学仪器的应用，具有重要的实际意义。

8.5.2.1 夫琅禾费圆孔衍射的光强分布

1. 光强公式

夫琅禾费圆孔衍射的讨论方法与矩孔衍射的讨论方法相同，只是由于圆孔结构的几何对称性，采用极坐标处理更加方便。

如图 8-16 所示，设圆孔半径为 a，圆孔中心 O_1 位于光轴上，则圆孔上任意点 Q 的位置坐标为(ρ_1,φ_1)，与相应的直角坐标(x_1,y_1)的关系为

$$x_1=\rho_1\cos\varphi_1$$
$$y_1=\rho_1\sin\varphi_1$$

类似地，屏幕上任意点 P 的位置坐标 (ρ,φ) 与相应的直角坐标关系为

$$x=\rho\cos\varphi$$
$$y=\rho\sin\varphi$$

由此，点 P 的光场复振幅经过坐标变换后为

$$\widetilde{E}(\rho,\varphi) = C\int_0^a\int_0^{2\pi} \mathrm{e}^{-\mathrm{i}k\rho_1\theta\cos(\varphi_1-\varphi)}\rho_1\,\mathrm{d}\rho_1\,\mathrm{d}\varphi_1 \tag{8-36}$$

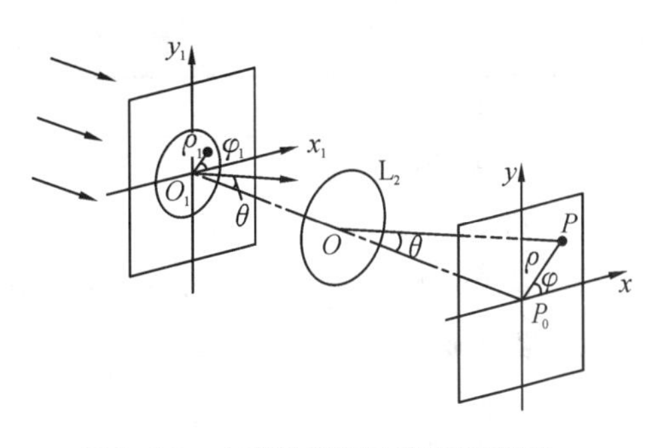

图 8-16 夫琅禾费圆孔衍射原理图

式中，$\theta\approx\rho/f'$ 是衍射方向与光轴的夹角，称为衍射角。

根据零阶贝塞尔函数的积分表示式

$$\mathrm{J}_0(x) = \frac{1}{2\pi}\int_0^{2\pi}\mathrm{e}^{\mathrm{i}x\cos\alpha}\,\mathrm{d}\alpha$$

可将式(8-36)变换为

$$\widetilde{E}(\rho,\varphi) = C\int_0^a 2\pi\mathrm{J}_0(k\rho_1\theta)\rho_1\,\mathrm{d}\rho_1$$

这时已利用了 $\mathrm{J}_0(k\rho_1\theta)$ 为偶函数的性质。再由贝塞尔函数的性质

$$\int x\mathrm{J}_0(x)\,\mathrm{d}x = x\mathrm{J}_1(x)$$

式中，$\mathrm{J}_1(x)$ 为一阶贝塞尔函数，可得

$$\begin{aligned} E(\rho,\varphi) &= \frac{2\pi C}{(k\theta)^2}\int_0^{ka\theta}(k\rho_1\theta)\mathrm{J}_0(k\rho_1\theta)\,\mathrm{d}(k\rho_1\theta) \\ &= \frac{2\pi a^2 C}{ka\theta}\mathrm{J}_1(ka\theta) \end{aligned} \tag{8-37}$$

因此，点 P 的光强为

$$\begin{aligned} I(\rho,\varphi) &= (\pi a^2)^2|C|^2\left[\frac{2\mathrm{J}_1(ka\theta)}{ka\theta}\right]^2 \\ &= I_0\left[\frac{2\mathrm{J}_1(\phi)}{\phi}\right]^2 \\ &= I_0\left[1-\frac{\phi^2}{2!\ 2^2}+\frac{\phi^4}{2!\ 3!\ 2^4}-\cdots\right] \end{aligned} \tag{8-38}$$

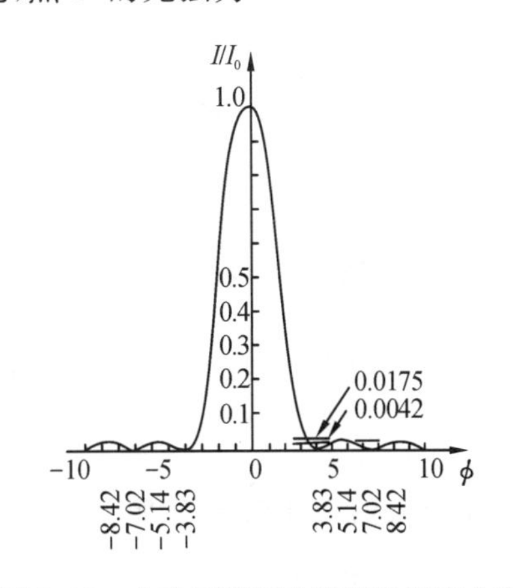

图 8-17 夫琅禾费圆孔衍射光强度分布

式中，I_0 是光轴上点 P_0 的光强；$\phi=ka\theta$ 是圆孔边缘与中心点在与 θ 同方向上光线间的相位差。式(8-38)就是夫琅禾费圆孔衍射的光强分布公式，它是光学仪器理论中的一个十分重要的公式。

表 8-2 给出了夫琅禾费圆孔衍射的光强分布，图 8-17 绘出了夫琅禾费圆孔衍射的强度分布曲线。

表 8-2 夫琅禾费圆孔衍射的光强分布

条纹序数	ϕ	$[2J_1(\phi)/\phi]^2$	光能分布
中央明纹	0	1	83.78%
第1级暗纹	$1.220\pi=3.832$	0	0%
第1级明纹	$1.635\pi=6.136$	0.0175	7.22%
第2级暗纹	$2.233\pi=7.016$	0	0%
第2级明纹	$2.678\pi=8.417$	0.00415	2.77%
第3级暗纹	$3.238\pi=10.174$	0	0%
第3级明纹	$3.688\pi=11.620$	0.0016	1.46%

2. 衍射图样特点

1) 图样形状

由 $\phi=ka\theta$ 及式(8-38)可见，夫琅禾费圆孔衍射的光强分布与衍射角 θ 有关，而与方位角 φ 坐标无关。这说明，夫琅禾费圆孔衍射图是圆形条纹，如图 8-18 所示。

2) 艾里斑半径

由表 8-2 可见，中央明纹集中了入射在圆孔上能量的 83.78%，这个明纹称为艾里斑。艾里斑的半径 ρ_0 由第一光强极小值处的 ϕ 值决定，即

$$\phi_{10}=ka\theta=\frac{ka\rho_0}{f'}=1.22\pi \tag{8-39}$$

因此

$$\rho_0=0.61f'\frac{\lambda}{a} \tag{8-40}$$

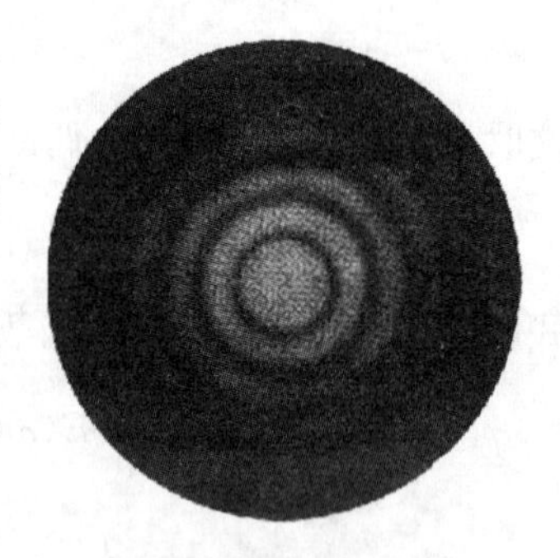

图 8-18 夫琅禾费圆孔衍射图

或以角半径 θ_0 表示为

$$\theta_0=\frac{\rho_0}{f'}=0.61\ \frac{\lambda}{a} \tag{8-41}$$

艾里斑的面积为

$$S_0=\frac{(0.61\pi f'\lambda)^2}{S} \tag{8-42}$$

式中，S 为圆孔面积。可见圆孔面积越小，艾里斑面积越大，衍射现象明显。

8.5.2.2 光学成像系统的分辨本领

1. 定义

光学成像系统的分辨本领是指光学系统能够分辨两个靠近的物体或物体细节的能力，它是光学成像系统的重要性能指标。

2. 瑞利判据

从几何光学的观点看，每个物体的像应该是一个几何点，因此，对于一个无像差的理想光学成像系统，其分辨本领应当是无限的，即两个物体无论靠得多近，总可以分辨像点。但实际

上，光通过光学成像系统时，总会因为光学孔径的有限性而产生衍射，这就限制了光学成像系统的分辨本领。通常，由于光学成像系统具有光阑、透镜外框等圆形孔径，所以讨论它们的分辨本领时，都是以夫琅禾费圆孔衍射为理论基础的。

如图8-19所示，设有 S_1 和 S_2 两个非相干点光源，发光强度相等，间距为 ε，它们到直径为 D 的圆孔距离为 R，则 S_1 和 S_2 对圆孔的张角为

$$\alpha=\frac{\varepsilon}{R} \tag{8-43}$$

由于圆孔的衍射效应，S_1 和 S_2 将分别在屏幕上形成各自的衍射图样。假设其艾里斑关于圆孔的张角为 θ_0，则由式(8-41)有

$$\theta_0=1.22\frac{\lambda}{D} \tag{8-44}$$

(1)当 $\alpha>\theta_0$ 时，能完全分辨两个艾里斑，即 S_1 和 S_2 可以分辨；

(2)当 $\alpha<\theta_0$ 时，分辨不开两个艾里斑，即 S_1 和 S_2 不可以分辨；

(3)当 $\alpha\approx\theta_0$ 时，此时光学系统恰好可分辨这两个物体。两个物体的衍射图样的重叠区中心点强度约为每个衍射图样中心最亮处光强度的73.5%(对于缝隙形光阑，约为81%)。

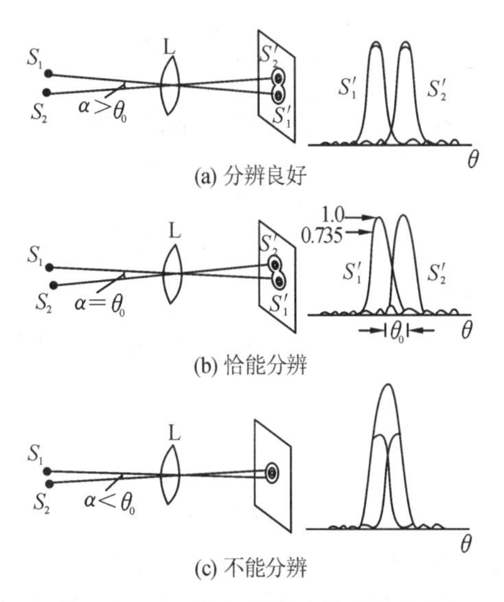

图8-19 两个物体的衍射像的分辨

瑞利判据将一个物体的衍射图样的中央极大位置与另一个物体的衍射图样的第一个极小位置重合的状态作为光学成像系统的分辨极限。

由于衍射的作用，一个光学成像系统对点物成像的艾里斑角半径 θ_0 决定了该系统的分辨极限。

3. 几种常用光学成像系统的分辨本领

1) 人眼的分辨本领

通常人眼瞳孔直径为1.5～6 mm(视入射光强的大小而定)。当人眼瞳孔直径为2 mm时，对波长 $\lambda=0.55\ \mu\text{m}$ 的光最敏感，按式(8-44)可以算得人眼的最小分辨角 α_e 为

$$\alpha_e=\theta_0=1.22\frac{\lambda}{D_e}\approx 3.3\times 10^{-4}\ \text{rad} \tag{8-45}$$

通常由实验测得的人眼最小分辨角约为$1'$($\approx 2.9\times 10^{-4}$ rad),与上面计算的结果基本相符。

2) 望远镜的分辨本领

设望远物镜的圆形通光孔径直径为D,若有两个物体恰好能为望远镜所分辨,则根据瑞利判据,这两个物体对望远镜的张角为

$$\alpha=\theta_0=1.22\frac{\lambda}{D} \tag{8-46}$$

通常在设计望远镜时,为了充分利用望远镜的分辨本领,应使望远镜的放大率保证物镜的最小分辨角经过望远镜放大后等于人眼的最小分辨角,即放大率应为

$$M=\frac{a_e}{a}=\frac{D}{D_e} \tag{8-47}$$

3) 照相机物镜的分辨本领

若照相机物镜的孔径为D,相应第一个极小的衍射角为θ_0,则底片上恰能分辨的两条直线之间的距离为

$$\varepsilon'=f'\theta_0=1.22f'\frac{\lambda}{D} \tag{8-48}$$

习惯上,照相机物镜的分辨本领用底片上每毫米内能成多少条恰能分辨的线条数N表示,即

$$N=\frac{1}{\varepsilon'}=\frac{1}{1.22\lambda}\frac{D}{f'} \tag{8-49}$$

式中,D/f'是照相机物镜的相对孔径。可见,照相机物镜的相对孔径越大,分辨本领越高。

4) 显微镜的分辨本领

显微镜由物镜和目镜组成,在一般情况下系统成像的孔径为物镜框,因此,限制显微镜分辨本领的是物镜框,即孔径光阑。

显微镜能分辨两个物体的最小距离为

$$\varepsilon=\frac{0.61\lambda}{n\sin u}=\frac{0.61\lambda}{\text{NA}} \tag{8-50}$$

式中,$\text{NA}=n\sin u$为物镜的数值孔径。

由此可见,提高显微镜分辨本领的途径是:①增大物镜的数值孔径;②减小波长。

8.5.3 知识应用

例 8-5 一个天文望远镜的物镜直径$D=100$ mm,人眼瞳孔的直径$d=2$ mm,求对于发射波长为$\lambda=0.5\ \mu$m光波的物体的角分辨极限。为充分利用物镜的分辨本领,该望远镜的放大率M应选多大?

解 望远镜的角分辨率为

$$\theta_t=1.22\frac{\lambda}{D}=6.1\times 10^{-6}\ \text{rad}$$

人眼的角分辨限度为

$$\theta_e = 1.22\frac{\lambda}{d} = 3.05\times10^{-4}\ \text{rad}$$

为充分利用物镜的分辨本领，望远镜的角分辨极限经望远镜放大后，至少应等于人眼的角分辨极限，即应满足 $\theta_e = M\theta_t$，由此可得

$$M = \frac{\theta_e}{\theta_t} = \frac{D}{d} = 50$$

此 M 称为望远镜的正常放大率。若望远镜的放大率小于正常放大率，则不能充分利用物镜的分辨本领；若望远镜的放大率大于正常放大率，虽然像可以放得更大，但不会提高整个系统的分辨本领。故过分追求放大率，并非完全必要。

8.6 夫琅禾费多缝衍射

◆**知识点**

¤夫琅禾费多缝衍射的光强公式

¤夫琅禾费多缝衍射的图样特点

¤夫琅禾费多缝衍射的缺级现象

8.6.1 任务目标

了解夫琅禾费多缝衍射的光强公式的特点；能够对光强分布情况进行分析；掌握其图样分布特征；掌握缺级概念。

8.6.2 知识平台

多缝是指在一块不透光的屏幕上，刻有 N 条等间距、等宽度的通光缝。夫琅禾费多缝衍射的原理图如图 8-20 所示。每个缝均平行于 y_1 方向，沿 x_1 方向的缝宽为 a，不透光部分宽为 b，相邻缝的间距为 d，则 $d=a+b$。在研究多缝时，必须注意缝后镜 L_2 的作用。由于 L_2 的存在，使得衍射屏上每个单缝的衍射条纹位置与缝的位置无关，即缝垂直于光轴方向平移时，其衍射条纹的位置不变。所以，利用平行光照射多缝时，其每个单缝都要产生自己的衍射，形成各自的一套衍射条纹。当每个单缝等宽时，各套衍射条纹在透镜焦平面上完全重叠，其总光强分布为它们的干涉叠加。

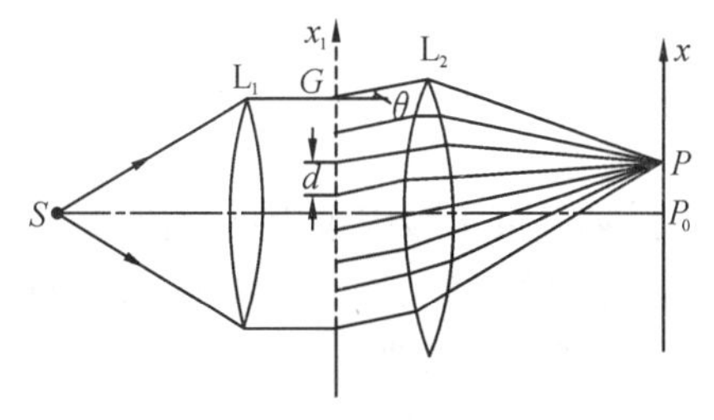

图 8-20 夫琅禾费多缝衍射原理图

8.6.2.1 夫琅禾费多缝衍射的光强公式

图 8-20 中的 S 是线光源，则 N 个缝受到平面光的垂直照射。由于多缝的方向与线光源平行，所以多缝衍射图样的强度分布只沿 x_1 方向变化。如果选取最下面的缝中心作为 x_1 的坐标原点，则根据基尔霍夫衍射公式可推导出屏幕上点 P 的光强为

$$I(P)=I_0\left(\frac{\sin\alpha}{\alpha}\right)^2\left(\frac{\sin\frac{N\varphi}{2}}{\sin\frac{\varphi}{2}}\right)^2 \tag{8-51}$$

$$\varphi=\frac{2\pi}{\lambda}d\sin\theta \tag{8-52}$$

由式(8-51)可见，N 个缝的衍射光强关系式中包含两个因子：一个是单缝衍射因子 $(\sin\alpha/\alpha)^2$；另外一个是 $[\sin(N\varphi/2)/\sin(\varphi/2)]^2$，它是 N 个等振幅、等相位差的光波干涉因子。因此，多缝衍射是衍射和干涉共同作用的结果，多缝衍射图样具有等振幅、等相位差多光束干涉和单缝衍射的特征。

下面以双缝衍射情况予以说明。此时，$N=2$，点 P 的光强为

$$I_P=I_0\left(\frac{\sin\alpha}{\alpha}\right)^2\left(\frac{\sin\varphi}{\sin\frac{\varphi}{2}}\right)^2=4I_0\left(\frac{\sin\alpha}{\alpha}\right)^2\left(\cos^2\frac{\varphi}{2}\right) \tag{8-53}$$

I_P 的表达式中包括两部分，其中 $\left(\frac{\sin\alpha}{\alpha}\right)^2$ 为单缝衍射因子，$4I_0\frac{\cos^2\varphi}{2}$ 为双缝干涉因子，在杨氏双缝干涉实验中，描述出光强为 I_0、相位差为 φ 的两束光波干涉时的光强分布。所以，双缝衍射是单缝衍射和双缝干涉共同作用的结果，用通信理论中的术语，可以说单缝衍射对杨氏双缝干涉起调制作用。

8.6.2.2 夫琅禾费多缝衍射的图样

1. 图样特点

1）衍射主极大

由多光束干涉因子可以看出，当

$$\varphi=2m\pi,\qquad m=0,\pm1,\pm2,\cdots$$

或

$$d\sin\theta=m\lambda \tag{8-54}$$

时，多光束干涉因子为极大值，称为多缝衍射主极大，其中 m 为主极大的级次。值得注意的是，这些主极大是由多缝干涉所形成的，因此实际上是干涉主极大。

主极大强度为

$$I_M=N^2I_0\left(\frac{\sin\alpha}{\alpha}\right)^2 \tag{8-55}$$

多缝衍射是单缝衍射在各级主极大位置上所产生强度的 N^2 倍，其中，零级主极大的强度最大，等于 N^2I_0。

2）衍射极小

当干涉因子的分子为零而分母不为零时，将产生干涉极小，即当

$$\frac{N\varphi}{2}=(Nm+m')\pi,\qquad m=0,\pm1,\pm2,\cdots,\qquad m'=1,2,\cdots,N-1$$

或

$$d\sin\theta=\left(m+\frac{m'}{N}\right)\lambda \tag{8-56}$$

时，多缝衍射强度最小，为零。由式(8-54)和式(8-56)可见，在两个主极大之间，有$(N-1)$个极小。

3) 衍射次极大

在相邻两个极小值之间，必定存在一个极大值，这个极大值比主极大小得多，称为次极大。由于相邻的两个主极大之间有$(N-1)$个极小，因此，在相邻的两个主极大之间，有$(N-2)$个次极大，次极大的位置可以通过对式(8-51)求极值确定，近似由下式求得

$$\sin^2\frac{N\varphi}{2}=1$$

2. 主极大的半角宽度

主极大的半角宽度是指主极大与其相邻的第一个极小值之间的角距离。由式(8-56)可得

$$\Delta\theta=\frac{\lambda}{Nd\cos\theta} \tag{8-57}$$

该式表明，缝数 N 越大，主极大的角度越小。

3. 缺级

对于某一级干涉主极大的位置，如果恰有 $\sin\alpha/\alpha=0$，即相应的衍射角 θ 同时满足

$$d\sin\theta=m\lambda,\quad m=0,\pm1,\pm2,\cdots$$
$$a\sin\theta=n\lambda,\quad n=\pm1,\pm2,\cdots$$

或

$$m=\frac{d}{a}n \tag{8-58}$$

则多缝衍射强度变为零，该级主极大就会消失，称为缺级。

图 8-21 绘出了 $d=3a$ 情况下的 4 缝衍射强度分布曲线，其中，图 8-21(a)是 4 个缝的干涉强度分布曲线，图 8-21(b)是单缝衍射强度分布曲线，图 8-21(c)是 4 缝衍射强度分布曲线。从图 8-21(c)中可看出，衍射条纹缺 3,6,9,…级。

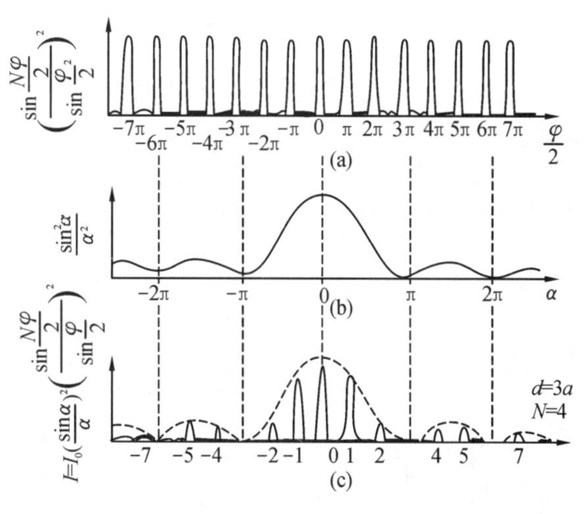

图 8-21 4 缝衍射强度分布曲线

4. *N* 对条纹的影响

图 8-22 给出了夫琅禾费单缝和其他五种多缝衍射图样照片。从图 8-22 中可以看出，当缝数 N 增大时，衍射图样有两个显著的变化：

(1)光的能量向主极大的位置集中(为单缝衍射时的 N^2 倍)；

(2)明纹变得更加细而亮。

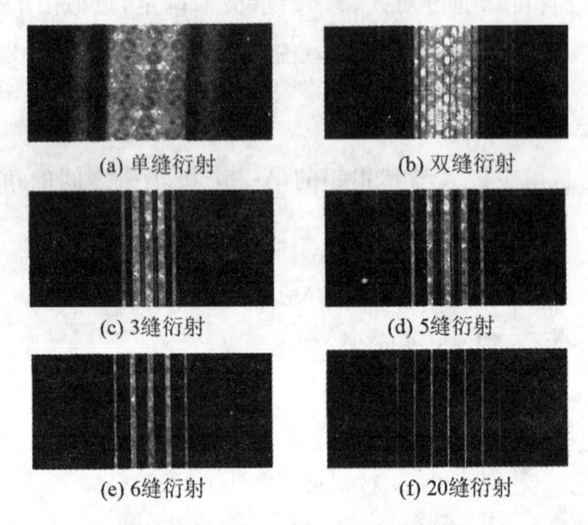

图 8-22　夫琅禾费单缝、双缝、多缝衍射的衍射图样照片

8.6.3　知识应用

例 8-6　在夫琅禾费双缝衍射实验中，波长 $\lambda=632.6$ nm，透镜焦距 $f'=50$ cm，观察到两个相邻明纹之间的距离 $e=1.5$ mm，并且第 4 级明纹缺级。试求：(1)双缝的缝距和缝宽；(2)第 1、2、3 级明纹的相对强度。

解　(1)因为 $e=\frac{D}{d}\lambda\approx\frac{f'}{d}\lambda$，代入数据可得 $d\approx0.21$ mm，又因为第 4 级明纹缺级，所以 $a=\frac{d}{4}\approx0.053$ mm。

(2)对于第 1 级明纹有 $d\sin\theta=\lambda$，$\sin\theta=\frac{\lambda}{d}$，$\alpha=\frac{\pi}{\lambda}a\sin\theta=\frac{\pi}{4}$，$\frac{I_1}{4I_0}=\left(\frac{\sin\frac{\pi}{4}}{\frac{\pi}{4}}\right)^2=0.81$。

对于第 2 级明纹有 $d\sin\theta=2\lambda$，$\alpha=\frac{\pi}{2}$，$\frac{I_2}{4I_0}=\left(\frac{\sin\frac{\pi}{2}}{\frac{\pi}{2}}\right)^2=0.41$。

同理，对于第 3 级明纹有 $\frac{I_3}{4I_0}=\left(\frac{\sin\frac{3\lambda}{4}}{\frac{3\lambda}{4}}\right)^2=0.09$。

8.7 衍射光栅及其应用

◆知识点

¤光栅方程

¤光谱仪的色散本领、色分辨本领、自由光谱范围

8.7.1 任务目标

熟练掌握光栅方程及其应用;掌握角色散、线色散的概念;熟练掌握色分辨本领的概念及其应用;掌握自由光谱范围的概念。

8.7.2 知识平台

衍射光栅是一种应用非常广泛、非常重要的光学器件,通常讲的衍射光栅都是基于夫琅禾费多缝衍射效应进行工作的。

所谓光栅就是由大量等宽、等间隔的狭缝构成的光学器件。世界上最早的光栅是夫琅禾费在1818年制成的金属丝栅网,现在的一般光栅是通过在平板玻璃或金属板上刻划出一道道等宽、等间距的刻痕制成的。随着光栅理论和技术的发展,光栅衍射单元已不再只是通常意义下的狭缝了,广义上可以把光栅定义为:凡是能使入射光的振幅或相位或两者同时产生周期性空间调制的光学器件。正是从这个意义上来说,出现了所谓的晶体光栅、超声光栅、晶体折射光栅等新型光栅。

光栅根据其工作方式分为两类:一类是透射光栅;另一类是反射光栅。如果按其对入射光的调制作用来分类,又可分为振幅光栅和相位光栅。现在通用的透射光栅是在平板玻璃上刻划出一道道等宽、等间距的刻痕,刻痕处不透光,无刻痕处是透光的狭缝。反射光栅是在金属反射镜面上刻划出一道道刻痕,刻痕处发生漫反射,未刻痕处在反射方向上发生衍射。这两种光栅只对入射光的振幅进行调制,改变了入射光的振幅透射系数或反射系数的分布,所以是振幅光栅。一块光栅的刻痕通常很密,在光学光谱区采用的光栅刻痕密度为每毫米0.2～2400条,目前在实验室研究工作中常用的是每毫米600条和每毫米1200条,总数为5×10^4条。因此,制作光栅是一项非常精密的工作。完成刻划一块光栅后,可作为母光栅进行复制,实际上大量使用的是这种复制光栅。

光栅最重要的应用是作为分光器件,即把复色光分成单色光,它可以应用于由远红外线到真空紫外线的全部波段。此外,它还可以用于长度和角度的精密、自动化测量,以及作为调制器件等。在此,主要讨论光栅的分光作用。

8.7.2.1 光栅方程

1. 入射光正入射

多缝衍射屏实际上就是一种振幅型平面透射光栅，由多缝衍射理论知道，衍射图样中亮线位置的方向由下式决定：

$$d\sin\theta=m\lambda,\qquad m=0,\pm1,\pm2,\cdots \tag{8-59}$$

式中，d 称为光栅常数，θ 称为衍射角。在光栅理论中，式(8-59)称为光栅方程。

2. 入射光斜入射

$$d(\sin i\pm\sin\theta)=m\lambda,\qquad m=0,\pm1,\pm2,\cdots \tag{8-60}$$

式中，i 为入射角(入射光与光栅平面法线的夹角)，θ 为衍射角(相应于第 m 级衍射光与光栅平面法线的夹角)。式(8-60)中，入射光与衍射光在光栅法线异侧时取负号，如图 8-23(a)所示。入射光与衍射光在光栅法线同侧时取正号，如图 8-23(b)所示。

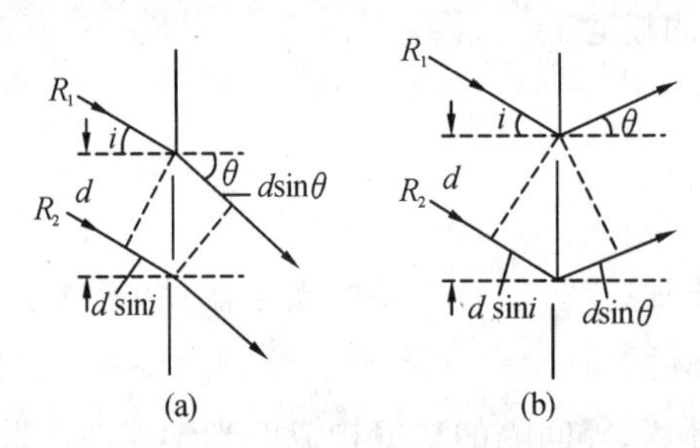

图 8-23 斜入射透射光栅的衍射

3. 衍射光栅的分光原理

由光栅方程可见，对于给定光栅常数 d 的光栅，当用复色光照射时，除零级衍射光外，不同波长的同一级衍射光不重合，即发生色散现象，这就是衍射光栅的分光原理。对应于不同波长的各级亮线称为光栅谱线，不同波长光栅谱线的分开程度随着衍射级次的增大而增大，对于同一衍射级次而言，波长大者，θ 大，波长小者，θ 小。

白光按给定的入射角 i 入射至光栅，当 $m=0$ 时，对应着零级光谱，此时，$\sin i=\sin\theta$，即 $i=\theta$，所有波长的光都混在一起，仍为白光，这就是零级谱的特点。零级谱的两边均有 $m\neq0$ 的光谱：当 $m>0$ 时，称为正级光谱；当 $m<0$ 时，称为负级光谱。每块光栅在给定 i 时，$\theta=90^\circ$ 对应的是最大光谱级，其级数为

$$|m_{\mathrm{M}}|=\frac{(1\pm\sin i)d}{\lambda} \tag{8-61}$$

可见，当 $i\neq0$ 时，正、负级光谱的级数是不相等的。

8.7.2.2 光谱仪

1. 光谱仪概述

光谱仪是一种利用光学色散原理设计制作的光学仪器，主要用于研究物体的辐射，光与物体的相互作用，物体的结构，物体的含量分析，探测星体的大小、质量、运动速度和方向等。

按应用范围分类，有发射光谱分析用光谱仪和吸收光谱分析用光谱仪，前者包括看谱仪、摄谱仪和光电直读光谱仪，后者包括各种分光光度计。按光谱仪的出射狭缝分类，有单色仪(一个出射狭缝)、多色仪(两个以上出射狭缝)、摄谱仪(没有出射狭缝)。按光谱仪应用的光谱范围分类，有真空紫外光谱仪、近外-可见-近红外光谱仪、红外-远红外光谱仪。最近问世的微型光纤光谱仪属于光电直读式光谱仪。

如图8-24所示，光谱仪主要由三部分组成：光源或照明系统 S、分光系统 G、接收系统 T。光源在发射光谱学中是研究的对象，在吸收光谱学中则是照明工具。光谱仪的接收系统是用于测量光谱成分的波长和强度，从而获得被研究物体的相应参数。目前有三类接收系统：基于光化学作用的乳胶底片摄像系统；基于光电作用的CCD等光电接收系统；基于人眼的目视系统，也称为看谱仪。分光系统是光谱仪的核心。

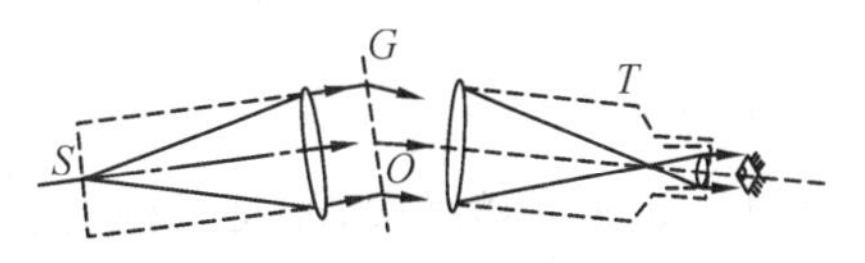

图8-24 透射光栅光谱仪

分光单元有三类：一类是棱镜分光，这类光谱仪称为棱镜光谱仪，现已很少使用；第二类是衍射光栅分光，这类光谱仪称为光栅光谱仪，目前使用广泛；第三类是频率调制的傅里叶变换光谱仪，是新一代的光谱仪。

2. 光栅光谱仪的特性

利用光栅作为分光单元的光谱仪称为光栅光谱仪。在现代光栅光谱仪中，已很少利用透射光栅作为分光器件，大量使用的是反射光栅，尤其是闪耀光栅。作为一个分光仪器，其主要性能指标是色散本领、色分辨本领和自由光谱范围。

1) 色散本领

色散本领是指光谱仪将不同波长的同级主极大在空间分开的程度，通常用角色散和线色散表示。

a. 角色散

波长相差1 nm的两条谱线分开的角距离称为角色散。光栅的角色散可由光栅方程对波长取微分求得

$$\frac{\mathrm{d}\theta}{\mathrm{d}\lambda}=\frac{m}{d\cos\theta} \tag{8-62}$$

b. 线色散

线色散是聚焦物镜焦平面上单位波长差的两条谱线分开的距离，即

$$\frac{\mathrm{d}l}{\mathrm{d}\lambda}=f'\frac{\mathrm{d}\theta}{\mathrm{d}\lambda}=f'\frac{m}{d\cos\theta} \tag{8-63}$$

式中，f'是物镜的焦距。显然，为了使不同波长的光分得开一些，一般都采用长焦距物镜。

由于实用衍射光栅的光栅常数 d 通常都很小，亦即光栅的刻痕密度 $1/d$ 很大，所以光栅光谱仪的色散本领很大。

2) 色分辨本领

色分辨本领是光谱仪分辨波长相差很小的两条谱线能力的参量。

根据瑞利判据，当 $\lambda+\delta\lambda$ 的第 m 级主级大刚好落在 λ 的第 m 级主极大旁的第一个极小值处时，这两条谱线恰好可以分辨开，则色分辨本领定义为

$$A=\frac{\lambda}{\delta\lambda} \tag{8-64}$$

根据式(8-54)和式(8-56)，有

$$d\sin\theta=\left(m+\frac{1}{N}\right)\lambda=m(\lambda+\delta\lambda)$$

所以，光栅的色分辨本领为

$$A=\frac{\lambda}{\delta\lambda}=mN \tag{8-65}$$

式中，m 是光谱级次，N 是光栅的总刻痕数。

3）自由光谱范围

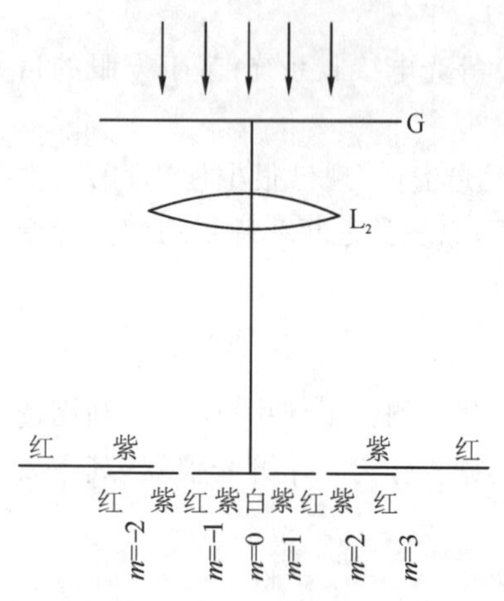

图 8-25 可见光区的光栅光谱

光谱仪的自由光谱范围是指它的光谱不重叠区。

图 8-25 所示是一种光源在可见光区的光栅光谱。可以看出，从第 2 级光谱开始，发生了邻级光谱之间的重叠现象。这是容易理解的，因为衍射现象与波长有关。

根据光栅方程，光谱不重叠区 $\Delta\lambda$ 应满足

$$m(\lambda+\Delta\lambda)=(m+1)\lambda$$

即

$$\Delta\lambda=\frac{\lambda}{m} \tag{8-66}$$

其意义是，波长为 λ 的入射光的第 m 级衍射，只要它的谱线宽度小于 $\Delta\lambda$，就不会发生与 λ 的第$(m-1)$级或第$(m+1)$级衍射光重叠的现象。

由于光栅都是在低级次下使用的，故其自由光谱范围很大，在可见光范围内为几百纳米，所以它可在宽阔的光谱区内使用。

8.7.2.3 闪耀光栅

1. 闪耀光栅的结构

由光栅的分光原理可见，光栅衍射的零级主极大因为无色散作用，不能用于分光，光栅分光必须利用高级次主极大。但是多缝衍射的零级主极大占有很大的一部分光能，因此用于分光的高级次主极大的光能较少，大部分能量将被浪费掉。所以，在实际应用中必须改变通常光栅衍射的光强分布，使光强集中到有用的那个光谱级上去。

瑞利在 1888 年首先指出，理论上有可能把能量从(对分光)无用的零级主极大转移到高级谱上去，伍德(Wood)则在 1810 年首先成功地刻制出了可以控制形状的沟槽，制成了闪耀光栅。

平面衍射光栅之所以零级主极大占有很大的一部分能量，是由于干涉零级主极大与单缝衍射主极大重合，而这种重合起因于干涉和衍射的光程差均由同一衍射角决定。如图 8-26(a)所示，光沿任意角度 i 入射时，单缝衍射的缝两边缘点之间的光程差为

$$\Delta_{衍}=a(\sin\theta-\sin i)$$

多缝干涉的相邻缝之间的光程差为

$$\Delta_{干}=d(\sin\theta-\sin i)$$

显然，$\theta=i$ 时，两个主极大(单缝衍射主极大与干涉零级主极大)方向一致。因此，要想将这两个主极大方向分开，必须使衍射和干涉的光程差分别由不同的因素决定。

如果采用图 8-26(a)所示的、在平面玻璃上刻划锯齿形细槽构成的透射闪耀光栅和图 8-26(b)所示的、在金属平板表面刻划锯齿槽构成的反射闪耀光栅，就可以通过折射和反射的方法，将干涉零级与衍射中央主极大位置分开。在这种结构中，光栅面和锯齿槽面方向不同，光栅干涉主极大方向是以光栅面法线方向为其零级方向，而衍射的中央主极大方向则是由刻槽面法线方向等其他因素决定的。

2. 闪耀光栅的闪耀原理

以图 8-27 所示的反射闪耀光栅为例，说明如何实现干涉零级和衍射中央主极大方向的分离。

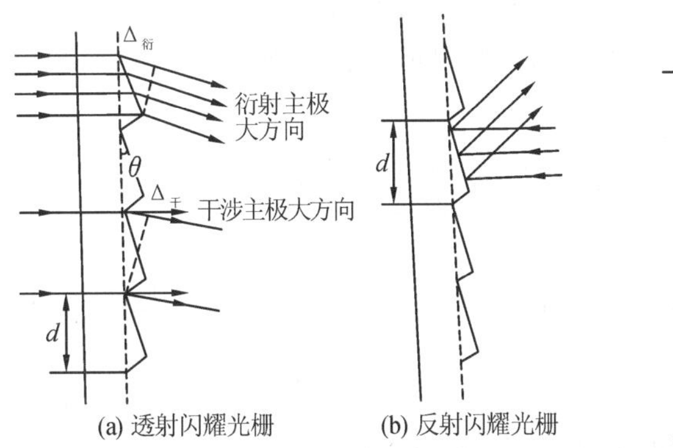

图 8-26　闪耀光栅的结构

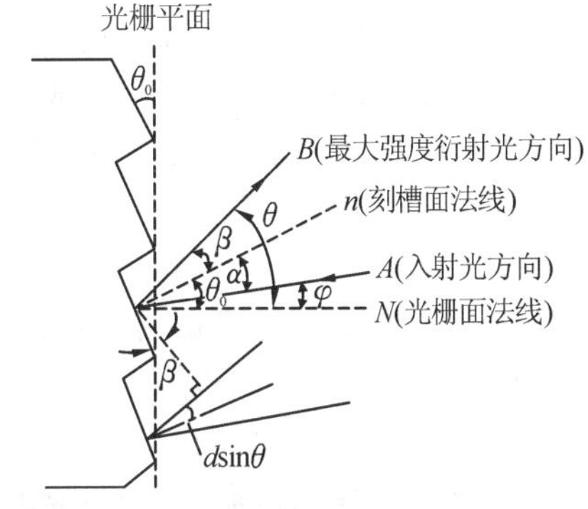

图 8-27　反射闪耀光栅的角度关系

假设锯齿槽面与光栅平面的夹角为 θ_0(该角称为闪耀角)，锯齿槽宽度(也即刻槽周期)为 d，则对于入射角为 φ 的平行光束 A 来说，其单槽衍射中央主极大方向为其槽面的镜反射方向 B。因干涉主极大方向由光栅方程 $d(\sin\theta+\sin\varphi)=m\lambda$ 决定，若希望 B 方向是第 m 级干涉主极大方向，则变换上面的光栅方程形式，B 方向的衍射角应满足

$$2d\sin\frac{\varphi+\theta}{2}\cos\frac{\varphi-\theta}{2}=m\lambda$$

考察如图 8-27 所示的角度关系，有 $\alpha=\theta_0-\varphi$ 和 $\beta=\theta-\theta_0$，
又因 B 方向是单槽衍射中央主极大方向，所以必有 $\alpha=\beta$，即

$$\theta_0-\varphi=\theta-\theta_0$$

或

$$\varphi+\theta=2\theta_0,\qquad \theta-\varphi=2\alpha$$

因而有

$$2d\sin\theta_0\cos\alpha=m\lambda \tag{8-67}$$

这就是单槽衍射中央主极大方向同时为第 m 级干涉主极大方向所应满足的关系式。如果 m、λ、d 和入射角 φ 已知，则可确定角度 θ_0。此时的 B 方向光很强，就如同物体的光滑表面反射的耀眼的光一样，所以该光栅称为闪耀光栅。

若光沿槽面法线方向入射，则 $\alpha=\beta=0$，因而 $\varphi=\theta=\theta_0$。式(8-67)简化为

$$2d\sin\theta_0 = m\lambda_M \tag{8-68}$$

该式称为主闪耀条件，波长 λ_M 称为该光栅的闪耀波长，m 是相应的闪耀级次。

现在假设一块闪耀光栅对波长 λ_b 的一级光谱闪耀，则式(8-68)变为

$$2d\sin\theta_0 = \lambda_b \tag{8-69}$$

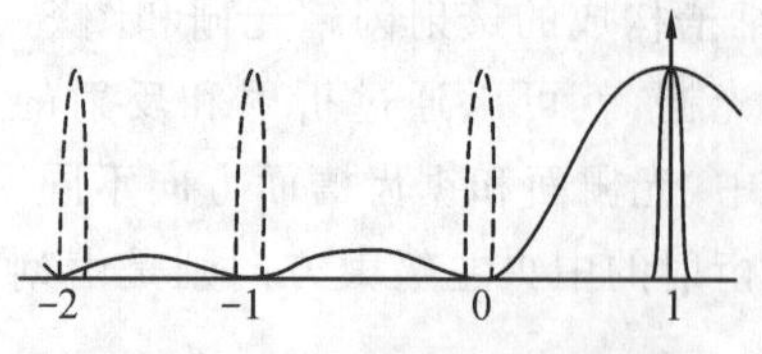

图 8-28 一级闪耀光栅光强分布

此时，单槽衍射中央主极大方向正好落在 λ_b 的一级谱线上，又因为反射光栅的单槽面宽度近似等于刻槽周期，所以 λ_b 的其他级光谱(包括零级)均成为缺级，λ_b 称为一级光谱闪耀波长，如图 8-28 所示。

8.7.3 知识应用

例 8-7 钠黄光垂直照射一光栅，它的第 2 级谱线恰好分辨出钠双线($\lambda_1=0.5890\ \mu m$，$\lambda_2=0.5896\ \mu m$)，并测得 0.5890 μm 的第 2 级谱线所对应的衍射角为 2.5°，第 3 级缺级，试求该光栅的总缝数 N、光栅常数 d 和缝宽。

解 由光栅分辨本领 $A=\lambda/\Delta\lambda=mN$，得

$$N=\frac{\lambda}{\Delta\lambda m} \tag{8-70}$$

将钠双线的平均波长 $\lambda=0.5893\ \mu m$，$\Delta\lambda=\lambda_2-\lambda_1=0.6\times10^{-3}\ \mu m$，$m=2$ 代入式(8-70)，可得光栅总缝数为

$$N=491$$

用 θ_2 表示第 2 级谱线的衍射角，则由光栅方程 $d\sin\theta_2=2\lambda$，可得光栅常数为

$$d=\frac{2\lambda}{\sin\theta_2}=0.027\ \text{mm}$$

又由于光栅第 3 级缺级，故有 $d/a=3$，所以缝宽为

$$a=\frac{d}{3}=0.009\ \text{mm}$$

例 8-8 用一个每毫米 500 条缝的衍射光栅观察钠谱线($\lambda=0.589\ \mu m$)，当平行光垂直入射和以 30°角斜入射时，分别最多能观察到几级谱线？

解 当平行光垂直入射时，光栅方程为

$$d\sin\theta=m\lambda$$

对应于 $\sin\theta=1$ 的 m 为最大谱线级。根据已知条件，光栅常数为 1/500 mm，所以有

$$m=\frac{d}{\lambda}=3.4$$

因为 m 是衍射级次，对于小数无实际意义，故取 $m=3$，即只能观察到第 3 级谱线。

当平行光以 30°角斜入射时，光栅方程式为

$$d(\sin i+\sin\theta)=m\lambda$$

取 $\sin\theta=1$，代入已知条件得

$$m=\frac{d(\sin i+1)}{\lambda}=5.09$$

即最多能观察到第 5 级谱线。

斜入射时，尽管可以得到高级次的谱线，从而得到大的色散率和分辨率，但需要注意缺级和因谱线落在中央衍射最大包线之外，导致光能甚小的问题。

8.7.4　视窗与链接

8.7.4.1　巴俾涅原理

前面讨论了圆孔、单缝的衍射现象，如果在光路中的障碍物改换为圆盎、细丝（窄带），其衍射特性将会如何呢？当然，我们可以利用菲涅耳-基尔霍夫衍射公式重新求解，但是如果根据巴俾涅原理，就可使问题的处理大大简化。

若两个衍射屏Σ_1和Σ_2中，一个衍射屏的开孔部分正好与另一个衍射屏的不透明部分对应，反之亦然，这样一对衍射屏称为互补屏，如图 8-29 所示。设$\widetilde{E}_1(P)$和$\widetilde{E}_2(P)$分别表示两个衍射屏单独放在光源和观察屏之间时观察屏上点P的光场复振幅，$\widetilde{E}_0(P)$表示无衍射屏时点P的光场复振幅。根据惠更斯-菲涅耳原理，$\widetilde{E}_1(P)$和$\widetilde{E}_2(P)$可表示分别对两个衍射屏开孔部分的积分，而两个衍射屏的开孔部分加起来就相当于无衍射屏，因此，有

$$\widetilde{E}_0(P)=\widetilde{E}_1(P)+\widetilde{E}_2(P)$$

该式说明，两个互补屏在衍射场中某点单独产生的光场复振幅之和等于无衍射屏、光波自由传播时在该点产生的光场复振幅，这就是巴俾涅原理。当光波自由传播时，容易计算光场复振幅，所以利用巴俾涅原理可以方便地由一种衍射屏的衍射光场求出其互补屏产生的衍射光场。

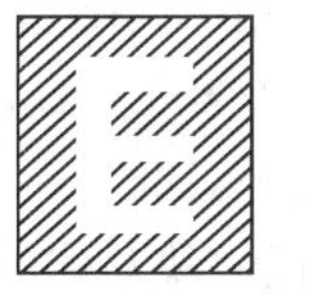
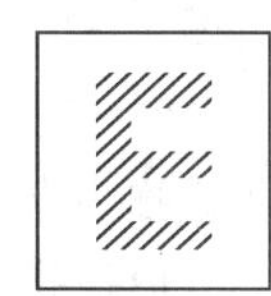

图 8-29　互补屏

由巴俾涅原理可得到如下两个结论：第一，如果$\widetilde{E}_1(P)=0$，则$\widetilde{E}_2(P)=\widetilde{E}_0(P)$。因此，放置一个衍射屏时，相应于光场为零的那些点，在换上它的互补屏时，光场与无衍射屏时一样；第二，如果$\widetilde{E}_0(P)=0$，则$\widetilde{E}_2(P)=-\widetilde{E}_0(P)$，这就意味着在$\widetilde{E}_0(P)=0$的那些点，$\widetilde{E}_1(P)$和$\widetilde{E}_2(P)$的相位差为$\pi$，而光强$I_1(P)$和$I_2(P)$相等。这就是说，两个互补屏不存在时光场为零的那些点，互补屏产生完全相同的光强分布。

利用巴俾涅原理很容易由夫琅禾费圆孔、单缝衍射特性得到圆盘、窄带的夫琅禾费衍射图样。例如，对于用线光源照明单缝的夫琅禾费衍射装置，如果将单缝衍射屏换成同样宽度的不透光窄带，则在偏离衍射图样中央的地方，将有与单缝衍射类似的衍射图样。这是因为单缝和窄带是一对互补屏，在观察屏上，除中央点外，均有$\widetilde{E}_0(P)=0$，所以根据巴俾涅原理，除中央点外，单缝和窄带衍射图样相同。因此，可以直接将单缝衍射特性应用于窄带衍射中。例如，窄带衍射的暗纹间距公式为

$$e=\Delta x=f\frac{\lambda}{a}$$

在窄带（细丝）衍射的实验中，如果测量衍射暗纹的间距e，就可以计算出窄带（细丝）的宽度（直径）。近年来研制出的激光细丝测径仪，就是利用这个原理测量细丝（如金属丝或纤维丝）直径的。

8.7.4.2 X射线衍射

X射线是伦琴于1885年发现的，故又称为伦琴射线。图8-30所示为X射线管的结构示意图。图中G是一曲成真空的玻璃泡，其中密封有电极K和A。K是发射电子的阴极，A是阳极，又称为对阴极。两极间加数万伏高电压，阴极发射的电子，在强电场作用下加速，高速电子撞击阳极(靶)时，就从阳极发出X射线。

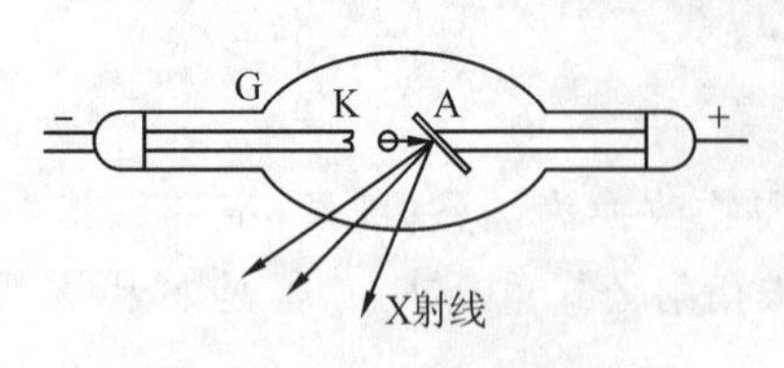

图8-30 X射线管

这种射线人眼看不见，具有很强的穿透能力，在当时是前所未知的一种射线，故称为X射线。后来认识到，X射线是一种波长很短的电磁波，波长为0.01～10 nm。既然X射线是一种电磁波，也应该有干涉和衍射现象。但是由于X射线波长太短，用普通光栅观察不到射线的衍射现象，而且也无法用机械方法制造出适用于X射线的光栅。

1812年，德国物理学家劳厄想到，晶体由于其中粒子的规则排列应是一种适合于X射线的三维空间光栅。他进行实验，第一次圆满地获得了X射线的衍射图样，从而证实了X射线的波动性。

如图8-31所示，当平行光照射到晶面上时，在符合反射定律的方向上可以得到强度最大的射线。但由于各个晶面上衍射中心发出的子波干涉，这一强度也随掠射角的改变而改变。由图8-31可知，相邻两个晶面反射的两列光波干涉加强的条件为

$$2d\sin\varphi = k\lambda, \qquad k=1,2,3,\cdots$$

此式称为布拉格公式。

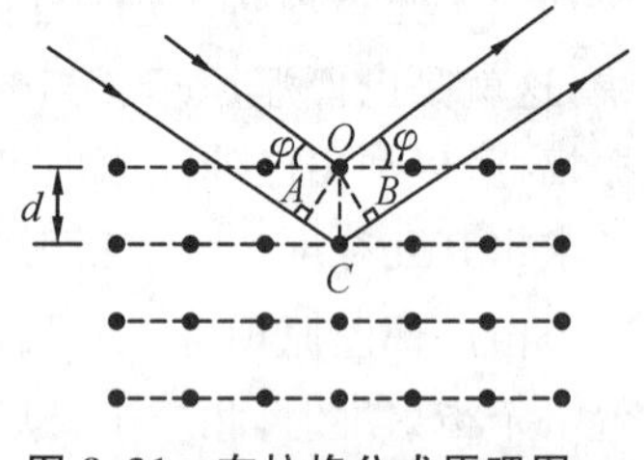

图8-31 布拉格公式原理图

应该指出，同一块晶体的空间点阵，从不同方向看去，可以看到粒子形成取向不相同、间距也各不相同的许多晶面族。当X射线入射到晶面上时，对于不同的晶面族，掠射角φ不同，晶面间距d也不同。凡是满足布拉格公式的，都能在相应的反射方向得到加强。

布拉格公式是X射线衍射的基本规律，它的应用是多方面的。若已知晶面间距d，就可以根据X射线衍射实验由掠射角φ计算出入射X射线的波长，从而研究X射线谱，进而研究原子结构。反之，若用已知波长的X射线投射到某种晶体的晶面上，由出现最大强度的掠射角φ可以计算出相应的晶面间距d从而研究晶体结构，进而研究材料性能。这些研究在科学和工程技术上都是很重要的。例如，对大生物分子DNA晶体的成千幅的X射线衍射照片的分析，显示出DNA分子的双螺旋结构。

8.7.4.3 波导光栅

波导光栅是通过折射率周期分布构成的光栅，按其结构的不同，可分为两大类：平面波导光栅和圆形波导光栅(光纤光栅)。

1. 平面波导光栅

1) 平面波导光栅的衍射

平面波导光栅是集成光学中的一个重要的功能器件，它实际上是光波导结构受到一种周

期性微扰，其结构形式如图 8-32 所示，可以是表面几何形状的周期变化（如传统光学中的光栅），也可以是波导表面层内折射率的周期变化，或是两者的结合。

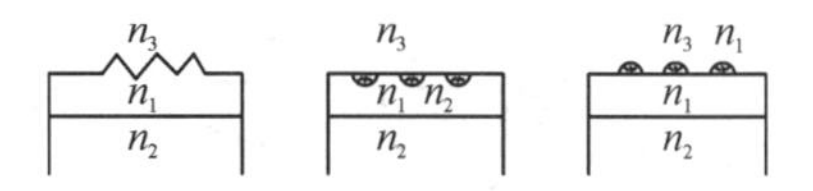

图 8-32　波导光栅的各种形式

2）波导光栅的应用

利用波导光栅的衍射特性，可以制作许多集成光学器件，且其新的应用还在不断地出现，其典型应用是构成光输入、输出藕合器与滤波器。

a. 光输入、输出藕合器

激光束以入射角入射到波导光栅上，因光栅作用产生若干衍射光。如果其中某一级衍射光的衍射角和波导中导模的模角相等，则入射光将通过这个衍射光把能量有效地藕合到平面波导中，使光在波导中有效地传输。此时波导光栅为输入藕合器。反之，已在波导中传输的光可通过波导光栅藕合出波导，此时波导光栅为输出藕合器。对于单光波藕合器，在一定条件（光栅长度工足够长或藕合系数足够大）下，输出藕合效率可达 100%。

b. 滤波器

前面已经指出，波导光栅的衍射（偏转）系数直接取决于布拉格条件 $2d\sin\theta=k\lambda$，在满足布拉格条件的波长 λ_B 附近衍射系数最大。因此，在 λ_B 附近具有一定谱宽的输入光经过偏转光栅后，透射光将滤去入射光附近的光谱成分。相反，若仅考虑偏转波，则该器件可看成是选频器，从入射光中选出所需要的波长 λ_B。利用相反的过程，可以进行合波。利用波导光栅制作的波分复用器具有体积小、稳定、复用数高及插入损耗小等优点，特别适用于单模光纤通信系统。

2. 光纤光栅

光纤光栅是在 1878 年制作成功的。它是利用紫外线照射光纤，使纤芯产生永久性的折射率变化（紫外光敏效应），形成相位光栅。目前广泛采用的制作方法是相位光栅衍射相干法。如图 8-33 所示，将预先做好的相位光栅作为掩模板放在光纤附近，入射光经掩模板后产生±1 级衍射光，这两束衍射光在重叠区（纤芯）内形成干涉条纹，经过曝光后就形成折射率周期分布的体光栅。这种制作方法的优点是工艺简单，便于大规模生产。

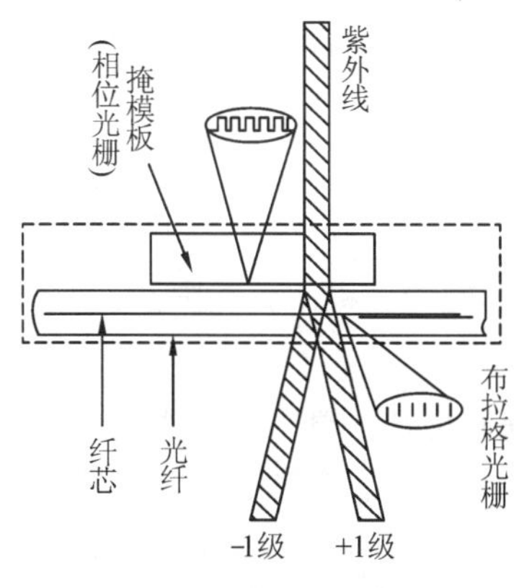

图 8-33　相位光栅的制作

光纤光栅是发展极为迅速的一种光纤器件，在光纤通信中可作为光纤波分复用器；通过稀土掺杂可构成光纤激光器，并且在一定范围内可实现输出波长调谐，变周期光纤光栅可用于光纤的色散补偿等；在光纤传感技术中可用于温度、压力传感器，并可构成分布或多点测量系统。

3. 全息光栅

随着光栅理论和制作工艺的发展，光栅的衍射单元已不再只是刻痕槽了。全息光栅是伴随着全息术的发展而出现的一种新型光栅，它最早于 1867 年提出，到了 19 世纪 70 年代已用于可见光、紫外线和 X 射线区，其性能已与刻痕光栅相当了。

全息光栅是依据全息照相机原理制作的。图 8-34 所示是一种分波面法干涉系统，由该

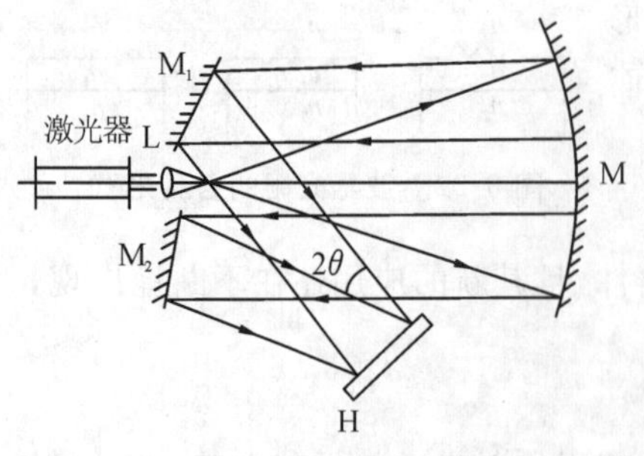

图 8-34 全息光栅制作系统

系统产生的两束相干平行光以 2θ 夹角在全息底片上相交，形成明暗交替的等间距、平行、直干涉条纹，条纹间距为

$$d=\frac{\lambda}{2n\sin\theta}$$

式中，λ 是激光波长，n 是折射率，d 是全息光栅的光栅栅距。全息底片经过曝光、冲洗处理后，得到全息光栅。如果用氩离子激光器作为光源（$\lambda=488$ nm），在空气中记录干涉条纹（$n=1$），则可得干涉最小栅距为 $d=244$ nm，也就是说，可以制作成每毫米 4088 条的全息光栅。目前，利用这种方法已制成每毫米 10000 条的全息光栅。如果全息底片为平面，可制成平面全息光栅，如果全息底片是球面，则可制成凹面全息光栅。全息光栅可以是振幅删，也可制成相位光栅。

8.7.4.4 全息照相

全息照相是利用干涉和衍射方法来获得物的完全逼真的立体像的一种成像技术。它是由盖伯(D. Gabor)最早在 1848 年提出的。自 1860 年以来，激光的出现解决了高相干性与高强度光源问题，全息照相得到了迅速发展，并在许多领域获得成功应用。它已经成为现代光学的一个重要分支，盖伯也因此而获得 1871 年度的诺贝尔物理学奖。

普通照相是根据几何光学成像原理，通过照相物镜记录下物体发出光波的强度，即振幅，将空间物体成像在一个平面上，由于丢失了光波的相位信息，因而丢失了物体的三维特征。全息照相则是利用干涉原理，将物体发出的特定光波以干涉条纹的形式记录下来，使物体光波前的振幅和相位信息都记录在介质中，所记录的干涉条纹图样称为全息图。当用光波照射全息图时，由于衍射原理能重现原物体光波，从而形成与原物体逼真的三维像，即使原物体已经移开，仍然可以看到原物体本身具有的全部现象，包括三维感觉和视差。

1. 全息照相的特点

通过前面的讨论，我们可以看出全息照相的一些特点。

(1)全息照相能够记录物体的光波振幅和相位的全部信息，并把它表现出来。因此，全息照相可以获得与原物体完全相同的立体像。

(2)全息照相实质上是一种干涉和衍射现象。全息图的记录和再现一般需要利用单色光源，单色光的相干长度应大于物体的光波和参考光波之间的光程差，单色光的空间相干性应保证从物体的不同部分散射的光波和参考光波能够发生干涉。此外，在记录全息图时，由于一般物体的散射光比较弱，故应采用强度大的光源。显然，最理想的光源就是激光器。常用的激光器有氦氖激光器、氩离子激光器和红宝石激光器。如果要获得物体的彩色信息，需要用不同波长的单色光做多次记录。

(3)全息图的任何局部都能再现原物体的基本形状。物体上任意点散射的球面波可抵达全息底板的每点或每个局部，与参考光相干性形成基元全息图，也就是全息图的每点或局部都记录着来自所有物点的散射光，显然，物体全息图的每个局部都可再现出记录时所有照射到该局部的物点，形成物体的像。

(4)无论是用一块正的还是负的照相底板来制作全息图,观察者看到的总是正像。其原理是,一个负的全息图的再现光波和一个正的全息图的再现光波只不过在相位上改变了180°,因为人眼对这一恒定相位差是不敏感的,所以观察者在这两种情况下看到的物体的像是一样的。

全息照相对照相底板的正、负虽无要求,但是如前所述,对照相底板必须进行线性处理。此外,对底板的分辨率也有比较高的要求,通常全息照相使用的底板的分辨率为每毫米1000～4000线。

2. 全息照相的应用

1) 全息光学器件

全息光学器件实际上是一张用感光记录介质制作的全息图,它具有普通光学器件的成像、分光、滤波和偏转等功能,并具有重量轻,制作方便等优点,广泛应用于激光技术、传感器和光通信等领域。

平面全息光栅就是记录两列有一定夹角的平面波干涉条纹的全息图。改变两束光波的夹角就可以记录所需要频率的光栅。光致抗蚀剂作为记录介质,用氩离子激光可产生频率达每毫秒数千条的光栅。光致抗蚀剂经曝光和显影后可得浮雕型正弦光栅。如在表面镀铝,能制成反射全息光栅。与刻划光栅相比,全息光栅没有鬼线。刻划光栅的鬼线是由光栅周期误差或不规则误差造成的假谱线,全息光栅的周期与波长成一定比例,故不存在周期误差,因而没有鬼线,所以全息光栅广泛应用于天文学和拉曼光谱仪中。

全息透镜是记录两列球面波与平面波的干涉条纹从而得到菲涅耳全息图,也称为菲涅耳全息透镜。它除了具有一般光学透镜的成像功能外,具有重量轻、造价低、易制作、可复制和可阵列化的优点。

此外,全息滤波器、全息扫描仪和全息光学互联器件等,也广泛应用于光学信息处理、激光技术及光计算领域。

2) 全息显示

全息显示利用全息照相重现物体真实三维图像的特点,是全息照相最基本的应用之一。目前已经成功制成的人体骨骼、地铁模型、大型雕塑像和各种机床等的全息图,面积甚至可达1～1.5 m^2。反射全息图由于是体全息,能在白光照明下呈现单色像,如果用红、绿、蓝三种波长的激光拍摄彩色物体的全息图,则能再现彩色的三维图像。全息显示的应用涉及艺术、广告、印刷和军事等领域。

3) 全息干涉计算

全息照相最成功、最广泛的应用之一是在干涉计量方面,全息干涉计量技术具有许多普通干涉计量所不能比拟的优点。例如,可以用于各种材料的无损检测,非抛光表面和形状复杂表面的检验,可以研究物体的微小变形、振动和高速运动等。这项技术采用单次曝光(实时法)、二次曝光及多次曝光等方法。

4) 全息存储

全息存储是一种大容量、高密度的信息存储方式。把需要存储的信息,如一页文字、一张图表或地图等,通过普通照相微缩的方法制成36 mm×24 mm或24 mm×16 mm的负片。

习 题 8

8-1 隔着几米高的挡板,"只闻其声,不见其人",这是什么缘故?

8-2 将手指并拢贴在眼前,通过指缝观看一个灯泡发出的光,记录并解释你观察到的现象。

8-3 在菲涅耳圆孔衍射实验中,从近到远移动接收屏时,中心强度如何变化?接收屏在哪些位置上中心强度达到极大?

8-4 试用半波带法说明夫琅禾费单缝衍射因子的一些特征,如暗纹和次极强出现的位置。

8-5 当夫琅禾费衍射装置做如下变动时,试讨论衍射图样的变化。

(1)增大透镜 L_2 的焦距;

(2)将衍射屏前后平移。

8-6 做夫琅禾费单缝衍射试验时,若用白光照明,衍射条纹有什么变化?

8-7 假如人眼的可见光波段不是 0.55 μm 左右,而是移到毫米波段,如果人眼的瞳孔仍保持 4 mm 左右的孔径,那么,所看到的外部世界将是怎样的?

8-8 菲涅耳圆孔衍射图样的中心点可能是亮的,也可能是暗的,而夫琅禾费圆孔衍射图样的中心总是亮的,这是为什么?

8-9 为了提高光栅的色散本领和色分辨本领,既要求光栅刻线很密(d 小),又要求刻线总数很多(N 大)。怎样理解增大 N 并不能提高光栅的色散本领?怎样理解虽然扩大两条谱线的角间距,减小 d 却并不能提高光栅的色分辨本领?

8-10 波长为 589 nm 的单色平行光照明一直径 $D=2.6$ mm 的小圆孔,接收屏距孔 1.5 m。轴线与接收屏的交点是亮点还是暗点?当小圆孔的直径至少改变为多大时,该点的光强发生相反的变化?

8-11 试计算一波带片前 10 个透光波带的内、外半径的值。该波带片对 0.63 μm 红光的焦距为 20 m,并假设中心是一个透光带。

8-12 波长 $\lambda=563.3$ nm 的单色光,从远处的光源发出,穿过一个直径 $D=2.6$ mm 的小圆孔,照射与小圆孔相距 $r_0=1$ m 的屏幕。屏幕正对孔中心的点 P_0 处是亮点还是暗点?要使点 P_0 的情况与上述情况相反,至少要把屏幕移动多少距离?

8-13 由于衍射效应的限制,当人眼能分辨某汽车的两个前灯时,人离汽车的最远距离为多少(假设两个前车灯相距 1.22 m)?

8-14 借助于直径为 2 m 的反射望远镜,将地球上的一束激光($\lambda=600$ nm)聚焦在月球上某处。如果月球距地球 4×10^5 km,忽略地球大气层的影响,试计算激光在月球上的光斑直径。

8-15 一准直的单色光束($\lambda=600$ nm)垂直入射在直径为 1.2 cm、焦距为 50 cm 的会聚透镜上,试计算在该透镜焦平面上的衍射图样中心斑的角宽度和线宽度。

8-16 用波长为 $\lambda=0.63$ μm 的激光粗测一个单缝缝宽。若接收屏上衍射条纹左右两个第 5 级极小值的距离为 6.3 cm,接收屏和单缝的距离为 5 m,求缝宽。

8-17 波长为 0.6 μm 的一束平行光波照射在宽度为 20 μm 的单缝上,透镜焦距为 20

cm，求零级夫琅禾费衍射斑的半角宽度和线宽。

8-18 考察缝宽 $a=8.8\times10^{-3}$ cm，双缝间隔 $d=7.0\times10^{-2}$ cm、波长为 0.6238 μm 的双缝衍射，在中央极大值两侧的两个衍射极小值间，将出现多少个干涉极小值？若接收屏离开双缝 457.2 cm，计算条纹宽度。

8-19 用波长为 624 nm 的单色光照射一光栅，已知该光栅的缝宽为 $a=0.012$ mm，不透明部分宽度为 $b=0.029$ mm，缝数为 $N=1000$ 条，试求：(1)中央峰的角宽度；(2)中央峰内干涉主极大的数目；(3)谱线的半角宽度。

8-20 已知一光栅的光栅常数 $d=2.5$ μm，缝数为 $N=20000$ 条。求此光栅的第 1、2、3 级谱线的分辨本领，并求波长为 $\lambda=0.69$ μm 红光的第 2、3 级谱线的位置(角度)，以及谱线对此波长的最大干涉级。

8-21 在一个透射光栅上必须刻划多少条线，才能使它刚好分辨第 1 级谱线中的钠双线(589.592 nm 和 588.995 nm)。

8-22 可见光($\lambda=380\sim760$ nm)垂直入射到一块每毫米 1000 条刻痕的光栅上，在 30° 的衍射角方向附近看到两条谱线，相隔的角度为$(18/5\pi\sqrt{3})^\circ$，求这两条谱线的波长差 $\Delta\lambda$ 和平均波长 λ_0。如果要用这块光栅分辨 $\delta\lambda=\Delta\lambda/100$ 的波长差，光栅的宽度至少应该是多少？

8-23 一光栅宽 5 cm，每毫米 400 条刻线。当波长为 500 nm 的平行光垂直入射时，第 4 级谱线处在单缝衍射的第 1 级极小位置。试求：

(1)每缝(透光部分)的宽度；

(2)第 2 级谱线的半角宽度；

(3)第 2 级可分辨的最小波长差。

8-24 波长为 500 nm 的平行光垂直入射到一块衍射光栅上，有两个相邻的主极大分别出现在 $\sin\theta=0.2$ 和 $\sin\theta=0.3$ 的方向上，且第 4 级缺级。求光栅的常数和缝宽。

8-25 设计一块光栅，要求：①使波长为 $\lambda=600$ nm 的第 2 级谱线的衍射角 $\theta\leqslant30^\circ$；②色散尽可能大；③第 3 级谱线缺级；④对波长为 $\lambda=600$ nm 的第 2 级谱线能分辨 0.02 nm 的波长差。在选定光栅的参数后，在透镜的焦平面上只可能看到波长为 $\lambda=600$ nm 的几条谱线？

9 光的偏振与晶体光学基础

9.1 光波的横波特性、偏振态

◆知识点

¤横波特性

¤偏振态　偏振度

¤反射和折射时偏振态的变化

9.1.1 任务目标

理解光波横波特性的含义；熟悉光波的各种偏振态及其方向；掌握偏振度的定义并会进行相关计算；掌握自然光反射和折射的偏振态的变化；理解布儒斯特角的含义及应用；了解线偏振光反射和折射的振动面的变化。

9.1.2 知识平台

9.1.2.1 光波的横波特性

光波是一种电磁波，按照经典的电磁理论，在无限大均匀介质中，光波中的电场强度 $\boldsymbol{E}$（简称电矢量）和磁场强度 $\boldsymbol{H}$（简称磁矢量）同相且相互垂直，它们又都与传播方向垂直，即 $\boldsymbol{E}$、$\boldsymbol{H}$、$\boldsymbol{k}$ 三个矢量相互垂直且构成右手螺旋直角坐标系统，如图 9-1 所示。

根据麦克斯韦方程组可以推导出，电场和磁场的大小有下列关系：

$$\frac{E}{H}=\sqrt{\frac{\mu}{\varepsilon}} \tag{9-1}$$

即 E 与 H 之比为正实数，因此 E 与 H 同相位。

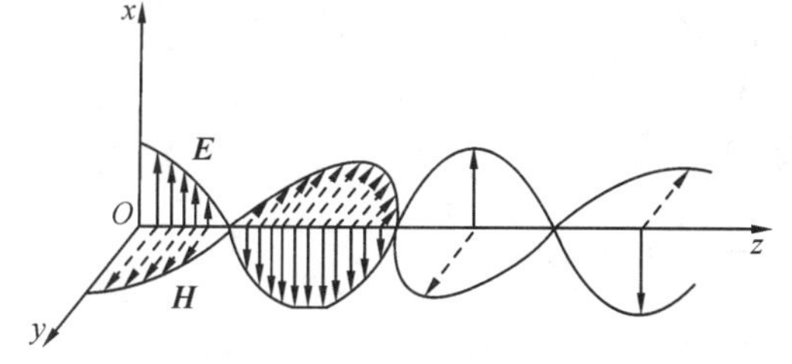

图 9-1 光波的横波特性

大量实验证明，各种光的检测器件，如人眼、感光胶片、光电池等，它们对光的反应主要是由电磁波中的电场引起的。而且由上面的讨论可知，一旦知道了 $\boldsymbol{E}$，也就知道了 $\boldsymbol{H}$，因此，通常用电场表示光场，而电矢量 $\boldsymbol{E}$ 称为光矢量，光振动就是 $\boldsymbol{E}$ 的周期性变化。

9.1.2.2 光的偏振

1. 定义

波有横波和纵波两类，横波的振动方向与传播方向垂直，其振动方向是一个有别于垂直传播方向的其他横方向的特殊方向，因此不具有以传播方向为轴的对称性，这种不对称现象称为波的偏振。纵波的振动方向与波的传播方向一致，在垂直于波传播方向的各个方向观察纵波，情况是完全相同的，具有对称性，即纵波不产生偏振，因此偏振是横波区别于纵波的标志。

光矢量 $\boldsymbol{E}$ 的振动方向与光波传播方向垂直，因此光波是横电磁波，而在垂直传播方向的平面内，光矢量可能存在各种不同的振动，光矢量的这些振动状态称为光波的偏振态。

2. 分类

根据在垂直于传播方向的平面内，光矢量振动方向相对光波传播方向是否具有对称性，可以将光波分为非偏振光和偏振光，具有对称性的称为非偏振光，具有不对称性的偏振光又分为完全偏振光和部分偏振光。完全偏振光又分为线偏振光、圆偏振光和椭圆偏振光。部分偏振光也可以分为部分线偏振光、部分圆偏振光和部分椭圆偏振光。

3. 非偏振光

1）定义

一个原子发射的光波是一些断续的振动方向和初相位各不相关的线偏振光波列，各波列持续的时间约为 $10^{-8}\sim10^{-9}$ s。普通光源包含为数极多的原子或分子，它们各自无规则地发射着互不相关的光波列。这些线偏振光波列的集合在垂直传播方向的平面内具有一切可能的振动方向，各个振动方向上振幅在观察时间内的平均值相等，初相位完全无关，这种光称为非偏振光，或称为自然光。

2）图示法

从统计来看，自然光中光矢量的分布在传播方向上是完全对称的。在实际问题中，为了方便处理自然光，可以用互相垂直的两个光矢量表示，这两个光矢量的振幅相同，但相关位系是不确定的，是瞬息万变的，我们不可能把这两个光矢量再进一步合成为一个稳定的或有规则变化的完全偏振光。也就是说，可以把自然光看成是振动方向互相垂直、振幅相等而相位

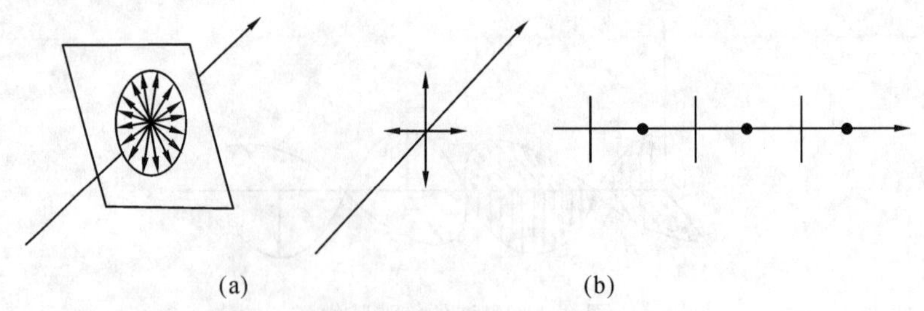

图 9-2 自然光示意图

完全无关的两个线偏振光的合成,如图 9-2 所示。

4. 完全偏振光

设光波沿 z 轴方向传播,电场矢量为

$$\boldsymbol{E}=\boldsymbol{E}_0\cos(\omega t-kz+\varphi_0) \tag{9-2}$$

也可将其表示为沿 x、y 轴方向振动的两个独立分量的合成,即

$$\boldsymbol{E}=\mathbf{i}E_x+\mathbf{j}E_y \tag{9-3}$$

其中

$$E_x=E_{0x}\cos(\omega t-kz+\varphi_{0x})$$
$$E_y=E_{0y}\cos(\omega t-kz+\varphi_{0y})$$

为了求得电场矢量的端点所描绘的曲线,将上两式中的变量 t 消去,经过运算可得

$$\left(\frac{E_x}{E_{0x}}\right)^2+\left(\frac{E_y}{E_{0y}}\right)^2-2\left(\frac{E_x}{E_{0x}}\right)\left(\frac{E_y}{E_{0y}}\right)\cos\varphi=\sin^2\varphi \tag{9-4}$$

式中,$\varphi=\varphi_y-\varphi_x$。这个二元二次方程在一般情况下表示的几何图形是椭圆,如图 9-3 所示。

1) 椭圆偏振光

当光波通过在垂直于光波传播方向的某个平面时,光矢量的大小和方向都在变化,它的末端轨迹描绘出一个椭圆,即在任意时刻,沿光波传播方向,空间各点电场矢量末端在 xy 平面上的投影是一个椭圆,或在空间任意点,电场矢量端点在相继各时刻的轨迹是一个椭圆,这种光波称为椭圆偏振光,如图 9-4 所示。

光波传播方向上各点对应的光矢量末端分布在具有椭圆截面的螺线上,如图 9-4 所示。椭圆的长、短半轴和取向与两分量 E_x、E_y 的振幅和相位差有关,从而也就决定了光波的不同偏振态。图 9-5 画出了几种不同 φ 值相应的偏振态。实际上,线偏振态和圆偏振态都是椭圆偏振态的特殊情况。

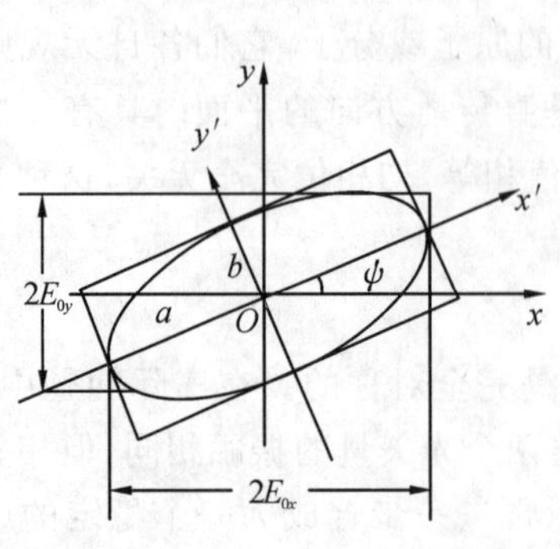

图 9-3 椭圆偏振诸参量

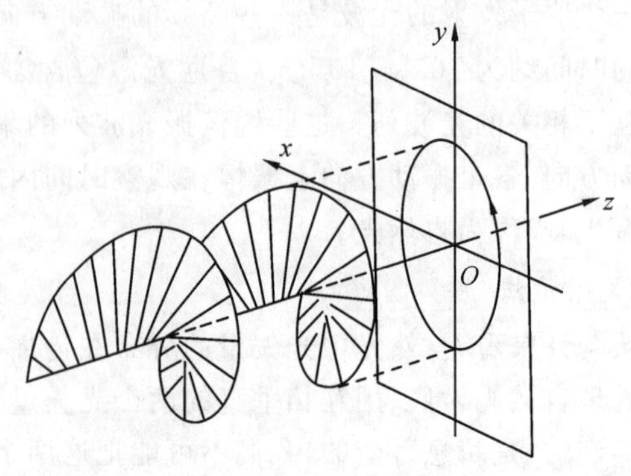

图 9-4 椭圆偏振光

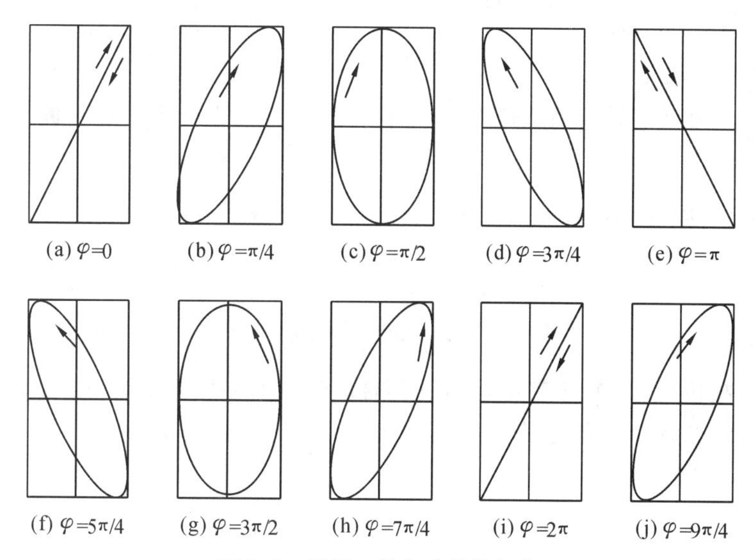

图 9-5　不同 φ 值相应的偏振态

2）线偏振光

当两个分量 E_x、E_y 的相位差 $\varphi=m\pi(m=0,\pm1,\pm2,\cdots)$时，图 9-5 描述的椭圆变为一条直线，此时式(9-4)可表示为

$$\frac{E_y}{E_x}=(-1)^m\frac{E_{0y}}{E_{0x}} \tag{9-5}$$

此时，在垂直于光波传播方向的某个平面，电场矢量的方向保持不变，大小随时间变化，它的末端轨迹是一条直线，这种光波称为线编振光。当 m 为零或偶数时，光振动方向在Ⅰ、Ⅲ象限内；当 m 为奇数时，光振动方向在Ⅱ、Ⅳ象限内。

由于在同一时刻，线偏振光传播方向上各点的光矢量都分布在同一个平面内，如图 9-6(a)，所以又称为平面偏振光。通常将包含光矢量和传播方向的平面称为振动面，通常用图 9-6(b)表示平面偏振光。

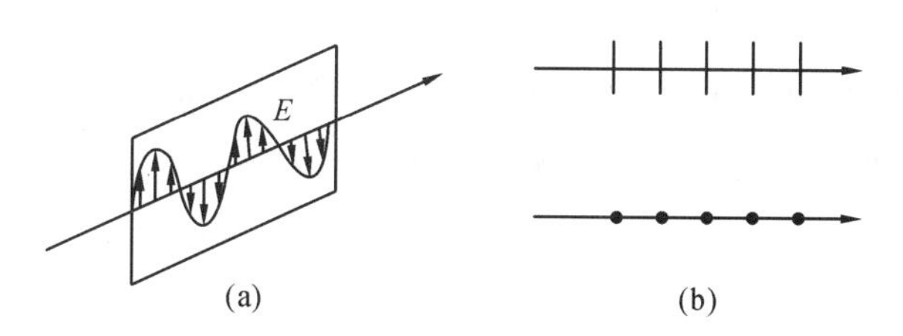

图 9-6　线偏振光及图示法

3）圆偏振光

当 E_x、E_y 的振幅相等($E_{0x}=E_{0y}=E_0$)，且相位差 $\varphi=m\pi/2(m=\pm1,\pm3,\pm5\cdots)$时，椭圆方程变为圆方程

$$E_x^2+E_y^2=E_0^2 \tag{9-6}$$

此时，当光波通过垂直于光波传播方向的某个平面时，电场矢量以角频率 ω 旋转，即其电矢量的大小保持不变，而方向随时间变化其末端轨迹描绘出一个圆，这种光波称为圆偏

振光。

4）右旋光和左旋光

在某一时刻，根据电矢量的旋转方向不同，可将圆偏振光分为右旋圆偏振光和左旋圆偏振光。

如果 $\sin\varphi>0$，则 $\varphi=\frac{\pi}{2}+2m\pi(m=0,\pm1,\pm2,\cdots)$，有

$$E_x=E_{0x}\cos(\omega t-kz+\varphi_x)$$

$$E_y=E_{0y}\cos\left(\omega t-kz+\varphi_x+\frac{\pi}{2}\right)$$

说明 E_y 的相位比 E_x 的超前 $\pi/2$，因此其合成矢量的端点描绘出一个顺时针方向旋转的圆，这相当于迎着光波传播方向观察时，电场矢量是顺时针方向旋转的，这种偏振光称为右旋圆偏振光。

如果 $\sin\varphi<0$，则 $\varphi=-\frac{\pi}{2}+2m\pi(m=0,\pm1,\pm2,\cdots)$，有

$$E_x=E_{0x}\cos(\omega t-kz+\varphi_x)$$

$$E_y=E_{0y}\cos\left(\omega t-kz+\varphi_x-\frac{\pi}{2}\right)$$

说明 E_y 的相位比 E_x 的落后 $\pi/2$，因此其合成矢量的端点描绘出一个逆时针方向旋转的圆，这相当于迎着光波传播方向观察时，电场矢量是逆时针方向旋转的，这种偏振光称为左旋圆偏振光，如图 9-7 所示。

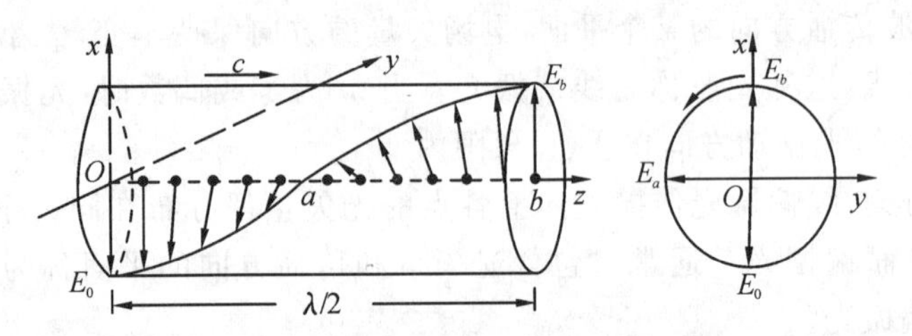

图 9-7 左旋圆偏振光的旋转示意图

对于椭圆偏振光，其旋转方向取决于相位差 φ：当 $2m\pi<\varphi<(2m+1)\pi$ 时，为右旋椭圆偏振光；当 $(2m-1)\pi<\varphi<2m\pi$ 时，为左旋椭圆偏振光。

5. 部分偏振光

1）定义

自然光在传播过程中，如果受到外界的作用，使光波在某个方向的振动比其他方向占优势，这种光波称为部分偏振光。在垂直于光波传播方向的平面内，其光矢量具有各种方向，但在不同的方向上的振幅大小不同，相对于光波传播方向不具有对称性。

部分偏振光可看成是完全偏振光和自然光的混合，当分别用线偏振光、圆偏振光、椭圆偏振光和自然光混合时，则相应得到部分线偏振光、部分圆偏振光和部分椭圆偏振光。因为在大多数情况下遇到的都是部分线偏振光，今后如不特别指明，讲到部分偏振光都是指部分线偏振光。

2）图示法

部分线偏振光可以用相互垂直的两个光矢量表示，这两个光矢量的振幅不相等，相位关系也不确定。通常用图 9-8(a)表示部分线偏振光。部分偏振光也可看成是两个振动方向互相垂直、振幅不相等、相位也完全无关的两个线偏振光的合成。

3）偏振度

为了描述部分线偏振光的偏振程度，定义部分线偏振光的总强度中完全偏振光所占的百分比为偏振度，用 P 表示。

图 9-8(a)中光矢量在图面内的振动占优势，其强度用 I_M 表示，光矢量在垂直图面的方向处于劣势，其强度用 I_m 表示。部分偏振光可以看成由一个线偏振光和一个自然光混合组成，其中线偏振光的强度为 $I_p=I_M-I_m$，部分偏振光的总强度 $I_i=I_M+I_m$，则

$$P=\frac{I_p}{I_i}=\frac{I_p}{I_n+I_p}=\frac{I_M-I_m}{I_M+I_m} \tag{9-7}$$

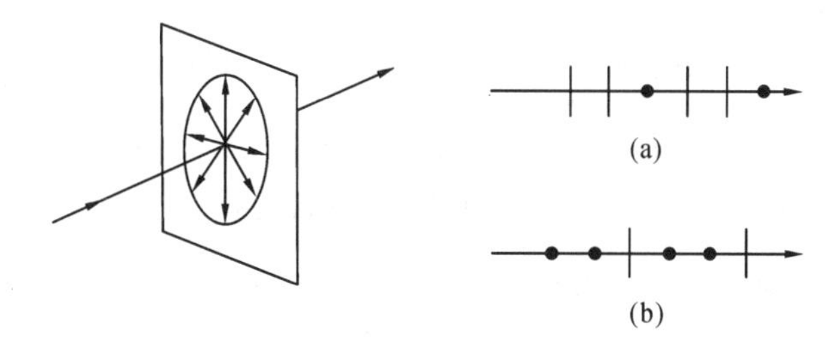

图 9-8　部分偏振光及其图示法

对于自然光，各方向的强度相等，$I_M=I_m$，故 $P=0$。对于线偏振光，$I_p=I_i$，$P=1$。其他情况下的 P 都小于 1。偏振度越接近 1，光的偏振化程度越高。

9.1.2.3　反射和折射时的偏振特性

当光波入射到各向同性介质界面上时，将发生反射和折射，由菲涅耳公式可知，$r_s\neq r_p$，$t_s\neq t_p$，因此，反射光和折射光的偏振状态相对入射光将发生变化。

1. 自然光的反射特性、折射特性

如果入射光为自然光，则其反射率为

$$R_n=\frac{W_r}{W_{in}} \tag{9-8}$$

由于入射光的自然光能量 $W_{in}=W_{is}+W_{ip}$，且 $W_{is}=W_{ip}$，因此

$$R_n=\frac{W_{rs}+W_{rp}}{W_{in}}=\frac{W_{rs}}{2W_{is}}+\frac{W_{rp}}{2W_{ip}}=\frac{1}{2}(R_s+R_p)=\frac{1}{2}(r_s^2+r_p^2) \tag{9-9}$$

相应的反射光偏振度为

$$P_r=\left|\frac{I_{rp}-I_{rs}}{I_{rp}+I_{rs}}\right|=\left|\frac{R_p-R_s}{R_p+R_s}\right| \tag{9-10}$$

折射光的偏振度为

$$P_t=\left|\frac{I_{tp}-I_{ts}}{I_{tp}+I_{ts}}\right|=\left|\frac{T_p-T_s}{T_p+T_s}\right| \tag{9-11}$$

根据第7章有关反射率和折射率的讨论，在不同入射角的情况下，自然光的反射、折射和偏振特性如下。

(1)自然光正入射($\theta_1=0°$)和掠入射界面($\theta_1\approx90°$)时，$R_s=R_p$、$T_s=T_p$，因而 $P_r=P_t=0$，即反射光和折射光仍为自然光。

(2)一般情况下自然光入射界面时，因 R_s 和 R_p 和 T_s 和 T_p 不相等，所以反射光和折射光都变成部分偏振光。

(3)自然光以布儒斯特角入射时，即 $\theta_1=\theta_B$，由于 $R_p=0$，$P_r=1$，所以反射光为完全偏振光，而折射光为部分偏振光。

例如，光由空气射向玻璃($n=1.52$)时，布儒斯特角为

$$\theta_B=\arctan\frac{n_2}{n_1}=56°40'$$

由反射率公式可得 $R_s=15\%$，因此，反射光强为

$$I_r=R_n I_i=\frac{1}{2}(R_s+R_p)I_i=0.075I_i$$

对于透射光，因 $I_{rp}=0$，有 $I_{tp}=I_{ip}$。又由于入射光是自然光，有 $I_{ip}=0.5I_i$，因而 $I_{tp}=0.5I_i$，而 $I_{ts}=I_{is}-I_{rs}=0.5I_i-0.075I_i=0.425I_i$，所以，透射光强 $I_t=0.925I_i$，偏振度为

$$P_t=\left|\frac{I_{tp}-I_{ts}}{I_{tp}+I_{ts}}\right|=0.081$$

因此，反射光虽然是完全偏振光，但其光强很小，透射光光强很大，但偏振度太小。

由以上讨论可以看出，要想通过单次反射的方法获得强反射的线偏振光或高偏振度的透射光是很困难的。在实际应用中，经常采用片堆达到上述目的。片堆是由一组平行平面玻璃片(或其他透明的薄片，如石英片等)叠在一起构成的，如图9-9所示，将这些玻璃片放在圆筒内，使其表面法线与圆筒轴构成布儒斯特角(θ_B)。当自然光沿圆筒轴(以布儒斯特角)入射并通过片堆时，因为透过片堆的折射光连续不断地以相同的状态入射和折射，每通过一次界面，都从折射中反射一部分垂直纸面振动的分量，最后使通过片堆的折射光接近为一个平行于入射面的线偏振光。

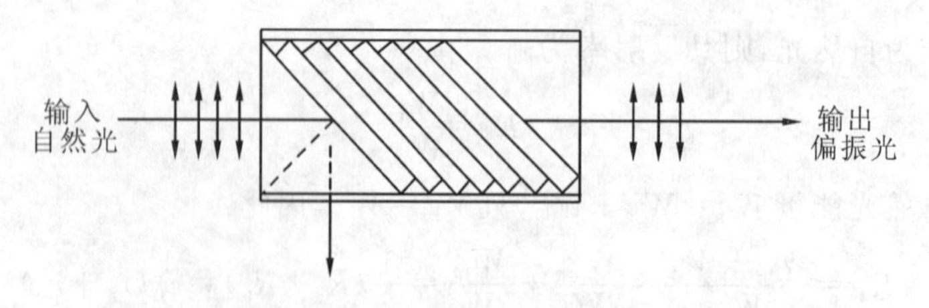

图9-9 用片堆产生偏振光

*2. 线偏振光反射、折射时的特性

一束线偏振光入射至界面，一般情况下反射光和折射光仍为线偏振光，但由于垂直分量和平行分量的振幅反射系数不同，相对入射光而言，反射光和折射光的振动面将发生旋转。

例如，一束入射线偏振光的振动方位角为 $\alpha_i=45°$，即 $E_{0is}=E_{0ip}$，则

$$E_{0rs}=r_s E_{0is}=-0.2845E_{0is}$$

$$E_{0rp}=r_p E_{0ip}=0.1245E_{0ip}$$

因此，反射光的振动方位角为

$$\alpha_r=\arctan\frac{E_{0rs}}{E_{0rp}}=\arctan\left(-\frac{0.2845}{0.1245}\right)=-66°24'$$

对于折射光，由于其 s 分量和 p 分量均无相位突变，且 $E_{0tp}>E_{0ts}$，所以 $\alpha_t<45°$，即折射光的振动面转向入射面。

由此可见，线偏振光入射至界面，一般情况下其反射光和折射光仍为线偏振光，但其振动方向要改变。一般情况下，反射光和折射光的振动方位角可由下式分别求出：

$$\left.\begin{aligned}\tan\alpha_r&=-\frac{\cos(\theta_1-\theta_2)}{\tan\alpha_t\cos(\theta_1+\theta_2)}\tan\alpha_i\\ \tan\alpha_t&=\cos(\theta_1-\theta_2)\tan\alpha_i\end{aligned}\right\}\tag{9-12}$$

如图 9-10 所示，假设方位角的变化范围是 $-\pi/2\sim\pi/2$，利用菲涅耳公式可以直接得到

$$\left.\begin{aligned}\tan\alpha_r&=-\frac{\cos(\theta_1-\theta_2)}{\cos(\theta_1+\theta_2)}\tan\alpha_i\\ \tan\alpha_t&=\cos(\theta_1-\theta_2)\tan\alpha_i\end{aligned}\right\}\tag{9-13}$$

由于 $0\leqslant\theta_1\leqslant\pi/2$，$0\leqslant\theta_2<\pi/2$，所以有

$$|\tan\alpha_r|\geqslant|\tan\alpha_i|\tag{9-14}$$

$$|\tan\alpha_t|\leqslant|\tan\alpha_i|\tag{9-15}$$

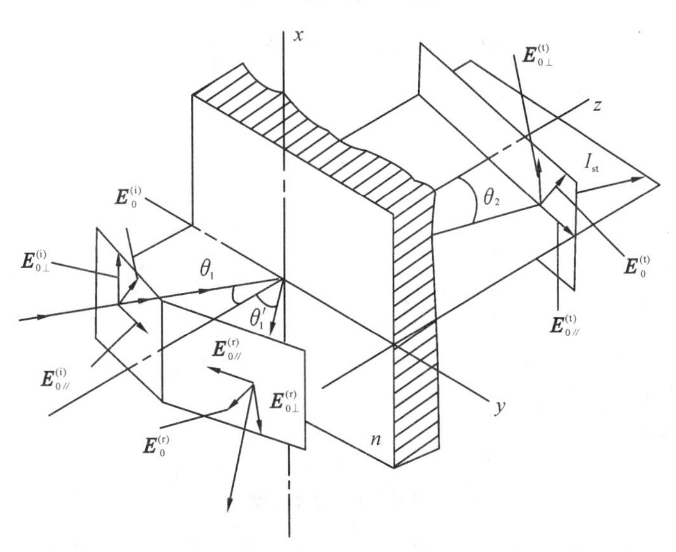

图 9-10　振动面的旋转

对于反射光，当 $\theta_1=0$ 或 $\theta_1=\pi/2$，即正入射或掠入射时，式(9-14)中的等号成立，在其他情况，振动面远离入射面；对于折射光，当 $\theta_1=0$，即正入射时，式(9-15)中的等号成立，其他情况，振动面转向入射面。

9.1.3 知识应用

在激光技术中,外腔式气体激光器放电管常采用布儒斯特窗口,这是片堆的实际应用。如图 9-11 所示,光轴与窗表面的夹角为 $90^\circ-\theta_B$,因此可使沿光轴的入射光以布儒斯特角入射。在这种情况下,当平行入射面振动的光分量通过窗口时,没有反射损失,因而这种光分量在激光器中可以起振,形成激光。而垂直纸面振动的光分量通过窗口时,将产生高达 15%的反射损耗,不可能形成激光。由于在产生激光的过程中,激光在腔内往返传播,类似于光通过片堆的情况,所以这种外腔式激光器输出的是在平行于激光管轴和窗口法线组成的平面内振动的线偏振光。

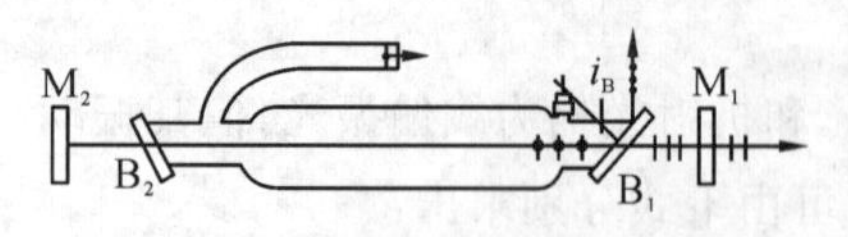

图 9-11　外腔式气体激光器

例 9-1　一束右旋圆偏振光从玻璃表面垂直反射出来,若迎着反射光的方向观察,是什么光?

解　选取直角坐标系如图 9-12(a)所示,玻璃面为 xOy 面,右旋圆偏振光沿 $-z$ 轴方向入射,在 xOy 面上入射光电场矢量的分量分别为

$$E_{ix}=\frac{E_{0i}}{2}\cos\omega t$$

$$E_{iy}=\frac{E_{0i}}{2}\cos\left(\omega t-\frac{\pi}{2}\right)$$

所观察到的入射光电场矢量的端点轨迹如图 9-12(b)所示。

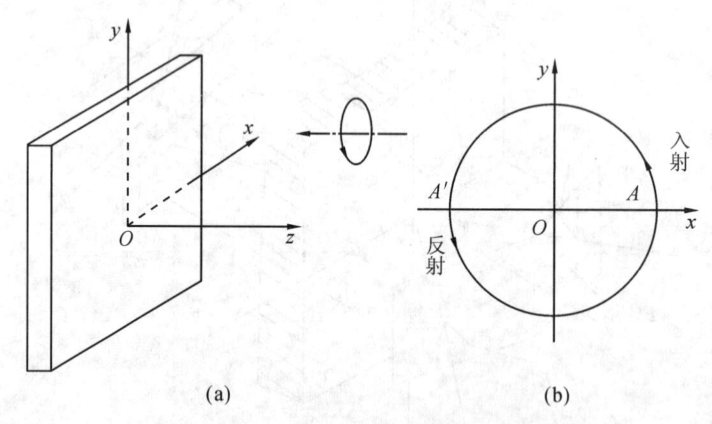

图 9-12　例 9-2 图

根据菲涅耳公式,玻璃面上的反射光相对入射面而言有一个 π 相位的突变,因而反射光的电场分量表达式为

$$E_{rx}=\frac{E_{0r}}{2}\cos(\omega t+\pi)$$

$$E_{ry}=\frac{E_{0r}}{2}\cos\left(\omega t+\frac{\pi}{2}\right)$$

其旋向仍然是由 x 轴旋向 y 轴,所以,迎着反射光的传播方向看,是左旋圆偏振光。

结论 垂直入射光为右旋圆偏振光，经玻璃反射后变为左旋圆偏振光。

例 9-2 一束自然光以 70°角入射到空气-玻璃($n=1.5$)分界面上，求反射率，并确定反射光的偏振度。

解 界面反射率为

$$R_n=\frac{1}{2}(r_s^2+r_p^2)$$

因为

$$r_s=\frac{\cos\theta_1-n\cos\theta_2}{\cos\theta_1+n\cos\theta_2}=\frac{\cos\theta_1-\sqrt{n^2-\sin^2\theta_1}}{\cos\theta+\sqrt{n^2-\sin^2\theta_1}}=-0.55$$

$$r_p=\frac{n^2\cos\theta_1-\sqrt{n^2-\sin^2\theta_1}}{n^2\cos\theta_1+\sqrt{n^2-\sin^2\theta_1}}=-0.21$$

所以反射率为

$$R_n=0.17$$

由于入射光是自然光，因此有 $I_{is}=I_{ip}=I_i/2$，又由于

$R_s=r_s^2=0.303$，$R_p=r_p^2=0.044$，所以

$$P_r=\frac{0.303-0.044}{0.303+0.044}=74.6\%$$

请同学们计算一下透射光的偏振度。

9.2 晶体的双折射

◆**知识点**

☒双折射现象、o 光、e 光

☒光轴、主截面、主平面

☒惠更斯假说、主折射率

9.2.1 任务目标

熟悉双折射现象及 o 光、e 光的特点，理解单轴晶体光轴和主折射率的含义，了解主截面、主平面的定义，以及惠更斯假说。

9.2.2 知识平台

9.2.2.1 晶体的双折射现象

1. 晶体

晶体是物质的一种特殊凝聚态，一般呈现固相，其外形具有一定的规则性，内部原子(离

子、分子)排列呈现空间周期性。晶体微观结构上的周期性或对称性导致光在晶体中传播速度的各向异性。

2. 双折射现象

把一块普通玻璃放在有字的纸上,通过玻璃片看到的是一个字成一个像。这是光折射的结果。如果改用透明的方解石晶体放到纸上,看到的却是一个字呈现双像,如图 9-13 所示。这表明光进入方解石晶体后分成两束光。这种一束入射光,经介质折射后分成两束光的现象称为双折射现象。在双折射产生的两束光中,一束光的传播方向遵从折射定律,称为寻常光线,简称 o 光,o 光在晶体中各个方向上的折射及传播速度都是相同的;另一束光不遵从折射定律,即当入射角 i 改变时,$\frac{\sin i}{\sin r}\neq$常数,该光一般也不在入射面内,这束光称为非常光线,简称 e 光,e 光在晶体中各个方向上的折射率及传播速度是随方向的不同而改变的。经检验,o 光和 e 光都是线偏振光,且两束光的振动方向相互垂直。

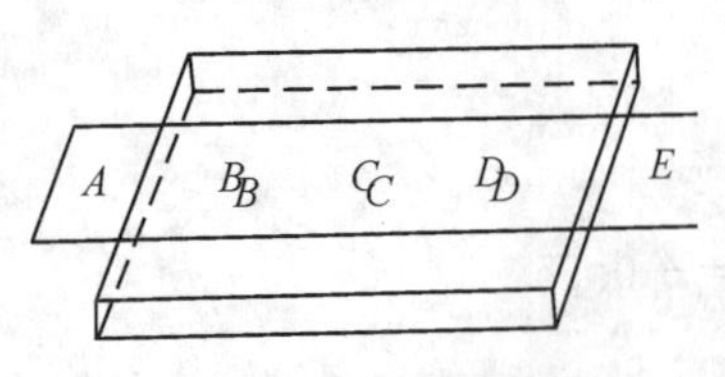

图 9-13 双折射现象

9.2.2.2 光轴与主平面、主截面

1. 光轴

晶体中存在某些特殊的方向,光沿着这些方向传播时,不发生双折射,这些特殊方向称为晶体的光轴。应该注意,光轴仅标志一定的方向,并不限于某一条特殊的直线。

只有一个光轴的晶体称为单轴晶体,如方解石、石英、红宝石、冰等。有两个光轴的晶体称为双轴晶体,如蓝宝石、云母、硫黄、石膏等。本书主要讨论单轴晶体。

方解石和石英是两种常用的单轴晶体。方解石的化学成分是碳酸钙($CaCO_3$)。天然方解石的外形为平行六面体(见图 9-14(a)),每个表面都是锐角为 78°8′、钝角为 101°52′的平行四边形。平行六面体共有八个棱角,其中六个棱角都由一个钝角和两个锐角组成,另外两个相对的棱角,它的三面都是由钝角组成,通过这对棱角顶点并与三个界面成等角的直线方向,就是方解石的光轴方向,其结构如图 9-14(b)所示。石英又称为水晶,化学成分是二氧化硅(SiO_2),其外形如图 9-15 所示。

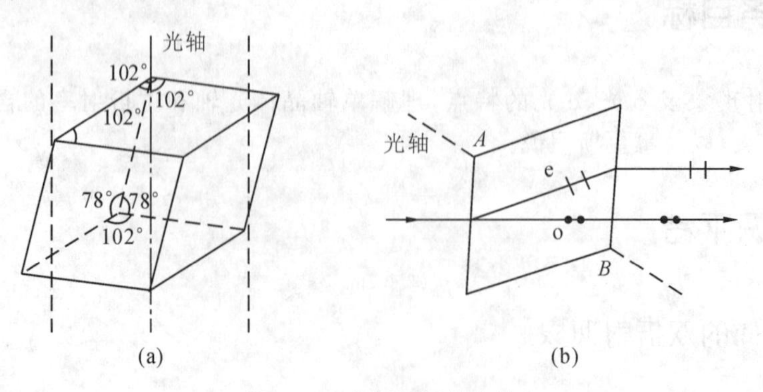

图 9-14 方解石及其光轴

2. 主截面

光轴与晶体表面(晶体的解理面)法线组成的平面称为晶体的主截面,它由晶体自身的结构决定。

3. 主平面

在晶体中,光轴与晶体中某一条光线组成的平面称为该光线的主平面。o 光振动方向垂直于 o 光主平面,e 光振动方向在其主平面内。

由于 o 光总在入射面内,而 e 光一般情况下不在入射面内,所以 o 光和 e 光的主平面并不重合。但当光轴在入射面内,即入射光在晶体主截面内时,o 光和 e 光的主平面与入射面重合。

若入射光在主截面内,则 o 光和 e 光在主截面内,此时 o 光和 e 光主平面就与主截面重合(否则不一定)。

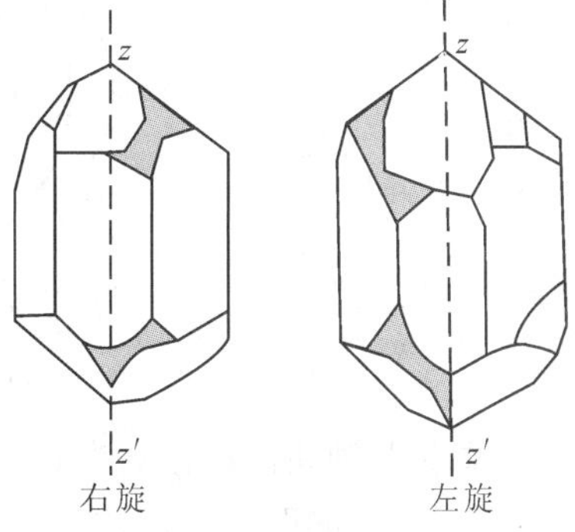

图 9-15　石英

9.2.2.3　惠更斯假说

根据惠更斯假说:单轴晶体中的一个点光源(可以是一个真实光源,也可以是惠更斯原理中的次波源),它所激发的 o 光与 e 光两种振动分别形成两个波面,o 光的波面为球面,这意味着在晶体中 o 光的传播规律与在各向同性介质中的一样,它沿各个方向传播速度均相同,记为 v_o,相应的折射率用 n_o 表示。e 光的波面是以光轴为旋转轴的椭球面,它体现了在晶体中 e 光沿各个方向传播速度不同,记为 v_e。

由于 o 光和 e 光沿光轴方向传播速度相同,所以 o 光和 e 光形成的两个波面在光轴上相切,如图 9-16 所示。在垂直于光轴的方向上,o 光和 e 光传播速度相差最大,e 光在垂直于光轴方向上的传播速度用 v_e 表示,折射率用 n_e 表示。真空中的光速用 c 表示,则 $n_o=c/v_o$,$n_e=c/v_e$,n_o 和 n_e 称为晶体的主折射率,它们是晶体的两个重要光学参数,o 光在各个方向上折射相同,而 e 光在光轴方向上折射率为 n_o,在垂直光轴方向上折射率为 n_e,在其他方向上的折射率介于 n_o 和 n_e 之间,只有在平行和垂直光轴方向上传播时,e 光才满足折射定律。表 9-1 列出了几种常用晶体的主折射率。

表 9-1　单轴晶体的主折射率

晶体的种类及名称		入射光波长/nm	n_o	n_e
正晶体	石英	589.3	1.5524	1.55335
	冰	589.3	1.309	1.310
	金红石	589.3	2.616	2.903
	锆石	589.3	1.923	1.968
负晶体	方解石	589.3	1.6584	1.4864
	电气石	589.3	1.699	1.638
	硝酸钠	589.3	1.5854	1.3369
	红宝石	700.0	1.769	1.761

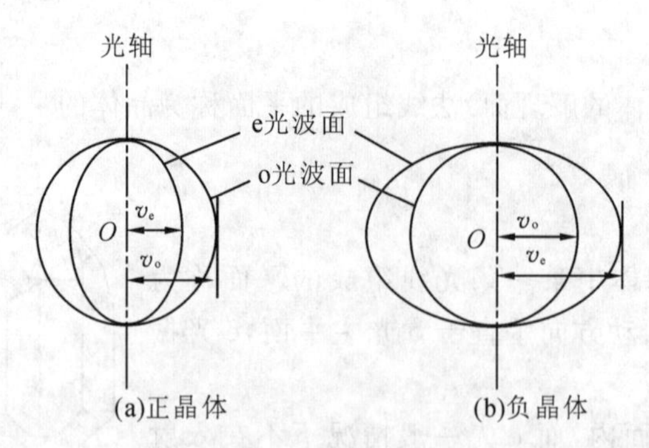

图 9-16　单轴晶体中的 o 光和 e 光波面

有些单轴晶体存在 $v_o>v_e$，亦即 $n_o<n_e$，这种晶体称为正晶体，如石英等。另外有些晶体存在 $v_o<v_e$，亦即 $n_o>n_e$，这种晶体称为负晶体，如方解石等。

9.2.3　知识应用

例 9-3　用 KDP(KH_2PO_4)晶体制成顶角为 $\alpha=60°$ 的棱镜，光轴平行于折射棱(见图 9-17)。KDP 晶体对于 $\lambda=0.546\ \mu m$ 光波的主折射率为 $n_o=1.512$，$n_e=1.470$。若入射光以最小偏向角的方向在棱镜内折射，用焦距为 0.1 m 的透镜对出射的 o 光和 e 光聚焦，在光谱面上形成的谱线间距为多少?

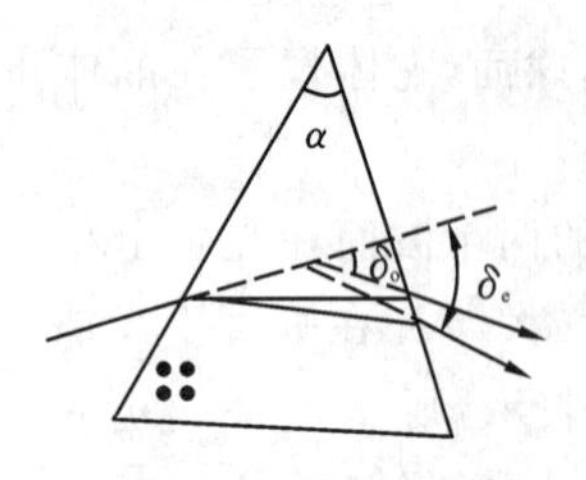

图 9-17　例 9-3 图

解　由于棱镜的光轴平行于折射棱，即光轴垂直于入射面，因此晶体内的 o 光、e 光满足通常的折射定律，根据最小偏向角公式

$$n=\frac{\sin\frac{1}{2}(\alpha+\delta_m)}{\sin\frac{\alpha}{2}}$$

对于 o 光，有

$$n_o=\frac{\sin\frac{1}{2}(\alpha+\delta_m)}{\sin\frac{\alpha}{2}}=1.512$$

对于 e 光，有

$$n_e=\frac{\sin\frac{1}{2}(\alpha+\delta_{mo})}{\sin\frac{\alpha}{2}}=1.470$$

因为 $\alpha=60°$，解得 o 光和 e 光的偏向角为

$$\delta_{mo}=38.2°,\qquad \delta_{me}=34.6°$$

因此，

$$\Delta\delta=\delta_{mo}-\delta_{me}=38.2°-34.6°=3.6°=0.0628\ \text{rad}$$

又因为透镜焦距 $f=100$ mm，所以光谱面上 o 光和 e 光的谱线间距为

$$\Delta l=f\Delta\delta=100\times0.0628\ \text{mm}=6.28\ \text{mm}$$

例 9-4　KDP晶体的两个主折射率为 $n_o=1.512$，$n_e=1.470$。一束单色光在空气中以60°角入射到晶体表面，若晶体光轴与晶面平行，且垂直入射面，求晶体中双折射光的夹角。

解　根据题意及光在晶体表面折射的性质，在晶体内折射的o光和e光的波矢面与入射面截线为同心圆。o光和e光均服从折射定律

$$\sin\theta_i = n_o \sin\theta_{to}, \qquad \sin\theta_i = n_e \sin\theta_{te}$$

因此有

$$\theta_{to} = \arcsin\left(\frac{\sin 60^\circ}{1.512}\right) = 34^\circ 56', \qquad \theta_{te} = \arcsin\left(\frac{\sin 60^\circ}{1.470}\right) = 36^\circ 6'$$

由于光在垂直于光轴的平面内传播，o光和e光与波法线方向不分离，所以两个折射光的夹角为

$$\Delta\theta = \theta_{te} - \theta_{to} = 36^\circ 6' - 34^\circ 56' = 1^\circ 10'$$

9.3　偏振器

◆**知识点**

⌘偏振器

⌘马吕斯定律

⌘获得偏振光的方法

⌘波片

⌘偏振光的检验

9.3.1　任务目标

理解各种偏振棱镜获得线偏振光的原理；理解波片和补偿器的作用及改变光的偏振态的原理；掌握马吕斯定律；熟悉获得偏振光的方法和条件；熟悉偏振光的检验方法。

9.3.2　知识平台

凡是能够产生线偏振光的器件，都可以称为偏振器。下面讨论的几类常用的偏振器并不能制造偏振光，而只是能对入射光进行分解与选择。

9.3.2.1　双折射型偏振器

双折射型偏振器是利用晶体的双折射现象来产生线偏振光的。由晶体双折射特性的讨论可知，一块晶体本身就是一个偏振器，从晶体中射出的两束光都是线偏振光。但是，由于由晶体射出的两束光通常靠得很近，不便于分离应用，所以实际应用中常利用晶体的双折射特性制成能产生线偏振光的双折射型偏振器（偏振棱镜），它通常是由两块晶体按一定的取向组

合而成的，一般分为两类：①单光束偏振棱镜，一束光通过这类棱镜后，光因双折射而产生的振动方向相互垂直的两束线偏振光中，只有一束输出，另一束光被反射、散射或吸收；②双光束偏棱镜，它输出的是两束振动方向相互垂直的线偏振光，但两束光分开了一定的角度。下面介绍两种常用的偏振棱镜。

1. 格兰-汤普森棱镜

格兰-汤普森(Glan-Thompson)棱镜是由著名的尼科尔(Nical)棱镜改进而成的。如图9-18所示，它由两块方解石直角棱镜沿斜面相对胶合制成，两块方解石的光轴与棱镜表面AB平行，或与棱AB平行，或与棱AB垂直，同时都与光线传播方向垂直。

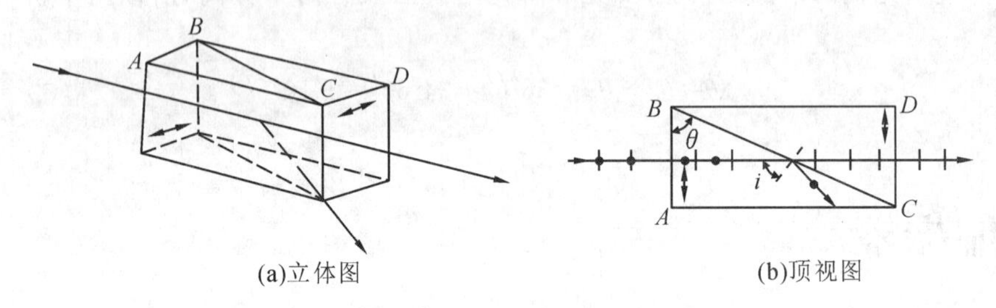

(a)立体图　　(b)顶视图

图9-18　格兰-汤普森棱镜

格兰-汤普森棱镜输出偏振光的原理：当一束自然光垂直射入棱镜时，o光和e光均无偏折地射向胶合面，在界面BC上，入射角i等于棱镜底角θ。制作棱镜时，选择胶合剂(如加拿大树胶)的折射率n介于n_o和n_e之间，并且尽量和n_e接近。因为方解石是负单轴晶体，$n_e<n_o$，所以o光在胶合面上相当于从光密介质射向光疏介质，当$i>\arcsin(n/n_o)$时，o光产生全反射，而e光相当于从光疏介质射向光密介质，所以照常通过，因此，输出光中只有一种偏振分量。

在上述结构中，o光在界面BC上全反射至界面AC时，如果界面AC吸收不好，必然有一部分o光经界面AC反射回界面BC，并因入射角小于临界角而混到出射光中，从而降低了出射光的偏振度。所以要求偏振度很高的场合，都是把格兰-汤普森棱镜制成如图9-19所示的改进的格兰-汤普森棱镜。

2. 渥拉斯顿棱镜

渥拉斯顿(Wollaston)棱镜一般由两个直角方解石(或石英)棱镜沿斜面用胶合剂胶合而成，两个棱镜的光轴相互垂直，它是加大了两种线偏振光的离散角，同时出射两束线偏振光的偏振棱镜，如图9-20所示。

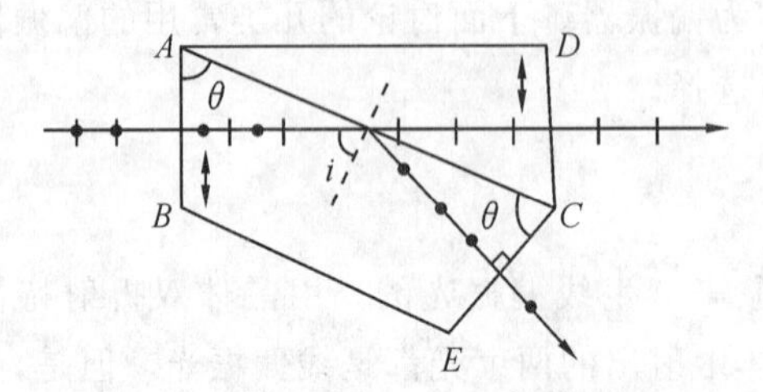

图9-19　改进的格兰-汤普森棱镜

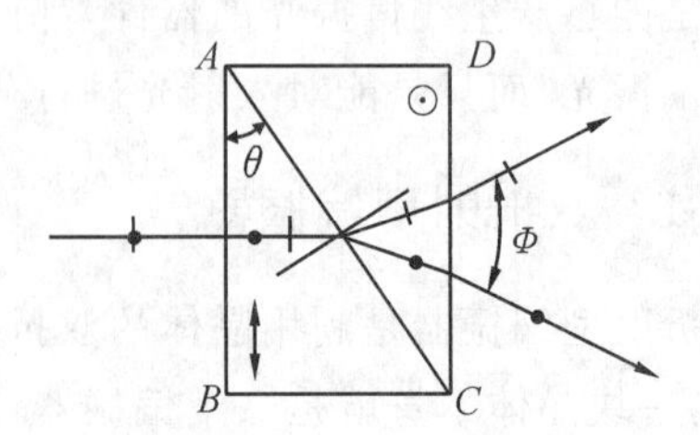

图9-20　渥拉斯顿棱镜

输出偏振光的原理：自然光垂直入射界面 AB 后，在第一块棱镜内产生 o 光和 e 光，o 光和 e 光传播速度不同，但传播方向仍不分开。在界面 AC 上，o 光和 e 光均满足折射定律。o 光和 e 光经界面 AC 进入第二块棱镜时，因光轴方向旋转 90°，使得第一块棱镜中的 o 光变为 e 光，且由于方解石为负单轴晶体（$n_e<n_o$），将远离界面法线偏折；第一块棱镜中的 e 光变为 o 光，将靠近法线偏折。o 光和 e 光在射出第二个棱镜时，将再偏折一次。这样，它们对称地分开一个角度，此角的大小与棱角的材料及底角 θ 有关，对于负单轴晶体近似为

$$\Phi \approx 2\arcsin[(n_o-n_e)\tan\theta] \tag{9-16}$$

对于方解石棱镜，Φ 一般为 10°～40°。例如，当 $\lambda=0.5\ \mu\text{m}$ 时，$n_o=1.6666$，$n_e=1.4900$，如果 $\theta=45°$，则 $\Phi\approx 20°40'$。

9.3.2.2　散射型和二向色型偏振器

由于偏振棱镜的通光面积不大，存在孔径角限制，造价昂贵，所以在许多对偏振度要求不很高的场合，都采用散射型和二向色型偏振器（一般通称为偏振片）产生线偏振光。

1. 散射型偏振片

这种偏振片是利用双折射晶体的散射而起偏的，其结构如图 9-21 所示，两片具有特定折射率的光学玻璃（ZK_2）夹着一层双折射性很强的硝酸钠（$NaNO_3$）晶体。其制作过程大致是：把两片光学玻璃的相对面打毛，竖立在云母片上，将硝酸钠溶液倒入两片毛面形成的缝隙中，压紧两片毛玻璃，挤出气泡，使得很窄的缝隙为硝酸钠填满，并使溶液从云母片一边缓慢冷却，形成单轴晶体，其光轴恰好垂直云母片，进行退火处理后，即可截成所需要的尺寸。

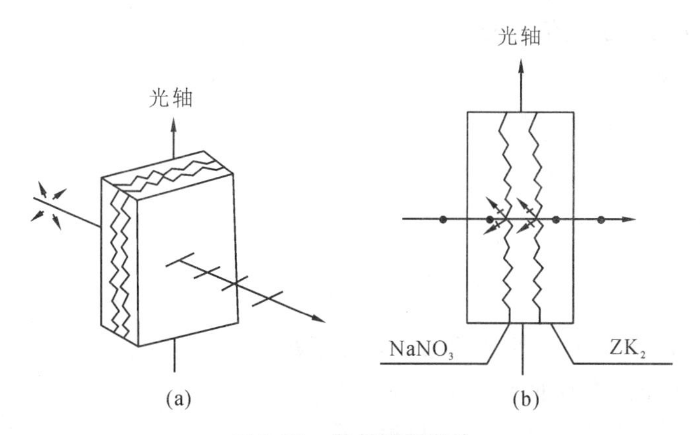

图 9-21　散射型偏振片

由于硝酸钠晶体对于垂直其光轴入射的黄绿光主折射率为 $n_o=1.5854$，$n_e=1.3369$，而光学玻璃（ZK_2）对这一段光的折射率为 $n=1.5831$，n 与 n_o 非常接近而与 n_e 相差很大，所以，当光通过光学玻璃与晶体间的粗糙界面时，o 光将无阻碍地通过，而 e 光则因为受到界面强烈散射而无法通过。

散射型偏振片本身是无色的，而且它对可见光范围的各种色光的透过率几乎相同，又能做成较大的通光面积，因此，特别适用于需要真实地反映自然光中各种色光成分的彩色电影、彩色电视中。

2. 二向色型偏振片

大多数双折射晶体对晶体中的 o 光和 e 光的吸收性质是相同的，但是某些双折射晶体和有机化合物对光矢量的振动方向相互垂直的两种偏振光具有强烈的选择性吸收性，这种性质称为晶体的二向色性。例如，天然矿物电气石是一种典型的二向色性晶体，它对入射光中光矢量垂直于光轴的分量强烈吸收，用一块 1 mm 厚的电气石将 o 光几乎全部吸收，而对光矢量平行于光轴的分量只吸收某些波长成分，当自然光入射到电气石片上，透射光为沿光轴方向振动的线偏振光，并呈绿色。

利用电气石这类由二向色性晶体制成的偏振器，因其略带颜色，且大小有限，所以用得不多。目前使用较多的是人造偏振片，它可用不同材料制成，其中 H 偏振片是用在含碘溶液中浸泡过的聚乙烯醇薄膜拉制成的。这种浸碘的有机高分子薄膜经拉伸后，每个长键的高分子都被拉伸而规则地择优排列在拉伸方向上，碘附着在这条直线形长链上，形成碘链，碘中所含的传导电子可沿着链运动。自然光入射后，光矢量平行于链的分量对电子做功而被强烈吸收，只有垂直于薄膜拉伸方向的分量可以透过薄膜，即透光方向(或偏振化方向)垂直于拉伸方向，这种偏振片并不含有二向色性晶体，常用的起偏器、检偏器就是这种人造偏振片。

9.3.2.3 线偏振光的获得

在光电子技术应用中，经常需要偏振度很高的线偏振光。除了某些激光器本身可产生线偏振光外，大部分情况下都是通过对入射光进行分解和选择获得线偏振光的，根据上面的讨论，可总结出从自然光获得线偏振光的方法，归纳起来有以下三种。

1. 由反射和折射产生线偏振光

1）由反射产生线偏振光

自然光在介质界面上反射和折射时，一般情况下，反射光和折射光都是部分偏振光。如图 9-22 所示，只有当入射角为布儒斯特角时反射光才是线偏振光，其振动方向与入射面垂直。

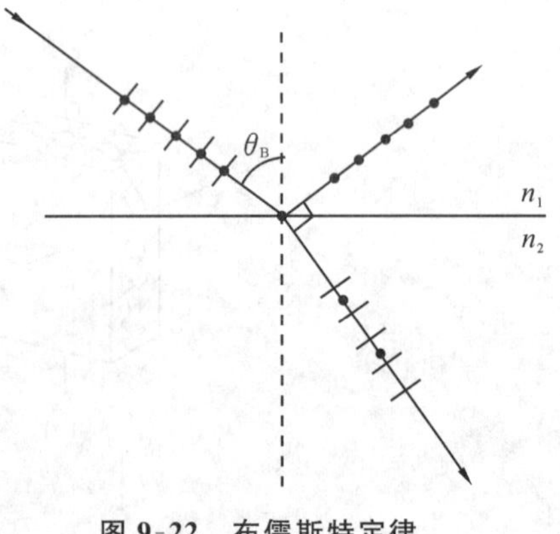

图 9-22 布儒斯特定律

2）由折射产生线偏振光

如图 9-9 所示，玻璃片堆是由许多表面互相平行的玻璃片组成的，自然光以布儒斯特角入射时，垂直于入射面的振动分量在每个界面上均要发生反射，而平行于入射面的振动分量则完全不能反射，故从玻璃片堆透出的光基本上只包含平行分量。玻璃片堆可用于起偏器产生线偏振光。

2. 由晶体双折射产生线偏振光

前面学过的双折射型偏振器就是利用晶体的双折射特性获得线偏振光的。

3. 由二向色性产生线偏振光

一般使用的是制作容易、价格便宜的人造偏振片来产生线偏振光，每个偏振片有其允许光振动通过的方向，称为偏振片的通光方向或偏振化方向。

图 9-23 画出了两个平行放置的偏振片 P_1 和 P_2，它们的偏振化方向分别用它们上面的虚平行线表示。当自然光垂直入射到 P_1 时，只有平行于偏振化方向的光矢量才能通过，所以从 P_1 出来的光就是线偏振光，其振动方向就是 P_1 的偏振化方向，用来产生偏振光的偏振片，称为起偏器。再使该偏振光垂直入射到 P_2，这时如果旋转 P_2，则当 P_2 的偏振化方向平行于入射光的光矢量方向时，光强最强；当 P_2 的偏振化方向垂直于入射光的光矢量方向时，光强为零，称为消光。当 P_2 旋转一周时，透射光光强将出现两次最强光强，两次消光，这也是检验线偏振光的方法。用来检验光的偏振状态的偏振片，称为检偏器。

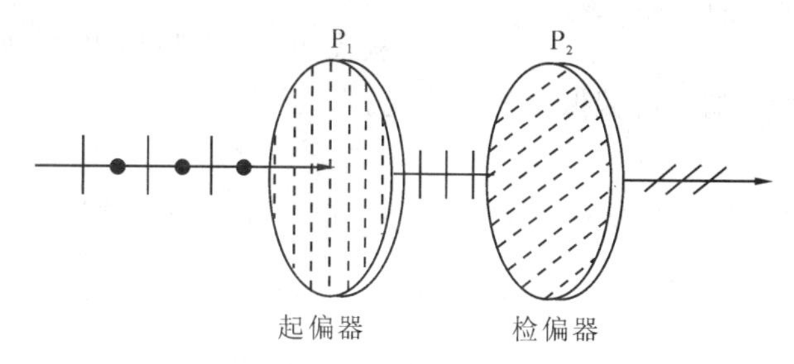

图 9-23　偏振片的应用

偏振片的应用很广。如汽车夜间行车时为了避免对方车灯发出的光晃眼，可以在所有汽车的车窗玻璃和车灯前装上与水平方向成 45°角而且向同一方向倾斜的偏振片。这样，相向行驶的汽车可以都不必熄灯，仍然照亮各自前方的道路，同时也不会被对方车灯发出的光晃眼了。偏振片也可以制成太阳镜和照相机的滤光镜，如观看立体电影的眼镜，两个镜片就是用偏振化方向相互垂直的两个偏振片。

9.3.2.4　马吕斯定律

如图 9-24 所示，以 $\boldsymbol{E}_0$ 表示线偏振光的光矢量的振幅，若入射的线偏振光的 $\boldsymbol{E}_0$ 的方向与检偏器的偏振化方向成 θ 时，则只有 $\boldsymbol{E}_0$ 在 P_2 的偏振化方向上的分量 $\boldsymbol{E}$ 能透过 P_2，以 I_0 表示入射线偏振光的光强，则透过 P_2 后的光强为

$$I = I_0 \cos^2\theta \tag{9-17}$$

这一公式称为马吕斯定律。

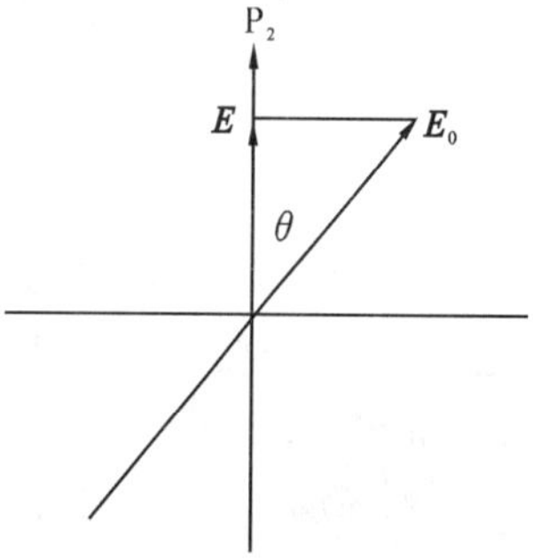

图 9-24　马吕斯定律

9.3.2.5　波片与补偿器

在有关光的偏振特性讨论中，已知两个相互垂直振动的分量合成时，其相位差决定了该光的偏振状态。显然，如果能控制这两个分量的相位差关系，就可以控制光的偏振状态。波片和补偿器就是能对偏振光的两个垂直振动分量的相位差给予补偿，从而改变光偏振状态的光学器件，这种器件在光电子技术应用中非常重要。

1. 波片

波片是将单轴晶体沿其光轴方向切制而成的厚度均匀的平行平面薄片，其光轴平行于晶面，厚度为 d，如图 9-25 所示。

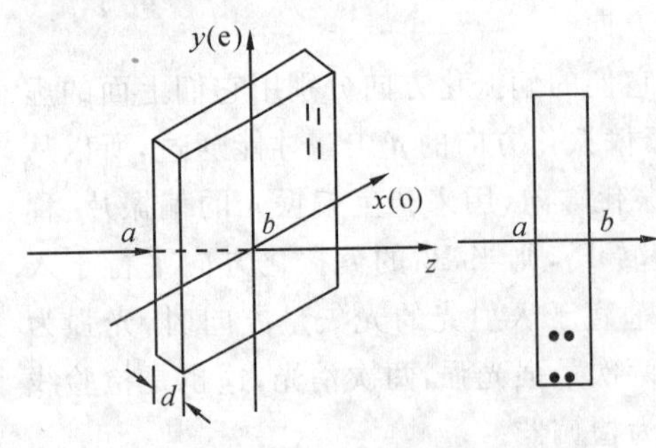

图 9-25 波片

2. 波片的作用

一束正入射的光进入波片后，在波片内形成 o 光和 e 光，两者的折射率不同。在入射面 a 处，o 光和 e 光振动的相位相同，通过厚度为 d 的波片后，将产生一定的相位差 φ，且

$$\varphi=\frac{2\pi}{\lambda}(n_o-n_e)d \tag{9-18}$$

3. 常用的波片

从式(9-18)可以看出，根据波片的厚度可获得不同的 φ，从而获得所需的各种偏振态的出射光。

1) 全波片(λ 片)

对于波长为 λ 的单色光选择波片厚度，使 o 光和 e 光的相位差为

$$\varphi=\frac{2\pi}{\lambda}(n_o-n_e)d=2m\pi, \qquad m=\pm1,\pm2,\cdots \tag{9-19}$$

全波片的厚度为

$$d=\left|\frac{m}{n_o-n_e}\right|\lambda \tag{9-20}$$

一束线偏振光经过全波片后，其偏振状态不发生改变，如图 9-26 所示。

2) 半波片($\lambda/2$ 片)

半波片的附加相位延迟差为

$$\varphi=\frac{2\pi}{\lambda}(n_o-n_e)d=(2m+1)\pi, \qquad m=0,\pm1,\pm2,\cdots \tag{9-21}$$

半波片的厚度为

$$d=\left|\frac{2m+1}{n_o-n_e}\right|\frac{\lambda}{2} \tag{9-22}$$

半波片可使 o 光和 e 光的相位差为 π 的奇数倍。一束线偏振光经 $\lambda/2$ 片后，仍为线偏振光，若入射光振动面与晶体主截面的夹角为 θ，则出射光的振动面相对于入射光振动面转过 2θ，如图 9-27 所示。

3) 四分之一波片($\lambda/4$ 片)

$\lambda/4$ 片的附加相位延迟差为

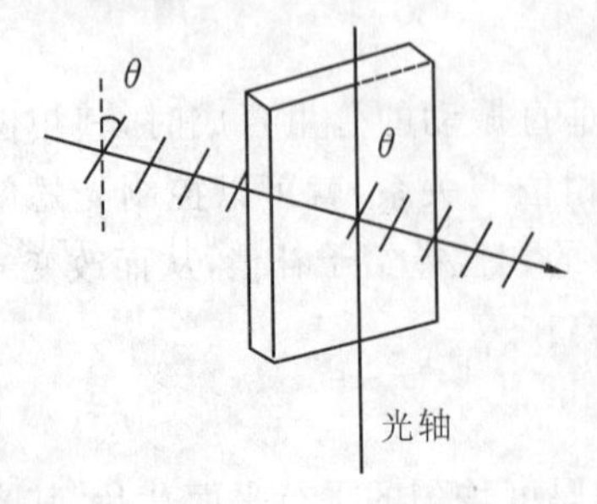

图 9-26 全波片

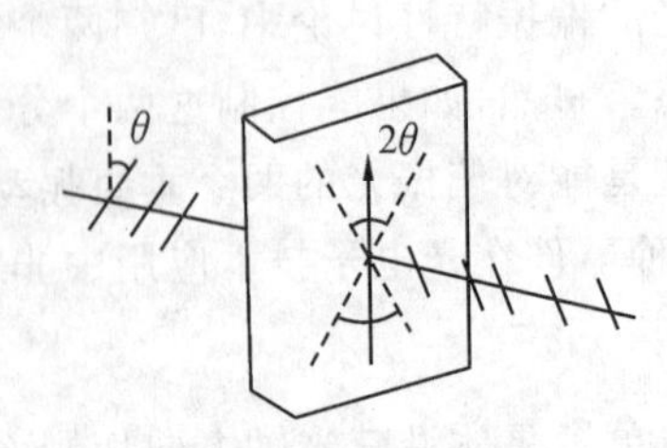

图 9-27 半波片

$$\varphi=\frac{2\pi}{\lambda}(n_o-n_e)d=(2m+1)\frac{\pi}{2},\qquad m=0,\pm1,\pm2,\cdots \tag{9-23}$$

$\lambda/4$ 片的厚度为

$$d=\left|\frac{2m+1}{n_o-n_e}\right|\frac{\lambda}{4} \tag{9-24}$$

一束线偏振光通过 $\lambda/4$ 片后，出射光将变为正椭圆偏振光，如图 9-28(a)所示。当 $\theta=45°$ 时(θ 为入射光振动面与晶体主截面的夹角)，出射光为一圆偏振光，如图 9-28(b)所示。

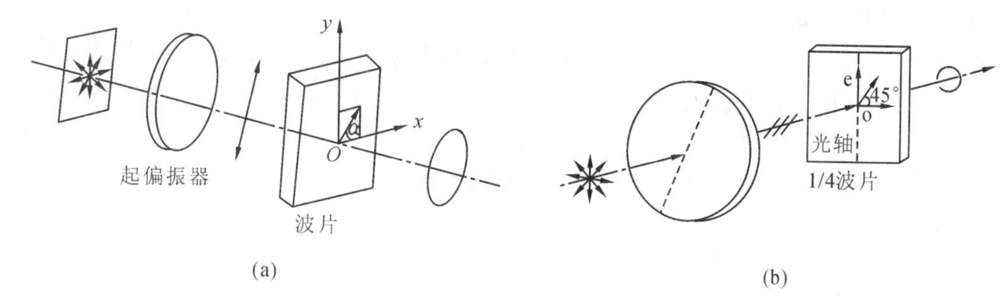

图 9-28　$\lambda/4$ 片

设偏振光入射到晶体表面时分解成的 o 光和 e 光之间具有初相位差 φ_0，经过波片后引起的相位差为 φ_c，则出射光中 o 光和 e 光之间的相位差为 $\varphi=\varphi_0+\varphi_c$，根据 φ 的不同可判断出射光的偏振态。表 9-2 中列出了几种偏振光经过 $\lambda/4$ 片后偏振态的变化。

表 9-2　偏振光经过 $\lambda/4$ 片后偏振态的变化

入射光的偏振态	$\lambda/4$ 片的位置	出射光的偏振态
自然光	任何位置	自然光
部分偏振光	任何位置	部分偏振光
线偏振光	波片主轴与入射光的振动方向方向一致	线偏振光
	波片主轴与入射光的振动方向成 45°角	圆偏振光
	其他位置	椭圆偏振光
椭圆偏振光	光轴与椭圆的长轴或短轴平行	线偏振光
	其他位置	椭圆偏振光
圆偏振光	任何位置	线偏振光

应当说明的是，晶体的双折射率(n_o-n_e)数值是很小的，所以，对应于 $m=1$ 的波片厚度非常小。例如，石英的双折射率(n_o-n_e)为－0.009，当波长是 0.5 μm 时，半波片厚度仅为 28 μm，制作和使用都很困难。虽然可以加大 m 值，增加厚度，但将导致波片对波长、温度和自身方位的变化很敏感。比较可行的办法是把两片石英黏在一起，使它们的厚度差为一个波片的厚度(对应 $m=1$ 的厚度)，而光轴方向相互垂直。

4. 使用波片时，应注意的问题

1) 波长问题

由于相位差与波长相关，所以各种波片都是对特定波长而言的。例如，对于波长为 0.5 μm 的光采用半波片，对于波长为 0.6328 μm 的光就不再采用半波片；对于波长为 1.06 μm

的光采用$\lambda/4$片，对于波长为0.53 μm的光恰好采用半波片。所以，在使用波片前，一定要弄清这个波片是针对哪个波长而言的。

2）波片的主轴方向问题

使用波片时应当知道波片所允许的两个振动方向（两个主轴方向）及相应波速。这通常在制作波片时已经指出，并已标在波片边缘的框架上了，波速快的那个主轴方向称为快轴，与之垂直的主轴称为慢轴。

3）光强变化问题

波片虽然给入射光的两个分量增加了一个相位差φ，但在不考虑波片表面反射的情况下，因为振动方向相互垂直的两束光不发生干涉，总光强（$I=I_o+I_e$）与φ无关，保持不变。所以，波片只能改变入射光的偏振态，不改变其光强。

对于非偏振光，任何波片都不能将它转换成偏振光。

5. 补偿器

波片只能对振动方向相互垂直的两束光产生固定的相位差，补偿器则能对振动方向相互垂直的两线偏振光产生连续的相位差，它可以看成是一种有效厚度可变的波片。

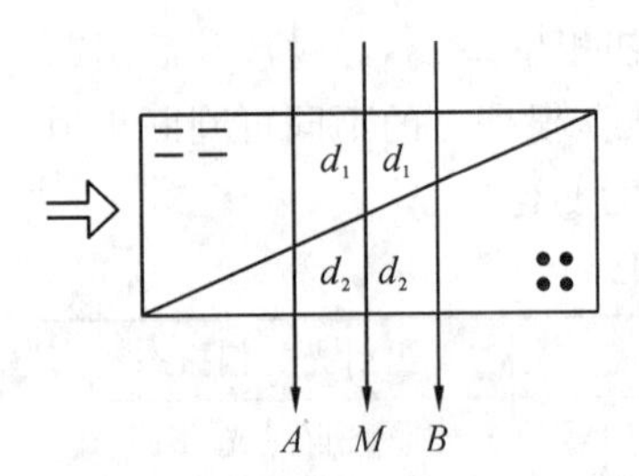

图 9-29　巴俾涅补偿器

最简单的一种补偿器称为巴俾涅补偿器，如图9-29所示，该补偿器由两个方解石或石英劈组成，两个劈的光轴相互垂直。当线偏振光射入补偿器后，产生传播方向相同、振动方向相互垂直的o光和e光，并且，在上劈中的o光（或e光）进入下劈时就变成了e光（或o光）。由于劈尖顶角很小（2°～3°），在两个劈界面上，可认为e光和o光不分离。

图9-29所示的三束光线A、M、B，相应于通过两劈厚度相同处（$d_1=d_2$）的光线M，从补偿器射出的振动方向相互垂直的两束光线之间的相位差为零；相应于通过两劈厚度不相等处（$d_1>d_2$）光线A和（$d_1<d_2$）光线B，从补偿器射出的振动方向相互垂直的两束光线之间有一定的相位差。因为上劈中的e光在下劈中变为o光，它通过上、下劈的总光程为（$n_ed_1+n_od_2$）；上劈中的o光在下劈中变为e光，它通过上、下劈的总光程为（$n_od_1+n_ed_2$），所以，从补偿器出来时，这两束振动方向相互垂直的线偏振光间的相位差为

$$\varphi=\frac{2\pi}{\lambda}[(n_ed_1+n_od_2)-(n_od_1+n_ed_2)]=\frac{2\pi}{\lambda}(n_o-n_e)(d_2-d_1) \tag{9-25}$$

当入射光从补偿器上方不同位置射入时，相应的（d_2-d_1）不同，φ也就不同。当上劈沿图9-29中所示箭头方向移动时，对于同一束入射光，（d_2-d_1）也随上劈移动而变化，故φ也随之改变。因此，调整（d_2-d_1），便可得到任意的φ。

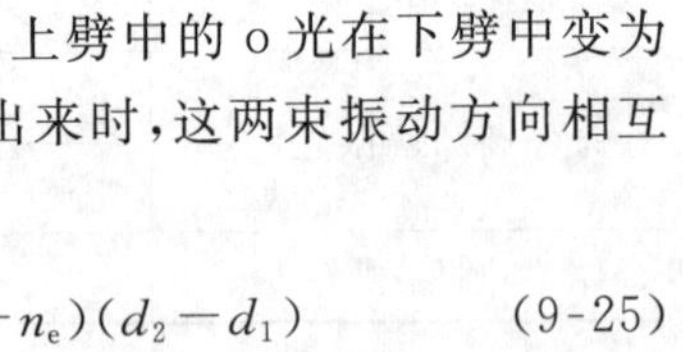

巴俾涅补偿器的缺点是必须使用极细的入射光，因为宽光束的不同部分会产生不同的相位差。采用图9-30所示的索累（Soleil）补偿器可以弥补这个不足。这种补偿器是由两个光轴平行的石英劈和一个石英平行平面薄板组成的。石英平行平面薄板的光轴与两劈的光轴垂直。上劈可由微调螺丝使之平行移动，从而改变光波通过两劈的总厚度d_1。对于某个

图 9-30　索累补偿器

确定的 d_1，可以在相当宽的区域内（如图 9-30 中的 AB 宽度内）获得相同的 φ。

显然，利用上述补偿器可以在任何波长上产生所需要的波片，可以补偿及抵消一个器件的自然双折射，可以在一个光学器件中引入一个固定的延迟偏置，或经校准定标后，可用来测量待求波片的相位延迟。

9.3.2.6　偏振光的鉴别

待鉴别的光垂直入射到检偏器 P，P 旋转 360°，同时用光电探测器（或人眼）检测通过检偏器 P 后光的光强变化，若 P 有两个位置使出射光强为 0，有两个位置使出射光强为极大，则待鉴别的光为线偏振光，其光的振动方向平行于出射光强为极大时 P 的偏振化方向。

在 P 旋转 360°的过程中，输出光强不变化，则待鉴别的光可能是圆偏振光或自然光。如果输出光强有变化，但最小值不为零，则待鉴别的光可能是椭圆偏振光或部分偏振光。

为了将圆偏振光与自然光、椭圆偏振光与部分偏振光区别开来，可用一个 $\lambda/4$ 片和检偏器构成圆检偏器，如图 9-31 所示。

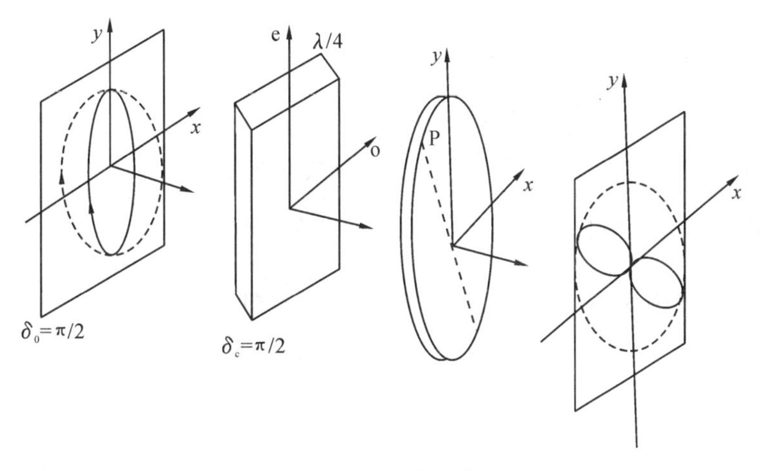

图 9-31　偏振光的鉴别

待鉴别的光波先经过 $\lambda/4$ 片，再通过检偏器，这时如果旋转 P，出射光强不发生变化，则待鉴别的光为自然光。如果出射光强有变化，且当 P 在某个位置时，出射光强为零，则待鉴别的光为圆偏振光。如果光强有变化，但不为零，待鉴别的光可能是椭圆偏振光或部分偏振光，要将这两种光鉴别出来，$\lambda/4$ 片的光轴需要与椭圆的一个主轴重合，具体可按如下方法操作：先只用 P，旋转 P，使出射光强为极小值，再在 P 前加入 $\lambda/4$ 片并使其光轴方向与 P 的偏振化方向平行或垂直，这时再旋转 P，如果出现出射光强为零的情况，则说明待鉴别的光为椭圆偏振光，若不出现出射光强为零的情况，则待鉴别的光为部分偏振光。

9.3.3　知识应用

例 9-5　通过偏振片观察一束部分偏振光。当偏振片由对应光强最大的位置转过 60°时，其光强减为一半。试求这束部分偏振光中的自然光和线偏振光的强度之比及光波的偏振度。

解 部分偏振光相当于一束自然光和一束线偏振光强度的叠加。设自然光的强度为I_n，线偏振光的强度为I_p，部分偏振光的强度为I_n+I_p。当偏振片对应于最大强度位置时，通过偏振片的线偏振光的强度仍为I_p，而自然光的强度为$\frac{I_n}{2}$，即透射光的总光强为

$$I_1=\frac{I_n}{2}+I_p$$

再转过60°后，透射光的强度变为

$$I_2=\frac{I_n}{2}+I_p\cos^2 60°=\frac{I_n}{2}+\frac{I_p}{4}$$

根据题意$I_1=2I_2$，即

$$\frac{I_n}{2}+I_L=2\left(\frac{I_n}{2}+\frac{I_p}{4}\right)$$

整理后，得$I_n/I_p=1$。

该光的偏振度为

$$P=\frac{I_p}{I_i}=\frac{I_p}{I_n+I_p}=0.5$$

例 9-6 光强为I_0的自然光相继通过偏振片P_1、P_2、P_3后光强为$\frac{I_0}{8}$，已知P_1的偏振化方向与P_3的偏振化方向垂直，P_1、P_2的偏振化方向间夹角为多少？

解 P_1、P_2的偏振化方向间夹角为α，则通过P_1的光强为$I_1=\frac{I_0}{2}$，通过P_2的光强为$I_2=I_1\cos^2\alpha$，通过P_3的光强为$I_3=I_2\cos^2\left(\frac{\pi}{2}-\alpha\right)=I_2\sin^2\alpha$，即

$$\frac{I_0}{2}\cos^2\alpha\sin^2\alpha=\frac{I_0}{8}$$

$$\alpha=45°$$

例 9-7 一束波长为$\lambda_2=0.7065\ \mu m$的左旋正椭圆偏振光入射到相应于波长为$\lambda_1=0.4046\ \mu m$的方解石$\lambda/4$片上，试求出射光的偏振态。已知方解石对于波长为λ_1的光波的主折射率为$n_o=1.6813$，$n_e=1.469$，对于波长为λ_2的光波的主折射率为$n'_o=1.6521$，$n'_e=1.4836$。

解 由题意，波长为$\lambda_1=0.4046\ \mu m$的单色光通过该$\lambda/4$片时，二正交偏振光分量的相位差为

$$\varphi_1=\frac{2\pi}{\lambda_1}(n_o-n_e)d=\frac{\pi}{2}$$

该波片的厚度为

$$d=\frac{\lambda_1}{4(n_o-n_e)}=\frac{\varphi_1\lambda_1}{2\pi(n_o-n_e)}$$

波长为$\lambda_2=0.7065\ \mu m$的单色光通过该波片时，所产生的相位差为

$$\varphi_2=\frac{2\pi}{\lambda_2}(n'_o-n'_e)d=\frac{2\pi}{\lambda_2}(n'_o-n'_e)\frac{\lambda_1}{4(n_o-n_e)}=0.26\pi\approx\frac{\pi}{4}$$

因此，对于波长为$\lambda_2=0.7065$的单色光，该波片为$\lambda/8$片。

由于入射光为左旋正椭圆偏振光，相应的二正交振动分量相位差为 $\varphi_0=-\pi/2$，通过波片后两个分量又产生了附加相位差 $\varphi_2=\pi/4$，所以出射二光的总相位差为

$$\varphi=\varphi_0+\varphi_2=-\frac{\pi}{4}$$

所以，出射光为左旋椭圆偏振光。

* 9.4　偏振光的干涉

◆**知识点**

¤平行偏振光的干涉

¤会聚偏振光的偏光干涉

9.4.1　任务目标

理解平行偏振光的干涉原理；了解会聚光的偏光干涉图样，能够分析其相位差。

9.4.2　知识平台

前面讨论了一束线偏振光经过晶片后分解成 o 光和 e 光，它们的振动方向相互垂直、频率相同、相位差恒定，在一般情况下，它们将合成为一束椭圆偏振光，但如果在晶片后放置一个偏振片，就可以使 o 光和 e 光在其偏振化方向产生分量，于是产生振动方向相同、频率相同、相位差恒定的两束偏振光，从而满足干涉的三个必要条件，产生干涉现象，这种干涉现象称为偏振光的干涉。从干涉现象本质来说，这种偏振光的干涉与自然光的干涉现象相同，但实验装置不同：自然光的干涉是通过分振幅法或分波面法获得两束相干光，进行干涉；而偏振光的干涉则是利用晶体的双折射效应，将同一束光分成振动方向相互垂直、频率相同、相位差恒定的两束线偏振光，再经过检偏器将其振动方向引到同一方向上进行干涉，也就是说，通过晶片和一个检偏器即可观察到偏振光干涉现象。

9.4.2.1　平行偏振光的干涉

1. 单色平行光正入射的干涉

在如图 9-32 所示的平行偏振光干涉装置中，起偏器 P_1 将入射的自然光变成线偏振光（光矢量用 $\boldsymbol{E}$ 表示），经过厚度为 d 的晶片后，分解成 o 光（光矢量用 $\boldsymbol{E}_o$ 表示）和 e 光（光矢量用 $\boldsymbol{E}_e$ 表示）。检偏器 P_2 则是从振动面相互垂直的两束光分别取出振动方向与其偏振化方向相同的分量 $\boldsymbol{E}_{o2}$ 和 $\boldsymbol{E}_{e2}$，从而获得两束相干光，它们叠加时将产生干涉。如果起偏器与检偏器的偏振轴相互垂直，则这对偏振器称为正交偏振器，如果互相平行，则这对偏振器称为平行偏振器，其中以正交偏振器最为常用。

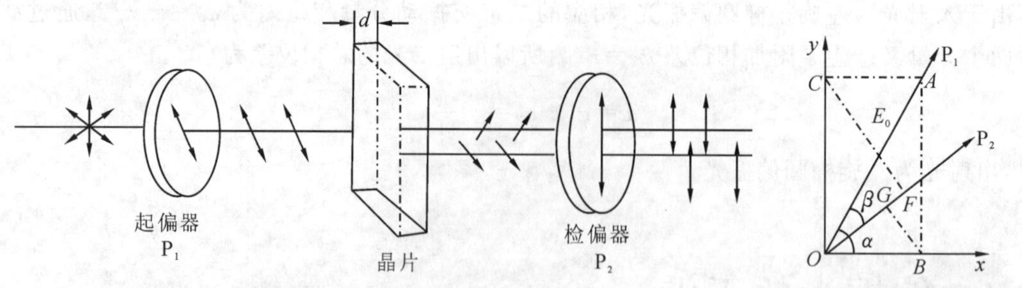

图 9-32　平行偏振光的干涉光路

图 9-33　通过起偏器和检偏器的振动分量

一束单色平行光通过 P_1 变成振幅为 $\boldsymbol{E}_0$ 的线偏振光，然后垂直投射到晶片上，并被分解为振动方向互相垂直的两束线偏振光。如图 9-33 所示，P_1 的透光方向与其中一个振动方向的夹角为 α，则这两束线偏振光的振幅分别为

$$\left.\begin{aligned}E_0'=OB=E_0\cos\alpha\\E_0''=OC=E_0\sin\alpha\end{aligned}\right\}\tag{9-26}$$

o 光和 e 光从晶片射出时的相位差为

$$\varphi=\frac{2\pi(n_o-n_e)d}{\lambda}\tag{9-27}$$

如果 P_1 和 P_2 偏振轴的夹角为 β，则由晶片射出的两束线偏振光通过检偏器后的振幅分别为

$$\left.\begin{aligned}OG=OB\cos(\alpha-\beta)=E_0\cos\alpha\cos(\alpha-\beta)\\OF=OC\sin(\alpha-\beta)=E_0\sin\alpha\sin(\alpha-\beta)\end{aligned}\right\}\tag{9-28}$$

这时它们的频率相同、振动方向相同、相位差恒定，满足干涉条件。它们相干叠加的光强为

$$I=I_1+I_2+2\sqrt{I_1I_2}\cos\varphi\tag{9-29}$$

将式(9-28)代入式(9-29)，可得

$$\begin{aligned}I&=I_0[\cos^2\alpha\cos^2(\alpha-\beta)+\sin^2\alpha\sin^2(\alpha-\beta)+2\cos\alpha\cos(\alpha-\beta)\sin\alpha\sin(\alpha-\beta)\cos\varphi]\\&=I_0\left[\cos^2\beta-\sin2\alpha\sin2(\alpha-\beta)\sin^2\frac{\varphi}{2}\right]\end{aligned}\tag{9-30}$$

式中，$I_0\propto E_0^2$。如果在两个偏振器之间没有晶片，则 $\varphi=0$，此时

$$I=I_0\cos^2\beta\tag{9-31}$$

即出射光强与入射光强之比等于两个偏振轴夹角余弦的平方，这就是马吕斯定律。

现在讨论两种重要的特殊情况。

1) P_1 和 P_2 的偏振轴正交($\beta=\pi/2$)

在这种条件下，式(9-30)变为

$$I_{\perp}=I_0\sin^2(2\alpha)\sin^2\frac{\varphi}{2}\tag{9-32}$$

该式说明，输出光强 $I_{\perp}$ 除了与入射光强 I_0 有关外，还与晶片产生的二正交偏振光的相位差 φ、偏振光振动方向与偏振器的偏振轴夹角 α 有关。

a. 晶片取向 α 对输出光强的影响

当 $\alpha=0,\pi/2,\pi,3\pi/2$ 时，$\sin(2\alpha)=0$，相应 $I_{\perp}=0$。也就是说，在 P_1 和 P_2 偏振轴正交条

件下，当晶片中的偏振光振动方向与起偏器的偏振轴方向一致时，出射光强为零，视场全暗，这一现象称为消光现象，此时的晶片位置为消光位置。将晶片旋转360°时，将依次出现四个消光位置，它们与φ无关。

当$\alpha=\pi/4,3\pi/4,5\pi/4,7\pi/4$时，$\sin(2\alpha)=\pm1$，即当晶片中的偏振光振动方向位于两个偏振器偏振轴的中间位置时，光强极大，有

$$I_{\perp}=I_0\sin^2\frac{\varphi}{2} \tag{9-33}$$

把晶片转动一周，同样有4个最亮的位置。在实际应用中，经常使晶片处于这样的位置。

b. 晶片相位差φ对输出光强的影响

当$\varphi=0,2\pi,\cdots,2m\pi$（$m$为整数）时，$\sin^2(\varphi/2)=0$，即当晶片所产生的相位差为$2\pi$的整数倍时，输出强度为零。此时如果改变$\alpha$，则不论晶片是处于消光位置还是处于最亮位置，输出强度均为零。

当$\varphi=\pi,3\pi,\cdots,(2m+1)\pi$（$m$为整数）时，$\sin^2(\varphi/2)=1$，即当晶片所产生的相位差为$\pi$的奇数倍时，输出强度得到加强，$I_{\perp}=I_0\sin^2(2\alpha)$。如果此时晶片处于最亮位置（$\alpha=\pi/4$），$\alpha$和$\varphi$的贡献都使得输出光强干涉极大，可得最大的输出光强，其值为

$$I_{\perp\text{最大}}=I_0 \tag{9-34}$$

即等于入射光的光强。

上面讨论的晶片情况，实际上分别对应于全波片和半波片情况。因为全波片对光路中的偏振状态无任何影响，在正交偏振器中加入一个全波片，其效果和没有加入全波片一样，所以出射光强必然等于零。而当加入半波片时，如果$\alpha=\pi/4$，则半波片使入射偏振光的偏振方向旋转$\theta=2\alpha=\pi/2$，恰为检偏器的偏振轴方向，所以输出光强必然最大。

2) P_1和P_2的偏振轴平行（$\beta=0$）

这时，式(9-30)变为

$$I_{/\!/}=I_0\left(1-\sin^2(2\alpha)\sin^2\frac{\varphi}{2}\right) \tag{9-35}$$

与式(9-32)比较可见，$I_{/\!/}$和$I_{\perp}$的极值条件正好相反。

a. 晶片取向α对输出光强的影响

当$\alpha=0,\pi/2,\pi,3\pi/2$时，$\sin(2\alpha)=0$，$I_{/\!/}=I_0$，光强最大，即当偏振器的偏振轴与晶体中的一个偏振光振动方向重合时，通过起偏器所产生的线偏振光在晶片中不发生双折射，按原状态通过检偏器，因此出射光强最大。

当$\alpha=\pi/4,3\pi/4,5\pi/4,7\pi/4$时，$\sin(2\alpha)=\pm1$，此时光强极小，即

$$I_{/\!/}=I_0\left(1-\sin^2\frac{\varphi}{2}\right) \tag{9-36}$$

b. 晶片相位差φ对输出光强的影响

当$\varphi=0,2\pi,\cdots,2m\pi$（$m$为整数）时，$\sin(\varphi/2)=0$，相应有$I_{/\!/}=I_0$。

当$\varphi=\pi,3\pi,\cdots,(2m+1)\pi$（$m$为整数）时，$\sin(\varphi/2)=\pm1$，相应光强极小，即

$$I_{/\!/}=I_0(1-\sin^2(2\alpha)) \tag{9-37}$$

此时如果$\alpha=\pi/4$，则

$$I_{/\!/\text{最小}}=0$$

综上所述,有如下结论。

第一,在正交情况下,只有同时满足 $\alpha=\pi/4,\varphi=(2m+1)$($m$ 为整数)时,输出光强才是最大,$I_{\perp M}=I_0$。输出光强最小值的条件是 $\alpha=0$、$\pi/2$ 的整数倍,或 $\varphi=2\pi$ 的整数倍,只要满足这两个条件之一,即可输出最小光强,$I_{\perp m}=0$。

第二,正交和平行两种情况的干涉输出光强正好互补。在实验中,处于正交情况下的干涉明纹,在偏振器旋转 $\pi/2$ 后,变成暗纹,而原来的暗纹变成明纹。

第三,输出光强度随 φ 的变化而变化,因为 $\varphi=2\pi(n'-n'')d/\lambda$,所以,当晶片中各点的双折射、晶片厚度 d 均匀时,干涉视场的光强也是均匀的。实际上,晶片各处的 $(n'-n'')$ 和晶片厚度 d 不可能完全均匀,这就使得各点的干涉强度不同,会出现与等厚(光学厚度)线形状一致的等厚干涉条纹。工程上经常根据这个原理来检查透明材料的光学均匀性。

2. 单色平行光斜入射的干涉

当单色平行光斜入射至平行晶片时,其干涉原理与前相同。在这种情况下,上面导出的各个公式仍然成立,其差别是相位差的具体形式稍有不同。为此,下面只推导单色平行光斜入射时,晶片中两折射光的相位差公式。

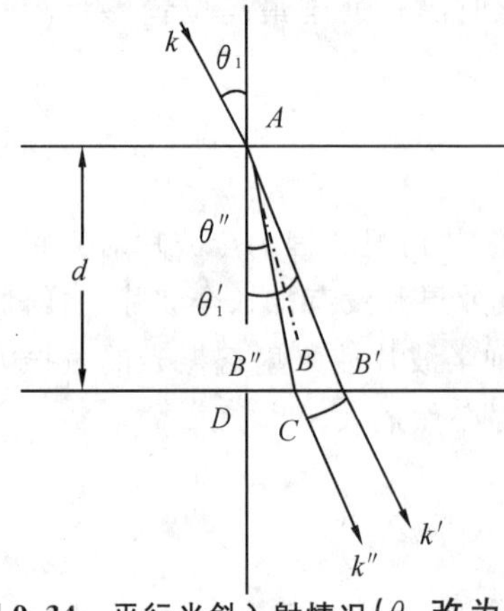

图 9-34 平行光斜入射情况(θ_1 改为 θ_i,θ_1' 改为 θ_t',θ'' 改为 θ_t'')

当单色平行光斜入射时,根据双折射定律,将产生如图 9-34 所示的方向分离的两个折射光,它们在晶体中所产生的相位差为

$$\varphi=2\pi\left(\frac{AB''}{\lambda''}+\frac{B''C}{\lambda}-\frac{AB'}{\lambda'}\right) \tag{9-38}$$

式中,λ'、λ'' 分别为两折射光在晶片中的波长,λ 是入射光在空气中的波长,AB'、AB''、$B''C$ 的值如下:

$$AB'=\frac{d}{\cos\theta_t}$$

$$AB''=\frac{d}{\cos\theta''_t}$$

$$B''C=B''B'\sin\theta_i=d\sin\theta_i(\tan\theta_t'-\tan\theta_t'')$$

将上面关系代入式(9-38),得

$$\varphi=2\pi d\left[\frac{1}{\cos\theta''_t}\left(\frac{1}{\lambda''}-\frac{\sin\theta_i\sin\theta''_t}{\lambda}\right)-\frac{1}{\cos\theta_t'}\left(\frac{1}{\lambda'}-\frac{\sin\theta_i\sin\theta_t'}{\lambda}\right)\right] \tag{9-39}$$

根据折射定律,用 $\sin\theta_t''/\lambda$ 和 $\sin\theta_t'/\lambda'$ 代替式(9-39)中的 $\sin\theta_i/\lambda$,得

$$\varphi=2\pi d\left[\frac{\cos\theta''_t}{\lambda''}-\frac{\cos\theta_t'}{\lambda'}\right]=\frac{2\pi}{\lambda}d(n''\cos\theta''_t-n'\cos\theta_t') \tag{9-40}$$

因为 $|n''-n'|\ll n''$、n',$|\theta''_t-\theta_t'|\ll\theta''_t$,$\theta_t'$,取一级近似有

$$n''\cos\theta''_t-n'\cos\theta_t=d(n\cos\theta_t)=(n''-n')\left(\cos\theta_t-n\sin\theta_t\frac{d\theta_t}{dn}\right) \tag{9-41}$$

式中,n 是 n' 和 n'' 的平均值;θ_t 是 θ_t' 和 θ''_t 相应的平均值。在保持入射角 θ_i 不变的条件下,对折射定律 $\sin\theta_i=n\sin\theta_t$ 微分,并代入式(9-39),得

$$n''\cos\theta''_t - n'\cos\theta'_t = \frac{n''-n'}{\cos\theta_t}$$

于是，式(9-38)变为

$$\varphi = \frac{2\pi d(n''-n')}{\lambda\cos\theta_t} \tag{9-42}$$

将式(9-42)与式(9-27)进行比较可以看出，单色平行光斜入射时的相位差只需用晶片中二波法线平均几何路程$\dfrac{d}{\cos\theta_t}$代替正入射时的几何路程 d，即可由式(9-27)得到。

3. 白光干涉

上面讨论的是单色平行光的干涉。如果光源是包含各种波长成分的白光，则输出光应当是其中每种单色光干涉强度的非相干叠加。在此，仅讨论正入射情况。

1）两个偏振器偏振轴垂直的情况

对各种单色光分别应用式(9-32)，然后将其相加

$$I_{\perp(色)} = \sum_i I_{0i}\sin^2(2\alpha)\sin^2\frac{\varphi_i}{2} \tag{9-43}$$

显然，由于不同波长的单色光通过晶片时，相应的二振动方向互相垂直的线偏振光之间的相位差不同，所以对出射总光强的贡献不同。可以看出，凡是波长为

$$\lambda_i = \left|\frac{n'-n''}{m}\right| d, \quad m\text{ 为整数} \tag{9-44}$$

的单色光，干涉强度为零，即 $I_{\perp(色)}$ 中不包含这种波长成分的单色光。凡是波长为

$$\lambda_i = \left|\frac{2(n'-n'')}{m+1}\right| d, \quad m\text{ 为整数} \tag{9-45}$$

的单色光，干涉强度为极大。因此，对于白光入射，由于输出光 $I_{\perp(色)}$ 中不含有某些波长成分，其透射光将不再是白光。

2）两个偏振器偏振轴平行的情况

同样分析，对于白光入射，其透射光强为

$$I_{/\!/(色)} = \sum_i I_{0i}\left(1-\sin^2(2\alpha)\sin^2\frac{\varphi_i}{2}\right) \tag{9-46}$$

式中，第一项代表透射的白光光强；第二项与式(9-43)相同，但符号相反，因此式(9-46)可简写为

$$I_{/\!/(色)} = I_{0(白)} - I_{\perp(色)} \tag{9-47}$$

这表明，在 $I_{\perp(色)}$ 中最强的色光在 $I_{/\!/(色)}$ 中恰被消掉；反之亦然，在 $I_{\perp(色)}$ 中消失的色光在 $I_{/\!/(色)}$ 恰恰最强。通常将式(9-43)和式(9-46)决定的色光称为互补色光，也就是说，若将这两种色光叠加在一起，即得到白光。

由于晶片中的振动方向与 P_1 的夹角 α 影响着干涉光强，所以在图 9-31 所示的干涉装置中，如果在起偏器和检偏器之间转动晶片，可以看到晶片在连续变幻着绚丽的颜色。如果转动 P_2，使之与 P_1 由垂直转向平行，出射的色光突然变为与之互补的色光，这种现象称为色偏振，它是检验双折射性的最灵敏的方法。

9.4.2.2 会聚光偏振光的干涉

上面讨论的是平行偏振光的干涉现象，实际上经常遇到的是会聚光（或发散光）的情况。当一束会聚光（或发散光）通过起偏器射到晶片上时，入射光的方向就不是单一的了，不同的入射光有不同的入射角，甚至还有不同的入射面。因此，会聚光（或发散光）偏振光的干涉现象比较复杂。在此，仅讨论最基本的情况。

会聚光偏振光的干涉装置如图 9-35 所示，P_1、P_2 是起偏器和检验器，S 是光源，K 是晶片，O_1、O_2 是聚光镜，观察屏放在面 BB' 上。

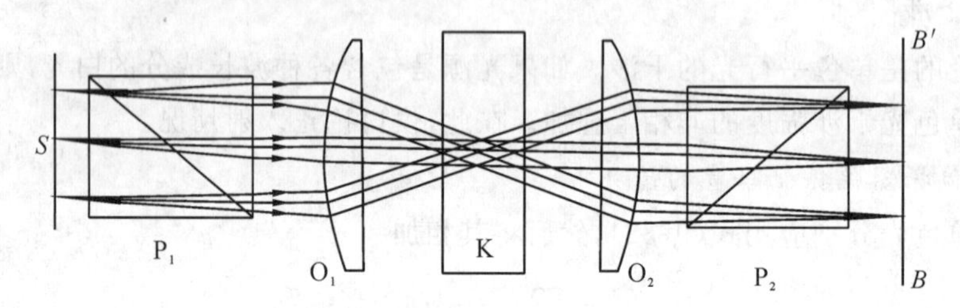

图 9-35　会聚光偏振光的干涉装置

由图 9-35 可见，会聚在观察屏上同一点的诸偏振光，均来自物平面上的同一点。由于物平面 S 是 O_1 的焦平面，所以物平面上的一点发出诸光束，经过 O_1 后必成为一束平行光通过晶片 K。

故观察屏上各点的光强可利用平行光斜入射的光强公式计算，即观察屏上的光强公式仍然采用式(9-30)表示，只是其中的相位差采用式(9-42)，具体可写成

$$I=I_0\left[\cos^2\beta-\sin(2\alpha)\sin2(\alpha-\beta)\sin^2\frac{\pi d(n''-n')}{\lambda\cos\theta_t}\right] \tag{9-48}$$

显然，会聚光的干涉光强分布（干涉条纹）取决于干涉装置中 P_1、P_2 的相对位置，又与晶片的双折射$(n''-n')$特性有关。因为$(n''-n')$与晶片中折射光相对光轴的方位有关，所以干涉条纹与晶体的光学性质及晶片的切割方式有关。

1. 通过晶片的两束透射光的相位差

对于斜入射晶片的光，将在晶片内产生振动方向相互垂直的两束线偏振光，它们的折射率不同，因而在通过晶片后将产生一定的相位差。

在单轴晶体中，当波法线方向 K 与光轴的夹角为 θ 时，相应的两个振动方向互相垂直的线偏振光的折射率 n' 和 n'' 满足如下关系：

$$\frac{1}{n'^2}=\frac{1}{n_0^2}$$

$$\frac{1}{n''^2}=\frac{\cos^2\theta}{n_o^2}+\frac{\sin^2\theta}{n_e^2}$$

因而有

$$\frac{1}{n'^2}-\frac{1}{n''^2}=\left(\frac{1}{n_o^2}-\frac{1}{n_e^2}\right)\sin^2\theta \tag{9-49}$$

或

$$\frac{(n''+n')(n''-n')}{n'^2 n''^2}=\frac{(n_e+n_o)(n_e-n_o)}{n_o^2 n_e^2}\sin^2\theta$$

由于这些折射率之间的差别与它们的值相比是很小的，所以上式可近似地写成

$$n''-n'=(n_e-n_o)\sin^2\theta \tag{9-50}$$

将式(9-50)代入式(9-42)，同时令 $\rho=d/\cos\theta_t$，有

$$\varphi=\frac{2\pi}{\lambda}\rho(n_e-n_o)\sin^2\theta \tag{9-51}$$

2. 单轴晶体会聚光的干涉图

当晶片表面垂直于光轴，P_1 垂直于 P_2 时，会聚光干涉图如图 9-36 所示，干涉条纹是同心圆环，中心为通过光轴的光所到达的位置，并且有一个暗十字贯穿整个干涉图。对于 P_1 平行于 P_2 的情况，干涉图与正交时互补，此时有一个亮十字贯穿整个干涉图。当使用扩展光源时，该干涉图定位在透镜的焦平面上；当使用点光源时，条纹是非定域的。下面以 P_1 垂直于 P_2 的情况进行说明。

1）同心圆环干涉条纹

由上述分析，当晶片表面垂直于光轴时，其等色线是同心圆，中心是通过光轴的光所到达的位置(有时称为光轴露头)。根据式(9-33)可以很容易理解干涉条纹为什么是以光轴为中心的同心圆。由于晶片垂直于晶体光轴切割，晶体光轴与晶片法线一致，在晶片中折射光的法线与光轴的夹角就是折射角，在这种情况下，相位差 φ 仅是折射角 θ 的函数。于是，沿着图 9-37 中以 A 为顶点、界面法线(光轴)为轴的圆锥面入射的光，其相应的透射光在透镜焦平面上的同一圆环上会聚。由于圆环上各点所对应光的入射角(或折射角)是常数，所以相应的相位差相等，因而有相同的干涉光强，所以这个圆环就是一个干涉条纹。

由式(9-33)可知，干涉条纹的中心(光轴露头)处对应的 $\theta=0$，因而干涉级为零，从中心向外，干涉级逐渐增高。当使用白光时，干涉条纹是彩色，并且每级的色序是里蓝外红。

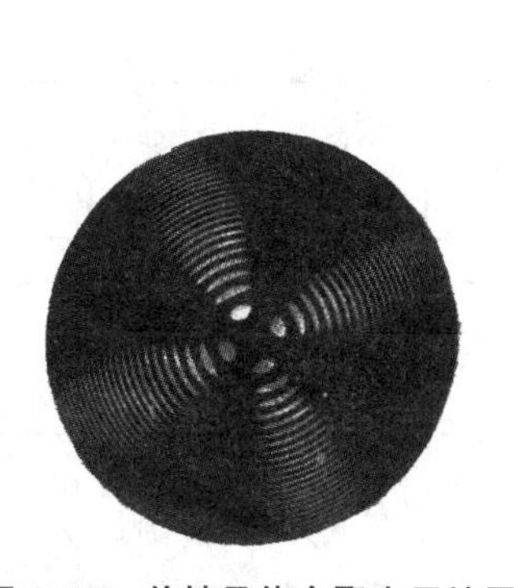

图 9-36　单轴晶体会聚光干涉图

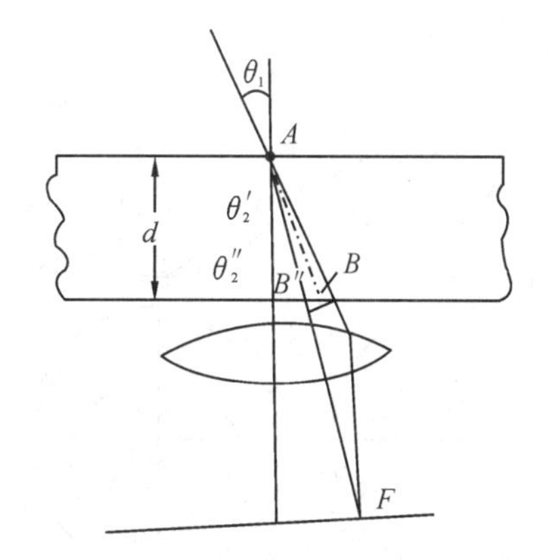

图 9-37　会聚光通过晶片示意图

2）暗十字的形成

P_1 与 P_2 垂直情况下的暗十字在 P_1 平行于 P_2 时变为亮十字(使用白光时，它是白色的)，所以这个暗十字常称为消色线。其十字中心恰为圆环中心，十字方向恰与起偏器的偏振轴方向平行和垂直。由此可以看出，消色线的起因是式(9-30)中的 α 所产生的效应。

首先，由于晶片表面的法线方向平行于光轴方向，所以会聚光中央的光波与光轴方向一致，因此进入晶体后不产生双折射，在正交偏振器的情况下，中心点始终是消光的，形成一个黑中心点。

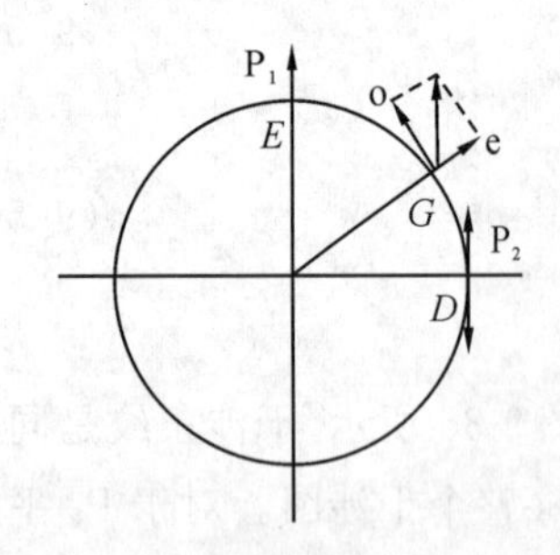

图 9-38 干涉图暗十字线的成因

对于与光轴有一定夹角的其他光线，进入晶体后均要产生双折射。由于 o 光振动方向垂直于主截面，e 光振动方向在主截面内，所以在垂直于光轴的截面(如图 9-38 所示)上，干涉圆条纹上任意一点 G 的光振动方向及相应的 o 光和 e 光振动方向如图 9-38 所示。对于点 E，只有 e 光分量，对于点 D，只有 o 光分量。又因为 P_2 垂直于 P_1，所以点 E 和点 D 的光场不通过 P_2，因此，D 和 E 两点在检偏器后都是暗的。同理可知，沿 P_1 和 P_2 两个方向上的其余各点也都是暗的，这样就构成暗十字。

利用干涉强度公式(9-48)亦可得出同样的结论：对于晶片上各点所对应的 α 不相同，当 $\alpha=0$ 或 $\pi/2$ 时，强度为零，因此在 0 和 $\pi/2$ 方向(沿 P_1、P_2 两个方向)上，构成了暗十字。

同理也可解释 P_1、P_2 平行时出现的亮十字。

当晶片的光轴与表面不垂直时，干涉图往往是不对称的。由于光轴是倾斜的，所以光轴出露点不在视场中心，当倾斜角度不大时，光轴出露点仍在视场之内，这时黑十字与干涉卵圆环都不是完整的，如图 9-39(a)所示。转动晶片时，光轴出露点绕视场中心做圆周运动，其转动方向与晶片旋转方向一致，而两个十字臂也随之移动，但始终分别与起偏器和检偏器的偏振轴保持平行。当光轴倾斜角度较大时，光轴出露点就会落到视场之外，这时视场中只能看见一条黑臂及部分干涉卵圆环，如图 9-39(b)所示。如果光轴与晶片表面接近平行时，黑臂就变得宽大而模糊，转动晶片时，黑十字即分成双曲线迅速离开视场，这种干涉图称为闪图。根据干涉图的形状，可以初步判断光轴的大致方向。

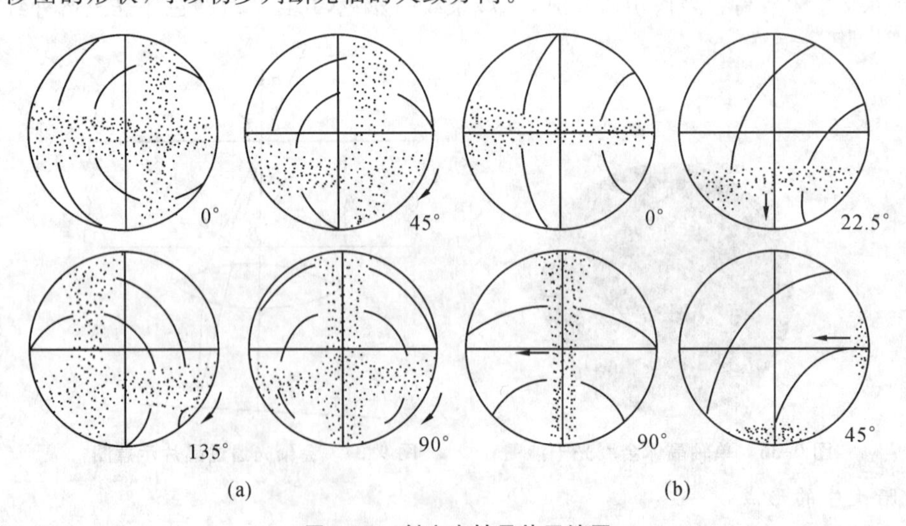

图 9-39 斜交光轴晶片干涉图

9.4.3 知识应用

例 9-8 厚为 0.025 mm 的方解石晶片，其表面平行于光轴，置于正交偏振器之间，方解石晶片的主截面与它们的偏振轴成 45°。

(1)在可见光范围内，哪些波长的光不能通过？

(2)若转动第二个偏振器，使其透振方向与第一个偏振器平行，哪些波长的光不能通过？

解 这是一个由偏振光的干涉引起的显色问题，因为(n_o-n_e)随波长的变化很小，可以不考虑其色散影响。

(1)正交偏振器情况。

对于偏振光的干涉装置，在方解石晶片表面上的 o 光和 e 光分量相位相同，它们通过方解石晶片和检偏器后，在检偏器透振方向上分量的相位差取决于以下两个因素。

①o 光和 e 光通过晶片后产生的相位差，即

$$\varphi=\frac{2\pi}{\lambda}(n_o-n_e)d$$

②入射偏振光经过两次分解投影后产生的附加相位差 φ。当晶片光轴在两个偏振器透振方向 P_1、P_2 的外侧，经过两次投影后，在检偏器透振方向上二分振动方向相同，即 $\varphi'=0$；当晶片光轴在 P_1、P_2 之间，$\varphi'=\pi$。于是，在正交偏振器情况下，在检偏器透振方向上的二分振动相位差为

$$\varphi''=\varphi+\varphi'=\frac{2\pi}{\lambda}(n_o-n_e)d+\pi$$

当 $\varphi''=(2m+1)\pi(m=0,1,2,\cdots)$时，二分振动干涉相消，又因为晶片主截面与透振方向成 45°，所以无光通过检偏器，由此得到

$$\lambda_m=\frac{(n_o-n_e)d}{m}$$

对于方解石晶体，(在钠黄光时的)主折射率为 $n_o=1.6548$，$n_e=1.4864$，相应地，该方解石晶片的 o 光和 e 光的光程差为

$$(n_o-n_e)d=4.3\ \mu\text{m}$$

由此得到满足上述条件的可见光的波长为

$$\lambda_{11}=0.3909\ \mu\text{m},\qquad \lambda_{10}=0.4300\ \mu\text{m},\qquad \lambda_9=0.4778\ \mu\text{m}$$

$$\lambda_8=0.5375\ \mu\text{m},\qquad \lambda_7=0.6143\ \mu\text{m},\qquad \lambda_6=0.7167\ \mu\text{m}$$

(2)平行偏振器情况。

此时，在检偏器透振方向上的二分振动相位差为 $\varphi''=\varphi$，要使此二分振动满足干涉相消

$$\varphi''=\frac{2\pi}{\lambda}(n_o-n_e)d=(2m+1)\pi,\qquad m=0,1,2,\cdots$$

即

$$\lambda_m=\frac{(n_o-n_e)d}{\left(m+\frac{1}{2}\right)}=\frac{4.2988}{m+\frac{1}{2}}$$

在可见光范围内，下列波长的光波不能通过该偏振器：

$\lambda_{10}=0.4095\ \mu\text{m}$，　$\lambda_9=0.4526\ \mu\text{m}$，　$\lambda_8=0.5059\ \mu\text{m}$

$\lambda_7=0.5733\ \mu\text{m}$，　$\lambda_6=0.6615\ \mu\text{m}$，　$\lambda_5=0.7818\ \mu\text{m}$

9.4.4 视窗与链接

9.4.4.1 电光效应、声光效应、磁光效应

光在介质中传播的规律受介质折射率分布制约，而介质的折射率分布与介质的介电常数分布密切相关，介质的介电常数的分布会因外界各种因素的影响而发生变化，折射率也随之变化，从而使有些本来是各向同性的介质，在人为条件下变成各向异性的介质，产生双折射现象，这是一种人工双折射现象，而有些本来有双折射性质的晶体，它的双折射性质也会发生变化。

下面简单介绍电光效应、声光效应、磁光效应及其应用。

1. 电光效应

某些晶体在外加电场的作用下，其折射率将发生变化，当光波通过此介质时，其传输特性因受到影响而改变，这种现象称为电光效应。电光效应已被广泛用于实现对光波（相位、频率、偏振态和强度等）的控制，并做成各种光调制器件、光偏转器件和电光滤波器件等。

理论和实验均证明：介质的介电常数与晶体中的电荷分布有关，当在晶体上施加电场之后，将引起束缚（Bond）电荷的重新分布，并可能导致离子晶格的微小形变，其最终结果将引起介电常数的变化，而且这种改变随电场的大小和方向的不同而变化。折射率变化与外加电场呈线性关系的称为线性电光效应或泡克尔斯效应；与电场的平方成比例关系的称为二次电光效应或克尔效应。在一般情况下，二次电光效应要比线性电光效应弱得多，故在此只讨论线性电光效应。

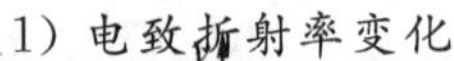

1）电致折射率变化

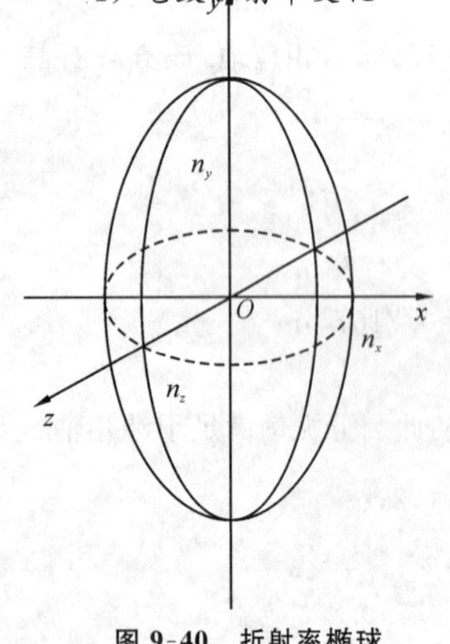

图 9-40　折射率椭球

光在晶体中传播规律的描述有两种方法，一种是电磁理论方法，但数学推导相当繁复；另一种是用几何图形——折射率椭球的方法，这种方法直观、方便，故通常都采用这种方法，如图 9-40 所示。

图 9-40 中，x、y、z 为介质的主轴方向，n_x、n_y、n_z 为折射率椭球的主折射率，折射率椭球方程为

$$\frac{x^2}{n_x^2}+\frac{y^2}{n_y^2}+\frac{z^2}{n_z^2}=1 \tag{9-52}$$

下面以常用的 KDP 晶体为例，分析该晶体外加电场后折射率的变化情况。

KDP 晶体属于四方晶系，42 m 点群，是负单轴晶体，因此有 $n_x=n_y=n_o$，$n_z=n_e$，$n_o>n_e$。经理论分析得到加外电场 E 后的折射率椭球方程为

$$\frac{x^2}{n_o^2}+\frac{y^2}{n_o^2}+\frac{z^2}{n_e^2}+2\gamma_{41}yzE_x+2\gamma_{41}xzE_y+2\gamma_{63}xyE_z=1 \tag{9-53}$$

式中，E_x、E_y、E_z 是电场沿 x、y、z 轴方向的分量，γ_{41} 和 γ_{63} 是 KDP 晶体的电光系数。

由式(9-53)可看出，外加电场导致了折射率椭球方程中“交叉”项的出现，这说明加电场后，椭球的主轴不再与 x、y、z 轴平行；因此，必须找出一个新的坐标系，使式(9-53)在该坐标系中主轴化，这样才可能确定电场对光传播的影响。为了简单明确起见，将外加电场的方向平行于 z 轴，即 $E_z=E$，$E_x=E_y=0$，于是式(9-53)变为

$$\frac{x^2}{n_o^2}+\frac{y^2}{n_o^2}+\frac{z^2}{n_e^2}+2\gamma_{63}xyE_z=1 \tag{9-54}$$

式(9-54)表明，z 轴仍是主轴，但 x、y 轴已不再是新椭球的主轴了。

为了寻求一个新的坐标系(x'，y'，z')，使椭球方程不含交叉项，其具体的形式为

$$\frac{x'^2}{n_{x'}^2}+\frac{y'^2}{n_{y'}^2}+\frac{z'^2}{n_{z'}^2}=1 \tag{9-55}$$

x'、y'、z' 为加电场后椭球主轴的方向，通常称为感应主轴；n'_x、n'_y、n'_z 是新坐标系中的主折射率，也就是椭球主轴的半长度，这些值与外加电场有关。由于式(9-54)中的 x、y 轴是对称的，故可将 x、y 轴绕 z 轴旋转 α，其变换关系为

$$\left.\begin{aligned} x&=x'\cos\alpha-y'\sin\alpha \\ y&=x'\sin\alpha+y'\cos\alpha \end{aligned}\right\} \tag{9-56}$$

将式(9-56)代入式(9-54)，可得

$$\left[\frac{1}{n_o^2}+\gamma_{63}E_z\sin(2\alpha)\right]x'^2+\left[\frac{1}{n_o^2}-\gamma_{63}E_z\sin(2\alpha)\right]y'^2+\frac{1}{n_e^2}z'^2+2\gamma_{63}E_z\cos(2\alpha)x'y'=1 \tag{9-57}$$

令交叉项为零，即 $\cos(2\alpha)=0$ 得 $\alpha=45°$，则方程式变为

$$\left(\frac{1}{n_o^2}+\gamma_{63}E_z\right)x'_2+\left(\frac{1}{n_o^2}-\gamma_{63}E_z\right)y'+\frac{1}{n_e^2}z'^2=1 \tag{9-58}$$

式(9-58)就是 KDP 晶体沿 z 轴加电场之后的新椭球方程，如图 9-41 所示。其椭球主轴的半长度由下式决定：

$$\left.\begin{aligned} \frac{1}{n_{x'}^2}&=\frac{1}{n_o^2}+\gamma_{63}E_z \\ \frac{1}{n_{y'}^2}&=\frac{1}{n_o^2}-\gamma_{63}E_z \\ \frac{1}{n_{z'}^2}&=\frac{1}{n_e^2} \end{aligned}\right\} \tag{9-59}$$

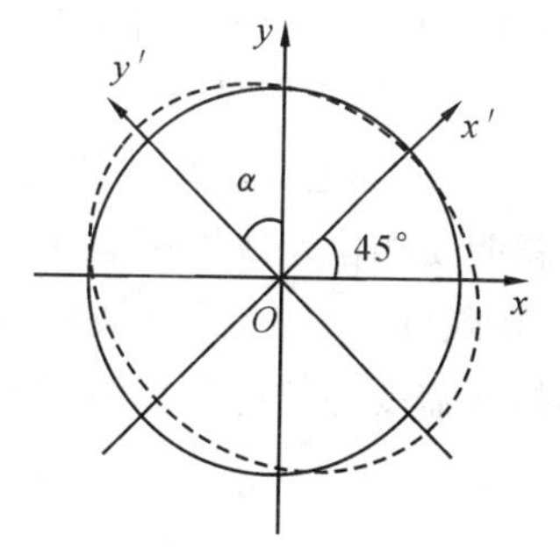

图 9-41　加电场后椭圆球的形变

由于 γ_{63} 很小(约 9^{-10} m/V)，一般是 $\gamma_{63}E_z\ll\frac{1}{n_o^2}$，利用二项式定理可得

$$\left.\begin{aligned} n_{x'}&=n_o-\frac{1}{2}n_o^3\gamma_{63}E_z \\ n_{y'}&=n_o+\frac{1}{2}n_o^3\gamma_{63}E_z \\ n_{z'}&=n_e \end{aligned}\right\} \tag{9-60}$$

由式(9-60)可知，平行于光轴方向的电场使 KDP 晶体从单轴晶体变成了双轴晶体，折

射率椭球的主轴绕 z 轴旋转了 45°，此转角与外加电场的大小无关，其折射率的变化与电场成正比。沿新折射率椭球三个主轴方向上的折射率差为

$$\left.\begin{aligned}\Delta n_x &= -\frac{1}{2}n_o^3\gamma_{63}E_z\\ \Delta n_y &= \frac{1}{2}n_o^3\gamma_{63}E_z\\ \Delta n_z &= 0\end{aligned}\right\}\tag{9-61}$$

式中，Δn_x、Δn_y 称为电致折射率变化。

2) 电光相位延迟

在实际应用中，电光晶体总是沿着相对光轴的某些特殊方向切割而成的，一般为圆柱或长方体；而且外加电场也是沿着某一主轴方向加到晶体上的，常用的有两种方式：一种是电场方向与通光方向一致，称为纵向电光效应；另一种是电场与通光方向相垂直，称为横向电光效应。仍以 KDP 晶体为例进行分析，沿晶体 z 轴加电场后，一束线偏振光沿着 z 轴方向入射晶体，且 $\boldsymbol{E}$ 矢量沿 x 轴方向进入晶体($z=0$)后，即分解为沿 x' 和 y' 方向的两个垂直偏振分量，由于两者的折射率不同，故相速度也不一样，当它们经过长度为 l 的距离之后，所走的光程分别为 $n_{x'}l$ 和 $n_{y'}l$，这样两个偏振分量的相位延迟分别为

$$\varphi_{n_{x'}} = \frac{2\pi}{\lambda}n_{x'}l = \frac{2\pi l}{\lambda}\left(n_o - \frac{1}{2}n_o^3\gamma_{63}E_z\right)$$

$$\varphi_{n_{y'}} = \frac{2\pi}{\lambda}n_{y'}l = \frac{2\pi l}{\lambda}\left(n_o + \frac{1}{2}n_o^3\gamma_{63}E_z\right)$$

因此，当这两列光波穿过晶体后将产生一个相位差，即

$$\Delta\varphi = \varphi_{n_{y'}} - \varphi_{n_{x'}} = \frac{2\pi l}{\lambda}n_o^3\gamma_{63}E_z = \frac{2\pi}{\lambda}n_o^3\gamma_{63}V\tag{9-62}$$

式中，$V=E_z l$ 是沿 z 轴加的电压。

由以上分析可见，这个相位延迟完全是由电光效应造成的双折射引起的，所以称为电光相位延迟。当电光晶体和通光波长确定后，相位差的变化仅取决于外加电压，即只要改变电压，就能使相位差成比例地变化。

在式(9-62)中，当光波的两个垂直分量 $E_{x'}$ 和 $E_{y'}$ 的光程差为半个波长(相应的相位差为 π)时，所需要加的电压称为半波电压，通常以 V_π 或 $V_{\lambda/2}$ 表示。由式(9-62)得到

$$V_{\lambda/2} = \frac{\lambda}{2n_o^3\gamma_{63}} = \frac{\pi c_0}{\omega n_o^3\gamma_{63}}\tag{9-63}$$

3) 光偏振态的变化

根据上述分析可知，两个偏振分量间的相速度的差异，会使一个分量相对于另一个分量有一相位差，而这个相位差的作用就会改变出射光的偏振态。我们知道，波片可作为光波偏振态的变换器，它对入射光偏振态的改变是由波片的厚度决定的。在一般情况下，出射的合成振动是一个椭圆偏振光。

现在有了一个与外加电压成正比变化的相位延迟晶体(相当于一个可调的偏振态变换器)，因此，就可能用电学方法将入射光的偏振态变换成所需要的偏振态。为了说明这一点，让我们考察几种特定情况下的偏振态变化。

(1)当晶体上未加电场时，$\Delta\varphi=2m\pi(m=0,1,2,\cdots)$，通过晶体后的合成光仍然是线偏振光，且与入射光的偏振方向一致，这种情况相当于一个全波片的作用。

(2)当晶体上加了电场($U_{\lambda/4}$)使 $\Delta\varphi=\left(m+\frac{1}{2}\right)\pi$ 时，这种情况相当于一个 $\lambda/4$ 片的作用。

(3)当外加电场($U_{\lambda/2}$电压)使 $\Delta\varphi=(2m+1)\pi$ 时，晶体起到一个半波片的作用。

4) 电光效应的应用实例

a. 纵向电光调制器

(1)调制器的组成。

图9-42所示的是一个典型的KDP晶体纵向电光(强度)调制器，它是由起偏器 P_1、调制晶体K和检偏器 P_2 等器件所组成。P_1 和 P_2 的结构完全相同，起偏器的偏振方向平行于晶体的 x 轴，检偏器的偏振方向平行于 y 轴。此外，在光路上还放置了一个 $\lambda/4$ 片。

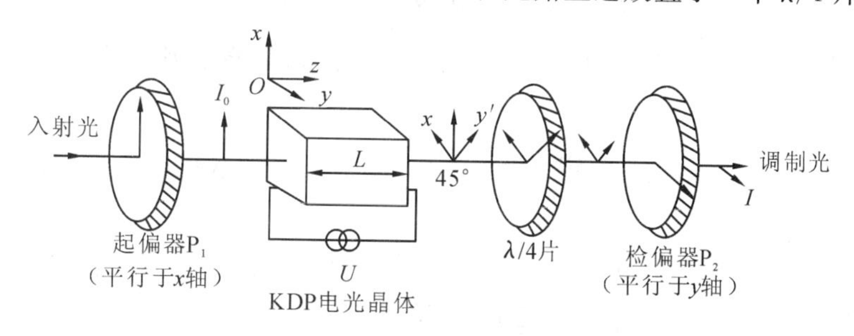

图9-42 纵向电光调制器

调制晶体是电光调制器的核心部件，它按一定的方向加工成圆柱体或长方体。在纵向电光调制器中，因电场方向与通光方向平行，故通常是在晶体两端镀制环状电极，将欲调制的信号电压通过电极施加于晶体。

(2)调制器的工作原理。

入射光经起偏器 P_1 变成振动方向与 x 轴平行的线偏振光，进入晶体($z=0$)后被分解为沿 x'轴和 y'轴方向的两个分量，其振幅(等于入射光振幅的 $1/\sqrt{2}$)和相位都相等，记为

$$E_{x'}=A\cos(\omega_c t)$$
$$E_{y'}=A\cos(\omega_c t)$$

入射光强度为

$$I_i=\alpha E\cdot E^*=\alpha(|E_{x'}(0)|^2+|E_{y'}(0)|^2)=2\alpha A^2 \tag{9-64}$$

当光波通过晶体长度为 L 的晶体并从出射面射出时，$E_{x'}$ 和 $E_{y'}$ 二分量间就产生了一个相位差 $\Delta\varphi$，有

$$E_{x'}(L)=A$$
$$E_{y'}(L)=A\mathrm{e}^{-\mathrm{i}\Delta\varphi}$$

则通过检偏器后的总电场强度是 $E_{x'}(L)$ 和 $E_{y'}(L)$ 在 y 轴方向上的分量之和，即

$$(E_y)_0=\frac{A}{\sqrt{2}}(\mathrm{e}^{-\mathrm{i}\Delta\varphi}-1)$$

当 $\alpha=1$ 时，与之相应的输出光强为

$$I=[(E_y)_0(E_y^*)_0]=\frac{A^2}{2}(\mathrm{e}^{-\mathrm{i}\Delta\varphi}-1)(\mathrm{e}^{\mathrm{i}\Delta\varphi}-1)=2A^2\sin^2\left(\frac{\Delta\varphi}{2}\right) \tag{9-65}$$

将出射光强与入射光强相比，再考虑式(9-62)和式(9-63)的关系，便得到

$$T=\frac{I}{I_i}=\sin^2\left(\frac{\Delta\varphi}{2}\right)=\sin^2\left(\frac{\pi U}{2U_\pi}\right) \tag{9-66}$$

式中，T 称为调制器的透过率。根据上述关系可以画出光强调制特性曲线，如图 9-43 所示。在一般情况下，调制器的输出特性与外加电压的关系是非线性的。若调制器工作在非线性部分，则调制光将发生畸变。为了获得线性调制，可以通过引入一个固定的 $\pi/2$ 相位延迟，使调制器的电压偏置在 $T=50\%$的工作点上。常用的办法有两种：其一，在调制晶体上除了施加信号电压之外，再附加一个 $V_{\lambda/4}$ 的固定偏压，但此法会增加电路的复杂性，而且工作点的稳定性也差；其二，在调制器的光路上插入一个 $\lambda/4$ 片，其快慢轴与晶体主轴 x 成 45°，从而使 $E_{x'}$、$E_{y'}$ 二分量间产生 $\pi/2$ 的固定相位差，于是式(9-66)中的总相位差为

$$\Delta\varphi=\frac{\pi}{2}+\pi\frac{V_m}{V_\pi}\sin(\omega_m t)=\frac{\pi}{2}+\Delta\varphi_m\sin(\omega_m t)$$

式中，$\Delta\varphi_m=\pi U_m/U_\pi$ 是相应于外加调制信号电压 U_m 的相位差。因此，调制器的透过率可表示为

$$T=\frac{I}{I_i}=\sin^2\left[\frac{\pi}{4}+\frac{\Delta\varphi_m}{2}\sin(\omega_m t)\right]=\frac{1}{2}\{1+\sin[\Delta\varphi_m\sin(\omega_m t)]\} \tag{9-67}$$

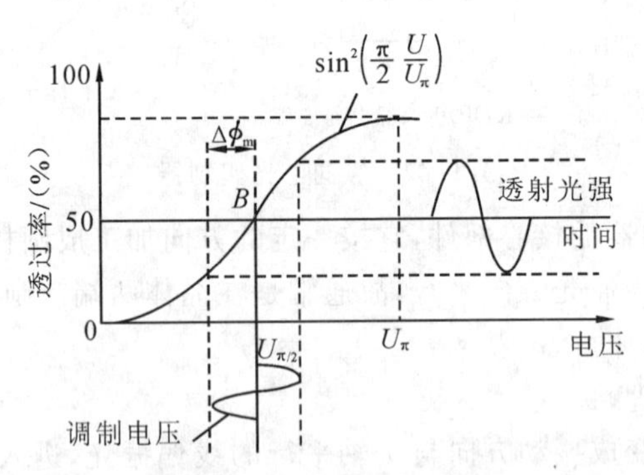

图 9-43 电光调制特性曲线

b. 电光相位调制

图 9-44 所示的是一个电光相位调制器的原理图，它由起偏器和 KDP 电光晶体组成。起偏器的偏振轴平行于晶体的感应主轴 x'(或 y')，电场沿 z 轴方向加到晶体上，此时入射晶体的线偏振光不再分解成沿 x'、y'轴两个分量，而是沿 x'(或 y')一个方向偏振，故外加电场不改变出射光的偏振状态，仅改变其相位，其相位的变化为

$$\Delta\varphi_{x'}=-\frac{\omega_c}{c}\Delta n_{x'}L \tag{9-68}$$

因为光波只沿 x' 轴方向偏振，相应的折射率为 $n_{x'}=n_o-\frac{1}{2}n_o^3\gamma_{63}E_z$，若外加电场 $E_z=E_m\sin(\omega_m t)$在晶体入射面($z=0$)处的光场为 $e_{in}=A_c\cos(\omega_c t)$，则输出光场($z=L$ 处)就变为

$$e_{out}=A_c\cos\left\{\omega_c t-\frac{\omega_c}{c}\left[n_o-\frac{1}{2}n_o^3\gamma_{63}E_m\sin(\omega_m t)\right]L\right\}$$

略去式中相角的常数项，因为它对调制效果没有影响，则上式可写成

$$e_{out}=A_c\cos[\omega_c t+m_\varphi\sin(\omega_m t)] \tag{9-69}$$

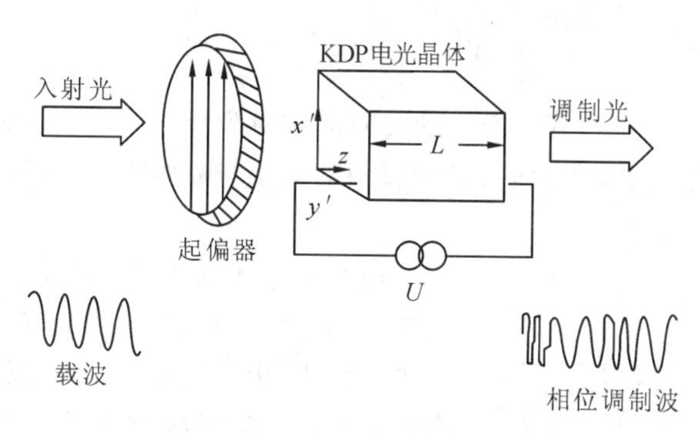

图 9-44　电光相位调制器的原理图

式中，$m_{\varphi}=\dfrac{\omega_{c}n_{o}^{3}\gamma_{63}E_{m}L}{2c}=\dfrac{\pi n_{o}^{3}\gamma_{63}E_{m}L}{\lambda}$称为相位调制系数。

c. 电光偏转

(1)电光偏转的原理。

电光偏转是利用电光效应来改变光波在空间的传播方向的，其原理如图 9-45 所示。晶体的长度为 L，厚度为 d，光波沿 y 轴方向入射晶体，如果晶体的折射率是坐标 x 的线性函数，即

$$n(x)=n+\frac{\Delta n}{d}x \tag{9-70}$$

式中，n 是 $x=0$（晶体下面）处的折射率；Δn 是在厚度为 d 的晶体上折射率的变化量，在 $x=d$（晶体上面）处的折射率，则是 $n+\Delta n$。当一平面波经过晶体时，光波的上部（A 线）和下部（B 线）的折射率不同，通过晶体所需的时间也就不同，分别为

$$T_{A}=\frac{L}{c}(n+\Delta n),\qquad T_{B}=\frac{Ln}{c}$$

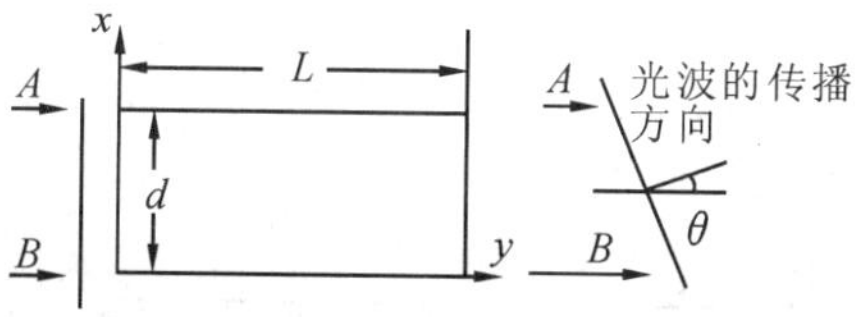

图 9-45　电光偏转的原理图

由于通过晶体的时间不同而导致 A 相对于 B 要落后一段距离，即

$$\Delta y=\frac{c}{n}(T_{A}-T_{B})=L\frac{\Delta n}{n}$$

这就意味着光波到达晶体出射面时，其波面相对于传播轴线偏转了一个小角度，其偏转角（在输出端晶体内）为

$$\theta'=-\frac{\Delta y}{d}=-L\frac{\Delta n}{nd}=-\frac{L}{n}\frac{\mathrm{d}n}{\mathrm{d}x}$$

式中，用折射率的线性变化率$\dfrac{\mathrm{d}n}{\mathrm{d}x}$代替了$\dfrac{\Delta n}{d}$。光波射出晶体后的偏转角 θ 可根据折射定理 $\sin\theta/\sin\theta'=n$ 求得。设 $\sin\theta\approx\theta\ll 1$，则

$$\theta=\theta' n=-L\frac{\Delta d}{d}=-L\frac{\mathrm{d}n}{\mathrm{d}x} \tag{9-71}$$

式中,负号是由坐标系引进的,即θ由y轴转向x轴时为负。由以上讨论可见,当光波沿着特定方向入射时,可以使光波发生偏转,其偏转角的大小与晶体折射率的线性变化率成正比。

(2)电光数字式偏转器。

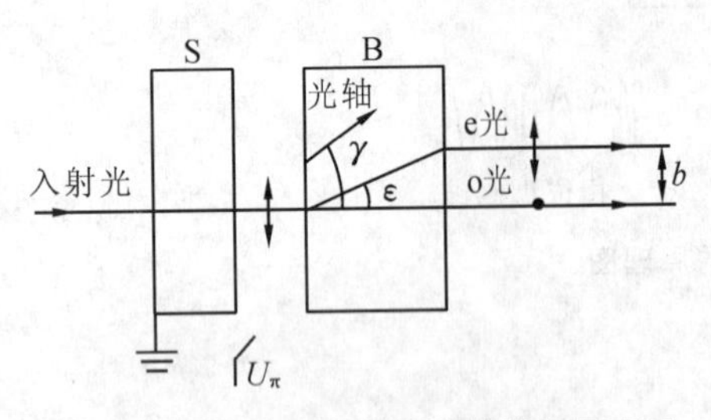

图 9-46 电光数字式偏转器的原理图

电光数字式偏转器是由 KDP 电光晶体和方解石双折射晶体组合而成的,其结构原理如图 9-46 所示。图中 S 为 KDP 电光晶体,B 为方解石双折射晶体(分离棱镜),B 能使偏振光分成互相平行的两列光波,其间隔b为分裂度,ε为分裂角(也称为离散角),γ为入射光法线方向与光轴间的夹角。S 的x轴(或y轴)应平行于 B 的光轴与晶面法线所组成的平面。

若一束入射光的偏振方向平行于 S 的x轴(对 B 而言,相当于 o 光),当 S 上未加电压时,光波通过 S 之后偏振态不变,则它通过 B 时方向仍保持不变;当 S 上加了半波电压时,则入射光的偏振面将旋转 90°而变成了 e 光。我们知道,不同偏振方向光波对光轴的取向不同,其传输的光路也是不同的,所以此时通过 B 的 e 光相对于入射方向就偏折了ε,从 B 出射的 e 光与 o 光相距为b。当n_o和n_e确定后,对应的最大分裂角为$\varepsilon_{max}=\arctan\left(\dfrac{n_e^2-n_o^2}{2n_en_o}\right)$,以方解石为例,其$\varepsilon_{max}\approx 6°$(在可见光和近红外光波段)。由上述可知,电光晶体和双折射晶体构成一个一级电光数字式偏转器,入射的线偏振光随电光晶体上加或不加半波电压而分别占据两个"地址"之一个,分别代表"0"和"1",图 9-47 所示的是一个三级电光数字式偏转器,以及使入射光分离为2^3个偏转点的情况。光路上的短线"|"表示偏振面与纸面平行,"·"表示与纸面垂直。最后射出的光线中"1"表示某电光晶体上加了电压,"0"表示未加电压。

要使可控位置分布在二维方向上,只要用两个彼此垂直的n级偏转器组合起来就可以实现,这样就可以得到$2^n\times 2^n$个二维可控位置。

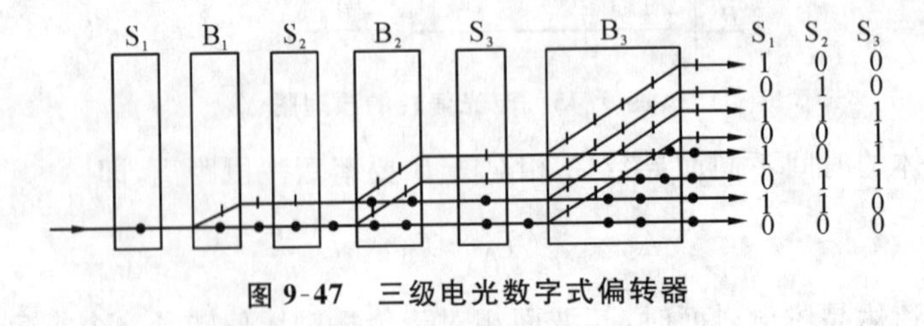

图 9-47 三级电光数字式偏转器

2. 声光效应

超声波是一种弹性波,当它通过介质时,会造成介质的局部压缩和伸长,从而产生的弹性应变使介质出现疏密相间的现象,如同一个相位光栅,当光通过这个光栅时就要产生衍射,这种现象称为声光效应。

按照超声波频率的高低和介质中声光相互作用长度的不同,由声光效应产生的衍射有两种常用的极端情况:喇曼-乃斯(Raman-Nath)衍射和布喇格(Bragg)衍射。

1）喇曼-乃斯衍射

当超声波频率较低，声光作用区的长度较短，光平行于超声波波面入射（即垂直于超声波传播的方向入射）时，超声行波的作用可视为与普通平面光栅相同的折射率光栅，频率为 ω 的平行光通过它时，将产生如图9-48所示的多级光衍射。

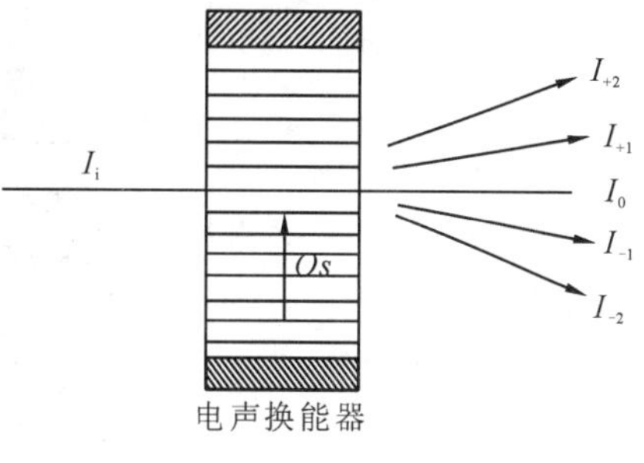

图 9-48 喇曼-乃斯衍射

根据理论分析，各级衍射光的衍射角 θ 满足如下关系：

$$\lambda_s \sin\theta = m\lambda, \qquad m=0,\pm 1,\cdots \tag{9-72}$$

相应于第 m 级衍射的极值光强为

$$I_m = I_i \mathrm{J}_m^2(V) \tag{9-73}$$

式中，I_i 是入射光强；$V=2\pi(\Delta n)_m L/\lambda$ 表示光通过声光介质后，由于折射率变化引起的附加相位；$\mathrm{J}_m(V)$ 是第 m 阶贝塞尔函数，由于

$$\mathrm{J}_m^2(V)=\mathrm{J}_{-m}^2(V)$$

所以，在零级透射光两边，同级衍射光强相等，这种各级衍射光强的对称分布是喇曼-乃斯衍射的主要特征之一。相应各级衍射光的频率为 $\omega+m\Omega$，即衍射光相对入射光有一个多普勒频移。

2）布喇格衍射

当声波频率较高，声光作用的长度 L 较大，而且光与声波波面间以一定的角度斜入射时，光在介质中要穿过多个声波面，故介质是具有“体光栅”性质的。当入射光与声波面夹角满足一定关系时，介质内各级衍射会相互干涉。在一定条件下，各高级次衍射光将互相抵消，只出现零级和+1级（或−1级）（视入射光的方向而定）衍射光，即产生布喇格衍射，如图9-49所示。因此，若能合理选择参数，超声波足够强，可使入射光能量几乎全部转移到+1级或−1级衍射极值上。因而光能量可以得到充分利用，即利用布喇格衍射效应制成的声光器件可以获得较高的效率。只有当入射角 θ_i 等于布喇格角 θ 时，满足相干加强的条件，得到衍射极值，此时的衍射角称为布喇格衍射角。

$$2\lambda_S \sin\theta_B = \frac{\lambda}{n} \text{或} \sin\theta_B = \frac{\lambda}{2n\lambda_S} = \frac{\lambda}{2nv_S} v_S \tag{9-74}$$

式(9-74)称为布喇格方程。

当入射光强为 I_i 时，布喇格衍射的零级和1级衍射光强的表达式可分别写成

$$I_0 = I_i \cos^2\left(\frac{V}{2}\right), \quad I_1 = I_i \sin^2\left(\frac{V}{2}\right) \tag{9-75}$$

式中，V 是光波穿过长度为 L 的超声场所产生的附加相位延迟，V 可以用声致折射率的变化 Δn 来表示，即

$$V=\frac{2\pi}{\lambda}\Delta n L$$

则

$$I_1/I_i = \sin^2\left[\frac{1}{2}\left(\frac{2\pi}{\lambda}\Delta n L\right)\right] \tag{9-76}$$

设介质是各向同性的，当光波和声波沿某些对称方向传播时，Δn 是由介质的弹光系数 P

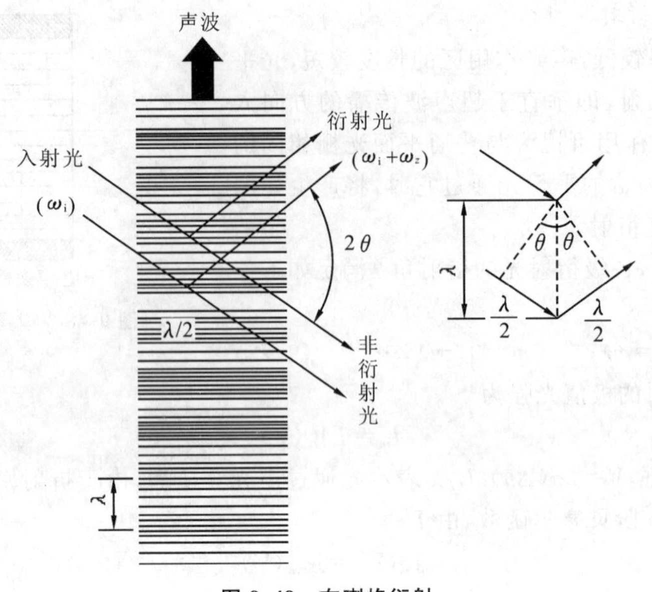

图 9-49　布喇格衍射

和介质在声场作用下的弹性应变幅值 S 所决定的，即

$$\Delta n = -\frac{1}{2}n^3 PS \tag{9-77}$$

式中，S 与超声驱动功率 P_S 有关，因而通过控制 P_S（控制加在电声换能器上的电功率）就可以达到控制衍射光强的目的，实现声光调制。

3）声光效应的应用

a. 声光调制器

声光调制器是由声光介质、电声换能器、吸声（或反射）装置及驱动电源等所组成，如图 9-50 所示。

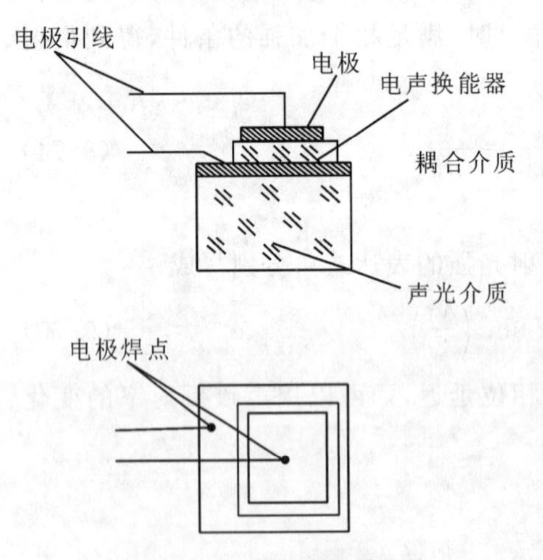

图 9-50　声光调制器结构

①声光介质：声、光相互作用的场所。当一束光通过变化的超声场时，由于光和超声场的相互作用，其出射光就具有随时间而变化的各级衍射光，利用衍射光的强度随超声波强度的变化而变化的性质，就可以制成光强度调制器。

②电声换能器：又称为超声发生器，利用某些压电晶体（石英、$LiNbO_3$ 等）或压电半导体（CdS、ZnO 等）的反压电效应，在外加电场作用下产生机械振动而形成超声波，所以它是起着将调制的电功率转换成声功率的作用。

③吸声（或反射）装置：放置在超声源的对面，用以吸收已通过介质的声波（工作于行波状态），以免返回介质产生干扰，但如果要使超声场工作在驻波状态，则需要将吸声装置换成声反射装置。

④驱动电源:用以产生调制电信号施加于电声换能器的两端电极上,驱动声光调制器(换能器)工作。

声光调制器的工作原理:无论是喇曼-乃斯衍射,还是布喇格衍射,其衍射效率均与附加相位延迟因子 $V=\frac{2\pi}{\lambda}\Delta nL$ 有关,而其中声致折射率差 Δn 正比于弹性应变幅值 S,如果声载波受到信号的调制使声波振幅随之变化,则衍射光强也将受到相同调制信号的调制。

b. 声光偏转

声光效应的另一个重要用途是使光发生偏转。声光偏转器的结构与布喇格声光调制器基本相同,所不同之处在于调制器是改变衍射光的强度,而偏转器则是利用改变声波频率来改变衍射光的方向,使之发生偏转,既可以使光连续偏转,也可以使分离的光点扫描偏转。

从前面的声光布喇格衍射理论分析可知,光以 θ_i 入射介质产生衍射极值应满足布喇格条件,即

$$\sin\theta_B=\frac{\lambda}{2n\lambda_S}$$

布喇格角一般很小,可写为

$$\theta_B\cong\frac{\lambda}{2n\lambda_S}=\frac{\lambda}{2nv_S}f_S \tag{9-78}$$

故衍射光与入射光间的夹角(偏转角)等于布喇格角 θ_B 的两倍。即

$$\theta=2\theta_B=\frac{\lambda}{nv_S}f_S \tag{9-79}$$

由式(9-79)可以看出:改变超声波的频率 f_S 就可以改变其偏转角 θ,从而达到控制光传播方向的目的。

3. 磁光效应

有些物质,如顺磁性、铁磁性和亚铁磁性材料等,其内部组成的原子或离子都具有一定的磁矩,由这些磁性原子或离子组成的化合物具有很强的磁性,称为磁性物质。人们发现,在磁性物质内部有很多个小区域,在每个小区域内,所有的原子或离子的磁矩都互相平行地排列着,把这种小区域称为磁畴;因为各个磁畴的磁矩方向不相同,因而其作用互相抵消,所以宏观上并不显示磁性。若沿物体的某个方向施加一个外磁场,那么物体内各磁畴的磁矩就会从各个不同的方向转到磁场方向上来,这样对外就显示出磁性。当光通过这种磁化的物体时,其传播特性发生变化,这种现象称为磁光效应。

1) 法拉第效应

磁光效应包括法拉第旋转效应、克尔效应、磁双折射(Cotton-Mouton)效应等。其中最主要的是法拉第旋转效应,它使一束线偏振光在外加磁场作用下的介质中传播时,其偏振方向发生旋转,其旋转角度 θ 的大小与沿光传播方向的磁场强度 B 和光在介质中传播的长度 L 之积成正比,即

$$\theta=VBL \tag{9-80}$$

式中,V 称为维尔德(Verdet)常数,它表示在单位磁场强度下线偏振光通过单位长度的磁光介质后偏振方向旋转的角度。表 9-3 列出了不同磁光材料的维尔德常数。

表 9-3　不同磁光材料的维尔德常数$\times10^4$′/(cm·T)

材料名称	冕玻璃	火石玻璃	氯化钠	金刚石	水
V	0.015～0.025	0.03～0.05	0.036	0.012	0.013

磁致旋光效应的旋转方向仅与磁场方向有关，而与光传播方向的正逆无关，这是磁致旋光现象与晶体的自然旋光现象不同之处。当光往返通过自然旋光物质时，因旋转角相等、方向相反而相互抵消，但通过磁光介质时，只要磁场方向不变，旋转角都朝一个方向增加，此现象表明磁致旋光效应是一个不可逆的光学过程，因而可用来制成光学隔离器或单通光闸等。

目前最常用的磁光材料主要是钇铁石榴石(YIG)晶体，它的波长为 1.2～4.5 μm，有较大的法拉第旋转角，这个波长范围包括了光纤传输的最佳范围(1.1～1.5 μm)和某些固体激光器的频率范围，因此，有可能制成调制器、隔离器、开关、环形器等磁光器件。由于磁光晶体的物理性能随温度变化不大，不易潮解，调制电压低，这是它电光、声光器件的优点。但是当工作波长超出上述范围时，吸收系数急剧增大，致使器件不能工作。这表明它在可见光区域一般是不透明的，而只能用于近红外区和红外区，因此它的应用受到很大的局限。

2) 磁光效应的应用

a. 磁光调制器

磁光调制器的组成如图 9-51 所示。工作物质(YIG 棒或掺 G_a 的 YIG 棒)放在沿 z 轴的光路上，它的两端放置有起偏器、检偏器，高频螺旋形线圈环绕在 YIG 棒上，受驱动电源的控制，用于提供平行于 z 轴的信号磁场。为了获得线性调制，在垂直于光传播的 x 轴方向上加一恒定磁场 B_{dc}，其强度足以使晶体饱和磁化。当驱动电源工作时，高频信号电流通过线圈就会感生出平行于光传播方向的磁场，入射光通过 YIG 棒时，由于法拉第旋转效应，其偏振面发生旋转，共旋转角与磁感强度 B 成正比，因此，只要用调制信号控制磁感强度的变化，就会使光的偏振面发生相应的变化。但这里因为加有恒定磁场 B_{dc}，且与通光方向垂直，故旋转角与 B_{dc}成反比，于是

$$\theta=\theta_S\ \frac{B_0\sin(\omega_B t)}{B_{dc}}L_0 \tag{9-81}$$

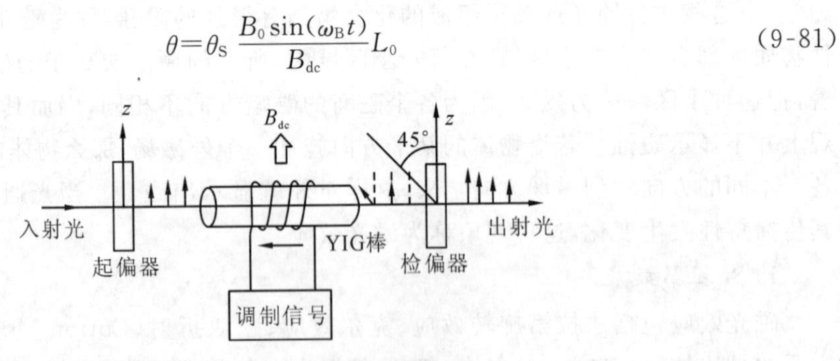

图 9-51　磁光调制器的示意图

式中，θ_S 是单位长度饱和法拉第旋转角；$B_0\sin(\omega_B t)$是调制磁场，如果再通过检偏器，就可以获得一束强度变化的调制光。

b. 光隔离器

在激光作光源的光学系统中，为了避免各界面的反射光对激光光源产生干扰，可利用法拉第效应制成光隔离器，只允许光从一个方向通过而不能从反方向通过。如图 9-52 所示，让

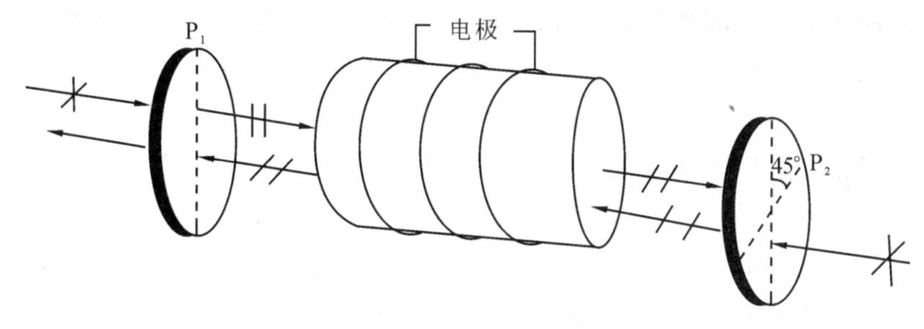

图 9-52　法拉第盒光隔离器

起偏器 P_1、P_2 的透振方向成 45°，调整磁感应强度 B，使法拉第盒出来的光振动面转过 45°，于是光刚好通过 P_2，但从后面光学系统中各界面反射回来逆向传播的光通过 P_2 后再经过法拉第盒，其振动面再转过 45°，刚好与 P_1 透振方向垂直，因此被隔离而不能到达光源处。这样法拉第盒起到了使一个方向的光波通过，而不让反方向的光波通过，类似一个单向闸门。

9.4.4.2　液晶

液晶是一种介于各向同性液体和各向异性晶体之间的一种物质形态，在一定的温度范围内，它除了具有液体和晶体的某些性质（如液体的流动性、晶体的各向异性等），还有其独特的性质。

液晶材料主要是脂肪族、芳香族、硬脂肪酸等有机物，日常生活中适当浓度的肥皂水溶液就是一种液晶。由于生成的环境条件不同，液晶可分为两大类：只存在于某一温度范围内的液晶相称为热致液晶；某些化合物溶解于水或有机溶剂后而呈现的液晶相称为溶致液晶。

液晶在物理、化学、电子、生命科学等领域有着广泛应用，如光导液晶光阀、光调制器、液晶显示器、各种传感器、微量毒气监测、夜视仿生等，尤其液晶显示器广为人知，占领了电子表、手机、笔记本电脑等领域。目前已发现或经人工合成的液晶材料有 1 万多种，其中常用的液晶显示材料有上千种，主要有联苯液晶、苯基环己烷液晶及酯类液晶等。液晶显示材料具有明显的优点：驱动电压低、功耗微小、可靠性高、显示信息量大、彩色显示、无闪烁。

1. 热致液晶

根据液晶的分子排列方式，热致液晶可以分为向列相（或丝状相）、近晶相（或层状相）和胆甾相（或螺旋相）三种，如图 9-53 所示，其中向列相和胆甾相是具有明显的光学特性的液晶，应用最广。

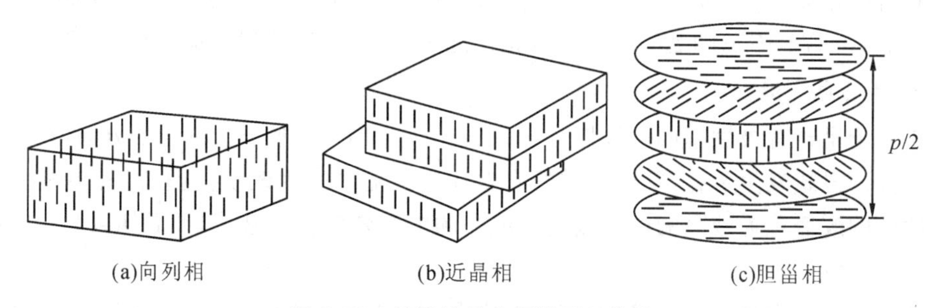

图 9-53　热致液晶分子排列示意图

向列相液晶是最简单的液晶，此类液晶的棒状分子之间只是互相平行排列，但它们的重心排列是无序的，在外力作用下发生流动，很容易沿流动方向取向，并且互相穿越。因此，此类型液晶具有相当大的流动性。

近晶相液晶是所有液晶中最接近结晶结构的一类，分子的长轴相互平行且垂直于层片平面，分子质心在层内的位置无一定规律，这种排列称为取向有序，位置无序。近晶型液晶一般在各个方向都是非常黏滞的。

胆甾相液晶是最早发现的一种液晶，其分子也是分层排列、逐层叠合的，每层中长形分子是扁平的，依靠端基的相互作用，彼此平行排列成层状，但是它们的长轴是在层片平面上的，层内分子与向列相相似，而相邻两层间，分子长轴的取向，依次规则地扭转一定角度，层层累加而形成螺旋面结构。

2. 溶致液晶

某些化合物溶解于水或有机溶剂后而呈现的液晶相称为溶致液晶，这是将一种溶质溶于一种溶剂而形成的液晶态物质。溶致液晶中的长棒状溶质分子一般要比构成热致液晶的长棒状分子大得多，最常见的有肥皂水、洗衣粉溶液、表面活化剂溶液等。

由于分子的有序排列必然给这种溶液带来某种晶体的特性，如光学的异向性、电学的异向性、亲合力的异向性。例如，肥皂泡表面的颜色及洗涤作用就是这种异向性的体现。

溶致液晶不同于热致液晶，它们广泛存在于大自然界、生物体内，并被不知不觉应用于人类生活的各个领域，如肥皂洗涤剂等。溶致液晶在生物物理学、生物化学、仿生学领域都深受关注，这是因为很多生物膜、生物体(如神经、血液、生物膜等)生命物质与生命过程中的新陈代谢、消化吸收、知觉、信息传递等生命现象都与溶致液晶有关。

3. 液晶的光学特性

1) 液晶的双折射现象

一束光入射液晶后会产生双折射现象，这表明液晶中各个方向上的介电常数及折射率是不同的。通常用符号 $\varepsilon_{/\!/}$ 和 $\varepsilon_{\perp}$ 分别表示沿液晶分子长轴方向和垂直于长轴方向上的介电常数，并且把 $\varepsilon_{/\!/}>\varepsilon_{\perp}$ 的液晶称为正性液晶或 P 型液晶，而把 $\varepsilon_{/\!/}<\varepsilon_{\perp}$ 的液晶称为负性液晶或 N 型液晶。多数液晶只有一个光轴方向，一般液晶的光轴沿分子长轴方向，而胆甾相液晶的光轴垂直于层面。

一般向列相液晶的 $\Delta n(\Delta n=n_e-n_o)$ 在 0.1～0.3 之间，随材料和温度不同而异。而方解石的 Δn 为 -0.172，石英的 Δn 为 0.008，相比之下，液晶的双折射效应比较显著。

2) 液晶的电光效应

液晶分子是含有极性基团的极性分子，在电场作用下，偶极子会按电场方向取向，导致分子原有的排列方式发生变化，从而液晶的光学性质也随之发生改变，这种因外电场引起的液晶光学性质的改变称为液晶的电光效应。液晶的电光效应种类繁多，下面加以简单介绍。

a. 扭曲效应

液晶分子取向沿光轴方向发生旋转，形成螺旋分布。入射线偏振光的偏振方向随液晶分子取向也一起发生旋转，这种液晶取向使线偏振光偏振方向旋转的现象称为扭曲效应。

b. 动态散射

当在向列相液晶盒两极上加电压驱动时，因电光效应，液晶将产生不稳定性，原来透明的液晶会出现一排排均匀的黑条纹，这些平行条纹彼此间隔为 10 μm，可以作为光栅。进一步提高电压，向列相液晶盒内不稳定性加强，出现湍流，从而产生强烈的光散射，透明的液晶变得混浊不透明了，断电后，液晶又恢复透明状态，这就是液晶的动态散射。液晶材料的动态散射是制造显示器的重要依据。

c. 宾主效应

将沿液晶分子长轴方向和短轴方向对可见光的吸收不同的二色性染料作为客体，溶于定向排列的液晶主体中，染料分子会随液晶分子的排列变化而变化。在电场作用下，染料分子和液晶分子排列发生变化，染料对入射光的吸收也将发生变化。当电压为零时，染料分子与液晶分子均平行基片排列，对可见光有一个吸收峰，当电压达到某个值时，吸收峰大为降低，使透射光的光谱发生变化。可见，用外加电场就能改变向列相液晶盒的颜色，从而实现彩色显示。由于染料少，且以液晶方向为准，故为"宾"，液晶则为"主"，故得名宾主效应。

d. 电控双折射效应

在外加电场作用下，液晶分子取向变化而使液晶对某个方向入射光产生双折射的现象称为电控双折射效应。利用电控双折射效应，在电场控制下改变液晶分子取向，从而实现对光偏振方向的调制，达到光强调制的目的。

4. 液晶的应用

液晶学作为一门新兴学科，广泛应用于当代各个工业部门，而且由于物质的液晶结构普遍存在于生物体中，液晶结构及变化与生命现象之间的关系，也正在引起人们的重视。在显示技术方面，液晶显示技术已逐步替代普通的阴极射线管显示技术。笨重的普通电视已逐渐被壁挂式大屏幕液晶电视所代替。

1）液晶显示

在液晶显示(LCD)技术中，均利用了液晶的电光效应。当液晶受到外界电场的作用时，其分子会产生精确的有序排列而朝向外电场方向。如果通过电场对分子的排列加以适当的控制，液晶分子将会扭转并控制光的通过，这样控制施与液晶的电压就能调整光的穿出量，造成不同的明暗状态。若要显示彩色的影像，只要在光穿出前透过某种颜色的滤光片即可获得需要的颜色。对于产生真彩色的影像，只要光的三原色排列在一起，由于光点小，排列紧密，人眼接受时，就会将三原色混合在一起，从而形成所需颜色及图像。

因液晶显示驱动电压低，仅几伏即可，功耗极小，只有每平方米几瓦，且结构简单，重量轻，体积小，价格便宜，故应用极广；加上它的平板型外观，不被阳光冲刷，易于实现彩色显示，无辐射外泄等优点；此外，液晶显示与同一时期迅速发展的大规模集成电路、微型电池及其他微型电子器件相匹配，更是如虎添翼。

现在，液晶已广泛应用于电子显示器，尤其液晶显示器已控制了与它竞争的其他电子显示器的市场。

2）液晶的其他应用

(1)微温传感器：在施行水平取向处理的液晶盒中，向列相液晶和胆甾相液晶的混合物所形成的排列组织，是分子轴对基片呈平行并顺次扭转的螺旋结构，而且其螺距随温度变化而发生显著变化，人们利用此现象制造微温传感器。其原理为：探测器使液晶盒与被测物的表面接触，偏振光被反射镜反射，经液晶层、偏振片、光导纤维而返回。被测物的表面温度若有变化，液晶分子排列的螺距即发生变化，偏振光的旋转角度也随之发生变化，因而返回光的强度也会发生变化。

(2)压力传感器：当胆甾相液晶受到除温度、电场、磁场等以外的外部压力时，也能使其螺距发生变化，从而改变反射光的色相，制成压力传感器。有人尝试把此压力传感器安装在电话、电梯、信号铃等按钮的受压面上，以确认按钮是否接通。

(3)超声波测量：如果用超声波作用于液晶分子呈某种排列的液晶盒，可改变液晶分子的排列。利用该原理，可把超声波图像变换成可见图像，方法是：把超声波发生源和液晶盒安装在水中，并在两者之间放置试验片，则超声波被试验片挡住。在液晶盒上将呈现对试验片进行投影的超声波像。因液晶盒上接受到超声波的那部分液晶分子排列会发生变化，于是获得了可见的超声波图像。

(4)光通信用光路转换开关：在光导纤维通信系统中设置使液晶分子按某种方式排列的液晶盒，如果对液晶盒施加电场，即可改变液晶分子的排列组织，进行光路转换。

(5)光调制器：液晶分子呈均匀排列的向列相液晶或胆甾相液晶，都是光学单轴性物质，如果对这些液晶施加电场或磁场，则液晶分子的取向组织将发生变化，引起光轴旋转；如果对液晶盒部分地施加电场或磁场，则液晶分子的取向组织将会变得不均匀，产生部分折射梯度。利用液晶的这种性质，可以制造光调制器。

习　题　9

9-1　自然光可以看成是两个相互垂直振动分量的合成，而一个振动的两个分振动又是同相的，为什么说自然光分解成的两个相互垂直的振动分量之间没有确定的相位关系呢？

9-2　某束光可能是线偏振光、圆偏振光、自然光，如何鉴别出这束光的偏振态？

9-3　如何检测椭圆偏振光的旋向？

9-4　如果偏振片的偏振化方向没有标明，可用哪些器件简易地将它确定下来？

9-5　一束光入射到两种透明介质的分界面上，检测到只有透射光而无反射光，说明这束光的偏振态，它是怎样入射的？

9-6　为了使切缝美观、均匀，有时要使输出激光成为圆偏振光，如何选择有关偏振器？

9-7　偏振光的干涉与常见的自然光的干涉有何异同？

9-8　试确定下列各组光表示式所代表的偏振态：

(1)$E_x=E_0\sin(\omega t-kz)$，$E_y=E_0\cos(\omega t-kz)$；

(2)$E_x=E_0\cos(\omega t-kz)$，$E_y=E_0\cos(\omega t-kz+\pi/4)$；

(3)$E_x=E_0\sin(\omega t-kz)$，$E_y=-E_0\sin(\omega t-kz)$。

9-9　在图 9-54 所示的各种情况下，以非偏振光和偏振光入射两种均匀介质的分界面，

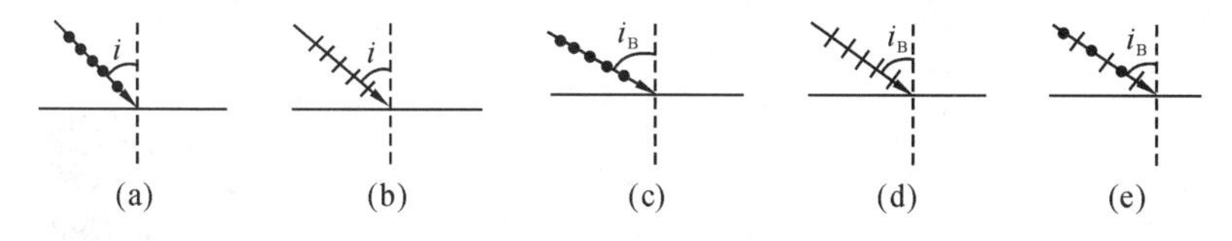

图 9-54　习题 9-9 图

图中 i_B 为布儒斯特角，$i \neq i_B$。试画出折射光和反射光，并用短线和点表示它们的偏振状态。

9-10　光在某两种介质界面上的临界角是 45°，它在界面同一侧的起偏角是多少？

9-11　入射光是自然光，入射角分别为 0°、56°40′、90°，求从折射率 $n=1.52$ 的玻璃平板反射光和折射光的偏振度。

9-12　若要使光经过红宝石（$n=1.76$）表面反射后成为完全偏振光，入射角应等于多少？求在这些入射角的情况下，折射光的偏振度 P_t。

9-13　一束钠黄光以 50°角方向入射到方解石晶体上，设光轴与方解石晶体表面平行，并垂直于入射面。在方解石晶体中 o 光和 e 光夹角为多少（对于钠黄光，方解石晶体的主折射率为 $n_o=1.6584$，$n_e=1.4864$）？

9-14　一束细光掠入射单轴晶体，晶体的光轴与入射面垂直，晶体的另一面与折射表面平行。实验测得 o 光和 e 光在第二个面上分开的距离是 2.5 mm，若 $n_o=1.525$，$n_e=1.479$，计算晶体的厚度。

9-15　如图 9-55 所示，当方解石渥拉斯顿棱镜的顶角为 $\alpha=15°$ 时，两个折射光的夹角 γ 为多少？

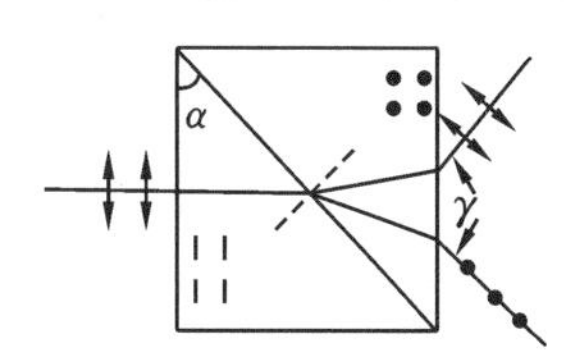

图 9-55　习题 9-15 图

9-16　通过偏振片观察部分偏振光时，当偏振片绕入射光方向旋转到某一位置上，透射光强为极大，然后再将偏振片旋转 30°，发现透射光强为极大值 4/5。试求该入射部分偏振光的偏振度 P 及该光内自然光与线偏振光的光强之比。

9-17　自然光通过两个偏振方向成 60°的偏振片，入射光强为 I_i，今在两个偏振片之间再插入另外一个偏振片，它的偏振化方向与前两个偏振片均成 30°，则透射光强为多少？

9-18　两块偏振片偏振方向夹角为 60°，中央插入一块 $\lambda/4$ 片，波片主截面平分上述夹角。今有一光强为 I_0 的自然光入射，求通过第二个偏振片后的光强。

9-19　某晶体对波长为 632.8 nm 的光的主折射率为 $n_o=1.66$，$n_e=1.49$，将它制成适用于该 $\lambda/4$ 波片，厚度至少要多厚？该波片的光轴方向如何？

10

现代光学基础

光的电磁理论揭示了光的电磁波本质，可以很好地解释光传播时的干涉、衍射和偏振等具有波动性质的光现象。但在经典物理取得重大成就的同时，在实践中却发现了很多新的现象，特别是一些辐射和物质相互作用的现象（如黑体辐射、光电效应等）无法用光的电磁理论解释。为了解释黑体辐射分布的函数曲线，普朗克于1900年提出了辐射能量子假设。1905年，爱因斯坦推广了普朗克的辐射能量子假设，引进了光子的概念，成功地解释了光电效应。至此，揭开了人们对光本性认识的新阶段，使物理学的概念产生了从连续到量子化的飞跃。继而，爱因斯坦在光量子论的基础上发展了自发辐射和受激辐射的理论，预言存在着原子产生受激辐射放大的可能性，为1960年世界上首台激光器的出现奠定了理论基础。

本章将结合光电效应，介绍光的波粒二象性，在此基础上介绍激光产生的基本原理。最后对日益发展的非线性光学、傅里叶光学做简要的介绍。

10.1 光的量子性

◆**知识点**

¤光电效应

¤波粒二象性

10.1.1 任务目标

了解光电效应实验规律，了解光的波动理论的困难，掌握波粒二象性的含义。

10.1.2 知识平台

10.1.2.1 光电效应及爱因斯坦光子学说

1. 光电效应及其实验规律

物质（主要是金属）在光的照射下释放电子的现象，称为光电效应（Photo Electric

Effect)，所逸出的电子称为光电子。

光电效应的实验装置如图 10-1 所示。K 是光阴极，A 是阳极，两者封装在真空玻璃管内。光经石英窗 W 照射到阴极 K 上，由光电效应产生的光电子受电场加速向电极 A 移动而形成的电流称为光电流。光电流的大小与照射光的强度成正比，照射光中紫外线越强，光电效应越强。光电伏安特性曲线如图 10-2 所示，当 U 足够大时，光电流达饱和值 I_m，当反向电压大到一定值 U_0 时，光电流等零，U_0 称为遏止电压。实验表明，光电效应有如下的基本特征。

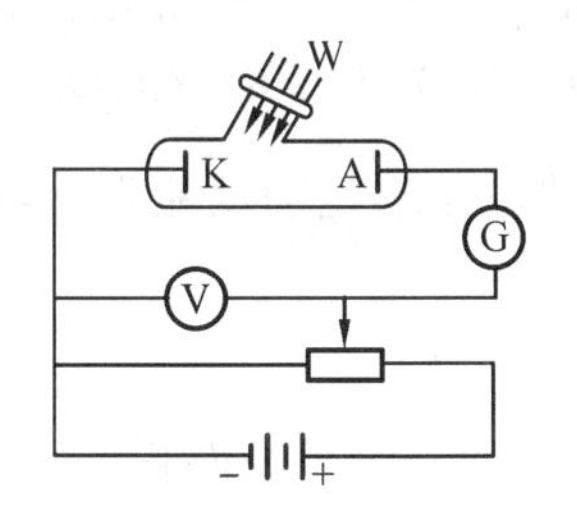

图 10-1　光电效应的实验装置

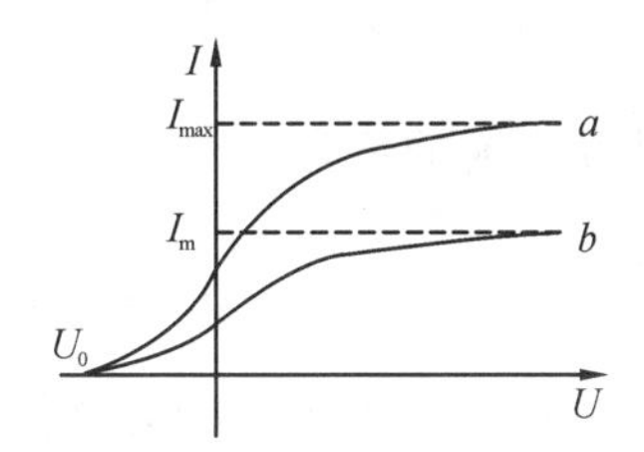

图 10-2　光电伏安特性曲线

1) 饱和电流 I_m

对给定的光阴极材料而言，在入射光频率不变的条件下，饱和电流强度与入射光的强度成正比。在图 10-2 中，曲线 a 比曲线 b 对应的光强大，饱和电流也较大。电流达到饱和意味着单位时间内到达阳极的光电子数等于单位时间内由阴极逸出的电子数 n，即 $I_m = ne$。因此，上述实验表明，单位时间内由阴极逸出的光电子数与光强成正比。

2) 遏制电压 U_0

若在图 10-1 中将电流反向，两极间形成一减速电场，电子由 K 极到 A 极的运动方向与电场力的方向相反，可见电子从 K 极表面逸出时具有一定的初速度，直到 $U = U_0$，当电子不能到达 A 极时，光电流才为零，所以电子的初动能应等于电子反抗遏止电场力所做的功，即

$$\frac{1}{2}mv_0^2 = eU_0 \tag{10-1}$$

式中，e 表示电子电荷的绝对值，U_0 是遏止电压的绝对值。例如，图 10-2 中曲线 a、b 对应的光强虽不相同，但光电流在同一反向电压 U_0 下被完全遏止。

3) 截止频率(频率的红限)ν_0

如图 10-3 所示，当改变入射光的频率 ν 时，遏止电位差 U_0 将随之改变。实验表明，U_0 与 ν 成线性关系，即 U_0 随 ν 减小而减小，当 ν 低于某个频率 ν_0 时，U_0 减到零，这时无论光强多大，不再发生光电效应。频率 ν_0 称为光电效应的截止频率或频率的红限。截止频率是光电材料的属性，对不同的光电阴极，有着不同的截止频率，而且与光强无关。

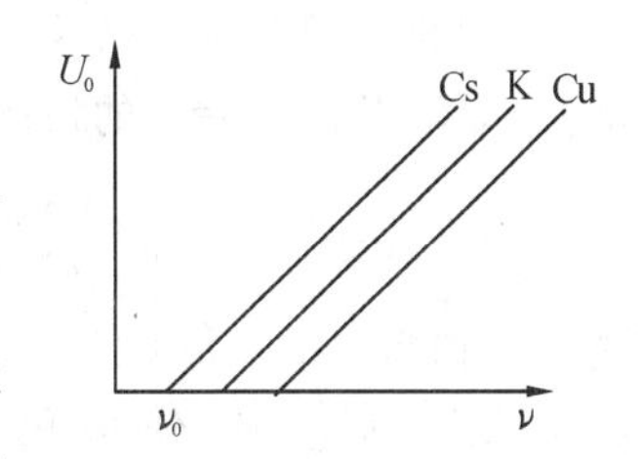

图 10-3　光电材料的截止频率

4) 弛豫时间 τ

从光开始照射光阴极到释放光电子所需的时间，称为光电效应的弛豫时间 τ。实验表明：只要照射光的频率 ν 大于某个极限值，光电流几乎即刻开始出现，甚至光强度低到

10^{-10} W/m^2 时也是如此。弛豫时间短，不超过 10^{-9}s。

2. 光的波动理论的困难

光电效应的这些实验规律很难用光的电磁波理论加以解释。表面上看，单就存在光电效应这一事实本身似乎没有令人惊讶的地方：因为光既然是电磁波，当然会对金属中的自由电子施加一个力，造成某些电子从金属中逸出。但下面的讨论表明，真的要用经典的电磁波理论解释上述实验规律时，事情变得完全难以理解。

按照经典理论，电子从金属内部逸出，至少要消耗数量上等于该金属脱出功 A 的能量。

如果电子从光强为 I 的入射光中接受的能量为 $I\sigma\tau$（σ 为电子的有效受光面积，τ 为弛豫时间），电子逸出金属时的最大初动能为 $\frac{1}{2}mv_{\mathrm{m}}^2$，若忽略电子热运动动能不计，则应有

$$I\sigma\tau=\frac{1}{2}mv_{\mathrm{m}}^2+A=eu_0+A \tag{10-2}$$

式中，u_0 为临界截止电压，按照电动力学估计，一个电子的有效受光面积 σ 约和入射光波长 λ 的平方相当，即 $\sigma\approx\lambda^2=(c/\nu)^2$，由此，式(10-2)变为

$$eu_0=\frac{1}{2}m\nu_{\mathrm{m}}^2=I(c/\nu)^2\tau-\mathrm{A} \tag{10-3}$$

此式是经典理论的结果。现用来与上述光电效应的四条基本实验规律对比一下，有如下结论。

按基本实验规律 1)，频率 ν 一定时，饱和光电流与光强度成正比。按式(10-3)，当 ν 一定时，与光强成正比的却是(eu_0+A)。

按基本实验规律 2)，临界截止电压 u_0 与入射光强无关，与频率呈线性上升关系。可是由式(10-3)，u_0 与光强 I 有关，与 I/ν^2 呈线性上升关系。

按基本实验规律 3)，光电效应应该存在红限。可是按经典的理论，只要光强 I 足够大，或弛豫时间 τ 足够长，似乎可以产生光电效应，即只要式(10-3)左端不小于零，总可以产生光电效应。

按照基本实验规律 4)，光电效应不存在一个可测的弛豫时间。按式(10-3)可求出弛豫时间 τ 的估算值。例如对金属锂(Li)而言，脱出功 $A=2.5$ eV，实验发现当对锂使用波长为 0.4 μm(锂的红限波长为 0.5 μm)、光强为 $I=10^{-13}$ J/cm^2 的弱光照射时，立即有光电效应。这样，即使考虑 $v_{\mathrm{m}}=0$ 的极限情况，τ 的最低估计值由式(10-3)也应为

$$\tau=\frac{\mathrm{A}}{\lambda^2}=\frac{2.5\times1.6\times10^{-19}}{(4\times10^{-5})^2\times10^{-6}}\mathrm{s}=2.5\times10^3\,\mathrm{s}\approx42\ \mathrm{min}$$

这是个相当长的可测试时间。但光电效应的实验表明 τ 最多不超过 10^{-9} s。

总之，从上面的分析可以看出，用经典理论来解释光电效应的基本实验规律时，遇到了不可调和的尖锐矛盾。

3. 爱因斯坦光子学说

为了解释光电效应，1905 年，爱因斯坦推广了普朗克关于辐射能量子的概念。普朗克能量子假说的要点是：把黑体看成是由许多带电的线性谐振子组成，每个振子发出一种单色波且振子的能量不能连续变化，整个黑体腔内部的辐射场仍然看成是连续的电磁波。应该说，

在这一点上当时普朗克尚未能冲破根深蒂固传统观念的束缚。爱因斯坦重新提出了光的微粒性质，他指出：光在传播过程中具有波动的特性，然而在光的发射与吸收过程中却具有类似粒子的性质。光本身只能一份份发射，物体吸收光也是一份份地吸收，也就是发射或吸收的能量都是光的某个最小能量的整数倍。这个最小的一份能量称为光量子（简称光子），光子的能量 ε 为

$$\varepsilon = h\nu \tag{10-4}$$

式中，ν 是辐射频率，h 是普朗克常量。从而将光看成是一束能量为 $h\nu$ 的光子组成的粒子流。

按照这个概念，当光子入射到金属表面时，光一次即为金属中的电子全部吸收，而无需累积能量的时间。电子把该能量的一部分用来克服金属表面对它的吸力，余下的就变为电子离开金属表面的动能。按能量守恒原理有

$$h\nu = \frac{1}{2}mv_{\mathrm{m}}^2 + A \tag{10-5}$$

该式称为爱因斯坦光电效应方程，A 是电子脱离金属表面所需的功，称为脱出功。

爱因斯坦的光子学说可以成功地解释光电效应的实验规律。按照粒子观点，光电效应的物理图像应该是：金属中一个电子吸收了入射光小的一个光子的能量（$h\nu$），如果这个能量足以克服金属对电子的束缚，电子就被击出。因为入射光的强度是由单位时间到达金属表面的光子数目决定的，而被击出的光电子（吸收了光子能量的电子）数与光子数目成正比。这些被击出的光电子全部到达 A 极便形成饱和电流，因此饱和电流就与被击出的光电子数成正比，也就是与到达金属表面的光子数成正比，即与入射光的强度成正比。对于一定的金属（脱出功 A 为常数）来说，光子的频率越高，光电子的能量 $\frac{1}{2}mv_{\mathrm{m}}^2$ 就越大。如果入射光的频率过低，以致 $h\nu < A$ 时，电子不能脱离金属表面，因而没有光电效应。只有当入射光的频率 $\nu > \nu_0 = \frac{A}{h}$ 时，电子才能脱离金属表面。

不但如此，爱因斯坦还根据式（10-5）预言，被击出的电子的最大动能与光的频率呈线性关系。后来美国物理学家密立根花费了10年时间验证这个方程，最后完全证实了爱因斯坦的预言。

光子作为微观粒子，与其他的基本粒子一样，除了具有一定的能量外，还具有动量等，在相互作用中遵守能量和动量守恒定律。但光子的独特之处在于它以光速 c 运动，必须按相对论观点处理。由相对论中关于能量与质量的著名公式可得到光子的质量为

$$m = \frac{\varepsilon}{c^2} = \frac{h\nu}{c^2}$$

因此，光子的动量为

$$p = mc = \frac{h\nu}{c} = \frac{h}{\lambda} \tag{10-6}$$

在著名的康普顿效应中，让光子与电子进行弹性碰撞，不但直接证明了光子具有动量，而且定量地验证了式（10-6）的正确性。

10.1.2.2　光的波粒二象性

光既表现出明显的波动性，又表现出粒子性，这就是光的波粒二象性。

光的这种奇特的性质确实容易使人感到困惑，原因就在于人们最初对物理现象的观察所涉及的是宏观体系。在宏观体系里，人们用两个基本过程——“波”和“粒子”来描述运动，此外再没有别的描述运动的直观图像了。而且，在宏观体系里，“波”与“粒子”是截然不同的。人们从没有观察到在单一事物中同时表现出波动性与粒子性，于是，就形成一套“经典的偏见”。当研究光学现象时，也习惯于用熟知的“波”或“粒子”的图像来对号，总想辨清光究竟是波还是粒子。其实，波动性与粒子性是光的客观属性，两者总是同时存在的。只不过，在一定条件下，光的波动性表现明显，而当条件改变后，光的粒子性又变得明显。例如，光在传播过程中所表现的干涉、衍射等现象中波动性较为明显，这时，我们往往把光看成是由一列一列的光波组成的。而当光和物质互相作用时，如光的吸收、发射、光电效应等，其粒子性又较为明显，这时，我们往往又把光看成是由一个一个光子组成的粒子流。事实上，光的波动性（由频率ν与波长λ标志）与光的粒子性（由能量ε与动量p描述）通过式(10-4)与式(10-6)而紧密联系在一起。

继光的波粒二象性得到充分实验证实后，1924年，德布罗意推断：自然界许多方面是对称的，“波粒共存的观念可以推广到所有粒子”，提出实物粒子（如电子、中子和原子等）也具有波粒二象性的假设。他认为19世纪在光的研究上，只审视光的波动性，而忽略了光的微粒性，而在实物的研究上，可能发生了相反的情况，即过分重视了实物的粒子化，而忽略了实物的波动性。因此，他提出了微观粒子也具有波动性的假设，即粒子的能量E和动量p与平面波的频率ν和波长λ之间的关系一样，因而，波长λ由动量p确定，频率ν则由能量E确定：

$$\lambda=\frac{h}{p}=\frac{h}{mv},\qquad \nu=\frac{E}{h} \tag{10-7}$$

这种波，既不是机械波，也不是电磁波，通常称为德布罗意波或物质波。

德布罗意提出的概念得到了实验的证明。最早从实验发现电子的波动性是在1927年，戴维孙和革末发现，当电子束在镍单晶表面上反射时，有衍射现象产生，从而式(10-7)的第一式直接由实验得到检验。1928年以后，进一步的实验还发现，不仅是电子具有波动性，其他一切微观客体诸如中子、质子、α粒子、原子乃至分子等，也无不具有类似的波动性。这样，最终肯定了关于物质波假说：波粒二象性是一切物质（包括实物和场）所普遍具有的属性。因为，一般说来，与宏观物体相应的物质波的波长都十分短，在通常条件下是不会显示其波动性的，这就是物质波的存在长期未被人们发现的缘由。正因为电子也有波动性，所以电子显微镜的分辨本领也受限制，但是电子的物质波的波长短，所以电子显微镜的分辨本领比光学显微镜的高得多。

光子或电子的波动性和粒子性可以用统计的观点来建立联系。让我们仔细地分析一下双缝衍射实验。减弱入射光的强度，使光子基本上一个个地通过双缝，实验结果表明，我们无法准确地预言光子到底通过哪个缝，光子落在屏幕上的分布是无规则的，个别光子既可能落在屏幕的这一点，也可能落在屏幕的另一点。但是，重复几次后，我们将会发现，出现明暗相间的干涉条纹，它和增加光的强度，一次就用n个光子做实验得出的双缝衍射图样完全一致。关于光子行为的预言只能是统计的、概率性的。光同时既像一个波，也像一束粒子流。因此，从统计观点看，大量的光子或电子同时通过与它们一个个通过之间的差别在于，前一个实验是对空间的统计平均，后一个实验却是对时间的统计平均。在前一种情况下，如果说光

子或电子落在某些地方稠密些，而在后一种情况下，就是落在这些地方的光子或电子频繁一些。因此，我们可以用统计观点把波粒二象性联系起来，从而形成这样的概念：在 t 时刻，光子的行为是由一个满足麦克斯韦方程的波动方程 $\psi(r,t)$ 表征的，$\psi(r,t)$ 称为概率振幅，$|\psi(r,t)|^2$ 为 t 时刻、r 处的"强度"，也就是该时刻在该点找到粒子的概率。

这种统计的观点确实统一了微粒概念和波动概念，在微粒方面具有集中的质量、能量和动量等各种各样的守恒量，也就是光和实物的一般微粒性；在波动方面，则是在某处发现它们的概率，由这个概率可以算出光子或电子在空间的分布，该分布与波动的概念是一致的。在量子(电子、质子、中子)世界里，量子既是粒子，也是波。这个粒子不是经典粒子，而是微观粒子；这个波也不是经典波，而是概率波。

300多年来，人们对光的认识确实经历了一次又一次飞跃，有了比较深刻的认识，但它还远没有完结，还有待进一步的探索和深化。例如，进一步探讨光子还能再分吗？光子还有没有内部结构？光子是否真的没有静质量？这些都是很有意思的问题。

经典物理学从实物到场的研究使人类进入到电磁波广播通信时代。量子物理学从实物到场的研究使人类进入光计算机、光子通信、光互联网时代。物理学从实物到场的研究，既改变了人们的物质世界，也改变人们的精神世界。

10.1.3 视窗与链接

光探测器的工作原理通常是利用光子效应(光电效应)。

光子效应是指入射光子与物质内部的电子相互作用，包括外光电效应(光照使光敏材料中的电子逸出表面而成为自由电子)和内光电效应(光辐射使半导体材料中产生新的载流子而改变其电导率)，其中得到广泛使用的是光电子发射、光电导和光生福特效应，探测器件主要有属于外光电效应的光电管和光电倍增管，属于内光电效应的光导管、光敏二极管、光敏电阻、光电池和电荷耦合器件。

10.2 激光的基本原理

◆知识点

¤光的自发辐射、受激辐射和受激吸收

¤粒子数反转与能级系统

¤激光器运转的物理过程

10.2.1 任务目标

知道光的自发辐射、受激辐射和受激吸收的概念，了解粒子数反转与能级系统，掌握激光器运转的物理过程。

10.2.2 知识平台

自从1960年梅曼成功地制造了第一台红宝石激光器以后，激光的发展及其应用突飞猛进。这里，就激光原理和激光器类型做简单的介绍。

10.2.2.1 光的自发辐射、受激辐射和受激吸收

1. 波尔假说

1913年，波尔提出如下两点假说。

(1)原子量子化的定态陈述。原子只能较长久地停留在一些稳定状态(简称定态)，原子在这些定态中，不发射或吸收能量；原子定态的能量只取某些分立的值：$E_1, E_2, \cdots$。这些定态能量的值称为能级。原子的能量不论通过什么方式改变，只能使原子从一个定态跃迁到另一个定态。图10-4中每条横线的位置就代表原子的一个能级。

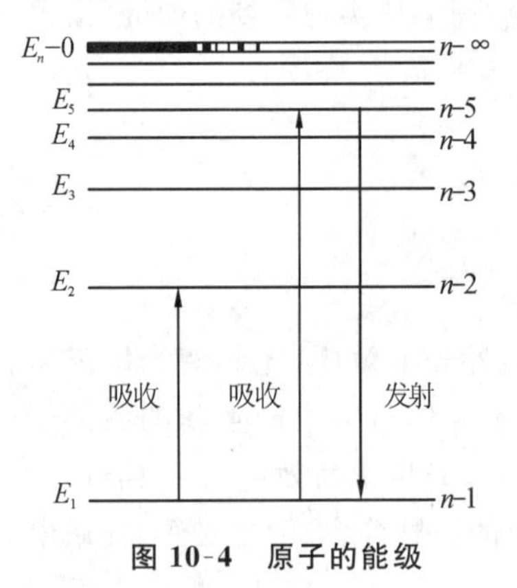

图10-4 原子的能级

(2)辐射的频率法则：原子从一个定态跃迁到另一个定态而发射或吸收电磁辐射，辐射的频率是一定的。如果以E_1和E_2代表有关两个定态的能量，辐射的频率ν有下列关系：

$$h\nu = E_2 - E_1 \tag{10-8}$$

式(10-8)称为波尔频率法则。

在室温或低温情况下，绝大多数原子或粒子具有的能量是所有允许的能量中的最小值，即图10-4中的E_1，原子处于这个能级的状态称为基态，基态以上的能级$E_2, E_3, E_4, \cdots$称为激发态。从高能级向低能级的跃迁，它们相当于光的发射过程；与每个发射过程对应，有一个从低能级向高能级的跃迁，即光的吸收过程。两个相反的过程都满足同一频率条件，这就说明了发射光谱和吸收光谱中谱线对应的关系。

2. 粒子数按玻尔兹曼分布

在气体中，个别原子处于哪个能级上，是带有偶然性的，它们还因为相互碰撞及与电磁辐射的相互作用而不断发生跃迁。但是在热平衡的条件下，各能级上原子(粒子)数目的多少服从玻耳兹曼正则分布。设原子体系的热平衡温度为T，在能级E_n上的原子数密度为N_n，则

$$N_n = \alpha e^{-E_n kT} \tag{10-9}$$

式中，k为玻耳兹曼常量，它表明，随着能量E_n的增高，原子数密度N_n按指数递减，如图10-5所示。

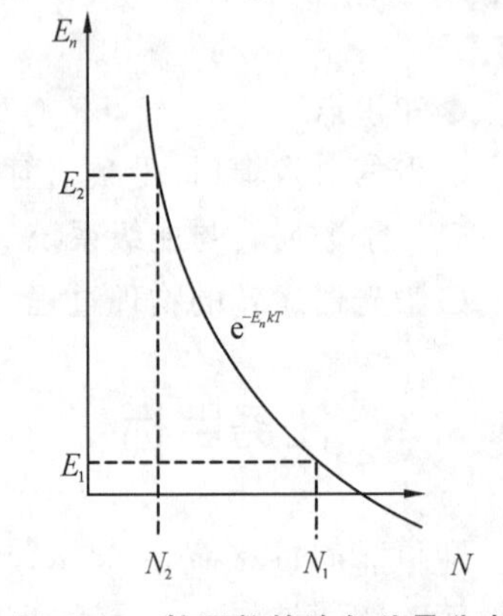

图10-5 粒子数的波尔兹曼分布

若以E_1和E_2表示任意两个能级，且满足$E_2 > E_1$，按玻耳兹曼分布律，两能级上原子数密度之比小于1。这表明，在热平衡态中，高能级上的原子数密度N_2总小于低能

级上的原子数密度 N_1，两者之比由体系的温度所决定。

3. 自发辐射、受激辐射和受激吸收

1）自发辐射

如上所述，从高能级 E_2 向低能级 E_1 跃迁相当于光的发射过程，相反的跃迁是光的吸收过程，两过程都满足同一个频率条件，即

$$\nu=\frac{E_2-E_1}{h}$$

进一步的深入探讨发现，光的发射过程实际上包括自发辐射和受激辐射两种类型。处于高能级的原子没有受到外来影响而自发地跃迁到低能级，从而发出一个光子，这种过程称为自发辐射。图 10-6 所示的是自发辐射的全过程。

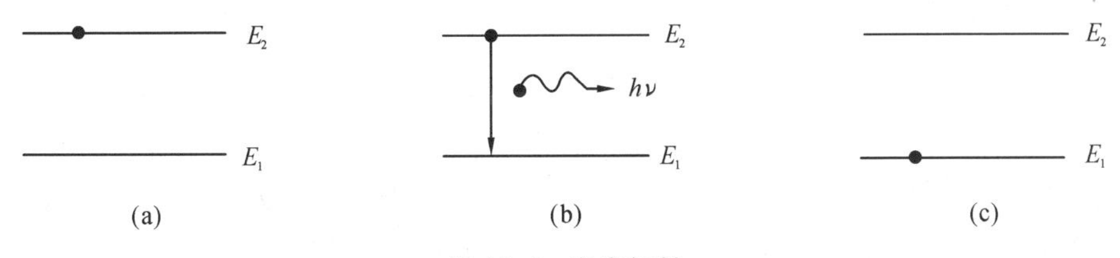

图 10-6　自发辐射

自发辐射的特征是这一过程与外界作用无关。在自发辐射时，由于每个原子的跃迁都是自发地、独立地进行的，它们彼此毫无关联，因此发射出来的光子，无论是发射方向还是初相和偏振状态都可以各不相同。又因为跃迁可以在各个不同能级间发生，故光子还可以具有不同的频率。所以这种辐射是非相干的，这是普通光源发光的机理。例如，在霓虹灯中，当灯管中的低气压氖原子由于加上高电压而放电时，一部分氖原子被激发到各个激发态能级，当它们从激发态跃迁到基态时，便发出包含有多种频率的红色光。

因为自发辐射是自发进行的，故与外来辐射能量密度 $u(\nu)$ 无关。它在单位时间内、在两个能级 E_2 和 E_1 间所辐射的光子数仅和处于高能级 E_2 的原子数密度 N_2 成正比，所以在 $\mathrm{d}t$ 时间内自发辐射光子数密度 $\mathrm{d}N_{21自发}$ 可写成

$$\mathrm{d}N_{21自发}=A_{21}N_2\mathrm{d}t \tag{10-10}$$

$A_{21}=\frac{\mathrm{d}N_{21自发}}{N_2}\cdot\frac{1}{\mathrm{d}t}$ 称为自发辐射爱因斯坦系数，它是表征一个原子在单位时间内，由能级 E_2 跃迁到能级 E_1 的概率，即两能级间自发辐射概率。由于自发辐射的存在，使原子数密度 N_2 随时间而减少，这说明原子在能级 E_2 上总有短暂的停留时间。原子在某个能级上所停留的时间，称为原子的能级寿命。显然，对于某个能级而言，有些原子停留的时间长，有些原子停留的时间短，时间的长短差别很大，我们可以用停留的平均时间 $\bar{\tau}$ 来表示原子在那个能级上的平均寿命，如在自由空间中，大多数能级的原子寿命约为 10^{-8} s。显然 A_{21} 的数值越小，原子在 E_2 能级上的平均停留时间越长，即平均寿命 $\bar{\tau}$ 越长，所以 A_{21} 也可以表示原子在能级 E_2 所停留时间的长短。可以证明，原子在能级 E_2 上的平均寿命为

$$\bar{\tau}=\frac{1}{A_{21}}$$

即停留在能级 E_2 原子的平均寿命等于自发辐射爱因斯坦系数的倒数。平均寿命长，表示状

态稳定，不容易发生跃迁，所以跃迁概率小，反之亦然。

2）受激辐射

另一发射过程是在满足频率条件

$$\nu=\frac{E_2-E_1}{h}$$

的外来光子的激励下，原子由高能级向低能级跃迁，并发出另一个同频率的光子，这种过程称为受激辐射，如图 10-7 所示就是这一过程。

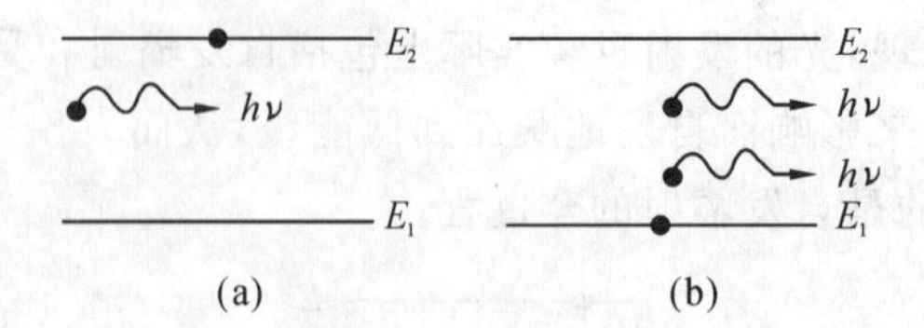

图 10-7　受激辐射

由于受激辐射出来的光子是在外来辐射的感应下发生的，所以它与引起这种辐射的原来光子性质、状态完全相同，即具有相同的发射方向、频率、相位和偏振态。因而，受激辐射发出的光是相干的。由于受激辐射是在外来辐射感应下发生的，所以在单位时间内两能级 E_2、E_1 间受激辐射的原子数，除了和高能级的原子数密度 N_2 有关外，还应和能产生这种辐射感应的光子数密度有关，即和具有频率为 ν 的外来辐射场能量密度 $u(\nu)$ 有关。所以，在 $\mathrm{d}t$ 时间内，两能级 E_2、E_1 间受激辐射的原子数密度为

$$\mathrm{d}N_{21受激}=B_{21}u(\nu)N_2\mathrm{d}t \tag{10-11}$$

式中，$B_{21}u(\nu)$ 是单位辐射能量密度的受激辐射概率，即一个原子在辐射场的作用下，在单位时间内发生的从能级 E_2 跃迁到 E_1 的辐射概率，B_{21} 称为受激辐射爱因斯坦系数。

3）受激吸收

如果一个原子初始时处于基态 E_1，若没有任何外来光子接近它，则它将保持不变；如果有一个能量为 $h\nu$ 的光子接近这个原子，则它就有可能吸收这个光子，从而提高它的能量状态，使本来处于基态 E_1 的原子，在吸收 $h\nu$ 以后，就激发到激发态 E_2。图 10-8 表示了原子对光子的受激吸收，简称吸收过程。在吸收过程中，不是任何能量的光子都能被一个原子所吸收，只有当光子的能量恰好等于原子的能级间隔 E_2-E_1 时，这样的光子才能被吸收。

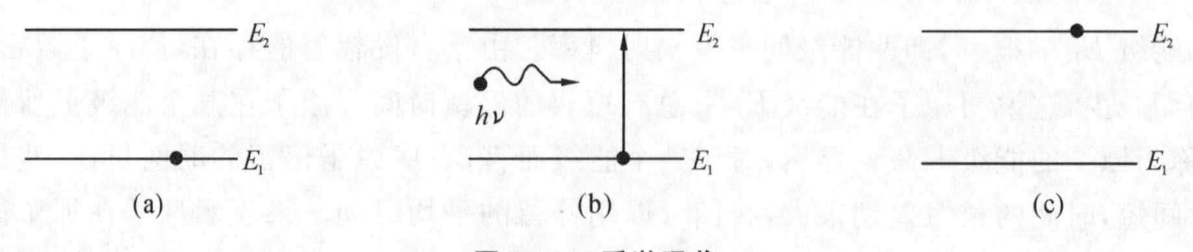

图 10-8　受激吸收

单位时间内在两能级 E_2、E_1 间发生受激吸收的原子数密度，除了与低能级 E_1 的原子数密度 N_1 有关外，还应和外来辐射的能量密度 $u(\nu)$ 有关。由此得出，在 $\mathrm{d}t$ 时间内，两能级 E_2、E_1 间受激吸收原子数密度为

$$\mathrm{d}N_{12吸收}=B_{12}u(\nu)N_1\mathrm{d}t \tag{10-12}$$

式中，$B_{12}u(\nu)$ 是单位辐射能量密度的受激吸收概率，即一个原子在单位时间内从能级 E_1 跃

迁到能级 E_2 上的概率，B_{12} 称为受激吸收爱因斯坦系数。

在外来场的作用下，受激辐射过程和受激吸收过程是同时存在的，在通常情况下，它们的概率是相等的，即

$$B_{21}=B_{12} \tag{10-13}$$

10.2.2.2 粒子数反转与能级系统

1. 粒子数反转的概念

当一束频率为 ν 的光通过具有能级 E_2 和 $E_1(E_2-E_1=h\nu)$ 的介质时，受激吸收和受激辐射两个过程将同时发生、互相竞争。在光经历一段路程后，若被吸收的光子数多于受激辐射的光子数，则宏观效果是光的吸收，即光强减弱；反之，若受激辐射的光子数多于被吸收的光子数，则宏观效果是光放大，即光强增加。

在一般实验中，我们所观察到的都是光的吸收，而不是光的放大。这是为什么呢？下面着重讨论产生这种情况的原因，并且进而得出要实现光放大（受激辐射占优势）所必须满足的条件。因为每个原子的跃迁总伴随着辐射和吸收光子，所以，在 $\mathrm{d}t$ 时间内受激辐射所产生的光子数密度为

$$\mathrm{d}N_{21}=B_{21}u(\nu)N_2\mathrm{d}t$$

而受激吸收的光子数密度为

$$\mathrm{d}N_{12}=B_{12}u(\nu)N_1\mathrm{d}t$$

两者之差为

$$\mathrm{d}N_{21}-\mathrm{d}N_{12}=B_{21}u(\nu)N_2\mathrm{d}t-B_{12}u(\nu)N_1\mathrm{d}t$$

考虑到 $B_{21}=B_{12}$，得

$$\mathrm{d}N_{21}-\mathrm{d}N_{12}=B_{21}u(\nu)(N_2-N_1)\mathrm{d}t\propto(N_2-N_1) \tag{10-14}$$

在热平衡时，原子数分布是满足玻耳兹曼分布的，低能级原子数密度大于高能级原子数密度，即 $N_1>N_2$，所以 $\mathrm{d}N_{21}-\mathrm{d}N_{12}<0$，即吸收的能量总是大于受激辐射的能量，也就是说，吸收过程总是胜过受激辐射过程的。因而通过介质后，光子数减少，光强减弱，这也就是光通过一般介质时，光强减弱的原因。

要想得到光放大，必须是受激辐射占优势，即 $\mathrm{d}N_{21}-\mathrm{d}N_{12}>0$，这就要求高能级原子数密度大于低能级原子数密度，即 $N_2>N_1$，这样才能使光子数增加，在宏观上出现光放大。所以，介质中高能级原子数密度大于低能级原子数密度是实现光放大的必要条件。对于高能级原子数密度大于低能级原子数密度的分布，称为原子数反转。由于参与激发的不仅是原子，也可以是离子或分子，所以这种反转通常称为粒子（离子、原子和分子等的总称）数反转分布，这时的粒子处于一个非平衡状态之中。

当频率满足 $\nu=(E_2-E_1)/h$ 的光子（开始时可以是自发辐射产生）通过粒子数反转体系 $(N_2>N_1)$ 时，可以感应产生出另一个光子，造成连锁反应，使性质、状态完全相同的大量光子辐射出来，这就是激光。所以，激光其实是光受激辐射放大的总称。

粒子数反转分布是产生激光所必须具备的条件，能造成粒子数反转分布的介质称为激活介质，也就是激光器的工作物质。并非所有物质都能实现粒子数反转，在能实现粒子数反转的物质中，也不是在该物质的任意两个能级间都能实现粒子数反转。要形成粒子数反转，必

须对于物质的能级有一定的要求。

2. 能级系统

要实现粒子数反转，原子的能级不能少于三级。为什么呢？因为当光子与物质作用时，受激吸收、受激发射和自发发射是同时存在的，即低能级上的原子吸收光子能量后会升到高能级，而高能级上原子受到光子刺激或不受外来激发也要降至低能级，当高能级和低能级的原子数接近相等时，这种由低能级到高能级的过程就越来越困难了。此时，升上几个原子，同时也要降下几个原子。虽然升降并未停止，但它们却是处于一种动态平衡。因此只有两个能级的话，就无法实现粒子数反转。

如果是三能级系统，那么情况就不同了。如图 10-9(a)所示，粒子数原来呈玻耳兹曼分布。假如设法使原子自 E_1 上升到 E_3，那么最终在 E_3 和 E_1 间的原子数会达到动态平衡。尽管这时 E_3 和 E_1 间并未形成粒子数反转，然而在 E_2 和 E_1 间的粒子数却是会反转的，如图 10-9(b)所示，我们知道，在这种系统中，原子在基态能级 E_1 上是最稳定的，在 E_3 上最不稳定，而中间层 E_2 则是介于两者之间的一个较稳定层，物理上称为亚稳态。因此要实现受激发射能大于受激吸收能，首先须具备先天条件——原子能级要具有三级，即原子能级系统中要有亚稳态存在，其次是运用外界激发方式实现粒子数反转。

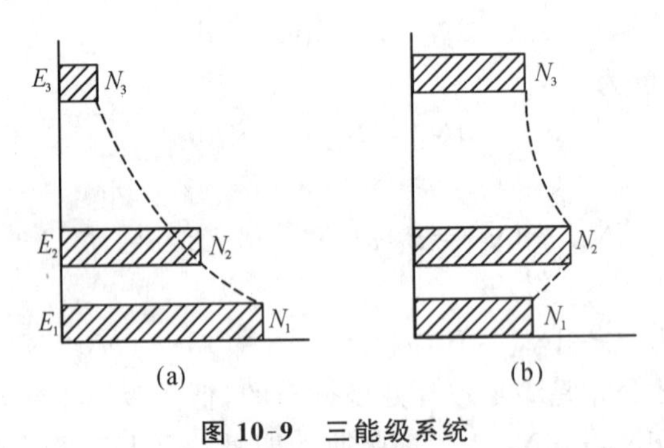

图 10-9 三能级系统

10.2.2.3 激光器运转的物理过程

首先运用前面所述的激发方式或其他方式(如化学反应方式)，把低能级的原子激发到高能级上去(如图 10-10(a)所示)。这一步好似水泵把水由低处“压”到高处的过程，所以常称为泵浦。然后，不稳定的高能级原子会下降到亚稳态能级，造成亚稳态能级与基态间的粒子数反转，这一步可能发光，也可能放热(如图 10-10(b)所示)，最后，亚稳态能级上的原子跃迁到基态，自发辐射各个方向的光子(如图 10-10(c)所示)。谐振腔(由反射比很高的一对光学反射镜作为端面的腔体)从这些光子中选择沿腔轴线方向传播的光子，将它反馈回来，再刺激亚稳态能级上的原子，造成受激发射，产生成倍增加的光子(如图 10-10(d)所示)。然后，再反馈，如此循环往复，就可以产生“雪崩”般的放大效果，激光束就从腔的端面射出。实现这种过程的光学装置就是激光器。激光器由泵浦源、工作物质、谐振腔(光学反馈器)三部分组成，如图 10-10(e)所示。其中，工作物质是产生激光的内因，它的能级结构对产生何种频率的激光起着决定性的作用。正因为有各种不同的工作物质，才有了固体、气体、半导体等形形色色的种类繁多的激光器。而泵浦源和谐振腔则是产生激光的重要外因。通常情况下，没有泵浦

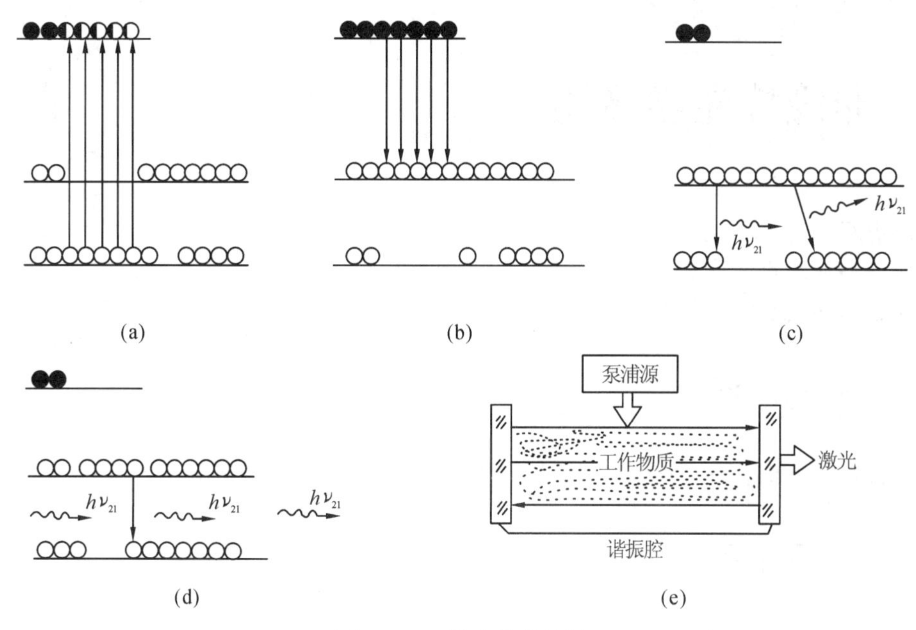

图 10-10 激光形成过程

源，就无法实现粒子数反转；没有谐振腔，光就很难得到放大，从而也就很难产生激光。

10.2.2.4 激光器的类型

自从 1960 年梅曼成功地制造了第一台红宝石激光器以来，激光技术发展非常迅速。到目前为止，已在几百种工作物质中获得了光的受激放大或用其制成激光器。

目前，常用的激光器按照增益介质的种类可分为固体激光器、气体激光器、半导体激光器和液体激光器四类，而按激光器的工作方式又可分为连续激光器和脉冲激光器两种。

固体激光器一般采用光激励，其能量转化环节多，故而效率低。光的激励能量大部分转换为热能。为了尽可能提高光抽运的效率，设计的各种类型的光反射器有着十分重要的意义。另一方面为了避免固体介质过热，通常多采用脉冲方式工作并采用合适的冷却装置。使用 Q 开关的固体激光器的脉冲峰值功率很大，可达 10^3 MW 级。如此大的脉冲能量用于工业加工，如打孔、焊接等无疑是可行的。固体激光器的增益介质一般比气体激光器短得多，但由于晶体缺陷和温度引起的光学不均匀性，不易获得单模输出而倾向于多模输出，故它所发出的光的相干性比气体激光器的激光的要差。

气体激光器一般采用电激发，其效率高、寿命长，常使用连续方式。由于气体介质的均匀性好，易得到频率稳定的单模输出，激光相干性好，常用于精密测量、全息照相等。

液体激光器可以工作在连续或脉冲方式，它的一个主要特点是可以在很宽的波长范围内调谐，目前在光谱学中得到应用。

半导体激光器在所有激光器中是最小巧的，它结构简单坚固，便于直接调制。目前，它在光通信、光电测距及光信息存储处理等方面有着重要而广泛的应用。

此外，如按照产生激光的的粒子分类，又可分为原子激光器、离子激光器、分子激光器等，而每类中又可包括多种激光器。

10.3 非线性光学概述

◆**知识点**

¤线性与非线性光学领域

¤光学倍频、混频、自聚焦、光致透明

10.3.1 任务目标

知道线性与非线性光学的概念，了解光学倍频、混频、自聚焦、光致透明等概念。

10.3.2 知识平台

激光问世以前的光学，主要研究的是弱光在介质中的传播、反射、折射、干涉、衍射、线性吸收和线性散射等现象。这些现象都是遵循波的叠加原理的，称为线性光学。当强光在介质中传播时，将会出现许多新现象和效应，诸如谐波的产生、光的受激散射、光束的自聚焦、光致透明等，研究这些现象的学科称为非线性光学，这里波的叠加原理不复成立。光的非线性效应通常也是比较微弱的，只有采用如激光这样的强光源，光的非线性效应才比较明显。

10.3.2.1 概述

非线性光学作为光学学科中一门崭新的分支学科，在新颖的高亮度光源——激光——问世以后，就以新奇的面貌展现在世人面前。在短短的40年间，非线性光在基本原理、新型材料的研究、新效应的发现与应用方面都得到了巨大的发展，成为光学学科中最活跃和最重要的分支学科之一。

激光问世以前，人们对光学的认识主要限于线性光学，即光在空间或介质中的传播是互相独立的，几个光可以通过光的交叉区域继续独立传播而不受其他光的干扰；光在传播过程中，由于衍射、折射和干涉等效应，光的传播方向会发生改变，空间分布也会有所变化，但光的频率不会在传播过程中改变；介质的主要光学参数，如折射率、吸收系数等，都与入射光的强度无关，只是入射光的频率和偏振方向的函数。这是传统线性光学的基本图像，人们可以用它来解释所观察到的大量光学现象，似乎这就是光在介质中的传播及光与物质相互作用的基本规律。

随着激光的出现，人们对光学的认识发生了重要的变化。线性光学的基本观点已无法解释人们所发现的大量的新现象。当一束激光射入到介质以后，会从介质中出射另一束或几束很强的有新频率的光，它们可以处在与入射光频率相隔很远的长波边或短波边，或是在入射光频率近旁的新的相干辐射；两束光在传播中经过交叉区域后，其强度会互相传递，其中一束光的强度得到增强，而另一束光的强度会因此而减弱；介质的吸收系数已不再是恒值，它会随光强度的增加而变大或变小。不仅如此，一束光的光波相位信息在传播过程中，也会转移到其他光上去。一束光的相位可以与另一束光的相位是复共轭关系；某个强度的入射光在通过介质后，透射光的强度可以具有两个或多个不同的值。如此众多的新奇现象，传统的线性光学的观点已无法解释，只有应用非线性光学的原理才能加以说明。

在线性光学中，入射光场中的电场强度比物质原子的内部场强小得多，则光场在各向同性的线性介质中感生的电极化强度与电场强度 E 成正比，即

$$P=\chi\varepsilon_0 E=\alpha E$$

式中，χ 为电极化率，它与电场强度无关。如果电场强度是以频率 ω 作简谐变化的，则由极化强度及其产生的次级电磁辐射也以同样频率 ω 作简谐变化。由于次级辐射与入射光的频率一样，所以光的单色性不会改变。当有几种不同频率的光同时与物质作用时，各种频率的光都线性、独立地反射、折射和散射，不会产生新的频率，这就是通常讲的光的独立性原理。

非线性光学现象指出，物质对光场的响应是非线性的，当光场的电场强度 E 很大时，P 与 E 的高次方有关，即

$$P=\alpha E+\beta E^2+\gamma E^3+\cdots \tag{10-15}$$

式中，系数 $\alpha,\beta,\gamma,\cdots$ 依次减小，它们的数量级之比约为

$$\frac{\beta}{\alpha}=\frac{\gamma}{\beta}=\cdots=\frac{1}{E_{原子}}$$

式中，$E_{原子}$ 为原子的电场，其数量级为 10^{10} V/m。因此，当 $E \ll E_{原子}$ 时，式(10-15)中的非线性项 $\beta E^2,\gamma E^3,\cdots$ 可以忽略不计，介质仅表现出线性光学的性质，但当外界光场与原子内的电场可比拟时，非线性项就起作用了。激光为光学研究提供了具有相干性很好的高亮度的光源，这就为非线性光学的研究创造了条件。下面着重讨论一些非线性光学效应。

10.3.2.2 光学倍频

若入射光场以圆频率 ω 作简谐变化，则电场强度 E 为

$$E=E_0\cos(\omega t)$$

略去三次方以上的各项，则有

$$\begin{aligned} P&=\alpha E_0\cos(\omega t)+\beta[E_0\cos(\omega t)]^2\\ &=\alpha E_0\cos(\omega t)+\frac{1}{2}\beta E_0^2[1+\cos 2(\omega t)]\\ &=\frac{1}{2}\beta E_0^2+\frac{1}{2}\beta E_0^2+\frac{1}{2}\beta E_0^2\cos 2(\omega t) \end{aligned} \tag{10-16}$$

上式的第一项代表直流项，即不随时间变化的电极化强度。由于这一项的存在，在介质的两表面分别出现正的和负的面电荷，形成与 E_0^2(与入射光强)成正比的恒定电位差，借用无线电电子学中的术语，把这个效应称为光整流。还有频率为 ω 的基频成分及频率为 2ω 的倍频(二次谐波)成分。二次谐波的形成在光子表达式中，可以设想两个能量均为 $h\nu$ 的光子在介质中结合起来，形成能量为 $2h\nu$ 的一个单光子。不难看到，从更高次的非线性可导出更高次的谐波来。

夫兰肯等人首次于 1960 年完成光学二倍频实验，其实验装量如图 10-11 所示。以红宝石激光器为光源，其波长为 $\lambda=694.3$ nm，聚焦在石英晶片上，通过摄谱发现，在输出光中除了原波长的谱线外，还有微弱的 347.15 nm 的紫外光谱线，它的频率恰好是输入激光频率的两倍，即产生了光学倍频。

10.3.2.3 光学混频

另一类很有意义的非线性光学现象是光学混频。若有两束频率不同的单色光同时入射

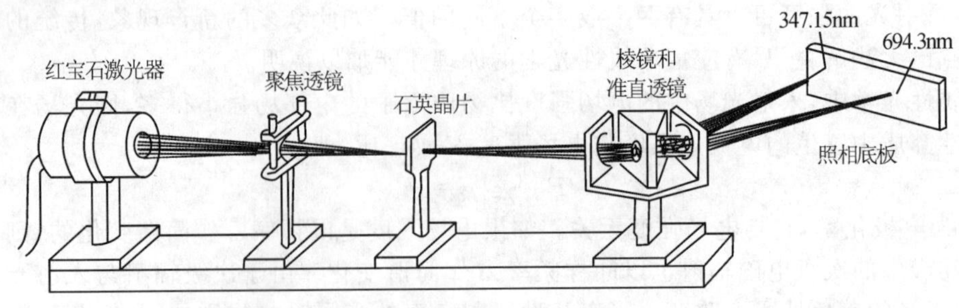

图 10-11　光学二倍频实验装置

到非线性介质上，入射光可以表示为

$$E=E_{01}\cos(\omega_1 t)+E_{02}\cos(\omega_2 t) \tag{10-17}$$

式中，E_{01}、E_{02} 分别表示圆频率为 ω_1、ω_2 的单色光的振幅，将式(10-17)代入 βE^2，得

$$\begin{aligned}\beta E^2 &=\beta[E_{01}\cos(\omega_1 t)\times E_{02}\cos\omega_2 t]^2\\&=\beta E_{01}^2\cos^2(\omega_1 t)+\beta E_{02}^2\cos^2(\omega_2 t)+2\beta E_{01}\cos(\omega_1 t)\times E_{02}\cos(\omega_2 t)\\&=\frac{1}{2}\beta E_{01}^2[1+\cos(2\omega_1 t)]+\frac{1}{2}\beta E_{02}^2[1+\cos(2\omega_2 t)]\\&\quad+\beta E_{01}E_{02}\{\cos[(\omega_1+\omega_2)t]+\cos[(\omega_1-\omega_2)t]\}\end{aligned} \tag{10-18}$$

由式(10-18)可知，除了直流项与倍频率项外，还出现了和频项 $\cos[(\omega_1+\omega_2)t]$ 和差频项 $\cos[(\omega_1-\omega_2)t]$，前者称为光学和频效应，后者称为光学差频效应。前述的倍频效应可以看成和频效应在 $\omega_1=\omega_2$ 时的特殊情况。

现在已经在多种晶体内实现了光学和频效应。例如，红宝石激光器输出的 694.3 nm 激光跟 $CaWO_4$:Nd^{3+} 激光器输出的 1060 nm 激光在磷酸二氢钾(KDP，KH_2PO_4)、磷酸二氢铵(ADP，$NH_4H_2PO_4$)等晶体内的光学和频，氦氖激光器跟输出的 632.8 nm 与 1152.3 nm 激光在 ADP 晶体内的光学和频。近年来新研制的一些非线性系数更大的晶体，如铌酸锂等，十分引人注目。

10.3.2.4　自聚焦

当强光射入介质(如 CS_2、C_6H_6)后，介质的折射率将随入射光强而发生变化。若激光的强度具有高斯分布，致使介质中心部分的折射率比周围大，因而引起光向中心会聚，介质宛如正透镜，这种现象称为自聚焦。当光的自聚焦与衍射所引起的发散作用相平衡时，光在介质中形成几微米的光丝，这就是光的自陷现象。这种光丝中极高的能量密度，可以进一步激发其他非线性光学效应，甚至引起介质本身的损伤。因此，在使用大功率的激光器时，激光晶体中就常出现一些丝状结构的损伤。如果激光通过介质中心部分的折射率比周围低，则介质宛如负透镜，光的发散大于纯粹由于衍射效应所引起的发散，这种现象称为自散焦。

10.3.2.5　光致透明

若激光很强时，物质的吸收系数也随光强而变化。强光作用使得受激态的粒子数增多，此时，对某个频率的光的吸收系数正比于相应的上、下能级粒子数之差。如果固体激光 Q 开关染料在弱光下吸收系数大，光子被吸收，基本上不透明，但在强光照射下，分子中的一半处于激发态，上、下能级粒子数之差等于零，所以此时吸收系数也为零，不透光的物质成为透光的，这种现象称为光致透明。

10.4 傅里叶光学概述

◆知识点

¤傅里叶光学的方法与应用

10. 4. 1 任务目标

了解傅里叶光学的概念，了解傅里叶光学的应用。

10. 4. 2 知识平台

自20世纪60年代激光出现以后，光学的重要发展之一是将数学中的傅里叶变换和通信中的线性系统理论引入光学，形成一门新的光学分支——傅里叶光学。

我们知道，一个通信系统所接收或传递的信息(如一个受调制的电压波形)，通常具有随时间而变化的性质，而用来成像的光学系统，处理的对象是物平面和像平面上的光强分布。如果借用通信理论的观念，我们完全可以把物平面的光强分布视为输入信息，把像平面的光强视为输出信息。这样，光学系统所扮演的角色相当于把输入信息转变为输出信息，只不过光学系统所传递和处理的信息是随空间变化的函数。从数学的角度看，随空间变化的函数和随时间变化的函数，其数学变化规律并无实质性的差别。也就是说，傅里叶变换可以帮助我们从更高的层面来研究光学中若干新的理论与实际问题。

傅里叶光学的数学基础是傅里叶积分变换，其物理基础是光的标量衍射理论，它以与传统物理光学不同的描述和分析方法，讨论光的衍射、成像、滤波和光学信息处理等问题。由于傅里叶分析方法的引入，使我们有可能对早已熟悉的许多光学现象的内在联系，从理论上及数学方法上获得更系统的理解，进行更深入的探讨。尤其重要的是，由此引入的空间频率和频谱的概念，已成为目前迅速发展的光学信息处理、像质评价、成像理论等的基础，这些课题的前景是特别引人注目的。

习 题 10

10-1 简述波粒二象性的物理含义。

10-2 简述激光器产生激光的基本原理。

10-3 简述线性与非线性光学的领域区别。

参考文献

[1] 安连生.应用光学[M].北京:北京理工大学出版社,2000.
[2] 曹俊卿.工程光学基础[M].北京:中国计量出版社,2003.
[3] 李湘宁.工程光学[M].北京:科学出版社,2005.
[4] 高凤武,李继祥.应用光学[M].北京:解放军出版社,1986.
[5] 石顺祥.物理光学与应用光学[M].西安:电子科技大学出版社,2000.
[6] 姚启钧,华东师大光学教材编写组.光学教程[M].3 版.北京:高等教育出版社,2005.
[7] 郁道银,谈恒英.工程光学[M].北京:机械工业出版社,1999.
[8] 章志鸣,沈元华,陈惠芬.光学[M].北京:高等教育出版社,1996.
[9] 钟锡华.现代光学基础[M].北京:科学技术出版社,2003.
[10] 郭永康,鲍培谛.基础光学[M].成都:四川大学出版社,1993.
[11] 郭光灿,庄象萱.光学[M].北京:高等教育出版社,1999.
[12] 母国光,战元令.光学[M].北京:人民教育出版社,1980.
[13] E 赫克特,A 赞斯.光学(上册)[M].秦克诚,詹达三,林福成,译.北京:高等教育出版社,1983.
[14] E 赫克特,A 赞斯.光学(下册)[M].秦克诚,詹达三,林福成,译.北京:高等教育出版社,1983.
[15] 李良德.基础光学[M].广州:中山大学出版社,1987.
[16] M 玻恩,E 沃耳夫.光学原理[M].杨葭荪,等,译.北京:科学出版社,1978.
[17] E 赫克特,A 赞斯.光学[M]. 秦克诚,等,译.北京:人民教育出版社,1980.
[18] 梁铨延.物理光学[M].北京:机械工业出版社,1987.
[19] 胡鸿章,凌世德.应用光学原理[M].北京:机械工业出版社,1993.
[20] 严瑛白.应用物理光学[M].北京:机械工业出版社,1990.
[21] 曲林杰.物理光学[M].北京:国防工业出版社,1980.
[22] 钟锡华,赵凯华.光学[M].北京:北京大学出版社,1984.
[23] 李家辉.晶体光学[M].北京:北京理工大学出版社,1989.
[24] 龙槐生,张仲先,谈恒英.光的偏振及其应用[M].北京:机械工业出版社,1989.
[25] 陈军.现代光学及技术[M].杭州:浙江大学出版社,1996.
[26] 廖延彪.物理光学[M].北京:电子工业出版社,1986.
[27] 华家宁.现代光学技术及应用[M].南京:江苏科学技术出版社,1994.
[28] 蔡仁荣.集成光学[M].成都:电子科技大学出版社,1990.
[29] 叶培大.光波导技术基本理论[M].北京:人民邮电出版社,1981.
[30] 梁铨延.物理光学[M].北京:机械工业出版社,1981.
[31] 范少卿.物理光学[M].北京:北京工业学院出版社,1984.
[32] 叶玉堂.光学教程[M].北京:清华大学出版社,2005.
[33] 郭永康.光学[M].北京:高等教育出版社,2005.
[34] 谢金辉,赵达尊,阎吉祥.物理光学教程[M].北京:北京大学出版社,2004.
[35] 郑植仁.光学[M].哈尔滨:哈尔滨工业大学出版社,2005.